무선통신기기

박승환 · 김한기 · 정승용 공저

21세기사

| 머리말

최근 우리나라는 정보통신기기 분야의 기술 발전에 따른 기반 기술화와 IT 관련 융합기술의 부각으로 유비쿼터스 사회로의 진화가 급격히 진행되고 있다. 유비쿼터스 사회의 도래와 함께 IT-BT 및 IT-NT 융·복합 기술의 중요성이 부각되고, 이와 관련한 인력양성, 기초과학 및 공학기술 개발에 대한 필요성이 증대되고 있다. 이러한 융합기술의 발달에 따라 물류, 교통, 교육 등 사회 전반에 유비쿼터스 컴퓨팅이 일상화되고 내재되면서 Ubitizen 이라는 새로운 개념의 용어가 등장할 정도로 개인의 교육, 업무 등에서 획기적인 변화가 예상되고 있다.

이동통신, WiBro, DMB 등 첨단 정보통신 기술을 바탕으로 정보통신기기 산업은 국가의 성장에 크게 기여하여 왔으며 나아가 정보통신 기술이 비약적으로 발전하면서 많은 분야에서 광범위한 IT 기술과 접목되어 크게 변화와 성장을 거듭하고 있다. 국내 정보통신기기 산업은 지식정보사회와 디지털경제 실현의 핵심적 역할을 해 왔을 뿐만 아니라 혁신적인 서비스나 제품을 통해 정치, 경제, 사회, 문화 등 거의 모든 부문에서 변화를 주도하고 있는 것이다.

1980년대 초에 시작되었던 AMPS(Advanced Mobile Phone Systems)로 불리는 1세대 아날로그 방식으로 시작된 이동통신 서비스도 디지털 기반의 2세대 단계를 넘어 현재는 고속 데이터 통신까지 가능한 3세대(3G) 기술을 바탕으로 본격적인 서비스를 제공하고 있다. 한편 국제전기통신연합(ITU)은 앞으로 최종 4G 이동통신 기술 표준안을 확정할 계획으로 있다. 현재의 차세대 무선통신 기술은 무선 구간에서의 주파수 효율 증가 기술과 통신기기를 넘어 생활기기로서의 기능을 제공하는 이동 단말 기술을 바탕으로 이제까지와는 차원이 다른 모바일 서비스를 이용자들에게 제공할 것이며, 화상회의, 모바일 HDTV, 모바일 IPTV 등 IMS(IP 멀티미디어 서브시스템) 기반의 커뮤니케이션형 융·복합서비스 제공이 가능할 것으로 예상된다. 의료복지 분야도 예외는 아니어서 지난 수 년간 의료기기 분야에 IT 기술이 활발히 접목되고 있다. 특히 실버 재활시대에 대비한 분야로서 의료산업 분야의 IT 기술의 구심점이 되어 가고 있다.

다른 한편, 세계는 경기침체의 어려움을 겪고 있으며 정보통신 관련 국내외 수요에도 영향을 미치고 있다. 이에 대해서도 정부는 정보통신 산업 중심의 경제부양책을 시행함과 동시에 정보통신 분야의 적극적인 투자와 연구지원 등을 통해 정보통신기기 산업을 성장 동력으로 삼는다면 지금의 국제적 경제위기를 해결할 방안이 될 수 있다. 그러나 무엇보다 중요한 것은 이러한 'Ubitizen' 의 시대를 열고 있고, 가능하게 하는 시대적 배경과 저력은 정보통신 기기 산업의 전문 인력양성에서 나오는 것이다. 정보통신기기 분야의 빠른 기술변화에 대응하고 전문 인력의 지속적인 능력 개발을 위한 전문교육은 중점 추진되고 강화되어야 한다. 특히, 신 성장 동력으로서 정보통신기기 산업 전략분야 중심의 핵심 연구개발 인력양성뿐만 아니라 중소기업의 연구개발 전문 인력 양성 교육이 필요하다. 통신기기 산업 경쟁력 강화는 물론 정보통신기기의 보급 확산과 시장 활성화 수요에 대응하기 위해 핵심 기술교육을 통한 중, 고급 전문 인력도 단계별로 발굴 육성되어야 한다. 이러한 시대적 상황에 동참하고 대처하기 위해 우리나라에서도 중소기업을 비롯하여 정보통신기기 전문 인력에 대한 재교육, 특히 첨단기술 및 재교육 인프라가 취약한 분야에 대해 적극 지원을 하는 시책을 펴고 있다. 물론, 한국 산업인력공단을 중심으로 정보통신기사 자격제도를 시행하고 있는 등, 정보통신기기 분야에 관련한 자격증 시대를 열고 있다.

본서는 최근의 이러한 정보통신기기 분야의 전문 인력에 대한 수요에 맞추어 교육이 더없이 중요한 시점임에 있음을 인식하고, 그동안 저자의 강의 경험을 정리한 것을 토대로 하여 완성된 것이다. 본서가 정보통신기기 분야에 대한 전공지식을 익히고, 또 나아가 취업의 문을 열고자 하는 학생에게 조금이나마 전공실력 향상에 도움이 되었으면 한다. 아울러 저자로서의 바램이 있다면 본서로 공부하는 학생들이 정보통신기기 산업분야에서 요구되는 지식들을 보다 수월하게 이해할 수 있기를 바라며, 더 나아가 실력향상과 함께 취업 및 국가 기술자격시험에서 합격의 기회가 주어지는 계기가 된다면 더 없는 기쁨이 아닐 수 없을 것이다.

본서를 완성할 수 있도록 큰 도움을 주신 21세기사 사장님을 비롯한 담당 임직원에게 깊은 감사를 드리며, 앞으로 미비한 많은 부분을 발전시켜 보다 유익한 책으로 거듭날 수 있도록 끊임없는 노력을 다할 것이다.

– 지은이 일동 –

목 차

제1장 무선통신 개론

제2장 AM 송신기

제3장 AM 수신기

제4장 SSB 송 · 수신기

제5장 FM 송신기

제6장 FM 수신기 / 179

제7장 Microwave 다중통신

제8장 위성 통신

제9장 전원 장치

제10장 무선기기에 관한 측정

부록

제1장

무선통신 개론

제1장 무선통신 개론

1.1 무선통신

1.1.1 무선 통신의 정의

통신(Communication)이라 함은 일반적으로 인간과 인간 사이에 정보를 교환하는 것으로 직접 물리적인 통신회선을 연결하여 정보를 교환하는 유선통신과 통신회선 없이 전자파를 이용하여 공기나 해수와 같은 매질을 이용 정보를 교환하는 무선통신으로 구분될 수 있다.

따라서 무선 통신이란 직접 상대방까지 물리적인 통신회선을 연결하지 않고, 공간을 통신매체로 활용하는 통신으로 송신측에서 보내고자 하는 정보(음성, 영상, 문자 등)를 전기적인 신호로 변환하여 높은 주파수의 전자파(반송파)에 실어(변조) 공간에 방사하고 수신측에서는 공간을 통해 전송되어온 전자파(피변조파)를 수신하여 다시 원래의 정보로 복원(복조)해 내는 것을 말한다. 또한 무선통신은 전자파라는 매체를 통해서 통신하기 때문에 사용하는 주파수에 따라 한계가 있고, 주파수의 파장에 따라 전자파의 전파방법이 서로 다르며, 특히 단파대의 주파수인 경우 전 세계적으로 전파되어 세계 각국 간에 상호 간섭이 생길 수 있어 주파수 사용에 관하여 각 주파수 대역별로 업무를 배분 화하여 사용하고 있는 현실이다. 이러한 무선통신은 무선통신 시스템의 유동성이나 기술방식, 사용목적에 따라서 고정통신방식, 이동통신방식, 위성통신방식으로 구분할 수 있다.

1.1.2 무선 통신의 역사

① 1864년 영국 스코틀랜드 수학자인 맥스웰(James Clerk Maxwell, 1831~1879)이 논문을 통해 맥스웰방정식이라는 이론을 발표하면서 전기장과 자기장으로 구성된 파동(전자기파 : 電磁氣波)이 존재, 공기 중에서 이동할 수 있다는 사실을 주장하였다.

② 1888년 독일의 과학자 헤르츠(Heinrich Hertz, 1857~1894)는 페러데이의 전자유도 법칙과 전자기파의 복사 원리 등을 실질적인 실험을 통해 전자파의 존재를 입증하였다.

③ 1895년 마르코니(Gugliomo Marconi, 1874~1937)는 모스 부호에 따라 전류를 흘렸다 끊어졌다 하는 현상을 이용하여 무선 송·수신 실험을 성공시켜 무선 통신의 역사가 시작되었다.

④ 1900년 캐나다 출신의 미국인 파센딘(Pasendin)은 주파수 발생기를 완성시켜 무선전신을 무선전화로 발전시켰으며, 1907년 3극 진공관의 발명으로 무선통신이 비약적으로 발전하여 1907년 최초의 실제적인 진폭변조방식(AM : Amplitude-Modulated Signal)의 신호를 이용하여 음성을 송·수신하게 되었다. 또한 더 나아가 1920년에 라디오 방식이 시작되었고, 1928년에 텔레비전 실험 방송, 1945년에 컬러텔레비전 실험 방송이 시작되었다.

⑤ 1948년 미국의 월터 브래튼(Walter Houser Brattain, 1902~1987)등에 의해 트랜지스터가 발명되어 무선통신 기기는 소형화, 고성능화되기 시작 급속도로 실용화 되었다.

⑥ 1960년대에는 IC, LSI, VLSI등 반도체의 집적화 기술이 발전함에 따라 기존의 아날로그통신 보다 양질의 통신을 할 수 있는 디지털 통신으로 변화하기 시작하였다.

⑦ 1980년대에는 인공위성을 이용한 위성 통신으로 전 세계를 동시간권으로 만들었으며 우리나라도 1996년 무궁화 위성을 개발하여 발사함으로써 위성 보유국이 되었다.

⑧ 무선 통신은 앞으로 다중화 기술, 대역 압축 기술, 디지털 통신 방식의 발전으로 유비쿼터스와 RFID, 광통신과 더불어 더욱더 발전해 나갈 것으로 예상된다.

1.2 무선 통신의 분류

1.2.1 전파 형식에 의한 분류

[표 1-1] 전파 형식에 의한 분류

첫 번째 기호 : 주 반송파의 변조 형식			
1. 무 변조			N
2. 진폭 변조	① 양측파대		A
	② 단측파대 전 반송파		H
	③ 단측파대 저감 반송파		R
	④ 단측파대 억압 반송파		J
	⑤ 두 독립측파대		B
	⑥ 잔류측파대		C
3. 각도 변조	① 주파수 변조		F
	② 위상 변조		G
4. 진폭 및 각도 변조			D
5. 펄스 변조	① 무변조 연속		P
	② 연속 펄스	㉠ 진폭변조	K
		㉡ 폭 변조	L
		㉢ 위치(위상) 변조	M
		㉣ 각 변조	Q
		㉤ 조합 펄스 변조	V
6. 상기 이외의 2개의 조합 변조			W
7. 위 이외의 변조			X
두 번째 기호 : 주 반송파를 변조시키는 신호의 특성			
1. 무 변조			0
2. 변조용 부 반송파를 사용하지 않고 디지털 정보를 포함하는 단일 채널			1
3. 변조용 부 반송파를 사용하고 디지털 정보를 포함하는 단일 채널			2
4. 아날로그 정보를 포함하는 단일 채널			3
5. 디지털 정보를 포함하는 둘 이상의 채널			7
6. 아날로그 정보를 포함하는 둘 이상의 채널			8
7. 디지털 정보의 하나 이상의 채널에 아날로그 정보를 포함하는 하나 이상의 채널과 조합			9
8. 위 이외의 방식 및 채널			X
세 번째 기호 : 송신할 정보 형태			
1. 정보 송출이 없는 것			N
2. 전신 : 가청 수신용			A
3. 전신 : 자동 수신용			B
4. 팩시밀리			C
5. 데이터 전송, 텔레메틱, 텔레코멘트			D
6. 전화(음성방송 포함)			E
7. 텔레비전(영상)			F
8. 1~7의 조합			W
9. 위 이외의 정보 형태			X

1.2.2 주파수대에 의한 분류

무선통신은 주파수대에 따라 [표 1-2]와 같이 분류 할 수 있다.

[표 1-2] 주파수대에 의한 분류

주파수의 분류	통용어	주파수 범위	파장 범위
VLF(Very Low Frequency)	초장파	30[㎑]이하	10[㎞]이상
LF(Low Frequency)	장파	30~300[㎑]	1~10[㎞]
MF(Medium Frequency)	중파	300~3000[㎑]	100~1,000[m]
HF(High Frequency)	단파	3~30[㎒]	10~100[m]
VHF(Very High Frequency)	초단파	30~300[㎒]	1~10[m]
UHF(Ultra High Frequency)	극초단파	300~3000[㎒]	10~100[㎝]
SHF(Super High Frequency)	센티미터파	3~30[㎓]	1~10[㎝]
EHF(Extremely High Frequency)	밀리미터파	30~300[㎓]	1~10[㎜]

1.3 무선 통신 기기의 구성

무선 통신 기기란 원래 신호(신호파)를 고주파(반송파)에 실어(변조) 공간으로 보내는 송신 장치(Transmitter)와 전송된 전파를 수신하여 원래 신호를 복원(복조)하는 수신 장치(Receiver)로 구성된다.

1.3.1 송신 장치

전기적 신호로 변환된 원래 신호를 높은 주파수로 발진되어 증폭된 고주파(반송파)에 실어(변조) 피변조파로 만든 후 이를 증폭기로 증폭하여 안테나를 사용하여 전송 공간으로 방사시킨다.

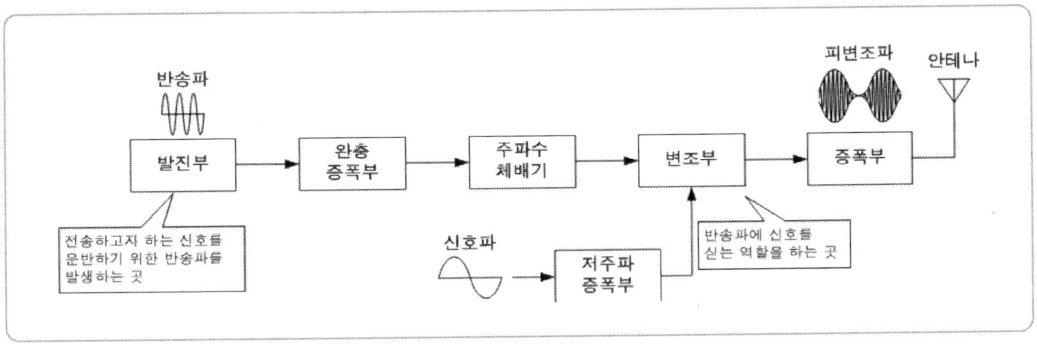

[그림 1-1] 송신 장치의 기본 구성

1.3.2 수신 장치

수신 안테나에 수신된 전파를 증폭한 후 국부 발진기로 부터 발진된 고주파와 혼합하여 증폭하기에 적합한 중간 주파수로 만들고 이를 증폭하여 원래 신호를 검출하여(검파) 저주파 증폭부로 증폭하면 원래의 신호로 재생시킬 수 있다.

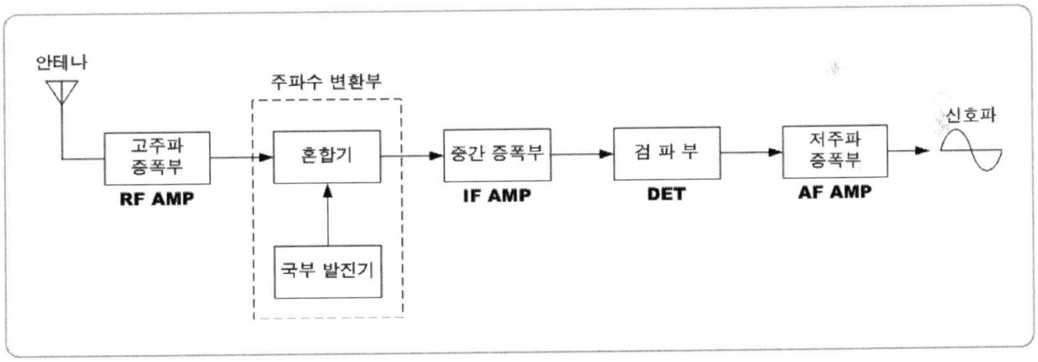

[그림 1-2] 수신 장치의 기본 구성

1.4 변조의 개념과 종류

1.4.1 변조의 개념

변조란(Modulation)란 보내고자 하는 정보신호를 전송로 상에 보내기 알맞은 신호 형태로 변환하는 과정을 말하며, 신호파(Signal)를 반송파(Carrier)의 진폭, 주파수, 위상 등에 실어 보내는 것을 의미한다.

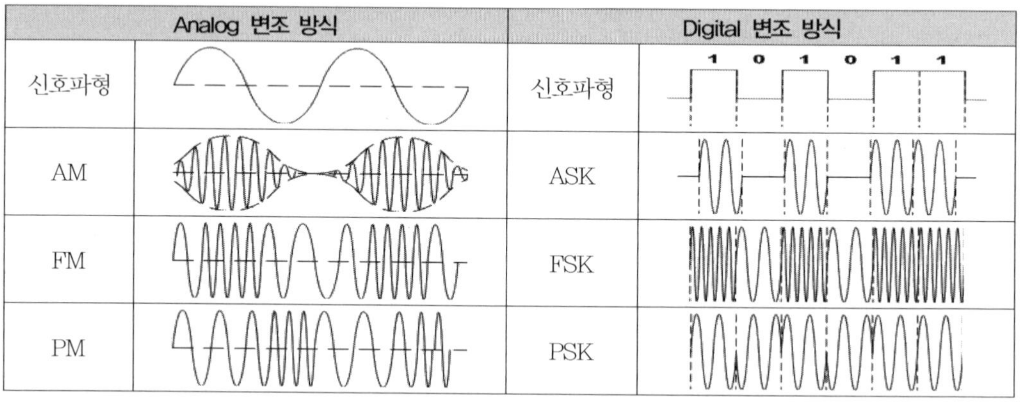

[그림 1-3] Analog 변조방식과 Digital 변조방식의 비교

1.4.2 변조의 종류

(1) **연속변조(반송파가 sine, cosine파와 같은 연속함수인 경우)**

① **Analog 변조(신호파가 Analog 신호인 경우)**

- AM(진폭 변조) : Analog 신호 파를 연속함수 형태를 갖는 반송파의 진폭(Amplitude)에 실어 보내는 변조 방식
- FM(주파수 변조) : Analog 신호 파를 연속함수 형태를 갖는 반송파의 주파수(Frequency)에 실어 보내는 변조 방식
- PM(위상 변조) : Analog 신호 파를 연속함수 형태를 갖는 반송파의 위상(Phase)에 실어 보내는 변조 방식

② Digital 변조(신호파가 Digital 신호인 경우)

- ASK(진폭편이 변조) : Digital 신호 파를 연속함수 형태를 갖는 반송파의 진폭(Amplitude)에 실어 보내는 변조 방식
- FSK(주파수편이 변조) : Digital 신호 파를 연속함수 형태를 갖는 반송파의 주파수(Frequency)에 실어 보내는 변조 방식
- PSK(위상편이 변조) : Digital 신호 파를 연속함수 형태를 갖는 반송파의 위상(Phase)에 실어 보내는 변조 방식
- QAM(직교진폭변조) : Digital 신호 파를 연속함수 형태를 갖는 반송파의 진폭(Amplitude)과 위상(Phase)에 실어 보내는 변조 방식

(2) 펄스변조(반송파가 pulse열인 경우)

① Analog 변조(신호파가 Analog 신호인 경우)

- PAM(Pulse Amplitude Modulation) : Analog 신호를 pulse의 진폭으로 변화시키는 변조방식
- PWM(Pulse Width Modulation) : Analog 신호를 pulse의 폭으로 변화시키는 변조방식
- PPM(Pulse Position Modulation) : Analog 신호를 pulse의 위치로 변화시키는 변조방식

② Digital 변조(신호파가 Digital 신호인 경우)

- PCM(Pulse Code Modulation) : Analog 신호를 표본화를 하여 PAM파로 만든 다음 양자화, 부호화를 거쳐 digital 신호로 만들어 전송하는 변조방식
- PNM(Pulse Number Modulation) : Analog 신호를 pulse의 수로 변화시키는 변조 방식
- DM(Delta Modulation) : Analog 신호를 표본화, 양자화, 부호화를 거쳐 digital 신호로 만들어 전송하는 변조방식 중 1bit 양자화를 행하여 정보량을 줄이는 방식

[표 1-3] 연속 변조(Continuous Wave Modulation)

종류 \ 구분	아날로그(Analog) 변조	디지털(Digital) 변조
진폭 변조	DSB(양측파대 변조) SSB(단측파대 변조) VSB(잔류측파대 변조)	ASK(진폭 변이변조)
각도 변조	FM(주파수 변조)	FSK(주파수 편이변조)
	PM(위상 변조)	PSK(위상 편이 변조) DPSK(차동 위상 편이변조) MSK(Minimum Shift Keying)
복합 변조	AM · PM(진폭 위상 변조)	APSK(진폭 위상 편이변조) QAM(직교 진폭 변조)

[표 1-4] 펄스 변조(Pulse Modulation)

종류 \ 구분	아날로그(Analog) 변조		디지털(Digital) 변조
펄스 파라미터 변조	진폭 변조	PAM(펄스 진폭 변조)	
	펄스시 변조 PTM	PWM(펄스 폭 변조) PFM(펄스 주파수 변조) PPM(펄스 위치 변조)	PNM(펄스 수 변조)
펄스 부호 변조			PCM(펄스 부호 변조) DM(Delta Modulation) DPCM(차분 펄스 부호 변조)

1.4.3 변조의 목적

(1) 원거리 전송을 하기 위하여

원래의 신호 그 자체로는 속도가 느리고 잡음에 약하여 원거리 전송이 불가능하다. 그러므로 주파수가 높은 반송파에 실어(변조) 보낼 경우 좀 더 빠르게 원거리까지 신호를 전달 할 수 있다.

(2) 주파수 분할 다중화(FDM)를 행하여 다중 통신을 할 수 있다.

하나의 전송회선에 다수의 반송파를 이용하게 되면 대역폭을 분할하여 여러 개의 신호를 동시에 보낼 수 있게 된다.

(3) 송 · 수신 안테나(Antenna)의 길이 문제를 해결하여 효과적인 방사 또는 수신을 위하여

안테나의 길이는 사용 주파수의 파장(파의 길이)에 비례한다. 따라서 변조를 하게 되면 신호의 주파수가 높아져서 파장이 짧아지게 되고 결국 안테나의 길이를 줄일 수 있다.

(4) 각종 잡음과 혼선, 간섭으로부터 정보를 보호하기 위하여

원래의 신호는 주파수가 낮아 잡음에 영향을 많이 받지만 변조할 경우 가청주파수 이상으로 주파수가 높아지므로 각종 잡음이나 간섭의 영향을 덜 받게 되어 S/N비가 향상될 뿐 아니라 회로 소자가 단순화 되고 시스템이 소형화된다.

1.5 진폭 변조(AM : Amplitude Modulation)

음성 또는 영상신호 등과 같은 신호를 신호의 크기에 따라 반송파의 진폭을 변화시키는 변조방식이다. 타 변조방식에 비해 변조방식이 간단하며 경제적인 장점이 있으나 전력효율이 좋지 않고, 잡음에 영향을 많이 받는다는 단점이 있다.

주로 중파, 단파방송 항공무선 등에 사용되어지며, 텔레비전의 경우 영상은 AM(진폭변조)을 사용하고 음성은 FM(주파수변조)를 사용한다.

1.5.1 기본파

신호 파의 크기에 따라 반송파의 진폭을 변화시키는 변조방식을 진폭변조라 한다.

반송파의 진폭을 V_c, 각속도를 $\omega_c(2\pi f_c)$라 하면 반송파의 전압 e_c는

$$e_c = V_c \cos \omega_c t \quad \text{[식 1-1]}$$

가 된다. 그리고 신호파의 진폭을 V_s라 하고 그 각속도를 $\omega_s(2\pi f_s)$라고 하면 신호파 전압 e_s는

$$e_s = V_s \cos \omega_s t \quad \text{[식 1-2]}$$

가 된다.

AM은 신호 파를 반송파에 실어 진폭을 변화시키는 것이므로 변조파의 크기 e_{AM}은 다음 식과 같다.

$$\begin{aligned} e_{AM} &= (V_c + V_s \cos \omega_s t) \cos \omega_c t \\ &= V_c \left(1 + \frac{V_s}{V_c} \cos \omega_s t\right) \cos \omega_c t \quad \text{[식 1-3]} \end{aligned}$$

여기서 $\frac{V_s}{V_c}$를 m(변조도)이라 하면

$$e_{AM} = (V_c + m \cos \omega_s t) \cos \omega_c t \quad \text{[식 1-4]}$$

여기서 m은 변조도(Modulation Index)라 하며 그 백분율을 변조율이라 한다.

1.5.2 변조도(m)

- 변조도$(m) = \frac{\text{신호파 전압}(V_s)}{\text{반송파 전압}(V_c)}$, 변조율$(m) = \frac{V_s}{V_c} \times 100\%$
- $m > 1$(과변조): $V_c < V_s$인 경우 : 변조도를 깊게 했다고 표현하며 원래의 신호 회복이 어려우며 수신음이 찌그러지는 현상이 발생한다.
- $m < 1$(부족변조): $V_c > V_s$인 경우 : 전력낭비가 발생한다.
- $m = 1$(최적변조): $V_c = V_s$인 경우 : 전력낭비가 없고 가장 이상적이다.

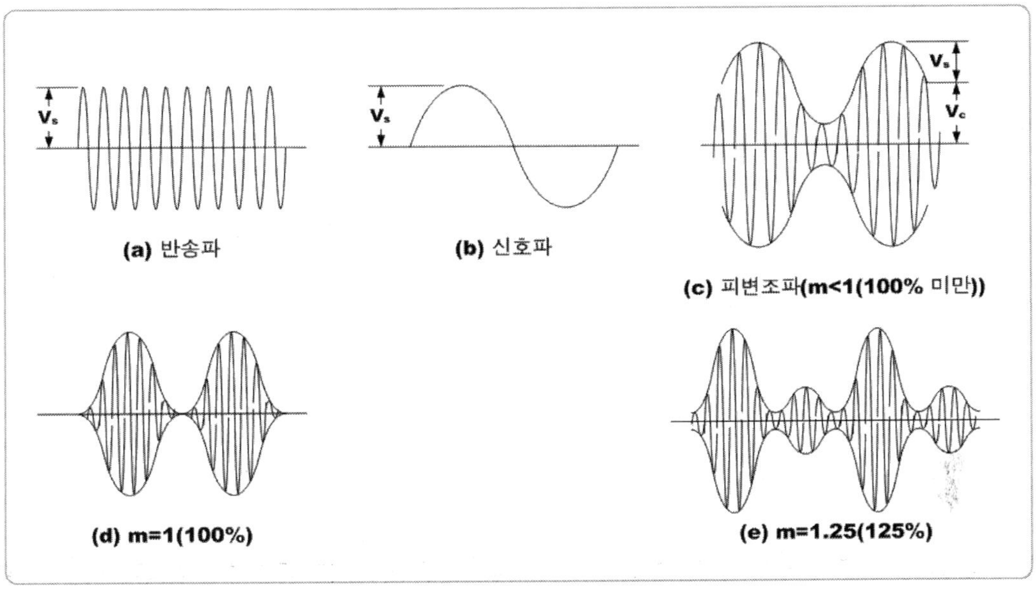

(a) 반송파 (b) 신호파 (c) 피변조파(m<1(100% 미만))

(d) m=1(100%) (e) m=1.25(125%)

[그림 1-4] AM 변조도 파형

※ 변조도 계산방법

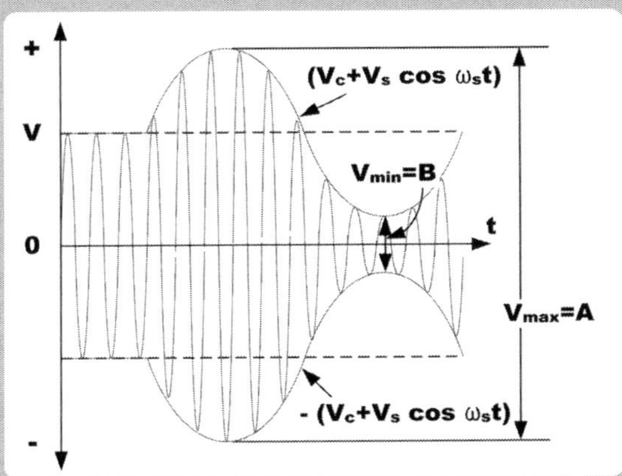

변조 지수 m은

$$m = \frac{V_s}{V_c} = \frac{A-B}{A+B} \quad \text{[식 1-5]}$$

가 된다.

1.5.3 측파대(Side Frequency Wave Band)

진폭 변조된 피변조파를 수식으로 전개하면

$$e_{AM} = V_c(1+m\cos\omega_s t)\cos\omega_c t = V_c\cos\omega_c t + m\,V_c\cos\omega_s t\cos\omega_c t$$

$$= \underset{\text{제1항(반송파)}}{V_c\cos\omega_c t} + \underset{\text{제2항(상측파대)}}{\frac{m\,V_c}{2}\cos(\omega_c+\omega_s)t} + \underset{\text{제3항(하측파대)}}{\frac{m\,V_c}{2}\cos(\omega_c-\omega_s)t} \quad \cdots\cdots [\text{식 } 1\text{-}6]$$

위의 수식에서 보다 시피 제1항은 반송파 그 자체를 나타내며, 제2항은 반송파 주파수보다 신호 주파수만큼 높은($\omega_c + \omega_s$) 상측파대(USB : Upper Side Band)이고, 제3항은 반송 주파수보다 신호 주파수만큼 낮은($\omega_c - \omega_s$) 하측파대(LSB : Lower Side Band)가 된다.

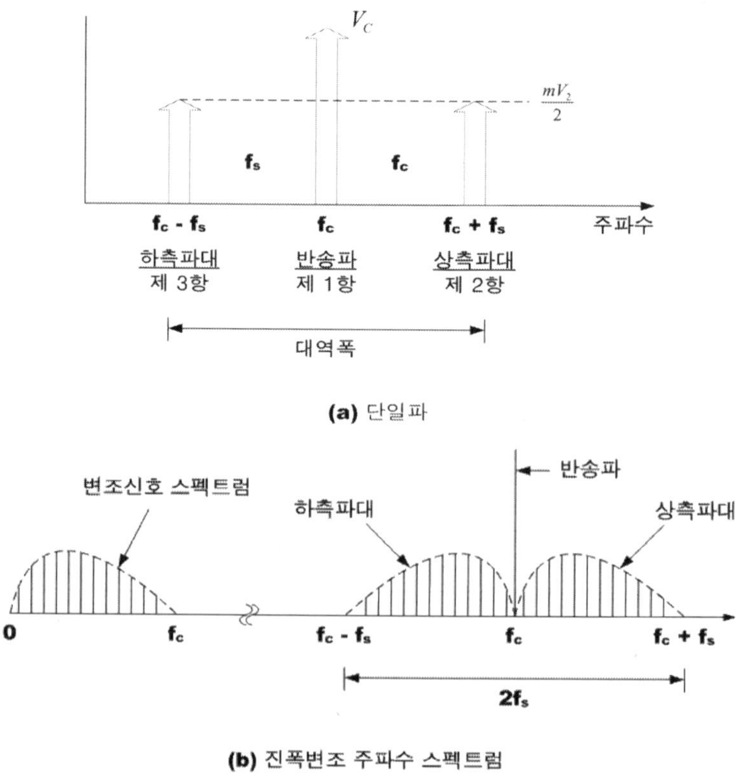

[그림 1-5] 진폭변조의 스팩트럼

1.5.4 AM(진폭변조)파의 전력

AM송신기의 종단 부하는 공중선이 되므로 우선 종단 부하 저항(공중선의 실효 저항)을 R이라 하고, 변조를 위한 반송파의 전력을 P_c, 진폭변조 된 AM파의 상측파대 전력을 P_u, 하측파대 전력을 P_l 이라고 하고 일반적인 전력 구하는 공식 $P = VI = \frac{V^2}{R}[W]$ 을 적용하여 각각을 전개하면

$$P_c = \frac{(\frac{V_c}{\sqrt{2}})^2}{R} = \frac{V_c^2}{2R}[W] \quad \text{[식 1-7]}$$

$$P_u = (\frac{\frac{mV_c}{2}}{\sqrt{2}})^2 \times \frac{1}{R} = \frac{m^2V_c^2}{8R} = \frac{m^2}{4} \times \frac{V_c^2}{2R} = \frac{m^2}{4}P_c[W] \quad \text{[식 1-8]}$$

$$P_l = (\frac{\frac{mV_c}{2}}{\sqrt{2}})^2 \times \frac{1}{R} = \frac{m^2V_c^2}{8R} = \frac{m^2}{4} \times \frac{V_c^2}{2R} = \frac{m^2}{4}P_c[W] \quad \text{[식 1-9]}$$

가 된다. 여기서 AM파의 전력은 반송파 전력 P_c와 상측파대 전력 P_u, 하측파대 전력 P_l의 합으로 구해지므로 결국 AM파의 전력 $P_{AM} = P_c + P_u + P_l$ 가 되고, 이 식을 다시 위에서 구한 전력 [식 1-7]~[식 1-9]으로 전개하면

$$P_{AM} = P_c(1 + \frac{m^2}{4} + \frac{m^2}{4}) = P_c(1 + \frac{m^2}{2})[W] \quad \text{[식 1-10]}$$

가 된다. 또한 [식 1-10]에서 AM파의 피변조파 전력은 변조도 100[%] $(m=1)$일 때 반송파 전력의 1.5배인 것을 알 수 있다.

그리고 실효저항 R인 공중선에 흐르는 피 변조파 전류를 I_m, 반송파의 전류를 I_c라고 한다면

[식 1-10]에서

$$\frac{P_{AM}}{P_c} = \frac{I_m^2R}{I_c^2R} = 1 + \frac{m^2}{2} \quad \text{[식 1-11]}$$

에서 다음 식이 성립된다.

$$I_m = I_c\sqrt{1+\frac{m^2}{2}}$$

$$\therefore m = \sqrt{2(\frac{I_m}{I_c})^2-1} \quad \text{[식 1-12]}$$

따라서 공중선에 흐르는 반송파 전류 및 피변조파 전류로도 변조도 m을 구할 수 있다.

1.5.5 AM통신 방식

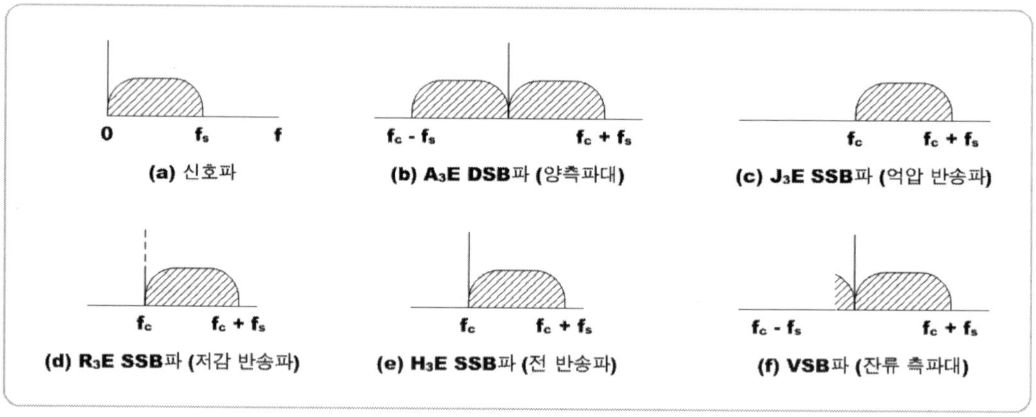

[그림 1-6] AM통신 방식

① [그림 1-6](a)는 전송하고자 하는 원시 데이터의 신호파가 된다.

② [그림 1-7](b)는 반송파를 중심으로 상하 대역에 나타나는 신호파의 대역(양측파대 : DSB)로서 반송파 주파수 f_c를 중심으로 상측파대와 하측파대가 발생한다.

③ [그림 1-7](c)는 측파대의 한쪽과 반송파를 억압시켜 전송하지 않는 억압 반송파(J_3E)이다.

④ [그림 1-7](d)는 효율을 높이고, 동기를 쉽게 하기 위해 반송파의 크기를 작게 하고, 한쪽 측파대로만 전송하는 저감 반송파(R_3E) 방식이다.

⑤ [그림 1-7](e)는 한쪽측파대만 제거한 것으로 전반송파(H_3E)방식이다.

⑥ [그림 1-7](f)는 어느 한 측파대의 대부분을 제거하고 남은 부분과 다른 쪽의 완전한 측파대를 전송한 것으로 잔류측파대(VSB : Vestigial Side Band) 또는 비대칭 측파대 방식이라 부르며, 주로 TV영상 신호방식에 사용된다.

1.6 각도 변조(Angle Modulation)

신호에 따라 주파수나 위상을 변화시켜 정보를 전송하는 방식으로 진폭변조에 대응하는 변조방식으로 그 종류로는 주파수 변조(FM)방식과 위상변조(PM)방식이 있다.

1.6.1 주파수 변조(FM : Frequency Modulation)

[그림 1-7](b)과 같이 신호 파에 따라서 반송파의 주파수를 변화시키는 변조방식이다.

여기서 신호 파 전압을 V_s라 하고 반송파 전압을 V_c라 하면 FM 피변조파의 전압 V_{FM}은 다음과 같이 된다.

$$V_s = V_s \cos pt\,(p = 2\pi f_p,\ f_p : \text{신호 주파수}) \quad \text{[식 1-13]}$$

$$V_c = V_c \sin \omega t\,(\omega = 2\pi f,\ f : \text{반송 주파수}) \quad \text{[식 1-14]}$$

$$V_{FM} = V_c \sin\left(\omega t + \frac{\Delta\omega}{p}\sin pt\right) = V_c \sin(\omega t + m_f \sin pt) \quad \text{[식 1-15]}$$

여기서 $m_f = \dfrac{\Delta\omega}{p} = \dfrac{\Delta f}{f_s}$는 변조지수(Modulation Index)가 되고, Δf는 최대 주파수 편이가 된다.

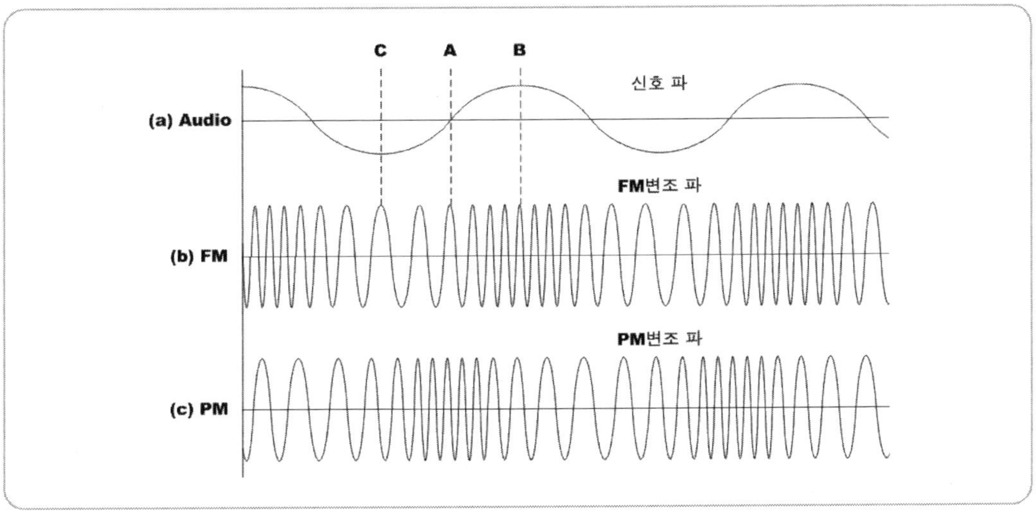

[그림 1-7] 주파수 변조방식과 위상변조 방식의 파형

■ **주파수 변조 방식의 특징**

① 진폭변조방식에 비해 잡음 및 간섭에 강하며 신호레벨 변동에 영향을 받지 않는다.
② S/N비가 진폭변조 방식에 비해서 개선된다.
③ 전송로의 주파수 변동에 약하다.
④ 넓은 주파수 대역이 필요하다.

1.6.2 위상 변조(PM : Phase Modulation)

[그림 1-7](c)과 같이 신호 파에 따라서 반송파의 위상을 변화시키는 변조방식이다. 여기서 신호파 전압을 V_s라 하고 반송파 전압을 V_c라 하면

$V_s = V_s \cos pt$ ($p = 2\pi f_p$, f_p : 신호 주파수) ········ [식 1-15]

$V_c = V_c \sin \omega t$ ($\omega = 2\pi f$, f : 반송 주파수) ········ [식 1-16]

위의 두 식에서 반송파의 위상을 신호 파의 최대 전압(V_s)으로 $\Delta\theta$를 변화시키면 피변조파의 위상은

$\theta_{PM} = \omega t + \Delta\theta \sin pt$ ········ [식 1-17]

가 되며 따라서 PM 피변조파의 전압 V_{PM}은 다음과 같이 된다.

$V_{PM} = V_c \sin(\omega t + \Delta\theta \sin pt) = V_c \sin(\omega t + m_p \sin pt)$ ········ [식 1-18]

또한 위의 식에서 $\Delta\theta$는 최대 위상 편이가 되고, m_p는 위상변조지수가 된다.

1.7 펄스 변조(Pulse Modulation)

펄스 변조방식은 최대 주파수 f_m[Hz]인 정보 신호를 전송하고자 할 때 표본화 정리에

의거하여 최소 $\frac{1}{2f_m}$(초)간격으로 뽑아낸 신호의 대표 값으로도 그 신호가 가지는 정보를 전송하여 완전 복원이 가능할 수 있다는 근거 하에 표본화에 의한 표본 치에 비례하는 크기로 펄스열의 파라미터(진폭, 폭, 위치, 위상 등)를 변화시키는 변조 형태를 말한다.

이러한 펄스 변조방식에는 펄스 진폭변조(PAM : Pulse Amplitude Modulation)방식과 펄스 폭 변조(PWM : Pulse Width Modulation 또는 PDM : Pulse Duration Modulation) 방식 그리고 펄스 위치 변조(PPM : Pulse Position Modulation)방식, 펄스 위상 변조(PPM : Pulse Phase Modulation)방식 등이 있다.

[표 1-5] 펄스 변조(Pulse Modulation)

<table>
<tr><td colspan="4">입력신호
아날로그</td><td rowspan="3">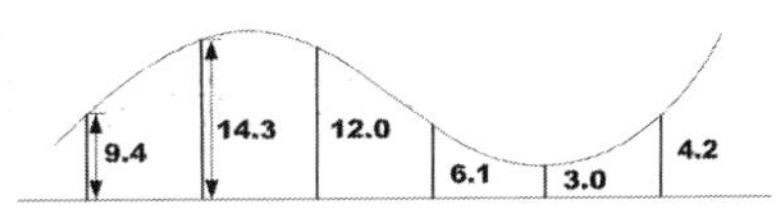</td></tr>
<tr><td colspan="3">펄스 변조 방식의 종류</td><td rowspan="2">변조하는 파라미터</td></tr>
<tr><td></td><td>기 호</td><td>명 칭</td></tr>
<tr><td rowspan="5">아날로그변조</td><td>PAM</td><td>펄스 진폭 변조
Pulse Amplitude Modulation</td><td>진폭</td><td>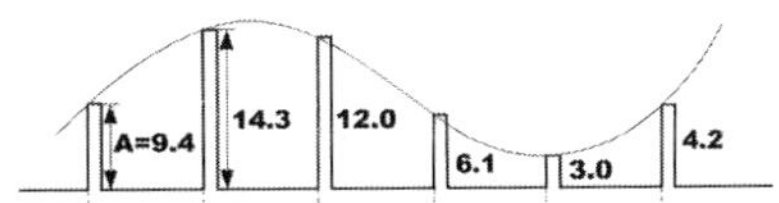</td></tr>
<tr><td>PWM
(PDM)</td><td>펄스 폭 변조
Pulse Width Modulation
Pulse Duration Modulation</td><td>펄스의 폭</td><td>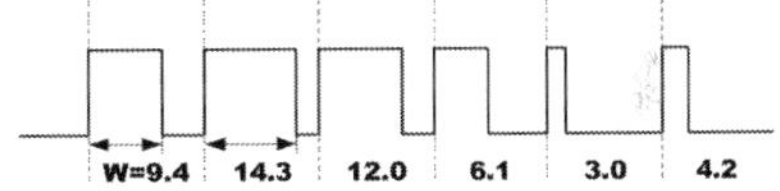</td></tr>
<tr><td>PPM
(PPM)</td><td>펄스 위상 변조
Pulse Phase Modulation
펄스 위치 변조
Pulse Position Modulation</td><td>위상</td><td>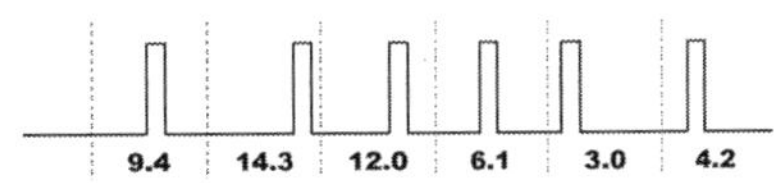</td></tr>
<tr><td>PFM</td><td>펄스 주파수 변조
Pulse Frequency Modulation</td><td>주파수</td><td>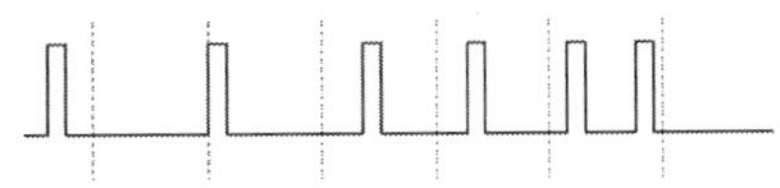</td></tr>
<tr><td>PTM</td><td>펄스 시 변조
Pulse Time Modulation</td><td colspan="2">신호파의 진폭에 따라 펄스의 시간적 위치를 변동시키는 변조 방식 지금은 거의 사용되지 않는다.</td></tr>
<tr><td rowspan="2">디지털변조</td><td>PNM</td><td>펄스 수 변조
Pulse Number Modulation</td><td>펄스 수</td><td>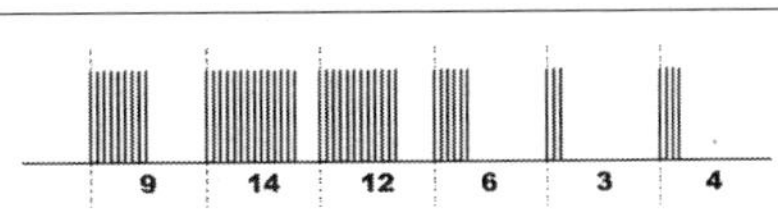</td></tr>
<tr><td>PCM</td><td>펄스 부호 변조
Pulse Code Modulation</td><td>부호화</td><td>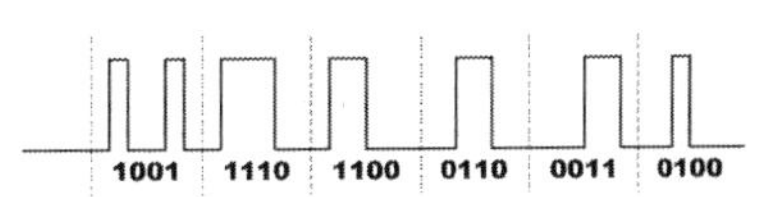</td></tr>
</table>

1.7.1 펄스 부호 변조(PCM : Pulse Code Modulation)

음성정보와 같은 아날로그 신호를 디지털 신호인 펄스 코드로 변환하여 전송하고 수신단에서는 전송된 디지털 신호를 다시 음성정보와 같은 아날로그 신호로 되돌리는 방식이다,

아날로그 신호가 디지털 신호로 변환되기 위해서는 표본화(Sampling), 양자화(Quantization), 부호화(Encoding)과정을 거치게 되는데 이것을 펄스 부호 변조방식(PCM)의 3단계라 부른다.

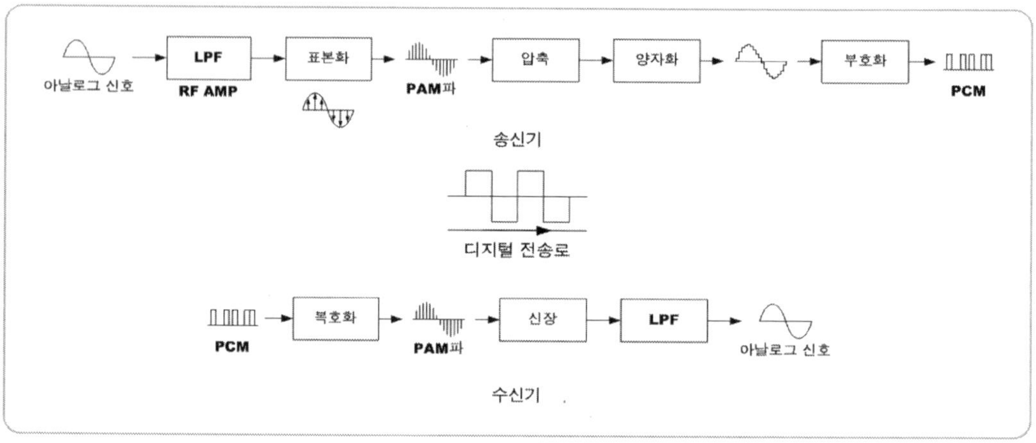

[그림 1-8] 펄스부호변조(PCM) 과정

① **표본화(Sampling)** : 연속적으로 변화하는 아날로그 신호의 파형을 일정 주기의 펄스파의 진폭으로 대표시키는 과정으로 원 신호 파형을 포함한 최고 주파수의 2배 이상의 빈도로 표본화하면 원 신호를 완전히 재생할 수 있다.

② **양자화(Quantization)** : PCM과정의 표본화를 통해 발생된 PAM파의 진폭을 이산적 신호인 디지털 양으로 변환하기 위하여 PAM파 진폭의 최저 레벨과 최고 레벨 사이를 양자화 레벨(2^n)로 등분하여 계단 모양의 근사파형으로 만드는 과정을 말한다.

③ **부호화(Encoding)** : 양자화를 거쳐 나온 0과 1의 부호열 신호를 전송로 상에 보내기 알맞은 디지털 펄스부호로 바꾸는 과정이다.

1.8 무선 전신

통신 전선을 이용하지 않고 전자기파를 이용하여 전신을 주고받는 통신방식으로 발진 장치에 의한 진동전류(모스 부호 : Morse)를 전건(電鍵)으로 단속(斷續 : ON-OFF)하고 전신 기호를 전자기파에 실어 공중선으로 방사하는 것으로 CW 통신(Continue Wave 통신)이라고도 한다. 즉, 반송파를 모스 부호에 따라 단속(斷續)하는 조작으로 키(Key)를 눌러서 반송파가 송신될 때는 마크(Mark), 누르지 않아서 전파가 송신되지 않을 때를 스페이스(Space)라 한다.

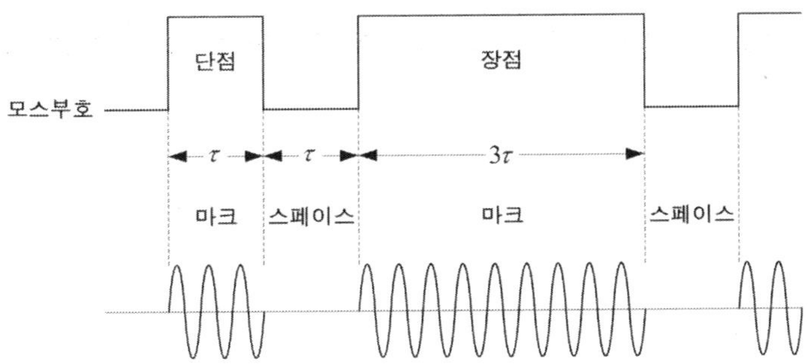

[그림 1-9] 전신 파형

통신 속도를 표시하는 단위로서 τ와 관계있는 보오(B : Baud)를 사용하며, 여기서 보오는 1초간 전송할 수 있는 단위 펄스의 수를 표시하는 것으로 $B=\frac{1}{\tau}$로 구할 수 있다.

1.8.1 A_1A 전신방식

반송파를 모스 부호에 따라 단속하는 방식으로 변조기가 따로 필요 없으나 대신 반송파 출력을 단속할 수 있는 전건(Keying)장치가 필요하다. 또한 일반적인 수신기로도 수신할 수 없으며 반드시 A_1A 수신 장치인 BFO(Beat Frequency Oscillator)장치가 있는 수신기로만 수신이 가능하다.

가격이 저렴하고 경제적이며 단파대를 이용하므로 장거리 통신을 할 수 있는 방식이다.

1.8.2 A_2A 전신방식

단일 주파수의 가청 주파수로 변조된 AM파를 모스 부호에 따라 전건(Keying)하는 통신방식으로 다음의 2가지 방식으로 나눌 수 있다.

① 첫째로는 [그림 1-10](a)의 모스 부호로 (b)와 같이 단일 주파수의 가청 주파수 변조파만을 단속하여 반송파를 진폭 변조하는 방법이며 그 파형은 (c)와 같다.

② 둘째 방식은 단일 주파수의 가청 주파수로 반송파를 진폭 변조하여 이 피변조파를 모스 부호에 따라 단속하는 방식으로 그 파형은 (d)와 같다.

A_2A 전신방식에서는 대부분 후자가 사용되며 일반 전화 수신기(A_3E 수신기)로도 수신할 수 있다.

1.8.3 FS 전신방식

전신 부호의 마크(Mark)와 스페이스(Space)시에 서로 다른 주파수의 전파를 발사하는 방식으로 주파수 편이 전신(Frequency Shift)라 한다.

FS 전신은 주파수 변조방식(FM : Frequency Modulation)의 원리를 이용한 전신이어서 잡음에 강하다.

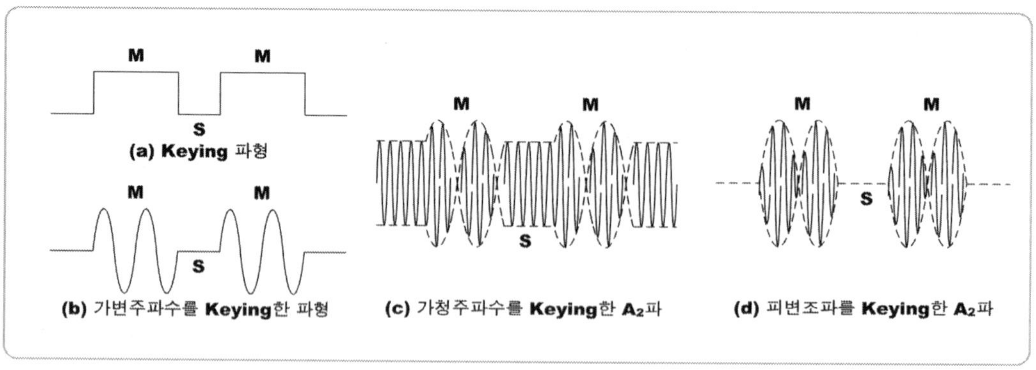

[그림 1-10] FS 전신 파형

※ **AM전신방식과 비교한 FS 전신방식의 특징**

- 오자율이 적으며 Key Click의 방해가 적어, AM전신방식에 비해 S/N비가 개선된다.
- 적은 전력으로 양질의 통신이 가능하다.
- C급 증폭이 가능하므로 양극 효율이 높다.
- AGC 및 공간 다이버시티(Space Diversity)를 사용할 수 있다.
- 고속의 다중통신에 적합하다.
- 높은 주파수 안정도가 요구된다.
- 통신 속도가 빠를 경우 AM보다 측파대가 넓어지지 않는다.

1.9. 무선 통신의 잡음(Noise)

1.9.1 잡음의 개념

통신계의 송신측 입력 단에서 수신측 출력 단 사이에 발생 또는 혼입되어 수신측 출력 단에 나타나는 본래 신호 이외의 모든 신호를 의미한다.

1.9.2 열잡음(Thermal Noise)

저항체 내의 전자는 외부로부터 아무런 전기적 영향을 받지 않은 상태에서도 절대 온도에 따른 브라운(brown) 운동을 하고 있기 때문에 저항체 내에서 연속성 잡음이 랜덤하게 발생하는 것을 말한다.

열잡음은 저항체의 형상이나 구성 물질에 관계없이 그 평균치는 '0'이지만 잡음 전압의 제곱 평균치 $e_n{}^2$은 나이퀴스트 식(Nyquist's Equation)에 의하여 다음과 같이 표현한다.

$$e_n = \sqrt{4kTBR}\,[V] \qquad \text{[식 1-23]}$$

단, k는 볼츠만(Boltzmann)의 상수($1.372 \times 10^{-23} [J/^\circ K]$)

T는 저항체의 절대 온도$[^\circ K]$

B는 증폭기 또는 수신기의 등가 대역폭$[Hz]$

R은 도체의 저항 값$[\Omega]$이다.

1.9.3 신호 대 잡음비(S/N Ratio)

입력 신호의 전력(P_s)에 대한 잡음 전력(P_n)의 비로서 $[dB]$로 표현한다.

$$S/N[dB] = 10\log\frac{P_s}{P_n}[dB] = 20\log\frac{I_s}{I_n}[dB] = 20\log\frac{V_s}{V_n}[dB] \quad \text{[식 1-24]}$$

S/N의 값은 분자가 신호, 분모가 잡음이므로 클수록 잡음이 적은 상태를 뜻하며 60 $[dB]$이상이면 무 잡음 상태, 0$[dB]$ 이하이면 통화 불능상태를 의미한다.

※ **잡음 지수(Noise Figure)**
잡음 지수는 입력신호의 S/N비에 대한 출력 신호의 S/N비를 의미한다.

$$F = \frac{S_i/N_i}{S_o/N_o} = \frac{S_i}{N_i} \times \frac{N_o}{S_o} = \frac{S_i}{S_o} \times \frac{N_o}{N_i} \quad \text{[식 1-25]}$$

$$F[dB] = 10\log F = 10\log\frac{S_i}{N_i} - 10\log\frac{S_o}{N_o}[dB] \quad \text{[식 1-26]}$$

1.9.4 종합 잡음 지수

[그림 1-11]과 같이 각 단의 잡음 지수가 $F_1, F_2, F_3, \cdots$이고, 이득이 $G_1, G_2, G_3, \cdots$인 증폭기가 종속 접속되었을 때의 종합 잡음 지수는 프리스(Friss)공식에 의하여

$$\text{종합 잡음 지수}(F) = F_1 + \frac{F_2 - 1}{G_1} + \frac{F_3 - 1}{G_1 G_2} + \ldots \ (F\text{: 잡음지수, } A\text{: 증폭기, } G\text{: 이득}) \quad \text{[식 1-27]}$$

가 된다.

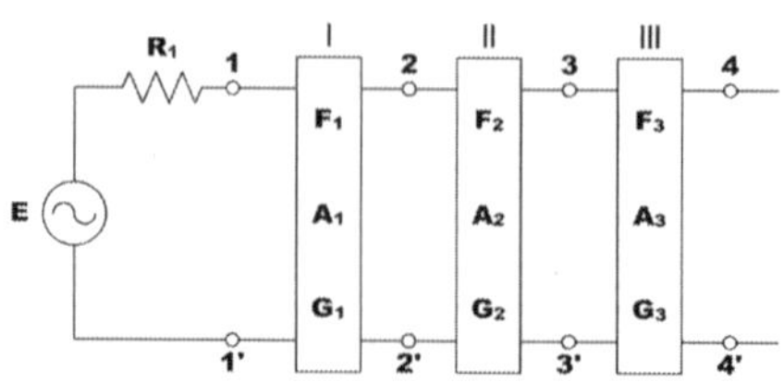

[그림 1-11] 종합 잡음 지수

※ **잡음지수** NF(noise figure) : F

$F=\dfrac{S_i/N_i}{S_0/N_0}=\dfrac{S_i}{S_0}\cdot\dfrac{N_0}{N_i}$ 여기서, 유능 잡음전력 $N_i=kTB$이므로 $F=\dfrac{S_iN_0}{S_0N_i}=\dfrac{S_i}{S_0}\times\dfrac{N_0}{kTB}$가 된다.

① 무잡음 이상 증폭기의 잡음지수는 1이다.(F=1)

② 실제 증폭기에서는 내부 잡음이 있기 때문에 F>1이다.

③ 다단 증폭기의 종합잡음지수 F는

종합 잡음 지수$(F)=F_1+\dfrac{F_2-1}{G_1}+\dfrac{F_3-1}{G_1G_2}+$ ...가 된다.

즉, 종합 잡음지수는 초단증폭기의 잡음지수 F_1이 가장 큰 영향을 미친다.

1.9.5 한계 레벨(Threshold Level)

무선 수신기의 출력 단자에서 수신이 가능한 그 수신기의 입력 전압(또는 입력 전력)을 한계 신호라 하고 그 신호의 크기를 한계 레벨이라 한다.

[그림 1-12]는 FM 수신기의 입력 C/N비와 출력 S/N비의 관계를 그림으로 표시한 것이다. C/N비가 9[dB]되는 부근에서 실선과 같이 출력 S/N비가 급격히 증대되고 그 다음은 45° 의 경사를 가지고 증가한다.

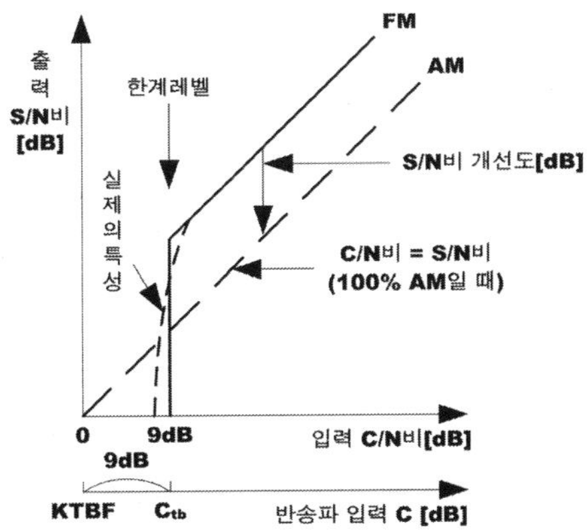

[그림 1-12] FM수신기의 C/N비와 S/N비의 관계

AM방식과 FM방식의 입력 C/N와 출력 S/N의 관계를 나타낸 그래프로 감도면 에서는 AM방식이 FM방식 보다 우수하며 S/N면에서는 FM방식이 더 우수하다.

연습문제 EXERCISES

01. 무선 통신용 송신기에서 입력신호를 변조 (Modulation)하는 가장 타당한 이유는?

가. 전송매개체와 신호를 정합(Matching)시키기 위해
나. 주파수를 높이기 위해
다. 수신기에서 받는 신호를 변환할 필요가 없기 때문에
라. 실제 구현시 회로가 간단하기 때문에

> ※ **변조(Modulation)**
> ⇒ 변조(Modulation)란 보내고자하는 정보신호를 전송로에 보내기 알맞은 신호형태로 변환하는 과정을 말하며 전송매개체와 신호를 정합(Matching)시키기 위한 것을 의미한다.

★
02. 무선통신 시스템에서 변 · 복조를 하는 이유 중 타당성이 적은 것은?

가. 통신로의 효율적 이용
나. 잡음과 간섭억제
다. 근접거리의 선로 전송에 유리
라. 신호의 다중화

★
03. 다음 중 변조의 필요성에 해당되지 않은 것은?

가. 전송채널에서 간섭과 잡음을 줄이기 위함이다.
나. 다중통신을 하기 위함이다.
다. 원거리 통신을 하기 위함이다.
라. 좀 더 긴 파장의 신호를 만들기 위함이다.

★
04. 진폭변조에서 변조 도에 대한 설명으로 틀린 것은?

가. 신호파의 최대값을 반송파의 최대값으로 나눈 값이다.
나. 반송파의 크기와 신호파의 크기에 따라 정해진다.
다. 최대주파수편이와 신호주파수와의 비이다.
라. 진폭변화의 정도를 나타낸다.

05. **진폭이 12[V]이고 주파수가 1[MHz]인 반송파를 진폭이 10[V], 주파수 3[KHz]의 변조파로 진폭 변조하였을 때 변조 도는 약 몇 [%]인가?**

가. 50[%] 나. 75[%] 다. 83[%] 라. 92[%]

06. **AM에서 과변조가 발생하였을 때 일어나는 현상과 관계가 없는 것은?**

가. 피변조파에 많은 고조파가 발생한다.
나. 점유대역폭이 넓어지므로 다른 통신에 혼선을 준다.
다. 명료도가 개선되어 자기진동이 일어난다.
라. 송신기에 과부하가 걸린다.

07. **AM 무선 송신기가 과변조 되었을 때 수신측에 나타나는 현상으로 맞는 것은?**

가. 수신전파의 측파대 폭이 좁아진다.
나. 수신음이 찌그러진다.
다. 수신음의 신호 대 잡음비가 커진다.
라. 수신기 공중선의 동조 잡기가 힘들어 진다.

08. **진폭변조(AM)에서 과변조가 발생한 경우 일어나는 현상이 아닌 것은?**

가. 피변조파에 많은 고조파가 포함된다.
나. 점유 주파수 대역폭이 넓어지게 된다.
다. 다른 통신에 혼신을 준다.
라. 수신기에 과부하가 걸린다.

★
09. **출력 500W의 J_3E 송신에서 무변조시 공중선 전력은 몇[W]인가?**

가. 1[W] 나. 707[W] 다. 500[W] 라. 0[W]

> J_3E는 SSB 송신기에서 사용하는 전파형식이므로 무변조(m=0)시
>
> 공중선전력(P_m)$=\frac{m^2}{4}P_c=\frac{0^2}{4}P_c=0[W]$

해답

1. (가)	2. (다).	3. (라)	4. (다)	5. (다)	6. (다)	7. (나)	8. (라)	9. (라)

★★★★★

10. 진폭 변조 송신기 출력이 100[%] 변조 시에 150[W] 이었다면 80[%] 변조 시에는 얼마인가?

가. 164[W]
나. 100[W]
다. 132[W]
라. 180[W]

11. 진폭 변조 회로에서 반송파 전력이 100[W]일 때 변조율을 60[%]라고 하면 상측파대의 전력은?

가. 8[W]
나. 9[W]
다. 10[W]
라. 12[W]

★

12. AM 무선송신기의 변조율이 50%이고, 반송파 전력이 40W 일 때 피변조파의 전력은 몇 W 인가?

가. 35
나. 40
다. 45
라. 50

13. AM 송신기에서 단일 주파수로 50[%] 변조를 하였을 때의 반송파와 상 측대파와의 전력비는?

가. $1 : \frac{1}{2}$
나. $1 : \frac{1}{4}$
다. $1 : \frac{1}{8}$
라. $1 : \frac{1}{16}$

14. AM 송신기에서 변조도 60[%], 피변조기의 컬렉터 손실이 300[W], 컬렉터 효율이 90[%]이다. 이 때 피변조파의 전력은 몇 [㎾] 인가?
(단, 변조주파수는 단일 정현파이며, 출력회로 등의 손실은 무시한다.)

가. 1.8[㎾]
나. 2.7[㎾]
다. 3[㎾]
라. 4[㎾]

★

15. 다음 중 진폭변조(AM) 방식에 해당되는 것은?

가. 주파수편이변조(FSK)
나. 위상편이변조(PSK)
다. 펄스폭변조(PWM)
라. 잔류측파대변조(VSB)

16. 다음 변조방식에서 비트에러확률의 성능이 좋은 순서대로 된 것은? (단, SNR은 동일하다.)

가. ASK 〉 FSK 〉 PSK
나. FSK 〉 ASK 〉 PSK
다. PSK 〉 FSK 〉 ASK
라. PSK 〉 ASK 〉 FSK

17. 16진 PSK의 대역폭 효율은 QPSK 대역폭 효율의 몇 배인가?

가. 2배
나. 4배
다. 8배
라. 16배

18. 다음의 디지털 변조방식 중 오류확률이 가장 낮은 것은?

가. 2진 ASK
나. 2진 FSK
다. 2진 DPSK
라. 2진 PSK

19. ASK와 비교하여 FSK방식의 특징이 아닌 것은?

가. 신호와 진폭이 일정하다.
나. 대역폭이 넓다.
다. 잡음 및 레벨변동에 강하다.
라. AFC회로가 필요 없다.

※ FSK(Frequency Shift Keying : 주파수 편이 변조)는 반송파의 주파수 변화를 이용하여 변조하는 방식으로 진폭이 일정하며 ASK에 비하여 각종 잡음 및 레벨 변동에 강한 방식으로 대역폭이 넓다. 또한 주파수 조절장치인 AFC(Automatic Frequency Control)가 필요하다.

20. 다음 중 PCM의 주요 과정에 속하지 않는 것은?

가. 증폭
나. 표본화
다. 양자화
라. 부호화

해답

10. (다) 11. (나) 12. (다). 13. (라) 14. (나) 15. (라) 16. (다) 17. (가) 18. (라) 19. (라) 20. (가)

21. **다음 중 전송부호가 가져야 하는 조건으로 적합하지 않은 것은?**

가. DC 성분이 포함되어야 한다.
나. 동기(Timing) 정보가 충분히 포함되어야 한다.
다. 전송부호의 코딩효율이 양호해야 한다.
라. 전송 도중에 발생하는 에러의 검출과 교정이 가능해야 한다.

22. **FS통신 방식은 다음 중 어느 것인가?**

가. 일종의 PM방식이다.
나. 일종의 FM방식이다.
다. 일종의 링변조방식이다.
라. 일종의 SSB방식이다.

※ FS 전신 방식의 특징(AM전신 방식과 비교)
① 오차율이 적다.
② FM 방식의 일종으로 S/N가 우수하다.
③ AGC 및 공간 diversity를 사용할 수 있다.
④ 저 전력으로 양질의 통신 가능하다.
⑤ 고속도 및 다중 통신 가능하다.

23. **FSK 방식의 특징이 아닌 것은?**

가. 비교적 회로가 간단하다.
나. ASK에 비하여 대역폭이 넓다.
다. 잡음 및 레벨 변동에 강하다.
라. AFC회로가 필요 없다.

※ FSK(Frequency Shift Keying : 주파수 편이 변조) : 정보신호에 따라 반송파의 주파수를 변화시키는 방식으로 각종 잡음 및 레벨변동에 강하나 대역폭이 넓어진다는 단점이 있다. 또한 안정된 반송파를 만들기 위해서 AFC 회로가 필요하다.

24. **FS 전신방식을 AM전신 방식과 비교할 때 FS 전신의 특징이 아닌 것은?**

가. S/N 비가 크게 개선된다.
나. 고속통신 및 다중통신에 적합하다.
다. 오차율이 적다.
라. AGC 및 Space diversity를 사용할 수 없다.

25. **FS 다중 통신 방식의 종류에 해당되지 않는 것은?**

가. 2주파 다이플렉스 방식
나. 시분할 다중 전신방식
다. 4주파 다이플렉스 방식
라. 주파수 분할 다중 전신방식

26. FM수신기에서 2단 증폭기의 초단 증폭기의 이득이 15[dB], 잡음지수가 1.2[dB]이고, 후단 증폭기 이득이 10[dB], 잡음지수 1.6[dB]일 때 수신기의 종합 잡음지수는?

가. 1.34[dB] 　　 나. 1.24[dB]

다. 1.14[dB] 　　 라. 1.04[dB]

> ※ 다단 증폭기의 종합잡음지수(F)
>
> $$F = F_1(\text{초단 잡음지수}) + \frac{F_2(\text{후단 잡음지수}) - 1}{G_1(\text{초단 증폭기 이득})} = 1.2 + \frac{1.6-1}{15} = 1.24[dB]$$

27. 잡음지수에 대한 설명 중 틀린 것은?

가. 무잡음 이상증폭기의 잡음지수는 1이다.

나. 실제 증폭기의 잡음지수는 1보다 크다.

다. 증폭기의 입・출력 단에서의 잡음지수 = $\frac{\text{입력}S/N}{\text{출력}S/N}$이다.

라. 다단 증폭기의 종합 잡음지수는 각단 잡음지수의 합이다.

> ※ 잡음지수 NF(noise figure) : F ⇒ $F = \frac{S_i/N_i}{S_0/N_0} = \frac{S_i}{S_0} \cdot \frac{N_0}{N_i}$
>
> 여기서, 유능 잡음전력 $N_i = kTB$이므로
>
> $F = \frac{S_iN_0}{S_0N_i} = \frac{S_i}{S_0} \times \frac{N_0}{kTB}$가 된다.
>
> ① 무잡음 이상 증폭기의 잡음지수는 1이다.(F=1)
>
> ② 실제 증폭기에서는 내부 잡음이 있기 때문에 F>1이다.
>
> ③ 다단 증폭기의 종합잡음지수 F는
>
> $F = F_1 + \frac{F_2 - 1}{G_1} + \frac{F_3 - 1}{G_1G_2} + \ldots\ldots$
>
> 즉, 종합 잡음지수는 초단 증폭기의 이득과 초단증폭기의 잡음지수 F1이 가장 큰 영향을 미친다.

해답

21. (가) 22. (나) 23. (라) 24. (라) 25. (가) 26. (나) 27. (라)

28. **수신기의 잡음지수(NF : Noise Figure)와 관계없는 것은?**
(단, 첨자 i : 입력, o : 출력, k : 볼츠만 상수, T : 절대온도, B : 등가잡음 대역폭)

가. 잡음지수$(F)=\dfrac{S_i/N_i}{S_o/N_o}$

나. 잡음지수$(F)=\dfrac{S_i \cdot N_o}{S_o \cdot N_i}$

다. 잡음지수$(F)=\dfrac{S_i}{S_o}\times\dfrac{N_o}{kTB}$

라. 잡음지수$(F)=kTB+\dfrac{S_o}{N_o}$

> ※ 잡음지수 NF(noise figure) : F ⇒ $F=\dfrac{S_i/N_i}{S_0/N_0}=\dfrac{S_i}{S_0}\cdot\dfrac{N_0}{N_i}$
>
> 여기서, 유능 잡음전력$N_i=kTB$이므로
>
> $F=\dfrac{S_iN_0}{S_0N_i}=\dfrac{S_i}{S_0}\times\dfrac{N_0}{kTB}$가 된다.

29. **일반적으로 잡음이 있는 수신기의 잡음지수 F의 크기로 가장 적합한 것은?**

가. $F=1$ 나. $F<1$ 다. $F>1$ 라. $F\leq 1$

30. **FM 수신기에서 수신입력 레벨을 감소 시켜 가면 어떤 값에서 출력의 S/N이 급격히 감소하는 현상이 나타난다. 이때의 수신레벨을 무엇이라고 하는가?**

가. 한계레벨(threshold level)
나. 피크레벨(peak level)
다. 신호레벨(signal level)
라. 잡음레벨(noise level)

31. **수신한계 레벨이 가장 낮은 것은?**

가. 대역폭이 넓고 수신기 잡음지수(NF)가 큰 것
나. 대역폭이 좁고 수신기 잡음지수(NF)가 작은 것
다. 대역폭이 넓고 수신기 잡음지수(NF)가 작은 것
라. 대역폭이 좁고 수신기 잡음지수(NF)가 큰 것

해답

28. (라) 29. (다) 30. (가) 31. (나)

제2장

AM 송신기

제2장 AM 송신기

AM 송신기란 발진기로 부터 발생된 고주파(반송파) 신호를 정보신호에 따라 진폭을 변화시켜 변조를 수행하는 방식의 송신장치로서 그 구성은 전송하고자 하는 신호를 운반하기 위한 반송파를 발생하는 발진부와 정보신호를 반송파에 싣는 역할을 하는 변조부로 구성되어져 있다.

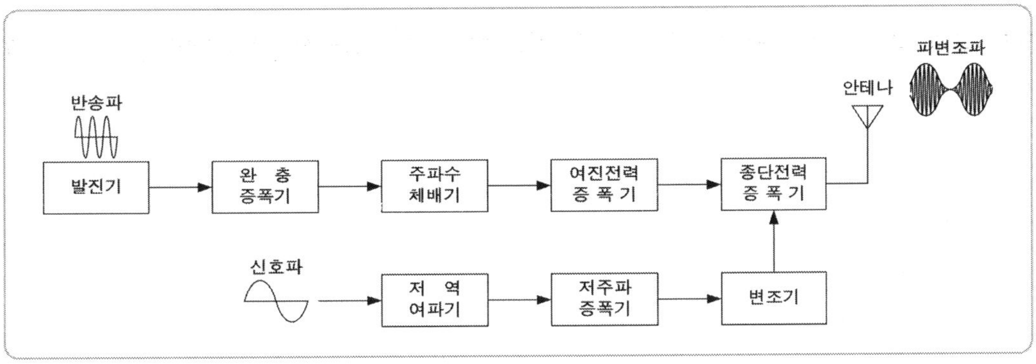

[그림 2-1] AM 송신기의 구성도

2.1 발진기(Oscillator)

AM 송신기의 발진기는 정보신호를 실어 보낼 수 있는 고주파 성분의 반송파를 생성해 낼 수 있는 중요한 부분으로 주파수 안정도가 가장 좋은 수정발진기를 많이 사용한다.

실제로 송・수신기에서 반송파를 생성해 내기 위해 사용될 발진기를 선정할 때에는 여러 가지 조건을 판단해서 선정하게 되는데 이때 요구되는 발진기의 중요한 조건은 다음과 같다.

※ 송 · 수신용 발진기가 갖추어야 할 조건

① 주파수의 안정도가 우수할 것
: 안정도가 가장 높은 수정발진기를 많이 사용한다.

② 전원 전압이나 온도 및 습도의 변화에 대해서 발진출력이 안정할 것
: 항온조를 사용하여 온도 및 습도의 변화에 의한 발진주파수 변동을 막는다.

③ 고조파가 적을 것

④ 주파수의 미조정(세밀한 조정)이 용이할 것

⑤ 부하 변동에 영향을 받지 않을 것
: 발진기 다음 단에 완충증폭기를 설치하여 부하변동에 따른 발진주파수의 변동을 방지한다.

⑥ 후단에 연결되는 증폭 부를 여진 하는데 필요한 출력을 가질 것

⑦ 주파수 변환 조작이 간단하고, 신속 정확 할 것

2.1.1 LC발진기

발진 주파수를 결정하는 요소로서 LC공진을 이용한 것으로 정현파에 가까운 깨끗한 파형을 얻을 수 있으며, 수십KHz~수GHz까지 비교적 높은 주파수 발진에 많이 사용되는 발진기이다.

대표적인 LC발진기로는 동조형 발진기와 3소자 발진기가 있으며, 동조형 발진기로는 컬렉터(Collector) 동조형과 베이스(Base) 동조형, 이미터(Emitter) 동조형 발진기가 있으며, 3소자 발진기로는 하틀리(Hartley) 발진기와 콜피츠(Colpitts) 발진기가 있다.

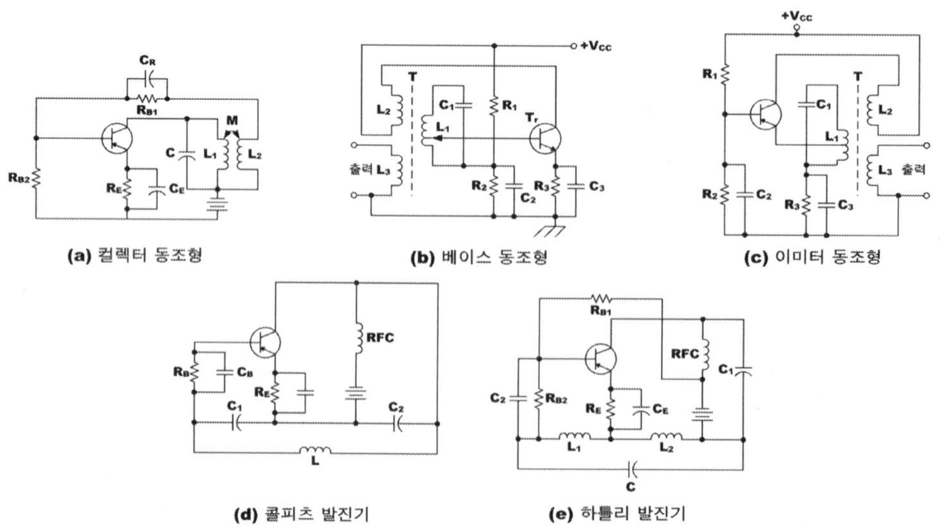

[그림 2-2] LC 발진기의 회로

각 LC 발진기 회로의 발진 주파수는 다음과 같다.

$$f = \frac{1}{2\pi\sqrt{LC}}$$

단, 콜피츠(Colpitts) 발진기 : $C = \frac{C_1 C_2}{C_1 + C_2}$

하틀리(Hartley) 발진기 : $L = (L_1 + L_2 + 2M)$

(1) 3소자 발진기의 발진조건

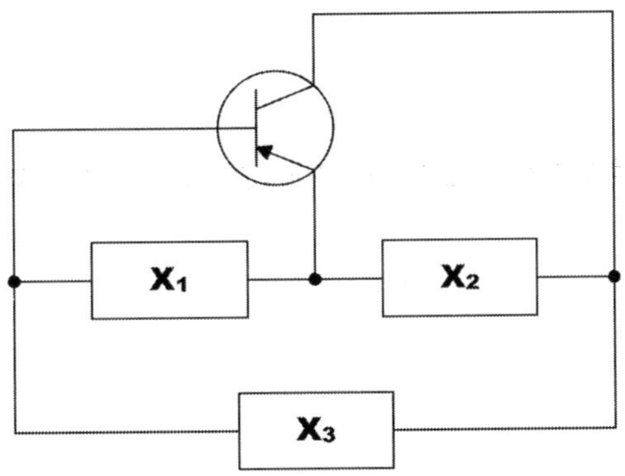

① $X_1 = X_2$ (같은소자), X_3(다른소자)

② X_1, $X_2 > 0$ (유도성), $X_3 < 0$ (용량성) → 하틀리(Hartley) 발진기

③ X_1, $X_2 < 0$ (용량성), $X_3 > 0$ (유도성) → 콜피츠(Colpitts) 발진기

X_1 : $B-E$(베이스–이미터), X_2 : $C-E$(컬렉터 – 이미터), X_3 : $C-B$(컬렉터–베이스)

(2) LC 발진기 주파수 변동원인과 그 대책

① 전원의 안정도를 높인다.(전원전압 변동 → 정전압 회로)

② 주위 온도 변화에 따른 주파수 변동을 막기위해 항온조를 사용한다.(온도변화 → 항온조)

③ 발진기와 출력 단 사이에 완충증폭기를 넣는다.(부하변동, 진동, 충격 → 완충증폭기)

④ 발진기의 동조회로에 Q가 높은 부품을 사용한다.

⑤ 발진기와 코일에 콘덴서의 온도계수를 상쇄하도록 부품을 선택한다.(부품불량 → 교체)

⑥ 동조점 불안정 → 동조 점을 약간 벗어나게 선택

(3) LC 발진 회로의 이상 현상

① 블로킹(Blocking) 발진

Base와 Collector 사이에 발생되는 시정수 주파수로 발진이 반복되는 현상이다.

② 인입현상

LC 발진기와 동일 전원을 다른 발진부가 사용하고 있을 경우 LC 발진기의 발진 주파수가 외부 주파수에 끌려가는 현상

③ 기생진동

회로내의 L과 C등에 의해 정규 발진부 이외 부분에서 발진 조건이 충족되어 원하지 않는 발진이 일어나는 현상

> **※ 기생진동 방지대책**
> ㉠ 증폭단을 완전 차폐한다.
> ㉡ 회로의 배선을 가급적 짧게 한다.
> ㉢ 중화회로를 사용한다.
> ㉣ 부품등에 필요한 접지를 확실히 한다.

2.1.2. 수정발진기

수정 결정의 압전현상(壓電現象)을 이용한 수정진동자를 발진주파수의 제어소자로 사용하여 안정도가 다른 발진기에 비해 매우 높은 발진주파수를 얻을 수 있는 발진기로서 규칙적인 기준 신호를 생성해 내어 보다 안정된 주파수를 유지할 수 있다.

대표적인 수정발진기 회로로는 피어스 BE형 회로와 피어스 BC형 회로가 있다.

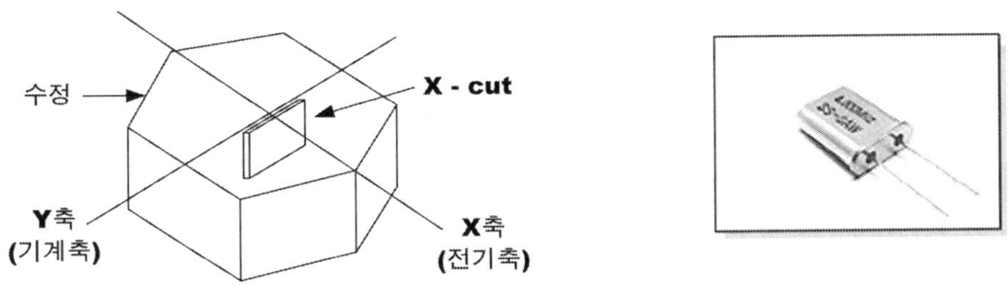

(a) 수정의 결정

(b) 수정 발진자

[그림 2-3] 수정 발진기

(1) 압전기 효과(Piezo Electric Effect)

압전기 효과란 압력을 가하면 압력을 가한 물체 양단에 전압차가 생기는 현상으로 수정의 결정을 X축(전기축)방향으로 절단하여 전기적 충격을 가하면 Y축(기계축)방향에 기계적 변형이 생기고, 반면에 Y축(기계축)방향으로 절단하여 물리적인 충격을 가하면 X축(전기축)방향에 전기가 발생하는 것을 의미한다.

(2) 수정 발진

수정(Crystal)을 적당히 잘라내어 2개의 전극에 연결하고 이 전극 양단에 충격을 가하면 수정은 기계적 진동을 하게 되며, 이 진동에 의하여 이 진동과 주기가 같은 정현파의 전기 진동파가 전극 양단에 나타나는데 이 진동에 의해 발생한 전기 진동파를 증폭하여 수정 편에 전기 충격을 계속 가하면 수정 편은 진동을 계속하게 되어 발진을 지속하게 된다.

이런 수정 발진기는 주파수 안정도가 매우 높아 가장 널리 이용되고 있으나 가변하기가 곤란하고 발진 주파수의 범위가 250㎒미만으로 한정되기 때문에 초고주파의 발진은 되지 않기 때문에 체배기를 이용하여 주파수를 높이며, 온도의 변화에 의한 주파수의 변동을 막기 위해 항온조를 사용하여 온도를 일정하게 유지해야 한다.

(3) 수정 발진자의 등가회로

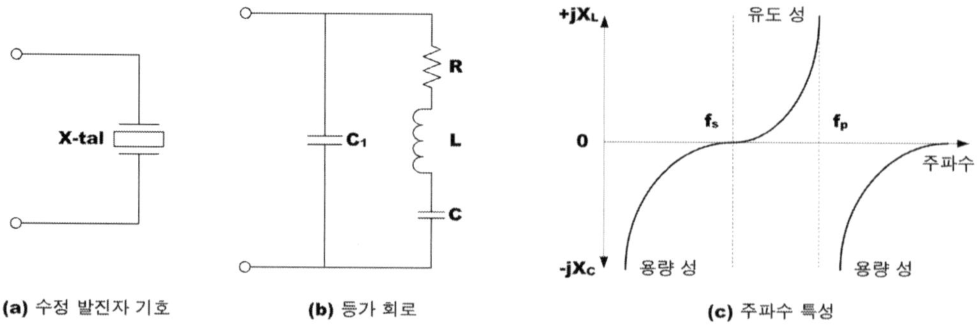

[그림 2-4] 수정 발진자의 등가 회로 및 주파수 특성

① [그림 2-4](b)의 등가 회로에서 용량 C_1은 수정 진동자에 전극을 형성하여 발생하는 것이며, 수정 편 자체의 정수는 R, L, C이다.

② [그림 2-4](c)에서 f_s는 C_1을 제외한 수정 편 자체의 고유 진동 주파수이고, f_p는 C_1을 고려한 경우의 주파수이며, 또한 이들 사이에는 다음의 관계가 존재한다.

직렬 공진 주파수 : $f_s = \dfrac{1}{2\pi\sqrt{LC}}$

병렬 공진 주파수 : $f_p = \dfrac{1}{2\pi\sqrt{LC}}\sqrt{1+\dfrac{C}{C_1}} = f_s(1+\dfrac{C}{C_1})^{1/2} \fallingdotseq f_s(1+\dfrac{C}{2C_1})$

발진 조건은 다음과 같다.

$$f_p - f_s = f_s \cdot \frac{C}{2C_1}$$

③ 수정 진동자는 f_s와 f_p 사이의 주파수($f_s < f < f_p$)일 때 유도성이 되고, 그 폭은 좁을수록 안정된 발진이 가능하다.

④ 수정진동자는 f_s와 f_p 사이의 간격이 매우 좁기 때문에 Q의 값이 매우 높고 안정도가 매우 높다.

(4) 피어스 BE회로(Pierce BE Circuit)

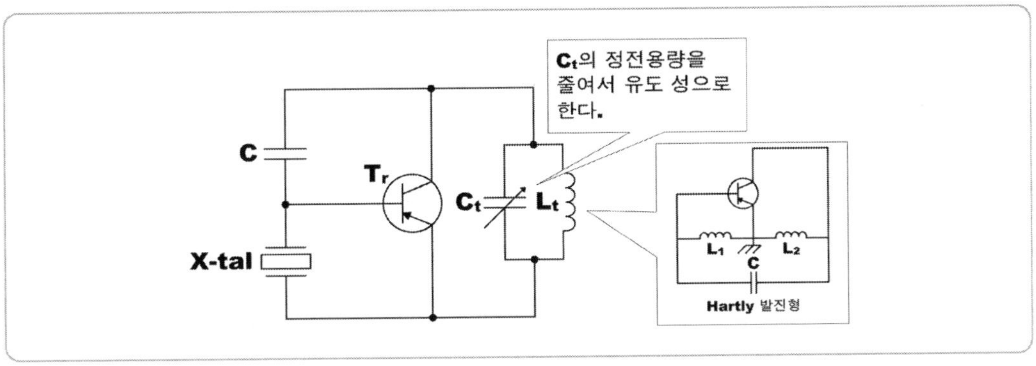

[그림 2-5] 피어스 BE형 발진회로

수정 진동자를 베이스와 이미터 사이에 접속한 것으로 컬렉터에 있는 동조회로의 정전용량(C_t)을 최소로 하여 동조회로 전체가 유도성이 되도록 조정하면 3소자 발진기의 하틀리 발진 회로와 같이 동작하게 된다.

(5) 피어스 BC회로(Pierce BC Circuit)

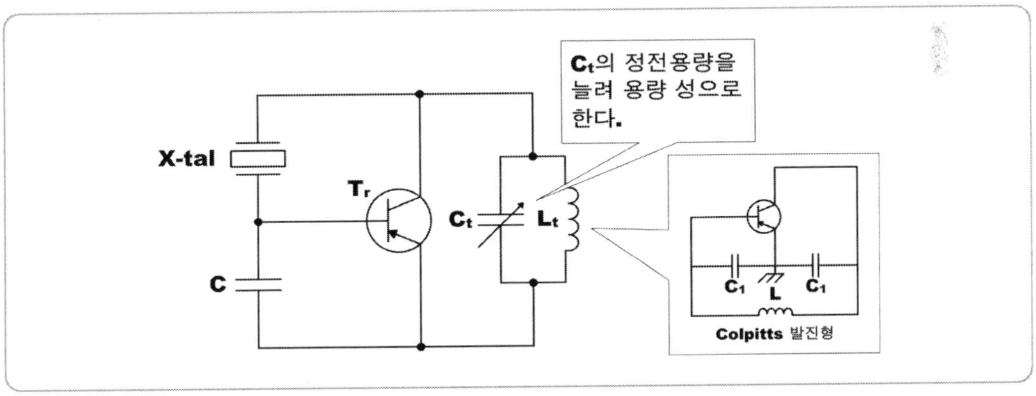

[그림 2-6] 피어스 BC형 발진회로

수정 진동자를 베이스와 컬렉터 사이에 접속한 것으로 동조회로의 정전용량(C_t)을 최대로 하여 동조회로 전체가 용량성이 되도록 조정하면 3소자 발진기의 콜피츠 발진 회로와 같은 동작을 하게 된다.

(6) 무 조정 회로(Non-Adjusting Circuit)

피어스 형 수정 발진기에서 동조회로 대신에 고정된 콘덴서나 코일을 삽입하여 동조회로 조정 없이 발진하는 발진기를 무 조정 수정 발진기라고 한다.

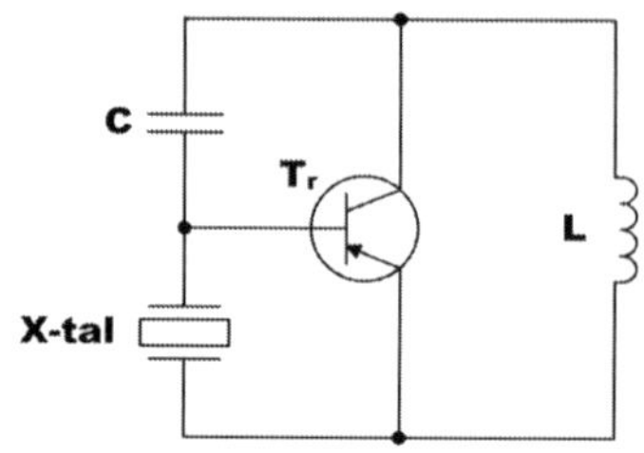

[그림 2-7] 무조정 발진회로

(7) 오버 톤(Over Tone)발진 회로

높은 주파수를 얻기 위해서 수정편의 배수차 진동을 이용하여 오버 톤용 수정 진동자로 고유 주파수의 3배, 5배 고조파를 취하여 발진에 이용하는 것으로 오버 톤용 수정 진동자는 기수배의 고조파를 많이 포함하는 발진을 하게 된다.

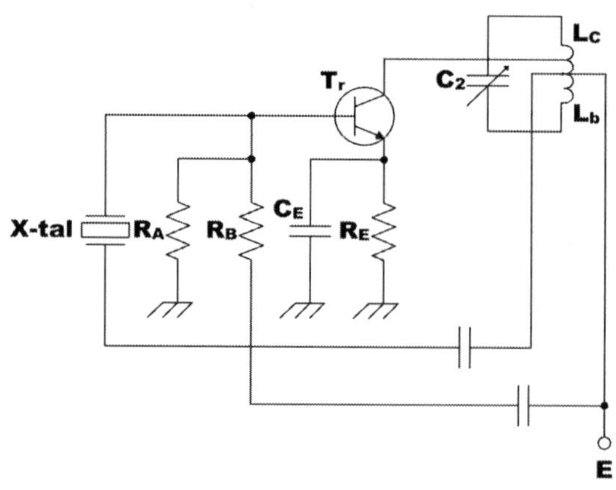

[그림 2-8] 오버 톤 발진 회로

2.1.3. RC 발진기

발진 주파수를 결정하는 요소로서 저항과 커패시턴스를 사용한 정현파 발진기를 말하며, 주로 수㎒이하에서 많이 사용하고 있다. 광범위한 주파수 가변이 가능하고, 낮은 주파수 발진에 유리하나 주파수의 안정도나 온도에 의한 드리프트 등의 특성이 별로 좋지 않고 정현파를 발생하기 위해서는 이득을 항상 적당히 조절해주는 회로(AGC)가 필요하다는 단점을 가진다. 대표적인 회로로는 이상(Phase Shift)발진기와 윈 브리지(Wien Bridge)발진기가 있다.

(1) 이상 발진기(Phase Shift Oscillator)

이상 발진기는 CR적분회로에 의한 위상지연을 이용한 발진기로서 CR회로를 여러 단으로 연결하고 각 CR쌍에서 60°씩 이상(Phase Shift)되어 전체적인 위상은 180°의 위상차를 궤환시켜 발진하는 회로로 그림 2-9와 같이 병렬 저항형(병렬 R형)과 병렬 콘덴서형(병렬 C형)이 있다.

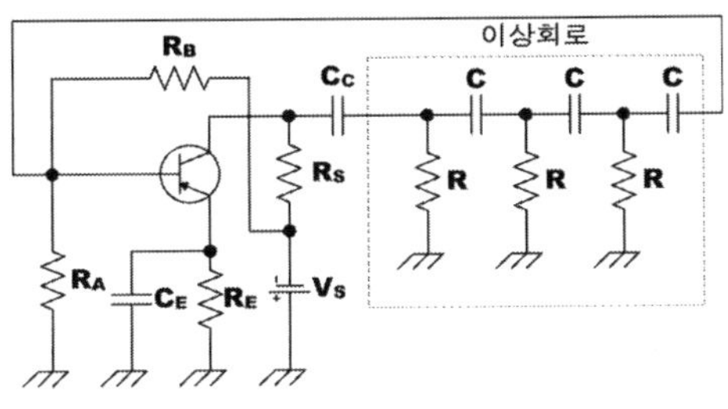

(a) 병렬 저항형 이상 발진기

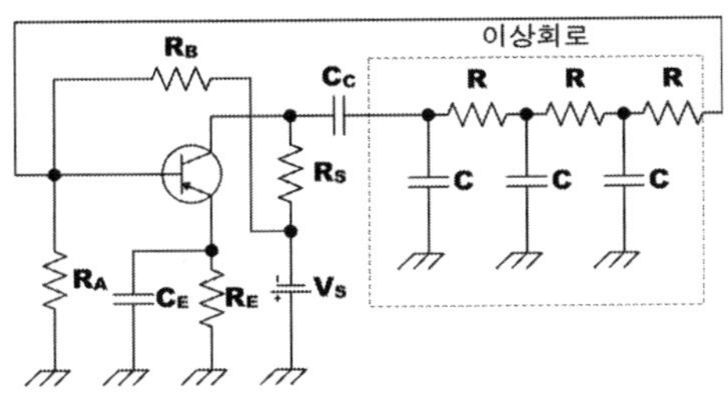

(b) 병렬 콘덴서형 이상 발진기

[그림 2-9] 이상 발진기

① **병렬 저항형**

병렬 저항형 이상 발진기의 발진 주파수는 다음 식과 같다.

$$f_0 = \frac{1}{2\pi\sqrt{6}\,CR}\ [Hz]$$

② **병렬 콘덴서형**

병렬 콘덴서형 이상 발진기의 발진 주파수는 다음 식과 같다.

$$f_0 = \frac{\sqrt{6}}{2\pi CR}\ [Hz]$$

(2) 윈 브리지형 발진기(Wien Bridge Oscillator)

정현파 발진회로 중 대표적인 것으로 터먼형 발진회로(Terman Oscillation Circuit)라고도 하며, [그림 2-10]과 같이 2단 증폭으로 입력의 위상과 동상으로 된 출력의 일부가 되돌아가 정궤환 발진을 한다.

주로 비교적 낮은 주파수대역(수Hz～수십KHz)에 이용되며, 증폭도가 높으면 왜곡이 많아지고 낮으면 발진 할 수 없는 등의 제한이 있다.

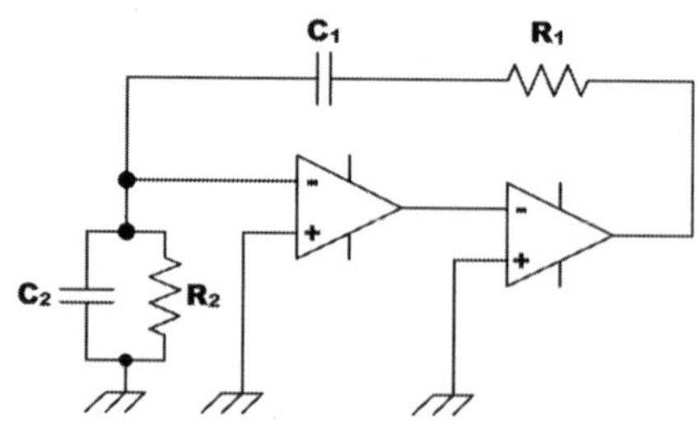

[그림 2-10] Wien Bridge 발진회로

$$f_0 = \frac{1}{2\pi\sqrt{C_1 C_2 R_1 R_2}}\ [Hz]$$

2.2 완충 증폭기(Buffer Amplifier)

① 발진부 다음에 위치하여 부하의 변동이 발진부에 미치는 영향을 방지한다.

② 발진부와 완충 증폭기의 전원은 독립적으로 공급하여 인입현상으로 인한 발진 주파수 변동의 영향을 없앤다.

③ 완충 증폭기는 증폭이 목적이 아니기 때문에 A급(또는 AB급)으로 동작 시킨다.

2.3 주파수 체배기(Frequency Multiplier)

수정 발진기의 수정 편은 얇을수록 높은 주파수를 만들어내지만 너무 얇으면 기계적 내력이 감소하여 발진 주파수가 한정된다. 따라서 수정편의 고유 주파수 이상의 주파수를 얻기 위해서는 수정 발진기의 발진 주파수를 C급 증폭기로 증폭하여 고조파를 추출 한 후 체배기를 사용하여 주파수를 체배한다.

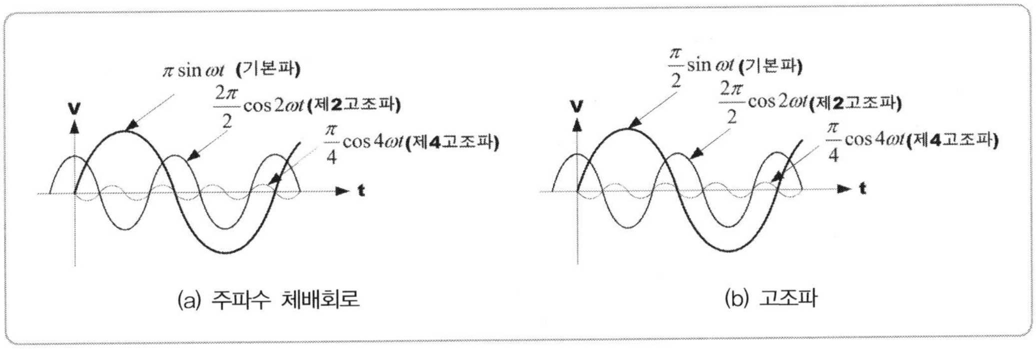

[그림 2-11] 주파수 체배 회로와 고조파

[그림 2-11](a)와 같은 C급 증폭회로에서 입력동조회로의 주파수 f_i를 인가하면 출력동조회로 T_0에 [그림 2-11](b)와 같이 고조파가 나타난다.

고조파란 입력되는 기본파 주파수(f_0)의 정수배가 되는 주파수($2f_0$, $3f_0$, $4f_0$ · · ·)를 말한다.

여기서 출력 측 동조회로의 공진 주파수를 제 2고조파 또는 제 3고조파에 공진시켜 추출하면 2체배 또는 3체배를 할 수 있게 되는 것이다. 이와 같이 고조파 성분을 이용하여 주파수를 체배 하는데 일반적으로 4고조파 이상은 신호성분이 작아 추출하기 곤란하므로 사용하지 않으며 더 높은 주파수를 필요로 할 경우에는 체배기를 직렬로 종속 접속하여 높은 주파수를 얻는다.

2.4 변조기(Modulator)

2.4.1. 저 전력 변조 방식과 고 전력 변조 방식

(1) 저 전력 변조 방식(Low Power Modulation System)

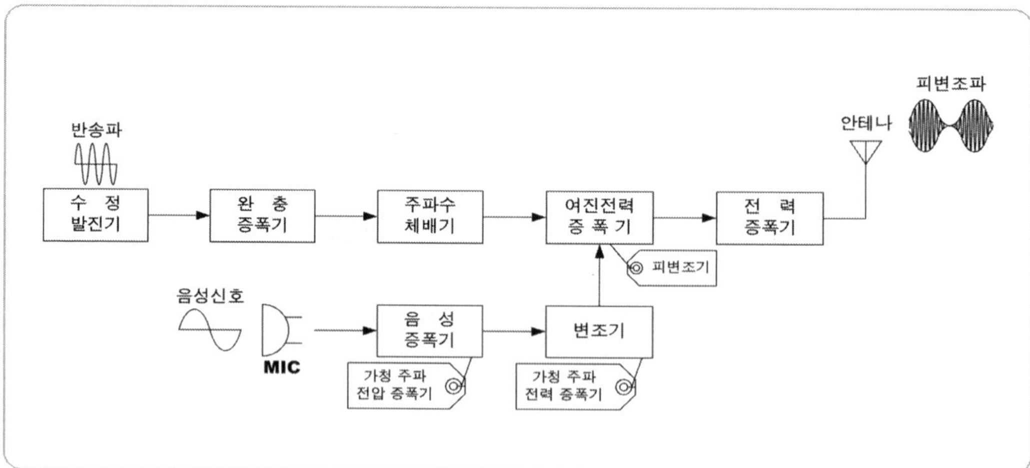

[그림 2-12] 저 전력 변조 방식

여진전력증폭기에서 변조하는 방식으로 변조 회로 및 변조 트랜스를 소형화할 수 있고, 변조 특성의 보상이 가능하다는 장점이 있으나 종합 효율이 나쁘며 변조 변형을 일으키기 쉽고 증폭 회로의 조정이 어렵다는 결점이 있다. 그러므로 이 방식은 중전력 이하의 송신기에 사용하고 있다.

(2) 고 전력 변조 방식(High Power Modulation System)

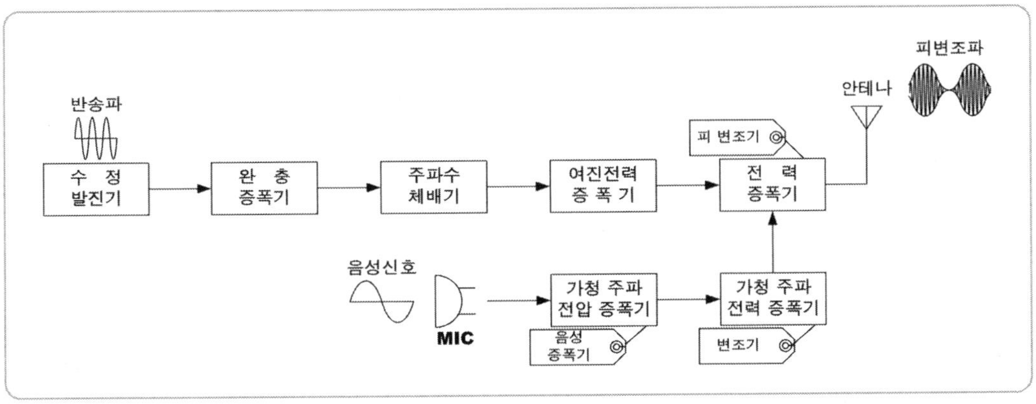

[그림 2-13] 고 전력 변조 방식

종단 전력 증폭기에서 변조하는 방식으로 반송파와 신호파를 각각 충분히 증폭한 다음 출력관에서 변조하는 방법으로 종단 전력 증폭기를 C급으로 동작시킬 수 있으므로 피 변조관 양극 효율이 좋으며 변조 특성이 양호하고, 조정이 용이하며 종합 효율이 좋아 대 전력 송신기에 사용한다. 반면에 반송파 종단전력증폭기를 컬렉터변조 해야 하므로 전력소모가 커지며 변조트랜스의 포화 특성 때문에 변조트랜스도 커진다는 결점이 있다.

[표 2-1] 저 전력 변조 방식과 고 전력 변조 방식의 비교

종류	저 전력 변조 방식	고 전력 변조 방식
변조 전력	변조기가 작아진다.	변조기가 커진다.
컬렉터 효율	B급 동작이므로 나쁘다.	C급 동작이므로 좋다.
변조 특성	나쁘다.	좋다.
조정	어렵다.	비교적 용이하다.
종합 효율	낮다.	높다.
용도	소형 및 중형 송신에 사용	대 전력 송신에 사용

2.4.2. 변조 회로의 종류

① 신호 전력을 가하는 피변조기의 전극에 따라 컬렉터변조, 베이스변조, 에미터변조 등이 있다.

② 변조단에 따라 저 전력 변조, 고 전력 변조 등이 있다.

③ 고효율 변조 방식으로서 종단 B급 변조, 시렉스(Chirex)변조, 도허티(Doherty)증폭기 등이 있다.

- **종단 B급 변조** : 종합 효율을 높이기 위해 반송파의 종단전력증폭기는 무변조 고주파 증폭 시 가장 효율이 좋은 C급으로 동작시키고, 신호파의 종단전력증폭기는 가청 주파수 증폭 시 효율이 좋은 B급 푸시풀로 접속하여 동작시켜 종합 효율을 아주 높게 한 변조방식이다.
- **시렉스(Chirex)변조** : 반송파와 변조파를 평형 변조기에 가하고 그 출력을 이상기에 가하여 반송파에 대하여 각각 90°씩 위상을 변화 시키고 이것을 반송파와 합성하면 역방향으로 위상변조를 받은 3개의 등 진폭 위상 변조파가 얻어진다. 이것을 별도로 설치된 C급 증폭기로 증폭하여 효율을 높인다.
- **도허티(Doherty)증폭기** : 낮은 레벨의 증폭단에서 변조된 AM파를 고효율로 증폭하는 특수한 증폭기로 2개의 피변조파 증폭기를 사용하여 반송파까지는 한쪽의 증폭기로 증폭하고, 그 이상의 전압에 대해서는 다른 증폭기로 증폭하여 합성하여 출력하는 방식이다. 각 증폭기는 고효율로 동작하므로 일반적인 B급 증폭기에 비해 약 2배의 출력을 얻는다.

2.5 전력 증폭기(Power Amplifier)

① **여진 전력 증폭기** : 송신기가 요구하는 충분한 복사전력으로 증폭하기 위해 종단전력증폭기의 여진에 필요로 하는 입력레벨까지 증폭하는 증폭기이다.

② **종단 전력 증폭기** : 주파수 체배기 또는 여진 전력 증폭기의 출력과 반송파 발진기의 출력을 받아서 규정 송신 전력까지 증폭하여 공중선에 공급하여 발사시키는 역할을 한다.

③ 전력 증폭기는 효율이 좋아야 한다. 따라서 무변조파의 경우 C급 동작을 시키고 있다.

$$\text{양극 효율 } (\eta_p) = \frac{P_m}{P_i} \times 100[\%] = \frac{P_m}{P_L + P_m} \times 100[\%]$$

(P_i : 직류입력전력, P_m : 피변조파 출력, P_L : 손실전력)

④ 전력 증폭기는 스퓨리어스(spurious) 발사가 적고, 공중선과의 결합도 최대로 유지해야 한다.

2.5.1. 공중선 결합 회로(Antenna Coupling Circuit)

송신기 최종 출력단과 공중선(Antenna)의 임피던스 정합시켜 최대 전력을 전송하고, 스퓨리어스(Spurious)발사를 억제하기 위한 회로로 유도형(M형)과 π 형이 있다.

(1) 유도형(M형) 결합 회로 조정 방법

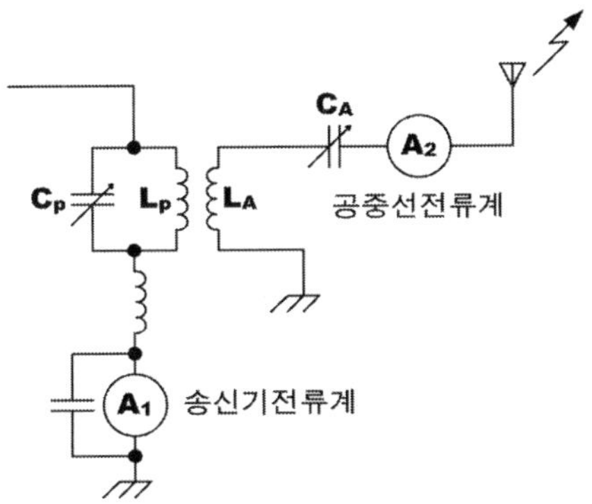

[그림 2-14] 유도형(M형) 결합회로

그림 [2-14]에서

① 공중선을 끊는다.

② 송신기 전류계 A_1이 최소가 되도록 C_P를 조정한다.

③ 공중선을 연결한다.

④ 공중선 전류가 A_2가 최대가 되도록 C_A를 조정한다.

⑤ 이와 같이 ②~④과정을 반복하여 공중선 전류계 값을 규정 값으로 유지한다.

(2) π 형 결합 회로 조정 방법

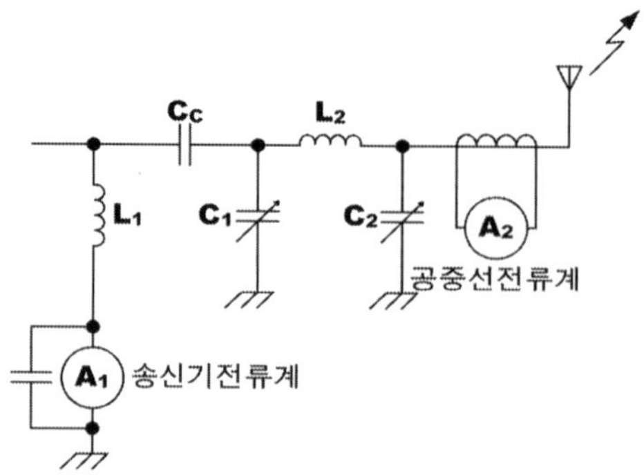

[그림 2-15] π 형 결합회로

그림 [2-15]에서

① 공중선을 끊는다.

② 송신기 전류계 A_1이 최소가 되도록 C_1을 조정한다.

③ 공중선을 연결한다.

④ 공중선 전류가 A_2가 최대가 되도록 C_2을 조정한다.

⑤ 이와 같이 ②~④과정을 반복하여 공중선 전류계 값을 규정 값으로 유지한다.

※ π 형 결합회로 특징

① 설계와 조정이 편리하다.
② 코일(L)을 교환하지 않고, 넓은 주파수대에 사용할 수 있다.
③ 스퓨리어스 발사가 적다.
④ 불평형 회로로 접지형 공중선에만 사용할 수 있다.

2.6 전건회로

전신 통신을 하려면 전신부호에 따라 전건이라고 하는 송신장치를 단속해야 하는데, 이를 전건조작(Keying)이라 한다. 전건을 닫아서 신호를 발사하는 것을 마크(Mark), 전건을 열어서 전파를 발사하지 않는 것을 스페이스(Space)라 한다.

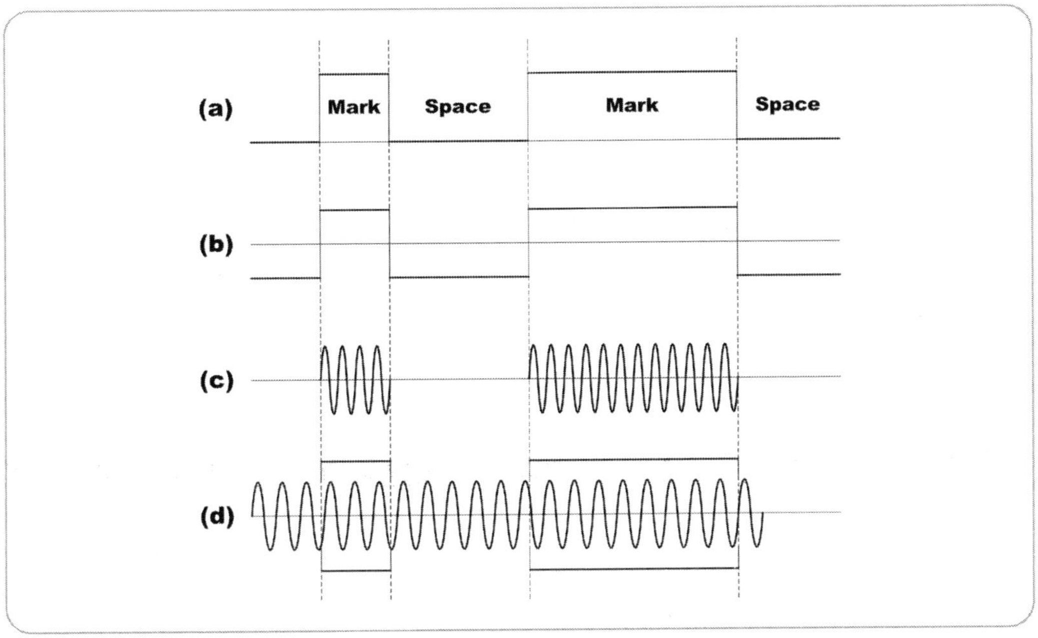

[그림 2-16] 전건 파형

2.6.1 전신 파형

전신 파형은 [그림 2-16](a)와 같이 파형의 레벨에 따라 단류방식(a)과 복류방식(b)으로 나누어지고 반송파 신호로 변조하면 (c)와 같이 구형파형태로 되고 이것을 (d)와 같이 어떤 반송파 레벨을 중심으로 100% 변조한 것으로 볼 수 있다.

2.6.2 전건 조작 시 요구 사항

① 전건 조작으로 방사 주파수가 변동되지 않을 것.
② 통신 속도를 빨리 할 수 있을 것.
③ Space시에는 전파 방사가 없을 것.
④ Key Click에 장애가 없을 것.
⑤ 취급이 용이하며 동작이 확실하고 안전할 것.

2.6.3 전신 파형의 이상 현상과 그 대책

① **키 클릭(Key Click)시 과도현상(Transient Phenomena) :** 키 접점에서 발생하는 과도현상에 의하여 수신시 잡음이 발생하는 현상.

※ 대책 : 파형 정형 회로를 사용하면 방지할 수 있다.

② **채터링(Chattering) :** 계전기(relay)의 접점편이 진동하여 파형의 전후에 진동파가 발생하는 현상.

※ 대책 : 전건 회로를 구성하는 계전기의 설편이 진동하여 발생하는 것으로 계전기를 정확히 조정하거나 또는 양호한 것으로 교환한다.

③ **전원 전압 변동 :** 전압 변동률이 심하면 장점(長點)신호의 끝이 저하되는 현상.

※ 대책 : 전원 용량이 부족할 때 또는 정류기가 노후 되었을 때 발생하는 것으로 정전압 장치나 양호한 정류기로 교체한다.

④ **전원의 리플(ripple) :** 전원의 리플이 심할 때는 신호 파형에 리플잡음이 발생된다.

※ 대책 : 양호한 평활 회로를 사용한다.

⑤ **전원 회로의 과도현상 :** 전원에서 과도현상을 일으키면 전건 신호파형에 ringing을 일으킨다.

※ 대책 : 전원장치를 조정하거나 교환한다.

⑥ **기생 진동 :** 증폭회로가 불안정 시 전건 보작에 의해 기생진동이 발생하여 신호 파를 기생 진동파로 변조한다.

※ 대책 : 기생 진동 방지 회로를 사용하여 제거 한다.

2.7 송신기의 종합 특성

2.7.1 스퓨리어스 방사(Spurious Emission)

송신기의 출력에는 기본파 이외에 고조파 성분이나 저조파 성분 또는 기생진동 성분 등이 포함되어 불요 전파로서 방사되는데 이를 스퓨리어스 방사라 한다.

(1) 고조파(High Harmonics)

기본파의 정수배가 되는 주파수로 증폭기가 비직진성 일그러짐이 생기면 기본파의 정수배인 제2, 제3 고조파의 함유율이 높게 된다. 그러므로 이들의 고조파 성분을 제거하기 위하여 양극 동조 회로의 Q를 높게 하거나 출력 결합 단에 π 형 결합기를 사용 또는 Trap 회로 등을 사용한다.

(2) 기생 진동(Parasitic Oscillation)

전극간의 용량 이외의 도선 부분의 인덕턴스 및 분포 용량, 쵸크코일(Chokecoil)등으로 발진 회로가 구성되어 동작 주파수 이외의 주파수로 발진하는 경우를 말하며 기생 진동을 방지하려면 각 단의 차폐를 잘하고, LC 병렬 회로를 삽입하며 배선을 짧게 하고, 각 부의 부품의 접지를 완전하게 한다.

※ 스퓨리어스 방사 방지법

㉠ 공중선 회로의 결합에 π 형 결합회로를 사용한다.
→ π 형 결합회로는 자체 LPF 기능을 가지고 있다.
㉡ 전력 증폭부를 B급 Push-Pull 증폭기를 사용
→ Push-pull 전력증폭기를 사용하면 우수 고조파가 자동으로 상쇄되기 때문 출력파형의 찌그러짐이 작아지고 전원전압에 포함되어 있는 hum이 줄어든다.
㉢ 급전선에 저역 여파기나 트랩을 설치한다.
㉣ 전력 증폭단의 여진 전압을 가급적 적게 한다. 즉, 전력 증폭단의 bias를 너무 깊게 취하지 않는다.
→ 필요이상 높게 취하면 고조파 성분이 많아진다.
㉤ 종단증폭부 공진회로의 Q(선택도)를 높게 한다.

2.7.2 점유 주파수 대역폭(Occupied Frequency Band-width)

[그림 2-17]와 같이 발사 전파에 의해 점유하는 전 에너지 중에서 상한(f_2)과 하한(f_1)에서 각각 0.5%씩을 제외한 나머지 99%의 에너지가 포함되어 있는 주파수 대역폭(f_2-f_1)을 점유 주파수 대역폭이라 한다.

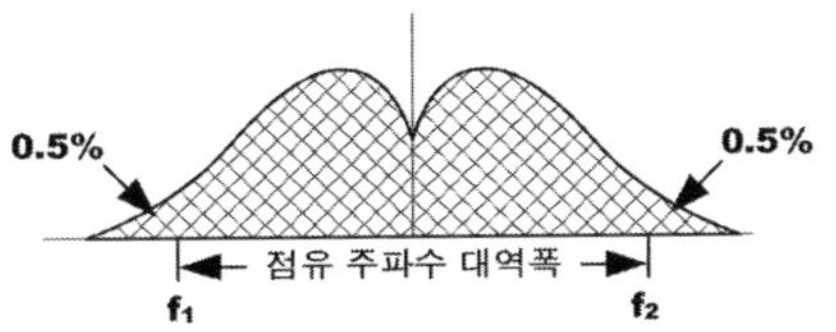

[그림 2-17] 점유 주파수 대역폭

2.7.3 변조 특성

(1) 최대 변조율(Maximum Percentage Modulation)

반송파의 진폭을 E_C라 하고, 신호파의 진폭을 E_S라 할 때 그 비($\frac{E_S}{E_C}$)를 변조도(m)라 하고, 이것을 백분율로 나타낸 것을 변조율이라 한다. 변조율이 적으면 통신의 명료도가 저하되고 통신의 효율이 낮아진다. 변조율은 100%를 넘지 않는 범위 내에서는 클수록 좋으나 변조율이 100%를 넘으면 과변조가 되어 불필요한 측파대가 널리 퍼져서 다른 통신로에 방해를 준다.

(2) 변조의 직선성(Linearity Of Modulation)

일정한 정현파로 변조한 경우에 입력 신호의 진폭에 대한 변조율의 관계를 나타내는 특성으로서 [그림 2-18]과 같이 이론적으로는 100%까지 직선적인 것이 이상적이지만 실제로는 80% 이상에서는 다소 직선성이 나쁘게 된다.

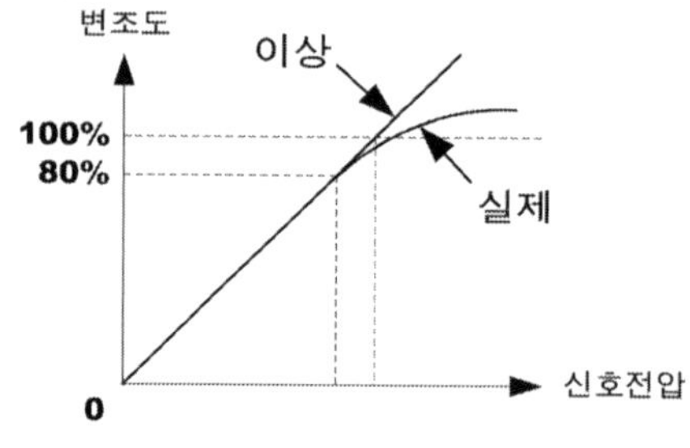

[그림 2-18] 변조의 직선성

(3) 주파수 특성(Frequency Characteristic)

일정 레벨의 입력 변조 신호를 넣고, 그 변조 주파수를 변화시켰을 때의 변조율의 변화 또는 변조율을 일정하게 하였을 때 신호 주파수에 대한 입력 레벨의 변화로 나타낸다.

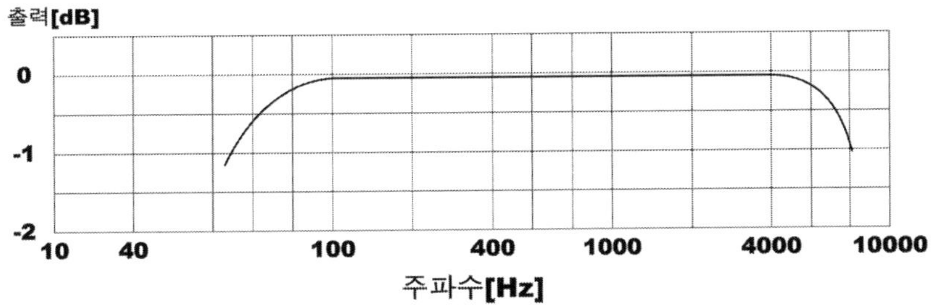

[그림 2-19] 변조 주파수 특성

(4) 왜율 특성(Distortion Factor Characteristic)

① 고조파 왜곡(High Harmonics Distortion)

기본파의 정수배의 주파수($2f_0$, $3f_0$, $4f_0$, • • •)를 고조파라 하고, 단일 주파수의 정현파로 변조한 경우에 발사전파의 출력파형 중에 포함되는 고조파의 함유량을 가지고 왜율을 표시한다.

여기서 기본파의 진폭을 A_1, 제2고조파의 진폭을 A_2, 제3고조파의 진폭을 A_3, … 라고 하면 왜율 K는 다음 식으로 표시된다.

$$K=\frac{\sqrt{(\text{제2고조파 } Level)^2+(\text{제3고조파 } Level)^2+\cdots}}{\text{기본파 } Level}\times 100[\%] \quad \cdots\cdots[2\text{-}18]$$

$$K=\frac{\sqrt{A_2^2+A_3^2+A_4^2\cdots}}{A_1}\times 100[\%] \quad \cdots\cdots[2\text{-}19]$$

$$K=20\log_{10}\frac{\sqrt{A_2^2+A_3^2+A_4^2\cdots}}{A_1}[dB] \quad \cdots\cdots[2\text{-}20]$$

② 고조파 왜곡 발생의 주요 원인 및 대책

고조파 왜곡 발생의 주요 원인은 C급 증폭기의 비 직선성에 있다.

따라서 대책 방법으로는 다음과 같다.

- 종단 증폭부의 bias를 너무 깊게 취하지 않는다.
- 소 결합하여 종단 증폭부 출력 동조회로의 선택도를 높인다.
- 우수 고조파가 상쇄되는 B급 push-pull 증폭기를 사용한다.

연습문제 EXERCISES

01. 다음 중 AM 송신기의 구성요소에 속하지 않는 것은?

가. IDC 회로
나. 발진 회로
다. 전력 증폭 회로
라. 변조 회로

02. 다음 중 AM 송신기의 구성요소로서 맞지 않는 것은?

가. 발진회로
나. 변조회로
다. 복조회로
라. 증폭회로

03. 송신기의 부속 장치와 관계가 먼 것은?

가. 냉각장치
나. 제어장치
다. 감시 장치
라. 변조장치

★★★
04. AM무선 송신기에서 사용하지 않는 회로는?

가. 발진 회로
나. 완충 증폭 회로
다. 전력 증폭 회로
라. AVC 회로

05. AM 송신기의 조건으로 타당하지 않은 것은?

가. 점유주파수 대폭이 가능한 최대일 것
나. 발사전파의 주파수 안정도가 높을 것
다. 전력증폭기 효율이 높을 것
라. 출력전력의 변동이 없을 것

06. 다음 중 송신기의 조건으로 맞지 않는 것은?

가. 출력전력이 높을 것
나. 발사 주파수의 안정도가 좋을 것
다. 점유주파수대폭이 필요 최소한 일 것
라. 전력효율이 높을 것

★★★★★
07. 다음 중 송신기용 발진기의 구비조건으로 적합하지 않은 것은?

가. 주파수 안정도가 낮을 것
나. 발진출력 변화가 적을 것
다. 고조파 발생이 적을 것
라. 부하 변동에 의한 영향이 적을 것

08. 무선송신기의 발진기의 조건으로 맞지 않는 것은?

가. 주파수 안정도가 높을 것
나. 고조파가 발생이 적을 것
다. 부하의 변동에 영향이 클 것
라. 주파수의 미세조정이 용이할 것

09. 무선송신기에 사용되는 발진기의 조건과 거리가 먼 것은?

가. 고조파 발생이 많을 것
나. 주파수의 미조정이 용이할 것
다. 온도 변화에 발진출력이 일정할 것
라. 주파수 안정도가 높을 것

10. 무선송신기의 송신주파수 변동을 줄이기 위한 대책이 아닌 것은?

가. 발진기와 출력 단 사이에 완충증폭기를 넣는다.
나. 발진기와 코일과 콘덴서의 온도계수를 상쇄하도록 부품을 선택한다.
다. 전원의 안정도를 높인다.
라. 발진기의 동조회로에 Q가 낮은 부품을 선택한다.

※ 송신주파수 변동을 줄이기 위한 대책
① 전원의 안정도를 높인다.(전원전압 변동 ⇒ 정전압 회로)
② 주위 온도 변화에 따른 주파수 변동을 막기위해 항온조를 사용한다.
③ 발진기와 출력 단 사이에 완충증폭기를 넣는다.(부하변동, 진동, 충격 ⇒ 완충 증폭기)
④ 발진기의 동조회로에 Q가 높은 부품을 선택한다.
⑤ 발진기와 코일과 콘덴서의 온도계수를 상쇄하도록 부품을 선택한다.(부품 불량 ⇒ 교체)

해답

1. (가) 2. (다) 3. (라) 4. (라) 5. (가) 6. (가) 7. (가) 8. (다) 9. (가) 10. (라)

11. 다음 중 발진기의 주파수 안정화 기법이 아닌 것은?

가. 항온조 시설을 한다.
나. 정전압 회로를 이용한다.
다. 주파수를 체배한다.
라. 완충 증폭기를 사용한다.

> **※ 발진기의 주파수 변동원인과 대책**
> ① 전원전압 변동 ⇒ 정전압 회로 ② 주위 온도 변화 ⇒ 항온조 ③ 부하변동 ⇒ 완충 증폭기
> ④ 동조점 불안전 ⇒ 동조점을 약간 벗어나게 조정 ⑤ 진동, 충격 ⇒ 완충장치 ⑥ 부품 불량 ⇒ 교체

12. 발진 주파수를 안정시키는 방법이 아닌 것은?

가. 항온조 시설을 한다.
나. 체배 증폭단을 둔다.
다. 완충 증폭단을 둔다.
라. 정전압 안정회로를 설치한다.

13. 무선 송·수신기에 사용되는 발진기의 주파수 변동원인과 그에 대한 대책으로 적합하지 않은 것은?

가. 온도의 변화 → 항온조 사용
나. 전원 전압의 변동 → 정전압 회로 사용
다. 부하의 변동 → 완충 증폭기 사용
라. 동조점 불안정 → 높은 주파수 사용

14. 수정발진기의 발진주파수 변동을 방지하기 위한 대책으로 틀리는 것은?

가. 온도계수가 큰 수정 공진자를 사용한다.
나. Q가 높은 수정 공진자를 사용한다.
다. 부하와의 사이에 완충증폭기를 사용한다.
라. 정전압회로를 사용한다.

> **※ 수정발진기의 발진주파수 변동 방지 대책**
> ① 수정 공진자를 항온조 내에 둔다.
> ② 정전압 회로를 사용한다.
> ③ 부하와의 사이에 완충 증폭기를 사용한다.
> ④ Q가 높은 수정 공진자를 사용한다.
> ⑤ 온도계수가 낮은 수정 공진자를 사용한다.
> ⑥ 발진부의 전원은 별도로 사용한다.

15. **수정 발진자의 직렬공진 주파수를 f_s, 병렬공진주파수를 f_p라 할 때 안정된 발진을 하기 위한 동작 주파수 f의 범위로 가장 적합한 것은?**

가. $f_s < f < f_p$
나. $f_s > f$
다. $f_p < f < f_s$
라. $f_p < f$

16. **수정 발진기의 일반적인 특성 중 잘못 설명한 것은?**

가. 수정 전동자가 기계적, 물리적으로 안정하다.
나. 수정편의 Q가 매우 높다.
다. 부하 변동의 영향을 전혀 받지 않는다.
라. 유도성 주파수 폭이 매우 좁다.

★
17. **무선송신기에 수정진동자를 사용하는 이유로 가장 타당한 것은?**

가. 일그러짐이 적은 파형을 얻기 위해서이다.
나. 발진주파수를 쉽게 변동할 수 있기 때문이다.
다. 발진주파수가 안정하기 때문이다.
라. 고조파를 쉽게 얻을 수 있기 때문이다.

18. **수정발진기의 주파수 안정도가 높은 이유로 가장 타당한 것은?**

가. 수정진동자에는 압전효과가 있기 때문
나. 수정진동자는 Q가 매우 높기 때문
다. 수정발진기는 출력이 적기 때문
라. 수정진동자의 진동수는 전원전압의 변화와 관계없기 때문

해답

11. (다) 12. (나) 13. (라) 14. (가) 15. (가) 16. (다) 17. (다) 18. (나)

★
19. 수정 발진기의 발진 주파수(f) 범위 및 안정도에 대한 설명으로 가장 적합한 것은? (단, 직렬 공진 주파수 : f_s 병렬 공진 주파수 : f_p)

가. $f_p < f < f_s$이며 좁을수록 안정도가 좋다.
나. $f_s < f < f_p$이며 넓을수록 안정도가 좋다.
다. $f_s < f < f_p$이며 좁을수록 안정도가 좋다.
라. $f_p < f < f_s$이며 넓을수록 안정도가 좋다.

★
20. 다음은 수정발진기의 발진주파수 변동원인과 대책이다. 이 중 적합하지 않은 것은?

가. 주위 온도의 변화 : 수정 진동자, 트랜지스터 등의 부품은 온도계수가 적은 것을 사용
나. 부하의 변동 : 다음 단과의 결합을 밀 하게 함
다. 전원 전압의 변동 : 정전압 회로를 사용
라. 회로 소자의 변동 : 부품에 대한 방습 및 방진장치 사용

21. AM 송신기에서 반송파 발진기로 가장 많이 사용되는 발진기는?

가. RC 발진기
나. 수정 및 LC 발진기
다. SAW 발진기
라. 유전체 공진기 발진기

22. 무선 송신기에서 기생진동(Parasitic Oscillation)과 관계가 적은 것은?

가. 증폭회로 나. 전원주파수
다. 회로의 배선 라. 부품의 접지

※ **기생진동**
회로내의 L과 C등에 의해 정규 발진부 이외 부분에서 발진 조건이 충족되어 원하지 않는 발진이 일어나는 현상

※ **기생진동 방지대책**
① 증폭단을 완전 차폐한다.
② 회로의 배선을 가급적 짧게 한다.
③ 중화회로를 사용한다.
④ 부품등에 필요한 접지를 확실히 한다.

23. 기생진동이 발생되면 나타나는 현상과 가장 관계가 적은 것은?

가. 출력파형의 왜곡
나. 출력이 변동하여 동조점이 일치하지 않음
다. 통신대역폭이 좁아짐
라. 불필요한 전력이 소비됨

24. 하아틀리(Hartley)형 발진회로에서 콜렉터(Collector)와 에미터(Emitter)간의 리액턴스(reactance)는 어떻게 되어야 하는가?

가. 용량성　　나. 유도성
다. 저항성　　라. 유도성 또는 용량성

※ **LC 발진기 ⇒ 3소자 발진기의 발진조건**

①$X_1 = X_2$ (같은소자), X_3(다른소자)
②X_1, X_2>0(유도성), X_3<0(용량성) ⇒ Hartley 발진기
③X_1, X_2<0(용량성), X_3>0(유도성) ⇒ Colpitts 발진기
X_1 : $B-E$(베이스－이미터),
X_2 : $C-E$(컬렉터－이미터)
X_3 : $C-B$(컬렉터－베이스)

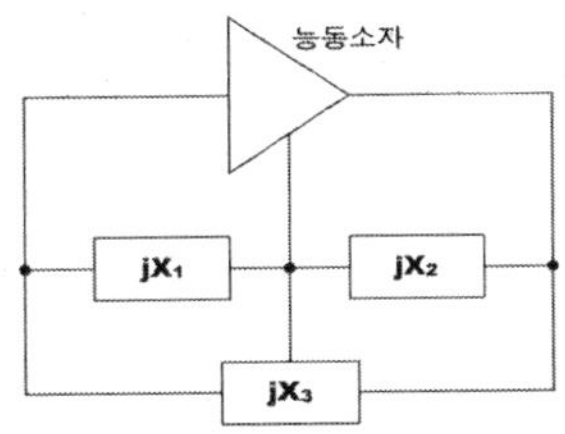

해답

19. (다)　20. (나)　21. (나)　22. (나)　23. (다)　24. (나)

★
25. 그림과 같은 회로가 발진하기위한 조건은?

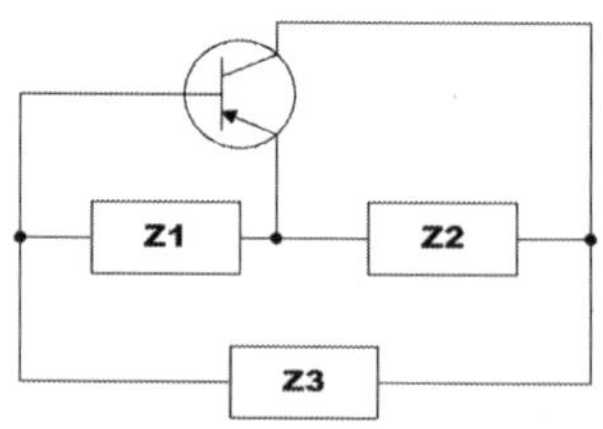

가. Z_1 : 유도성 , Z_2 : 용량성, Z_3 : 용량성

나. Z_1 : 유도성 , Z_2 : 용량성, Z_3 : 유도성

다. Z_1 : 용량성 , Z_2 : 유도성, Z_3 : 유도성

라. Z_1 : 용량성 , Z_2 : 용량성, Z_3 : 유도성

※ **LC 발진기 ⇒ 3소자 발진기의 발진조건**

①$Z_1 = Z_2$ (같은소자), Z_3 (다른소자)

②Z_1, Z_2>0(유도성), Z_3<0(용량성)⇒ Hartley 발진기

③Z_1, Z_2<0(용량성), Z_3>0(유도성)⇒ Colpitts 발진기

26. 그림과 같은 이상형 CR발진기에서 C=0.05[㎌], R=1[㏀]일 때 발진주파수는 얼마인가?

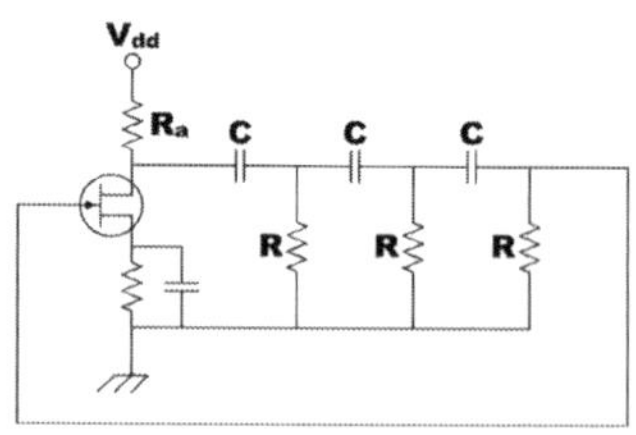

가. 약 130[㎐]

나. 약 318.5[㎐]

다. 약 1300[㎐]

라. 약 3185[㎐]

※ **이상 발진기에서의 발진주파수(병렬 R형)**

$$\Rightarrow f = \frac{1}{2\pi\sqrt{6}RC} = \frac{1}{2\pi\sqrt{6}\times 0.05\times 10^{-6}\times 10^{3}} = 1300[Hz]$$

27. 수정 발진회로에서 수정진동자의 전기적 직렬 공진 주파수를 fs, 병렬 공진 주파수를 fp라 하면 안정한 발진을 하기 위한 동작 출력 주파수 fo는 아래 어느 것인가?

가. $f_s < f_o > f_p$ 나. $f_s < f_o < f_p$
다. $f_s > f_o > f_p$ 라. $f_o = f_s$

※ **수정 발진기**

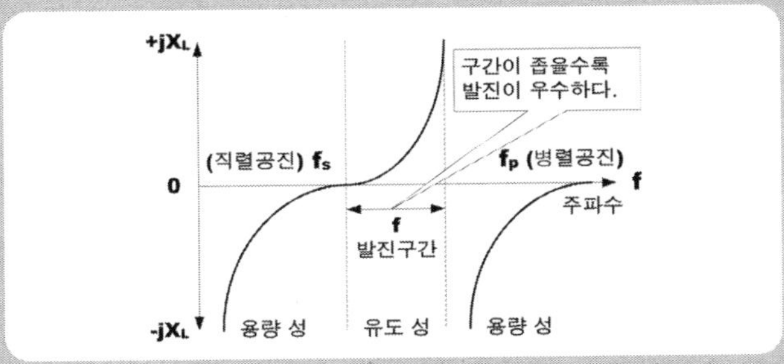

(주파수 특성)

⇒ 발진구간 : $f_s < f < f_p$ 으로 유도성이며 좁을수록 안정도가 우수하다.

28. 무선 송신기에서 사용되는 완충 증폭기에 대한 설명이 맞지 않는 것은?

가. 증폭방식은 주로 A급이다.
나. 발진회로와 부하간을 격리하기 위하여 사용되는 증폭기다.
다. 발진기의 안정도를 높이기 위하여 사용된다.
라. 주파수 대역폭을 높이기 위하여 사용된다.

※ **완충증폭기(buffer amplifier)의 특성**

① 위치 : 발진기 다음 단에 설치
② 목적 : 부하변동에 따른 발진주파수의 변동을 방지하기 위하여
③ 증폭 방식 : 증폭 목적이 아니기 때문에 A급 증폭 방식을 사용
④ 인입현상을 방지하기 위하여 독립된 전원을 사용

해답

25. (라) 26. (다) 27. (나) 28. (라)

29. **무선 송신기에서의 완충 증폭기와 관계 없는 것은?**

가. 발진부 다음 단에 두는 것으로 발진주파수를 부하의 변동으로부터 보호해준다.
나. 증폭이 목적이 아니므로 증폭 방식은 A급 혹은 AB급을 사용하여 안정하게 동작 시킨다.
다. 다른 증폭부의 전원을 공동으로 사용한다.
라. 발진부와 완충증폭기의 결합은 안정된 발진을 할 수 있도록 소결합한다.

⇒ 인입현상을 방지하기 위하여 독립된 전원을 사용한다.

30. **후단 회로의 동작 상태가 변화하여 발진 주파수의 변동이 생기는 것을 방지할 목적으로 설치하는 증폭기는?**

가. 완충증폭기
나. 저 잡음 증폭기
다. C급 증폭기
라. 종단 전력 증폭기

※ **완충증폭기(buffer amplifier)**
⇒ 부하변동에 따른 발진주파수의 변동을 방지하기 위하여 발진기 다음 단에 설치한다.

31. **무선송신기에 사용되는 완충증폭기에 대한 설명으로 적합하지 않은 것은?**

가. 완충증폭기의 바이어스는 주로 A급 또는 AB급이다.
나. 광대역의 주파수 대역폭이 요구된다.
다. 발진기의 안정도를 높이기 위하여 사용된다.
라. 발진회로와 부하 간을 격리하기 위하여 사용되는 증폭기이다.

32. **주파수 체배 증폭기의 증폭방식으로 가장 적당한 것은?**

가. A 급　　나. B 급
다. AB 급　　라. C 급

※ **주파수 체배기**
⇒ 수정편 고유 주파수 이상의 주파수를 얻기 위해서 기본파 주파수의 제2, 제3고조파로 2체배, 3체배 한 후 C급 증폭한다.

33. **다음 중에서 증폭이 목적이 아닐 경우, 효율이 낮은 A급 또는 AB급 증폭기로 안정하게 동작시키기 위하여 사용하는 증폭기는?**

가. 완충 증폭기　　나. 전력 증폭기　　다. 연산 증폭기　　라. 동조 증폭기

34. **주파수 체배기에서 주로 사용하는 바이어스 방법은?**

가. A급　　나. AB급　　다. B급　　라. C급

35. **무선 송신기 20㎒의 크리스털 발진기와 주파수 체배계수가 2, 3, 3인 주파수 체배기를 사용한다. 송신기의 출력 주파수 범위를 계산하면 다음 중 어느 것인가? (단, 크리스털의 안정도는 ±200[ppm]이다.)**

가. 120㎒ ± 1.296㎒　　나. 120㎒ ± 0.024㎒

다. 360㎒ ± 8.642㎒　　라. 360㎒ ± 1.296㎒

> **※ PPM(Part Per Milion) : 어떤 기준 값의 백만분의 1에 해당하는 비율을 의미하며 크리스털에서 ppm은 주파수 안정도를 규제할 때 사용된다.**
>
> ⇒ 20[㎒]의 1ppm은 $(20\times10^6)/10^6=20[\text{Hz}]$가 된다.
> 그러므로 20[㎒]의 $\pm200ppm$은 $20[\text{Hz}]\times(\pm200)=\pm4000[\text{Hz}]$가 된다. 만약 체배된 주파수가 $20[\text{MHz}]\times2\times3\times3=360[\text{MHz}]$가 된다면 주파수 허용 편차는 $\pm3600ppm$이 되므로 다시 주파수로 환산하면 $(360[\text{Hz}]/ppm)\times3600ppm=1.296[\text{MHz}]$가 된다.

36. **무선 송신기에서 발생하는 스퓨리어스를 적게 하는 방법이 아닌 것은?**

가. 트랩(trap)회로를 삽입한다.
나. 출력 결합회로의 Q를 높인다.
다. 푸시풀 증폭으로 하여 기수차 고조파를 작게 한다.
라. 송신기와 급전선의 사이에 BPF를 삽입한다.

> **※ Spurious 방사 대책**
>
> ① 전력증폭기의 여진 전압을 가급적 적게 한다. ⇒ 필요이상 높게 취하면 고조파 성분이 많아진다.
> ② 전력 증폭부를 B급 Push-Pull 증폭기를 사용 ⇒ 우수고조파가 자동으로 상쇄된다.
> ③ 공중선 회로의 결합에 π 형 결합회로를 사용한다. ⇒ π 형 결합회로는 자체 LPF 기능을 가지고 있다.
> ④ 공진회로의 Q(선택도)를 높게 한다.
> ⑤ 급전선에 저역 여파기나 트랩(Trap)을 설치한다.

해답

29. (다)　30. (가)　31. (나)　32. (라)　33. (가)　34. (라)　35. (라)　36. (라)

37. 스퓨리어스(Spurious)복사의 방지방법이 아닌 것은?

가. 전력 증폭단의 여진전압을 높인다.
나. 국부발진기의 출력에 포함된 고조파를 적게 한다.
다. 동조회로의 Q를 높게 한다.
라. 급전선에 트랩을 설치한다.

※ 전력증폭기의 여진 전압을 가급적 적게 한다.
⇒ 필요이상 높게 취하면 고조파 성분이 많아진다.

38. 송신기에서 스프리어스(Spurious) 발사를 억제하기 위한 대책으로 부적합한 것은?

가. 전력증폭단을 C급으로 바이어스한다.
나. 공진회로의 Q를 높인다.
다. 전력증폭단과 공중선회로에 π 형 결합회로를 사용한다.
라. 급전선에 트랩(Trap)을 설치한다.

※ 전력증폭기의 여진 전압을 가급적 적게 한다.
⇒ 전력증폭단을 C급으로 바이어스하면 Spurious 방사가 증가된다.

39. 무선송신기에서 발생하는 스퓨리어스 복사의 감소 대책이 아닌 것은?

가. 급전선에 트랩을 설치한다.
나. π형 회로를 사용하여 고조파의 불요파를 제거한다.
다. 전력 증폭단의 바이러스전압을 얕게 하거나 여진전압을 가급적 적게 한다.
라. 전력 증폭단과 기타공진회로의 Q를 작게 하여 불요 주파수를 제거하도록 한다.

※ Spurious 방사를 감소시키려면 공진회로의 Q(선택도)를 높게 한다.

40. 무선송신기에서 발생하는 고조파의 방지대책 중 잘못된 것은?

가. 출력결합단에 π형 결합기를 사용한다.
나. 푸시풀 증폭기를 사용한다.
다. 동조회로의 Q를 될 수 있는 한 작게 한다.
라. 급전선에 트랩을 설치한다.

※ Spurious 방사를 감소시키려면 동조회로의 Q(선택도)를 높게 한다.

41. 다음 중 고조파 발사를 억제하는 방법으로 적합하지 않은 것은?

가. 송신기와 급전선 사이에 LPF를 삽입한다.
나. 전력증폭기 출력 결합회로의 Q를 크게 한다.
다. 전력증폭기의 유통각을 작게 한다.
라. 우수차 고조파를 작게 하기위하여 푸시풀 증폭기를 사용한다.

※ Spurious 방사를 감소시키려면 전력증폭기의 유통각을 크게 한다.

42. 다음 중 송신기의 스퓨리어스 발사를 줄이는 방법으로 적합하지 않은 것은?

가. 전력 증폭기의 동작각을 크게 한다.
나. 출력결합회로의 Q를 높인다.
다. 저조파에 대한 트랩(Trap)회로를 삽입한다.
라. 송신기와 급전선 사이에 HPF를 삽입하여 고조파를 제거한다.

43. 송신시스템에서 발생하는 스퓨리어스(Spurious)의 발생 원인과 거리가 먼 것은?

가. push pull 증폭기　　나. 주파수체배
다. 상호변조　　라. 증폭기의 비 직선 성

44. 송신 공중선으로 부터 1[㎞] 떨어진 지점이 4개 방향에서 각각 95,100,100,105[㎶/m]의 스퓨리어스 발사의 전계 강도가 있고, 그 지점에서 기본파의 강도는 50[㎷/m]이라 한다. 감쇠비는 몇 [dB]이며, 또 5[㎞] 떨어진 지점에서의 스퓨리어스 강도는 몇[㎶/m]인가?

가. 37[dB],20[㎶/m]　　나. 37[dB],40[㎶/m]
다. 54[dB],20[㎶/m]　　라. 74[dB],20[㎶/m]

스퓨리어스 발사의 전계 강도가 4개 방향에서 95,100 ,100,105[㎶/m]이므로 평균값은 100[㎶/m]이다. 기본파의 전계강도가 50[㎶/m]이므로 감쇠 비는 $\text{감쇠비} = 20\log\frac{100\times10^{-6}}{50\times10^{-3}} = -54[dB]$ 이며 전계강도는 거리에 반비례하므로 5[㎞] 떨어진 지점에서의 스퓨리어스 강도는 1[㎞]떨어진 지점에서의 스퓨리어스 강도의 $\frac{1}{5}$인 $\frac{100}{5} = 20[\mu V/m]$가 된다.

해답

37. (가)　38. (가)　39. (라)　40. (다)　41. (다)　42. (라)　43. (가)　44. (다)

45. **중화회로에 관한 설명 중 틀린 것은?**

가. 자기발진을 방지한다.
나. 부귀환 회로방식을 이용한 것이다.
다. 회로소자를 단일 방향화 하는 회로이다.
라. 주로 코일을 통하여 귀환하여 기생발진을 방지한다.

> ※ **중화회로(Neutralizing Circuit)**
> ⇒ 자기발진(Self Oscillation)방지회로 : TR의 Base와 Collector 극간 용량(Co)를 통해 출력의 일부가 입력으로 귀환되어 자기 발진을 방지하여 증폭 주파수에 가까운 주파수로 발진한다.
> 중화에 사용되는 콘덴서를 중화 콘덴서라 한다.

46. **기본파의 진폭이 10[mA]이고, 제2 고조파와 제3 고조파의 진폭이 각각 2[mA], 1[mA]일 때 왜율은?**

가. 약 15.8[%]　　나. 약 7.5[%]
다. 약 14.3[%]　　라. 약 22.4[%]

> ※ **송신기의 왜율(K)**
> $$K=\frac{\sqrt{V_2{}^2+V_3{}^2+\cdot}}{V_1}\times100=\frac{\sqrt{2^2+1^2}}{10}\times100=22.4[\%]\quad\begin{cases}V_1: \text{피변조파의기본진폭}\\ V_2: \text{제2고조파 진폭}\\ V_3: \text{제3고조파 진폭}\end{cases}$$

47. **기본주파수 Level은 감쇠기(ATT)를 −40[dB]로 놓고 출력 전압을 측정하였더니 0.775[V]이었고, 제2고조파 성분의 Level은 감쇠기(ATT)를 −20[dB]로 놓았을 때 출력 전압이 0.775[V]이었다. 이때의 왜율은 몇 %인가?**

가. 3　　나. 5　　다. 10　　라. 20

> ※ **송신기의 왜율(K) 측정**
> ⇒ 주어진 조건을 이용 기본파 전압(V_1)과 제2고조파 전압(V_2)을 우선 구한다.
> $-40[dB]=20\log\frac{0.775}{V_1}$에서 $V_1=77.5[V]$, $-20[dB]=20\log\frac{0.775}{V_2}$에서 $V_2=7.75[V]$가 된다.
> 그러므로 왜율(K)는
> $$K=\frac{\sqrt{V_2{}^2+V_3{}^2+\cdot\ \cdot}}{V_1}\times100=\frac{\sqrt{7.75^2}}{77.5}\times100=10[\%]\quad\begin{cases}V_1: \text{피변조파의기본진폭}\\ V_2: \text{제2고조파 진폭}\\ V_3: \text{제3고조파 진폭}\\ \cdot\end{cases}$$
> 가 된다.

48. Push – pull 전력증폭기에서 출력파형의 찌그러짐이 작아지는 이유는 무엇인가?

가. 직류성분이 없어지기 때문
나. 기수차 및 우수차 고조파가 상쇄되기 때문
다. 우수차 고조파가 상쇄되기 때문
라. 기수차 고조파가 상쇄되기 때문

※ Push–pull 전력증폭기에서 출력파형의 찌그러짐이 작아지는 이유는 전원전압에 포함되어 있는 hum 과 우수 고조파가 상쇄되기 때문이다.

49. AM 방송국은 보통 540[KHz]에서 1600[KHz]의 주파수 범위를 사용하고 있으며 대역폭은 10[KHz]이다. AM 라디오 수신기의 RF필터의 최소 대역폭은 얼마인가?

가. 1600[KHz]
나. 540[KHz]
다. 2140[KHz]
라. 10[KHz]

※ AM 한 채널의 대역폭이 10[KHz]이면 그 수신기의 RF필터의 최소 대역폭 또한 10[KHz]로 같다.

50. 점유주파수 대역폭을 바르게 설명한 것은?

가. 송신기에서 방출되는 전체 에너지의 99[%]를 차지하는 대역폭
나. 송신기에서 방출되는 전체 에너지의 100[%]를 차지하는 대역폭
다. 송신기에서 방출되는 전체 에너지의 0.5[%]를 차지하는 대역폭
라. 송신기에서 방출되는 전체 에너지의 50[%]를 차지하는 대역폭

※ 점유주파수 대역폭
⇒ 송신기에서 방출되는 전체 에너지의 99%를 차지하는 대역폭을 말한다.

해답

45. (라) 46. (라) 47. (다) 48. (다) 49. (라) 50. (가)

51. **정상적으로 동작하던 송신기가 갑자기 반사파 전력이 많이 발생하였다. 그 원인 중 가장 타당한 것은?**

가. 변조회로의 불량
나. 전원 전압의 급락
다. 종단 전력 증폭관의 불량
라. 공중선회로의 불량 또는 공중선의 단선

> **※ 점유주파수 대역폭**
> ⇒ 송신기에서 방출되는 전체 에너지의 99%를 차지하는 대역폭을 말한다.

52. **다음은 전원장치의 구비조건이다. 맞지 않는 것은?**

가. 연속적으로 확실한 전원을 공급해야 한다.
나. 전원전압의 변동이 가급적 적어야 한다.
다. 취급이 용이하고 경제적이어야 한다.
라. 전원의 전류량을 쉽게 증가시킬 수 있어야 한다.

53. **통신에서 등화기(equalizer)에 대한 설명으로 가장 옳은 것은?**

가. 등화기는 채널에 의한 심볼간 간섭 및 간섭특성을 개선하기 위해 사용한다.
나. 등화기의 성능은 아이패턴으로 관찰하기가 곤란하다.
다. 채널특성이 시간에 따라 변한다면 등화기를 사용하기 곤란하다.
라. 디지털 등화기의 기본개념은 가입자가 보내는 신호를 미리 알고 있어야 한다.

54. **AM 송신기의 RF 전력증폭기 기능으로 가장 옳은 것은?**

가. AM 변조기에서 신호 파를 증폭한다.
나. AM 변조기에서 반송신호를 증폭한다.
다. 필요한 RF 출력 전력을 얻기 위하여 이용된다.
라. 부하의 변동이 발진기에 미치는 영향을 방지한다.

55. **무선 송신기의 종합 특성을 나타내는 용어로 적합하지 않은 것은?**

가. 점유주파수대폭
나. 스퓨리어스 발사 강도
다. 주파수 안정도
라. 영상주파수 선택도

해답

51. (라) 52. (라) 53. (가) 54. (다) 55. (라)

제3장

AM 수신기

제3장 AM 수신기

공간을 전파해 오는 수많은 전자파 중에서 희망하는 전자파만을 안테나에 유기시켜 선택한 후 미약한 전파를 증폭 검파하여 본래의 신호로 재생시키는 장치를 수신기라 한다.

3.1 수신기의 종류 및 특징

3.1.1. 수신기의 종류

공간을 전파해 오는 수많은 전자파 중에서 희망하는 전자파만을 안테나에 유기시켜 선택한 후 미약한 전파를 증폭 검파하여 본래의 신호로 재생시키는 장치를 수신기라 하며, 이러한 수신기의 종류는 [표 3-1]과 같이 분류할 수 있다. 또한 복조방식에 따라 안테나에 의해 선택된 신호를 변환 없이 복조기에 입력하면 스트레이트 방식이고, 수신된 전파를 가청 주파수로 변환하여 복조기에 인가하면 헤테로다인, 중간 주파수로 변환하여 입력하면 슈퍼헤테로다인 방식이라고 한다.

슈퍼헤테로다인 방식은 안테나에 의해 선택된 고주파 신호는 그대로 증폭하기가 어렵기 때문에 증폭하기 쉬운 중간 주파수로 변환시켜서 증폭하고, 검파하는 방식으로 선택도, 감도 및 안정도가 우수하여 현재 거의 대부분의 수신기가 이 방식을 채택하고 있다.

[표 3-1] 수신기의 종류

- 수신기
  - 스트레이트(Straight)
    - 스트레이트 형(Straight Type)
    - 리플렉스형(Reflex Type)
    - 오토다인 형(Autodyne Type)
    - 호모다인 형(Homodyne Type)
    - 재생 형
    - 초재생 형
  - 헤테로다인(Heterodyne)
    - 헤테로다인 형(Heterodyne Type)
    - 슈퍼헤테로다인 형(Superheterodyne Type)

(1) 수신기의 종합 특성

수신기는 다음과 같은 조건을 기준으로 양부판정을 한다.

① 감도(Sensitivity)

얼마나 미약한 전파까지 수신할 수 있는가의 능력을 표시하는 척도로써 주로 종합 이득과 내부 잡음에 의하여 결정되며, 약한 전파를 수신 할수록 감도가 좋다고 할 수 있다.

→ 미약한 신호의 수신 가능 정도

② 선택도(Selectivity)

선택도란 희망하는 신호를 다른 신호와 구별해서 분리할 수 있는 정도를 의미하는 것으로 신호 이외의 혼신을 어느 정도 분리할 수 있는가의 능력을 표시하는 척도이다. 주로 증폭회로의 주파수 특성에 의하여 결정된다. 또한 선택도를 높이기 위해서는 동조 회로의 Q를 크게 하고, 대역폭은 최소한으로 적게 하여 대역 외의 차단 특성을 날카롭게 하여야 한다.

→ 희망 신호 이외의 신호를 분리해 내는 정도

③ 충실도(Fidelity)

무선 송신기로부터 전송된 신호 파를 수신기에서 어느 정도까지 정확하게 재생할 수 있는가를 나타내는 척도로서 충실도를 좌우하는 요소로는 주로 주파수 특성, 왜곡, 잡음 등이 있다.

→ 본래의 신호로 얼마나 정확히 재생 가능 하는가의 정도

④ **안정도(Stability)**

일정 진폭, 일정 주파수의 신호 입력을 가했을 때 재조정을 하지 않고 장시간에 걸쳐서 일정한 출력을 얻을 수 있는가를 표시하는 척도이다.

주로 수신기에서는 감도, 선택도등을 포함하는 종합 특성이 안정될 것을 요구하게 되는데 이때 중요한 것이 국부 발진 주파수의 안정도이다.

→ 수신기를 재조정하지 않고도 얼마나 장시간 일정 출력을 얻을 수 있는가의 정도

(2) 수신기가 갖추어야 할 일반적인 조건

① 안정도가 높아야 한다.

② 페이딩에 대한 대책이 충분해야 한다.

③ 취급이 쉽고 구조가 견고해야 한다.

④ 잡음이 적어야 한다.

⑤ 도래 전파가 미약한 경우에도 수신이 가능하도록 감도가 우수해야 한다.

⑥ 타 통신과 혼신 되지 않기 위해 선택도가 높아야 한다.

⑦ 전화인 경우엔 충실도가 좋아야 한다.

3.1.2. 슈퍼헤테로다인 수신기

현재 가장 많이 사용하는 방식으로 안테나 회로에 유기된 고주파 신호 중 필요한 주파수만을 동조 회로로 선택한 다음, 고주파 증폭부에서 증폭시켜 국부 발진기에서 발진한 고주파 신호와 주파수 변환부에서 혼합하여 증폭하기 적합한 중간 주파수로 바꾼 다음 충분히 증폭(IF : 455[㎑])하고, 다시 검파하여 얻은 신호 파를 저주파 증폭부에서 증폭시켜 출력하는 수신기이다.

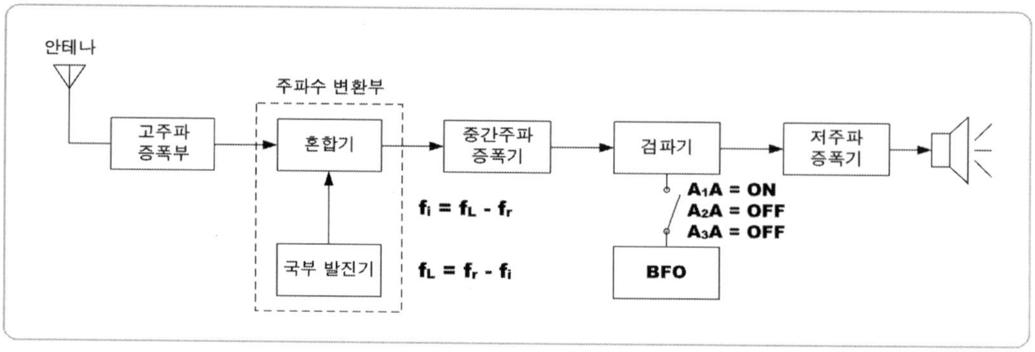

[그림 3-1] Single Super-Heterodyne 수신기의 구성도

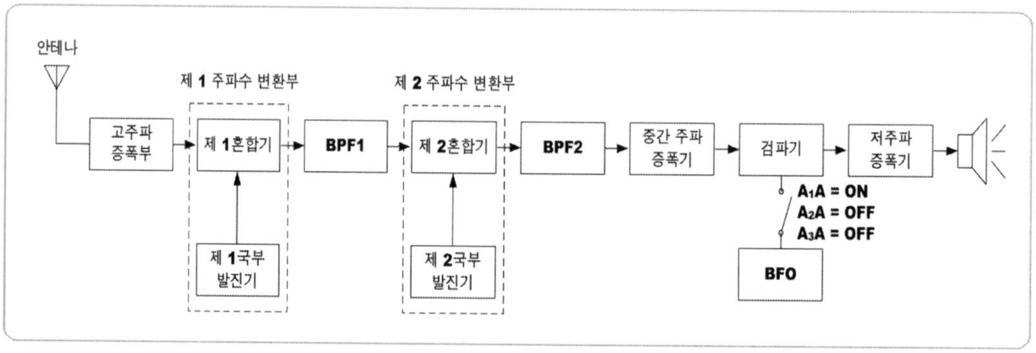

[그림 3-2] Double Super-Heterodyne 수신기의 구성도

(1) 슈퍼헤테로다인 수신기의 특징

① 장점

- 수신 주파수에 관계없이 감도와 선택도가 거의 일정하다.
- 이득이 크고 근접 주파수 선택도가 양호하다.
- 단일 조정법을 사용할 수 있다.
- 수신기의 출력 변화가 적다.
- 감도가 양호하다.
- 충실도가 높다.

② 단점

- 주파수 변환에 따른 혼신 방해와 잡음이 많다.
- 높은 주파수대에서는 국부 발진기의 주파수 안정도가 낮아진다.
- 영상 혼신을 받기 쉽다.

• 회로가 복잡하고 조정이 어렵다.

(2) 영상 주파수 방해(Image Frequency Interference)

[그림 3-3]에서 고주파 증폭기를 통한 수신 주파수를 f_r, 국부발진 주파수를 f_L이라고 하면 중간 주파수(f_{IF})는 $f_{IF}=f_L-f_r$이 된다. 만일 수신 안테나에 f_r+2f_{IF} 전파와 f_r-2f_{IF} 의 전파가 동시에 수신되었다면 두 주파수의 중간 주파수가 동일하여 원하는 수신신호 f_r을 수신하는데 방해를 주게 된다. 이때 f_r+2f_{IF}, f_r-2f_{IF}를 영상 주파수라 하고, 이에 의한 혼신을 영상 주파수 혼신 또는 영상 주파수 방해라고 하며, 다음 식으로 표현된다.

$$f_I=f_r+2f_{IF}=f_L+f_{IF} \quad \text{[식 3-1]}$$

$$f_L=f_r+f_{IF}=f_I-f_{IF} \quad \text{[식 3-2]}$$

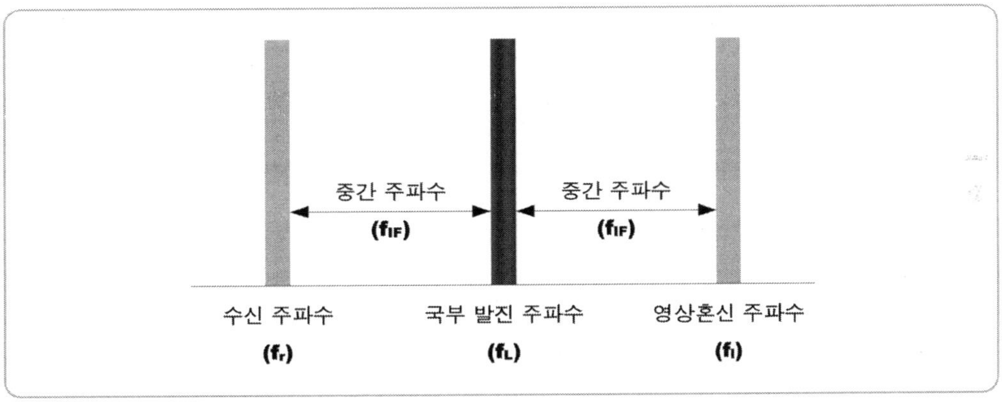

[그림 3-3] 영상 주파수의 스펙트럼

① 영상 주파수 방해를 줄이는 방법

• 동조회로의 Q를 높인다.
• 안테나 회로에 wave trap을 설치한다.
• 이중 슈퍼헤테로다인 방식을 채택한다.
• 고주파 증폭단의 선택도를 높인다.
• 중간 주파수를 높게 선정한다.
• 고주파 증폭부 및 주파수 변환부를 차폐(Shield)시킨다.

3.2 AM 수신기의 각 장치들의 특징

3.2.1 고주파 증폭부(Radio Frequency Amplification)

(1) 고주파 증폭 회로

고주파 증폭부의 성능은 수신기 전체에 크게 영향을 미치기 때문에 저잡음 증폭기를 사용해야 하며 증폭되는 주파수가 매우 높아 회로의 분포 정수의 영향을 받기 쉬우므로, 이것들을 고려하여 고주파 증폭 부를 설계해야 한다.

(2) 고주파 증폭 회로의 설치 목적

① 영상 주파수 방해의 개선

고주파 증폭부에 동조 회로의 선택도를 향상시키면 영상 주파수의 신호를 감소시킬 수 있다.

② 수신기 전체의 S/N 개선

저 잡음의 진공관이나 트랜지스터를 사용하여 고주파 증폭기를 설계하게 되면 잡음은 줄고 신호를 크게 증폭할 수 있으므로 S/N비가 향상된다.

③ 수신기의 감도 향상

고주파 증폭기를 이용하여 충분히 증폭하면 그 증폭한 증폭도 만큼 감도는 향상된다.

④ 불요파 방사의 억제

수신기의 국부 발진부와 안테나가 결합되어있어 안테나에서 불필요한 전파가 방사될 우려가 있으므로 국부 발진기와 안테나 사이에 고주파 증폭부가 완충 작용을 하여 수신 안테나에서 불필요한 전파가 방사되는 것을 막아주는 역할을 한다.

⑤ 입력회로에 의한 안테나 회로와의 정합

수신되는 전파를 효율 좋게 수신하기 위해서는 안테나와의 정합이 필요하다.

3.2.2. 주파수 변환부(Frequency Conversion Part)

주파수 변환 부를 이용하여 수신 신호 주파수를 중간주파수로 변환하는 목적은 수신 신호에 대한 증폭과 선택 작용을 용이하게 하기 위해서이다.

(1) 주파수 변환 회로(Frequency Conversion Circuit)

국부 발신기에서 발진 주파수(f_L)를 발진시켜 수신 주파수(f_r)와 함께 혼합기에서 혼합하고 출력 측에서 두 주파수 차의 중간 주파수(f_{IF})를 뽑아내는 역할을 한다.

(2) 단일 조정(Uni-Control)

동조회로의 주파수차가 항상 중간 주파수와 같게 가변 콘덴서의 회전각을 조정하는 것. 즉, 중간 주파수를 일정하게 유지하기 위해 동조회로를 조정하는 것을 단일조정(uni-control)이라 하며, 또 다른 표현으로는 3점 조정 또는 트래킹(Tracking)이라고 한다.

[그림 3-4]에서 C_p(Padding Condenser)와 C_t(Trimer Condenser)로 미세 조정을 행하며, 대 · 중 · 소점에서 중간 주파수를 얻도록 조정하면, 그 밖의 점에서도 큰 차이 없이 중간 주파수를 얻을 수 있다.

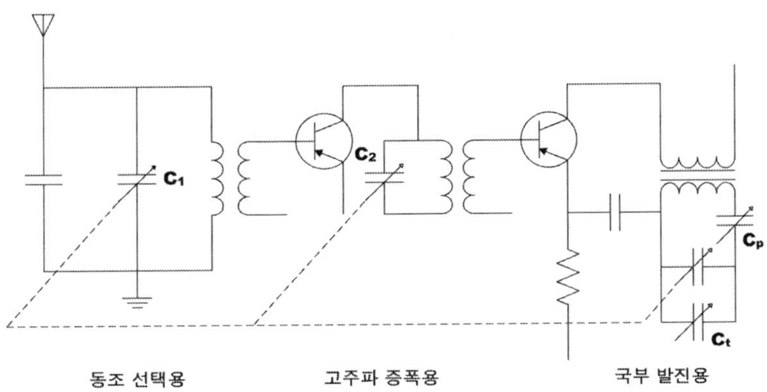

[그림 3-4] 연동 바리콘(Varicon)의 구성

(3) 단일조정이 불량할 때 나타나는 현상

① 이득이 저하된다.
② 충실도가 나빠진다.
③ S/N비가 저하된다.
④ 중간 주파수가 부정확하여 중간주파 트랜스의 동조점이 벗어나므로 증폭도가 떨어진다.
⑤ 혼신방해가 많아진다.

3.2.3. 중간 주파 증폭부(Intermediate Frequency Amplification Part)

중간 주파 증폭 회로는 중간 주파수(455㎑)로 변환된 신호를 증폭하는 회로이다.
중간 주파수로 주파수 변환하여 증폭하면 발진할 염려가 없이 증폭을 크게 할 수 있고 선택도를 높일 수 있다.

(1) 중간 주파수의 선정의 목적

① **영상 주파수 선택도 :** 주파수 증폭부를 설치함으로써 영상 혼신 문제 해결이 용이해 지며 중간 주파수가 높을수록 영상 주파수 선택도가 개선된다.
② **전송 대역 :** 전송 대역을 고려할 때 충실도면에서 보면 중간 주파수는 높을수록 좋다.
③ **단일 조정 :** 중간 주파수가 낮을수록 단일 조정을 정확히 할 수 있다.
④ **인입 현상(Drawing Effect) :** 충실도면에서 보면 중간 주파수는 높을수록 좋다.
⑤ **근접 주파수 선택도 :** 중간 주파수가 낮을수록 향상된다.
⑥ **감도 및 안정도 :** 안정하고 큰 이득의 증폭을 하기 위해서는 중간 주파수가 낮을수록 좋다.

(2) 중간 주파수 선정에 따른 개선점

중간주파수가 높을 때	중간주파수가 낮을 때
① 인입현상 개선	① 근접주파수 선택도 개선
② 영상주파수 관계 개선	② 감도 및 안정도 개선
③ 충실도 개선(주파수 특성개선)	③ 단일조정이 용이

(3) 단일 동조 회로 및 복동조 회로

① **단일 동조 회로 :** 선택 특성이 별로 양호하지 않지만 여러 단의 단일 동조를 각 단의 동조 주파수를 조금씩 다르게 하면 종합 특성이 [그림 3-5](b)와 같이 광대역 특성을 갖게 된다.

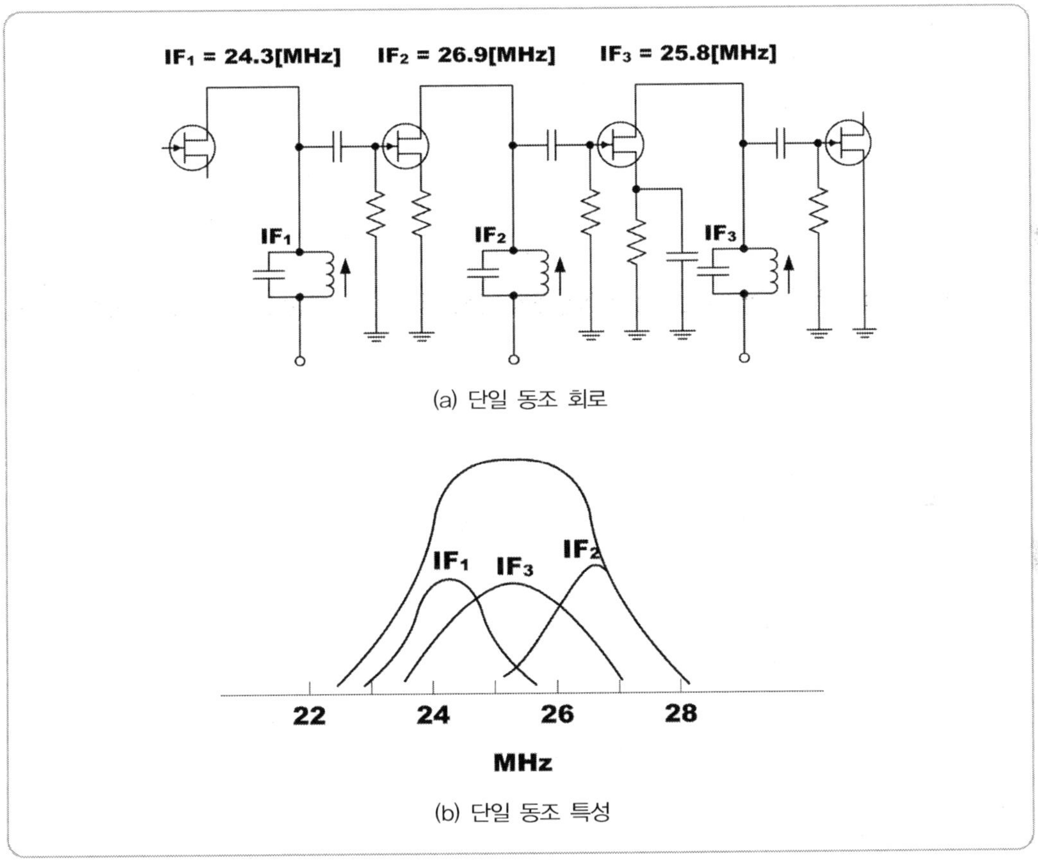

[그림 3-5] 단일 동조 회로 및 특성

② **복동조 회로 :** 단동조 증폭기보다 대역폭을 넓게 취할 수 있으며 대역 이외의 이득을 급격히 감소시켜 선택도를 향상 시킬 수 있다.

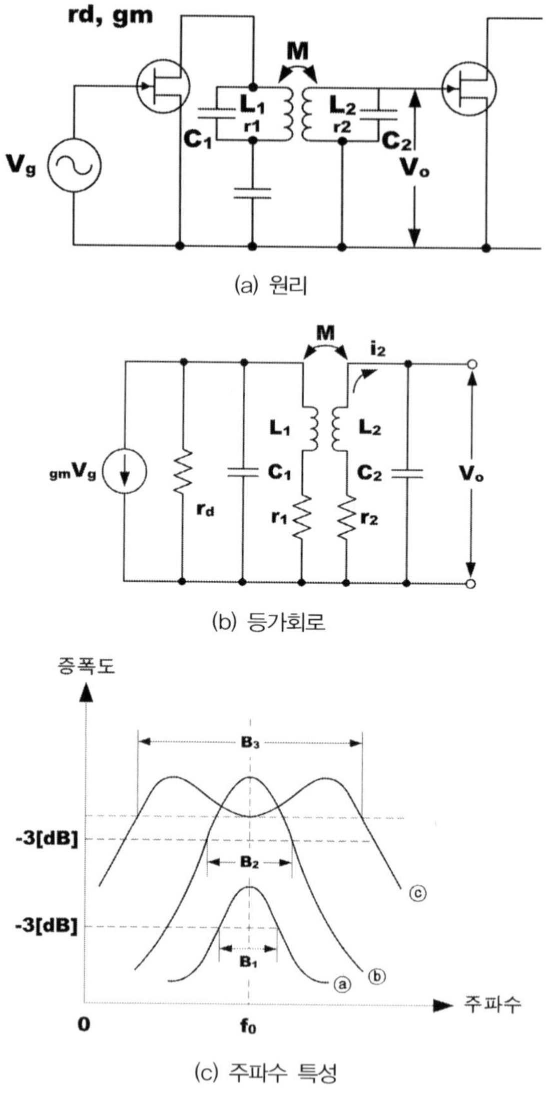

[그림 3-6] 복동조 회로 및 특성

3.2.4. 검파기(Detector)

피변조파로부터 원래의 신호를 검출해내는 것을 검파(Detection) 또는 복조라고 하며, 슈퍼헤테로다인 방식에서는 반도체 다이오드를 이용한 직선검파기가 사용된다.

(1) 다이오드 검파기

① 직선 검파

[그림 3-7](b)에서 (a)와 같이 AM파가 입력되면 정(+)의 반주기 동안에 다이오드가 도통하여 C에 충전되고, 부(−)의 반주기동안에는 다이오드가 차단 상태가 되어 C에 충전되었던 전하가 R을 통해 방전하게 되어 [그림 3-7](c)와 같은 DSB파의 포락선(Envelope)파형이 만들어 진다. 이것을 직선검파 또는 포락선 검파라 하고 다이오드를 사용하기 때문에 다이오드 검파기라고도 한다.

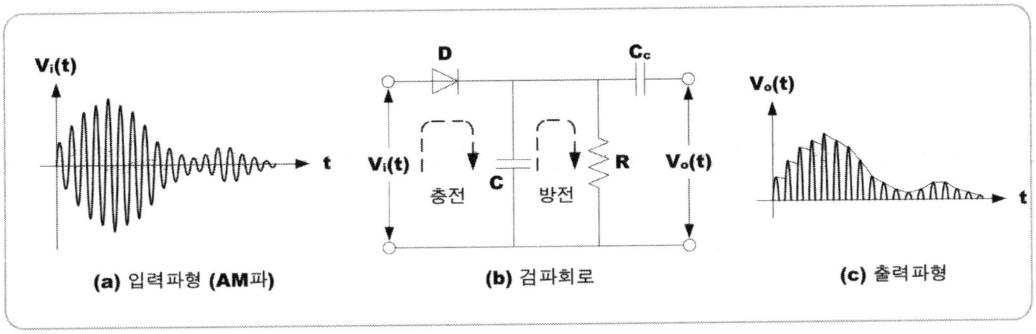

[그림 3-7] 다이오드 검파회로

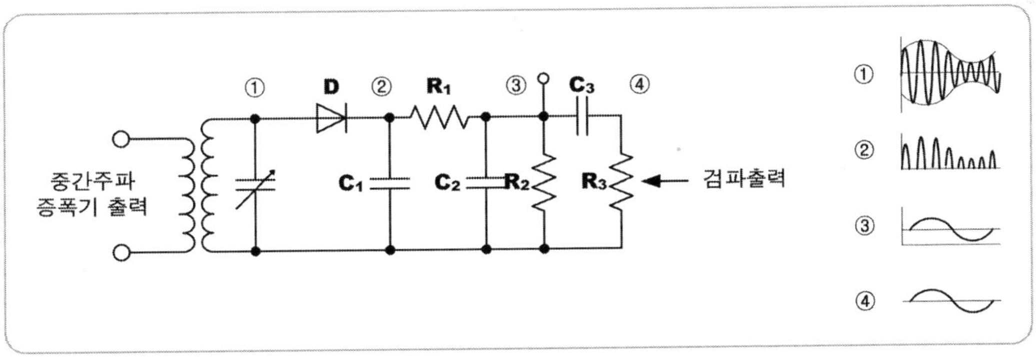

[그림 3-8] 포락선 검파기(Envelope Detector)의 각부 파형

다이오드 검파기를 실제회로에서 보면 [그림 3-8]에서와 같이 ①점과 같은 피변조가 신호가 입력되고 그 다음에 다이오드에 의해 신호파의 정(+)주기 출력만 통과하게 된다. 그럼 ②점과 같은 파형이 나타나게 된다. 이후 C_1, R_1, C_2, R_2 에 의하여 충·방전되어 ③점과 같은 파형이 나타나고, C_3에 의해서 직류성분이 제거되어 ④점과 같은 신호 성분만이 출력되어 저주파 증폭기로 보내지게 된다.

(2) 자승 검파

DSB파의 입력진폭이 작으면 [그림 3-9](b)와 같이 특성 곡선의 하부 만곡부에서 동작하기 때문에 입력전압의 자승에 비례하는 자승검파가 된다. 여기서 다이오드의 특성을 $i = a_1 v_i + a_2 {v_i}^2 (a_1, a_2$: 정수), DSB파를 $v_i = V_c(1 + m\cos pt)\sin \omega t$ 라고 하면

$$
\begin{aligned}
i &= a_1 V_c(1 + m\cos pt)\sin \omega t + a_2 {V_c}^2 (1 + m\cos pt)^2 \sin^2 \omega t \\
&= \frac{1}{2} a_2 {V_c}^2 (1 + \frac{m^2}{2}) + a_2 {V_c}^2 m \cos pt + \frac{1}{4} a_2 {V_c}^2 m^2 \cos 2pt \\
&+ \frac{1}{2} a_1 V_c m \sin(\omega - p)t + a_1 V_c \sin \omega t + \frac{1}{2} a_1 V_c m \sin(\omega + p)t \\
&- \frac{1}{8} a_2 {V_c}^2 m^2 \cos(2\omega - 2p)t - \frac{1}{2} a_2 {V_c}^2 m \cos(2\omega - p)t \\
&- \frac{1}{2} a_2 {V_c}^2 (1 + \frac{m^2}{2}) \cos 2\omega t - \frac{1}{2} a_2 {V_c}^2 m \cos(2\omega + p)t \\
&- \frac{1}{8} a_2 {V_c}^2 m^2 \cos(2\omega + 2p)t \quad \cdots\cdots \text{[식 3-3]}
\end{aligned}
$$

로 된다. 이 식에서 고조파 성분은 [그림 3-8]이 바이패스 콘덴서 C_1, C_2로 제거되고, 직류 성분은 결합 콘덴서 C_3에 의해 제거된다. 검파 출력 v_0는 i에 비례하므로 v_0에는 신호파 성분 p와 신호의 제2 고조파 성분 $2p$가 나타나고, 일그러짐이 발생하게 된다. 이때의 오율은 다음 식과 같다.

$$
D = \frac{\frac{a_2 {V_c}^2 m^2}{4}}{a_2 {V_c}^2 m} = \frac{m}{4} \quad \cdots\cdots \text{[식 3-4]}
$$

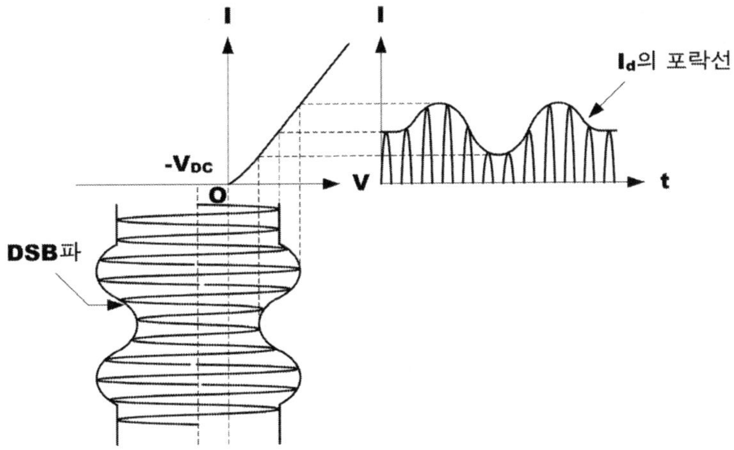

(a) 직선 검파(포락선 검파)방식

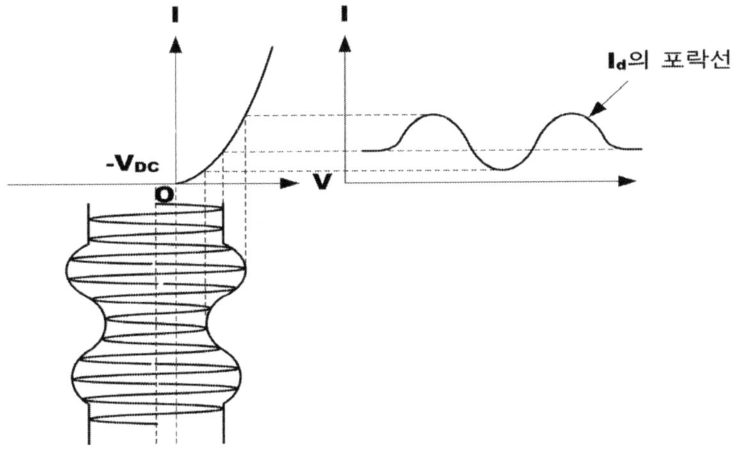

(b) 자승 검파방식

[그림 3-9] 다이오드 검파기의 특성

제2 고조파 성분의 진폭은 변조도(m)의 크기에 비례하는 왜곡 성분이다. 이와 같이 비선형 복조회로의 복조출력은 왜곡성분을 갖고 있어 양질의 신호파를 얻으려고 해도 깊은 변조는 걸지 못하는 단점이 있다. 그러나 피 변조파의 진폭이 작아도 복조를 할 수 있고, 복조 출력은 입력 전압의 제곱에 비례하므로 감도가 좋은 장점이 있다.

(3) 검파 왜곡

① 다이애거널 클리핑 왜곡(Diagonal Clipping Distortion)

[그림 3-10](a)와 같이 검파기의 시정수($\tau = RC$)가 커서 즉, $C \cdot R$값이 커서 검파출력이 포락선의 변화에 따라가지 못하여 발생하는 일그러짐을 말한다.

이를 방지하기 위해서는 시정수(τ)를 작게 해야 하지만, 시정수가 작으면 검파효율이 떨어지기 때문에 시정수는 가능한 크게 하는 것이 좋다.

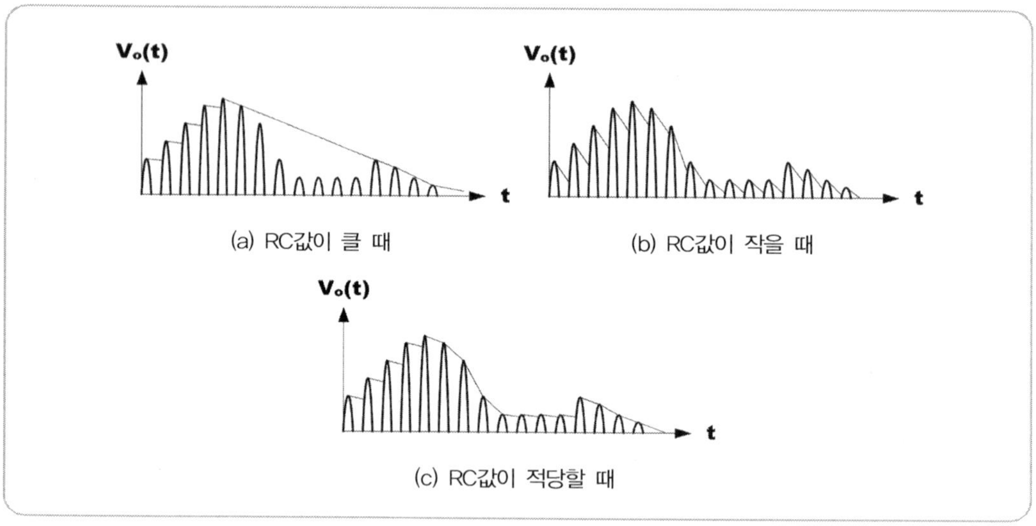

[그림 3-10] 검파기 시정수에 따른 검파 출력

위의 그림은 시정수에 따른 검파 출력 파형을 보여주고 있다. 여기서 일그러짐이 발생하지 않도록 하기 위한 시정수(τ)값의 한계는 변조 도를 m, 신호의 최고 주파수를 f_m이라 할 경우 다음의 수식으로 표현할 수 있다.

$$\tau \leq \frac{\sqrt{1-m^2}}{2\pi f_m m} \quad \text{[식 3-5]}$$

② 네거티브 피크 클리핑 왜곡(Negative Peak Clipping Distortion)

검파기에서의 부하 값이 직류 시와 교류 시가 서로 상이하기 때문에 발생하는 왜곡을 말한다.

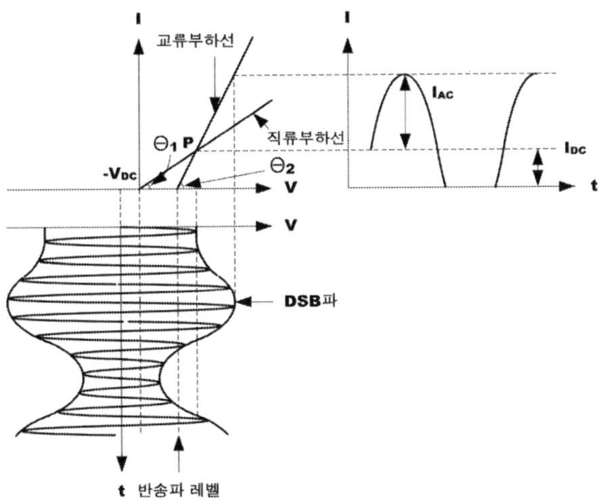

[그림 3-11] 네거티브 피크 클리핑 왜곡(Negative Peak Clipping Distortion)

[그림 3-8]의 회로에서 직류분 저항은 $R_{DC} = R_1 + R_2$이고, 교류분 저항은 $R_{AC} = R_1 + R_2 // R_3$로 되어 교류분 저항은 직류분 저항보다 작다. 따라서 [그림 3-11]과 같이 교류 부하선의 경사보다 크게 되어 포락선 부(−)의 첨두 부분이 잘리게 된다.

(4) A_1A 전파의 수신

① 헤테로다인 검파기

헤테로다인 검파기는 중간 주파수와 반송파를 비직선회로에 가하여 두 주파수의 차를 만드는 일종의 주파수 변환회로다.

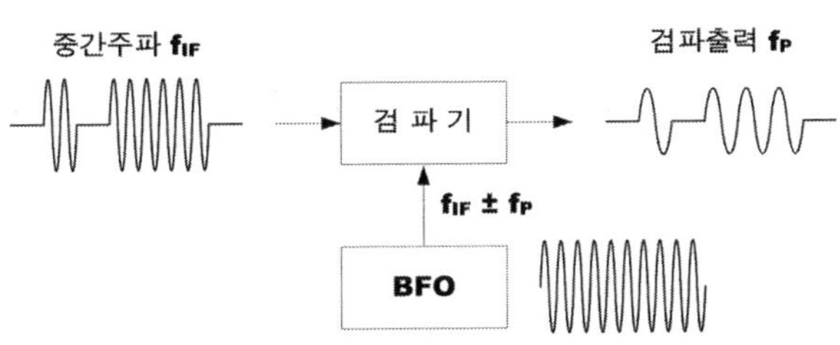

[그림 3-12] 헤테로다인 검파기의 원리

[그림 3-12]과 같이 중간 주파수를 f_{IF}, 비트주파 발진기의 출력을 $f_{IF} \pm f_p$라고 하면 검파기 출력은 $f_{IF} - (f_{IF} - f_p) = f_p$ 또는 $(f_{IF} + f_p) - f_{IF} = f_p$로 되어 f_p를 1[㎑] 정도가 되도록 선정하면 f_p의 단·속음이 얻어진다.

② **비트 주파 발진기(BFO : Beat Frequency Oscillator)**

일반적인 수신기로 A_2A전파와 A_3E전파는 수신이 가능하지만, A_1A전파와 같이 저주파로 변조되어 있지 않은 전파를 그대로 검파할 경우 DC성분만 나타나 수신기는 클릭 음만 들려 수신이 불가능하다. 하지만 [그림 3-1]의 비트주파 발진기에 의해 [그림 3-13](e)와 같이 중간 주파수와 1[㎑]정도 차가 있는 발진 주파수를 검파기에 가해 헤테로다인 검파하면 Mark(+)시에만 Beat가 생겨 두 주파수 차음을 얻어 수신음을 들을 수 있다.

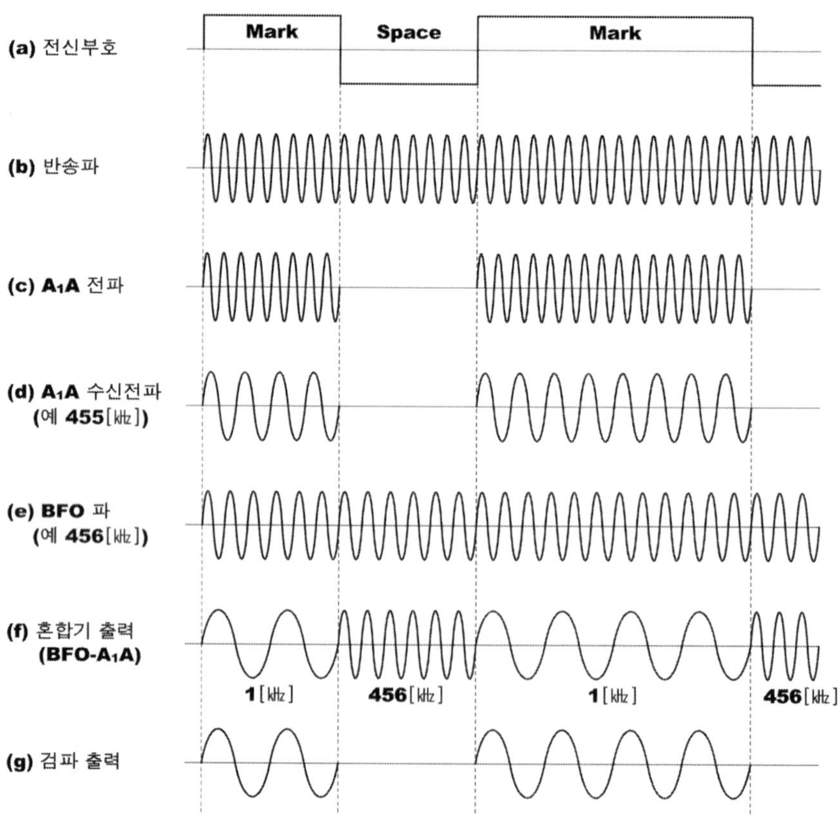

[그림 3-13] A_1A전파 및 헤테로다인 검파 원리

[그림 3-13](a)와 같은 전신부호를 (b)와 같은 반송파로 변조하여 (c)와 같은 A_1A 전파를 송신하면 수신측에서는 (d)와 같이 A_1A 파가 중간 주파수로 변환(455[KHz])되어 수신되어도 고주파 이므로 사람의 귀로는 들을 수 없다. 따라서 (e)와 같이 BFO에 의해 1[KHz]정도 차이가 나는 456[KHz]를 혼합기에 강하여 헤테로다인 검파하면 (f)와 같이 $BFO - A_1A = 456 - 455 = 1$[KHz] 차음(Beak)의 주파수를 얻을 수 있으며, 이 주파수는 Mark일 때는 1[KHz]이고, Space일 때는 456[KHz]가 출력으로 나오지만 Space일 때는 비 가청 주파수이므로 들리지 않게 된다. 하지만 저주파 증폭기에서 고주파 성분이 제어되므로 결국 (g)와 같이 '0'으로 되어 없어지고, Mark일 때에만 1[KHz]의 가청 주파수 차음이 들리게 되는 것이다.

3.2.5. 저주파 증폭기(AF AMP : Audio Frequency Amplifier)

저주파 증폭회로는 검파회로에서 얻어진 저주파 신호를 스피커나 수화기를 통해 청취하기 위해 증폭하는 회로로서 일그러짐을 적게 하기 위해 부 궤환을 사용 A급 증폭 또는 B급 push-pull 증폭 회로를 주로 사용한다.

3.3 수신기의 보조회로

3.3.1 자동 이득 조절 회로(AGC : Automatic Gain Control Circuit)

무선통신 방식에서 fading 등에 의해 수신 신호의 Level이 변동하면 출력도 변동하게 된다. 이런 결과로 통신의 질은 떨어지게 되는데. 이때 수신기의 이득을 자동으로 가감하여 안정한 출력을 얻도록 하는 회로가 AGC회로 이다.

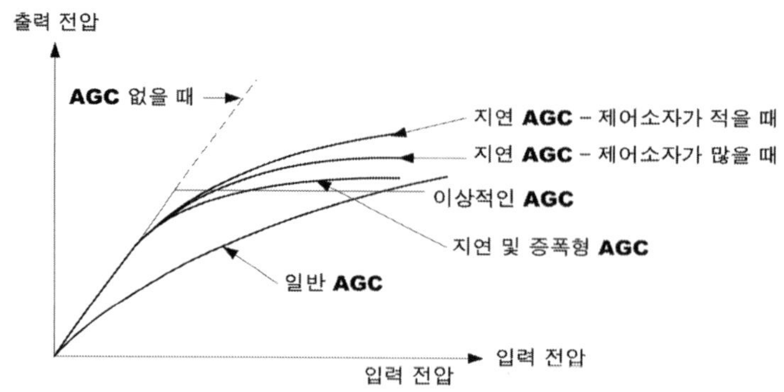

[그림 3-14] AGC의 특성

3.3.2 지연 AGC(Delayed AGC)

AGC 수신기에서는 수신 신호 크기가 배경 잡음 크기를 넘어설 때부터 AGC 바이어스는 증가하기 시작하여 입력이 미약할 때 이득이 감소하는 단점이 있다. 이것을 방지하기 위해 신호 크기가 미리 정해진 기준치를 넘어야만 AGC 바이어스를 발생시키도록 하여 입력이 미약한 경우에는 AGC가 작동하지 않도록 하고 일정 레벨이상이 되어야만 AGC가 작동하게 하여 이득을 최대로 취하도록 한 회로가 DAGC 회로이다.

3.3.3 자동 선택도 제어 회로(ASC : Automatic Selectivity Control Circuit)

수신 전파가 강할 경우에는 선택도를 낮춰 통과 대역폭을 넓힘으로 충실도를 높이고, 반면에 수신 전파가 약할 때에는 선택도를 높여 혼신의 염려를 없애도록 하는 조작을 자동적으로 행하는 회로를 ASC회로라 한다.

3.3.4 자동 주파수 제어 회로(AFC : Automatic Frequency Control Circuit)

발진 주파수의 편차를 검출하고 이것으로 발진기의 발진 조건을 기계적 또는 전기적으로 제어하여 발진 주파수가 항상 일정한 값이 되도록 하는 장치로서, 송신기나 수신기 모두에서 사용 가능한 회로이다.

3.3.5 자동 잡음 제어 회로(ANL : Automatic Noise Circuit)

ANL회로는 공전이나 각종 인공 잡음 등을 억제하기 위해 사용되는 것이다.

3.3.6 전신 파형 정형 회로

단파의 원거리 통신에 있어서 수신한 전신 신호는 Fading이나 잡음 등으로 진폭과 파형이 변형되므로 이것을 정형해 주어야 한다. 이렇게 전신 파형을 정형해 주는 장치가 직류 리미터(Limiter)와 톤 키어(Tone Keyer)이다.

3.3.7 비트 주파 발진기

슈퍼헤테로다인 수신기로 A_1파를 수신할 때는 중간 주파 출력과 100~1000[㎐]의 주파수를 갖는 발진 출력을 가해서 헤테로다인 검파하여 가청 주파로 만든 후 신호를 청취할 수 있다. 이 때 사용되는 발진기를 BFO(Beat Frequency Oscillator)라고 한다.

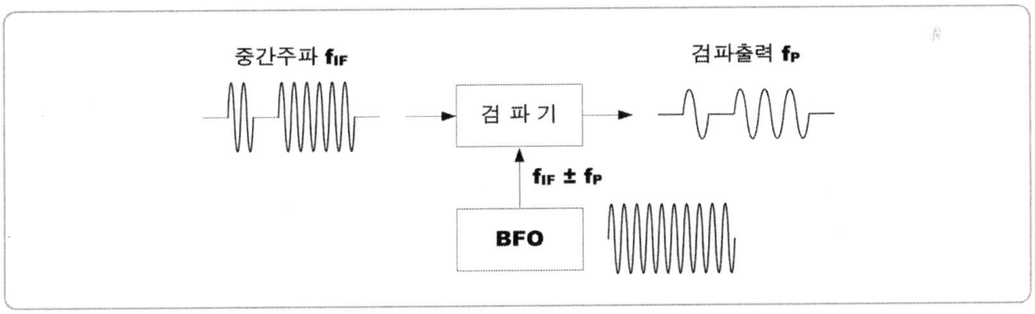

[그림 3-15] BFO 검파기의 원리

연습문제 EXERCISES

01. 무선 수신기의 구성요소가 아닌 것은?

가. 발진기　　나. 변조기
다. 증폭기　　라. 전원부

★★★★★
02. 수신기의 양부를 판정하는 기준이 아닌 것은?

가. 감도　　나. 선택도
다. 충실도　　라. 상호 변조적 왜곡

※ 수신기 양부판정 기준
- 감도(Sensitivity) ⟹ 미약한 전파 수신정도(주로 종합 이득과 내부 잡음에 의해 결정)
- 선택도(selectivity) ⟹ 희망 신호 이외의 신호의 분리 정도
- 충실도(Fidelity) ⟹ 전파된 통신 내용을 수신, 본래의 신호로 재생 정도
- 안정도(Stability) ⟹ 재조정을 하지 않고, 장시간 일정 출력을 얻는 정도

03. 다음 중 수신기의 전기적 성능을 판단하는 항목으로 옳게 짝지어진 것은?

가. 감도, 선택도, 안정도, 충실도
나. 감도, 선택도, 공중선 전력, 충실도
다. 변조도, 공중선 전력, 좌우 분리도, 전력효율
라. 변조도, 좌우 분리도, 안정도, 전력효율

04. 수신기에서 증폭도와 내부 잡음에 의하여 영향을 가장 많이 받는 것은?

가. 감도 특성 측정
나. 선택도의 측정
다. 충실도의 측정
라. 안정도의 측정

★
05. 수신 감도 (Sensitivity)를 향상시키는 방법에 대해 잘못 설명 된 것은?

가. 고주파 증폭 부는 내부 잡음이 적은 소자를 사용한다.
나. 고주파 동조 회로 Q를 크게 한다.
다. IF 대역폭을 가능한 넓게 취한다.
라. 내부 잡음이 적은 주파수 변환기를 사용한다.

06. 다음 중 수신기 감도를 향상시키는 방법으로 적합하지 않은 것은?

가. 고주파 동조회로의 Q를 크게 한다.
나. IF 대역폭을 가능한 한 넓게 취한다.
다. 내부 잡음이 적은 주파수 변환기를 사용한다.
라. 고주파 증폭 부는 내부 잡음이 적은 것을 사용한다.

07. 단파 AM 수신기의 감도를 향상시키는 방법으로 적합하지 않는 것은?

가. 초단 증폭기에는 내부 잡음이 적은 증폭소자를 사용한다.
나. Tracking 조정에 오차가 없도록 가변미세 조정 콘덴서를 사용한다.
다. 공중선 및 그 결합 회로와 각 증폭부 등의 이득이 충분해야 한다.
라. 중간주파증폭기의 대역폭을 가급적 넓게 하는 것이 좋다.

08. 원하는 신호에 근접한 주파수의 방해가 있는 경우 수신기의 감도가 저하되는 현상은?

가. 혼변조　　나. 상호변조
다. 감도억압효과　　라. 스퓨리어스 저하효과

09. 다음 중 수신기의 감도에 영향이 가장 적은 것은?

가. 음성주파수의 왜율　　나. 고주파 증폭부의 잡음
다. IF 증폭기의 이득　　라. 주파수 변환부의 잡음

해답

1. (나)　2. (라)　3. (가)　4. (가)　5. (다)　6. (나)　7. (라)　8. (다)　9. (가)

10. **다음 중 AM 수신기의 감도측정에 필요치 않는 것은?**

가. 가변감쇠기
나. 저주파발진기
다. 의사공중선
라. 표준신호발생기

11. **수신기의 종합특성 중 희망신호 이외의 신호를 어느 정도 분리할 수 있느냐의 분리 능력을 나타내는 것은?**

가. 감도 (Sensitivity)
나. 선택도 (Selectivity)
다. 충실도 (Fidelity)
라. 안정도 (Stability)

> ※ **선택도(selectivity)**
> 희망 신호 이외의 신호의 분리 정도

12. **AM수신기에서 선택도를 향상시키기 위한 조치로 가장 적절한 것은?**

가. 중간 주파수는 높은 것을 선정한다.
나. 고주파 증폭 단을 둔다.
다. 중간 주파증폭기의 대역은 넓게 취한다.
라. 동조회로의 Q를 낮게 한다.

13. **다음 중 무선수신기에서 선택도를 높이는 방법으로 적합하지 않은 것은?**

가. 리미터회로를 부가한다.
나. 동조 회로의 Q를 높인다.
다. 슈퍼헤테로다인 수신방식을 사용한다.
라. 중간주파 증폭 단수를 증가한다.

14. **무선 수신기에서 희망 수신 주파수에 근접한 강한 주파수가 존재할 경우 이를 줄이기 위한 대책으로 가장 적합한 것은?**

가. 중간주파 증폭기의 통과 대역폭을 좁힘
나. 고주파 증폭기의 이득을 높임
다. 고주파 증폭기의 통과 대역을 넓힘
라. 중간주파 증폭기의 통과 대역폭을 넓힘

15. 무선 수신기에서 선택도를 높이는 방법으로 틀린 것은?

가. 리미터(Limitter)회로를 부가한다.
나. 동조 코일의 Q를 높인다.
다. 슈퍼헤테로다인 수신방식을 사용한다.
라. 중간주파 증폭 단수를 증가한다.

16. 무선 수신기에서 전기적 특성과 전기 음향적 특성으로 구분하여 측정하는 것은?

가. 감도
나. 선택도
다. 충실도
라. 안정도

17. AM수신기의 충실도와 관계가 적은 것은?

가. 검파왜곡
나. 주파수 특성
다. 위상왜곡
라. 맥동률

18. 다음 중 무선 수신기의 전기적 측정시험이 아닌 것은?

가. 안정도의 측정
나. 충실도의 측정
다. 변조도의 측정
라. 감도의 측정

19. AM수신기의 종합 특성중 신호파와 방해파의 근접도에 따라 영향을 가장 많이 받는 것은?

가. 감도
나. 선택도
다. 충실도
라. 안정도

해답

10. (가) 11. (나) 12. (나) 13. (가) 14. (가) 15. (가) 16. (다) 17. (라) 18. (다) 19. (나)

20. 수신기의 종합 특성 측정에 속하지 않는 것은?

가. 감도 측정
나. 충실도 측정
다. 선택도 측정
라. 전력 측정

> ※ 수신기 양부판정 기준
> ① 감도(Sensitivity) ② 선택도(selectivity) ③ 충실도(Fidelity) ④ 안정도(Stability)

21. 무선 수신기의 일반적인 조건 중 틀린 것은?

가. 감도가 우수할 것
나. 선택도가 높을 것
다. 안정도가 좋을 것
라. 왜곡이 많을 것

22. 다음 중 2신호(실효) 선택도에 해당되지 않는 것은?

가. 감도억압효과
나. 상호변조 특성
다. 혼변조 특성
라. 근접주파수 선택도

23. 다음중 수신기의 안정도에 영향을 주는 사항 중 가장 적은 영향을 주는 것은?

가. 국부 발진회로
나. 증폭회로
다. 부품의 노후
라. 주파수 특성

> ※ 안정도(Stability)
> 재조정을 하지 않고, 장시간 일정 출력을 얻는 정도를 의미하는 것으로 국부 발진기 및 증폭기 등의 안정도에 의해 결정되며 부품의 노후화 또한 큰 영향을 미친다.

★
24. 다음은 Superheterodyne 수신기의 구성 요소이다. 어떤 순서로 구성해야 하는가?

A. 중간 주파 증폭부	B. 고주파 증폭부	C. 저주파 증폭부
D. 주파수 변환부	E. 검파부	F. 안테나

가. F-B-A-E-D-C
나. F-B-D-E-A-C
다. F-B-D-A-E-C
라. B-E-F-A-D-C

25. 수퍼헤테로다인 수신기에서 단일 조정은 왜 필요 한가?

가. 중간주파수를 일정히 하기 위하여
나. 발진주파수의 변동을 막기 위하여
다. 안정된 고주파 증폭을 위하여
라. 중간주파수 대역을 넓게 취하기 위하여

※ **단일조정(Tracking), 3점 조정**
가변 콘덴서의 회전각에서 항상 중간주파수와 일정한 주파수차를 갖도록 조정하는 것 (수신주파수와 국부 발진주파수의 차가 항상 중간주파수가 되도록 하여 안정된 고주파 증폭을 위하여)

26. 슈퍼헤테로다인 수신기에 입력회로를 삽입하는 목적이 아닌 것은?

가. 스퓨리어스 레스폰스에 의한 방해를 경감하기 위함
나. 근접 주파수 혼신을 줄이기 위함
다. 외부 잡음을 감소시키기 위함
라. 부차적으로 복사되는 전파를 주파수 선택작용에 의하여 감소시키기 위함

27. 다음 중 슈퍼헤테로다인 수신기에서 수신 주파수와 국부 발진 주파수의 차가 항상 중간 주파수가 되도록 조정하는 회로는?

가. 트래킹 회로
나. 디엠퍼시스 회로
다. AGC 회로
라. 주파수 변별기 회로

28. 슈퍼헤테로다인 수신기에 있어서 고주파 증폭회로의 역할이 아닌 것은?

가. S/N 개선
나. 주파수 안정
다. 불요방사의 억제
라. 수신기의 감도 향상

29. 슈퍼헤테로다인 수신기에서 스퓨리어스 응답의 주된 원인이 있는 부분은?

가. 고주파 증폭 부
나. 저주파 증폭 부
다. 중간주파 증폭 부
라. 국부발진 부

해답

20. (라) 21. (라) 22. (라) 23. (라) 24. (다) 25. (다) 26. (라) 27. (가) 28. (나) 29. (라)

30. **다음 중 무선수신기에 고주파 증폭기를 사용하는 목적으로 적합하지 않은 것은?**

가. 이득을 높인다.
나. 선택도를 좋게 한다.
다. 페이딩을 방지한다.
라. 신호 대 잡음비를 높인다.

31. **수신 주파수와 국부발진 주파수를 동시에 변동시켜 일정한 중간주파수를 얻도록 조정하는 방식이 Tracking인데, 만일Tracking이 정확하지 않으면 어떤 현상이 초래되는가?**

가. 이득 증가
나. 충실도 저하
다. 신호대 잡음비 개선
라. 간섭과 방해 신호의 감소

※ 단일조정(Tracking), 3점 조정

가변 콘덴서의 회전각에서 항상 중간주파수와 일정한 주파수차를 갖도록 조정하는 것. (수신주파수와 국부 발진주파수의 차가 항상 중간주파수가 되도록 하기 위해)

⇒ 단일조정이 정확하지 않으면 이득과 충실도가 감소되고 잡음 및 혼신이 증가 된다.

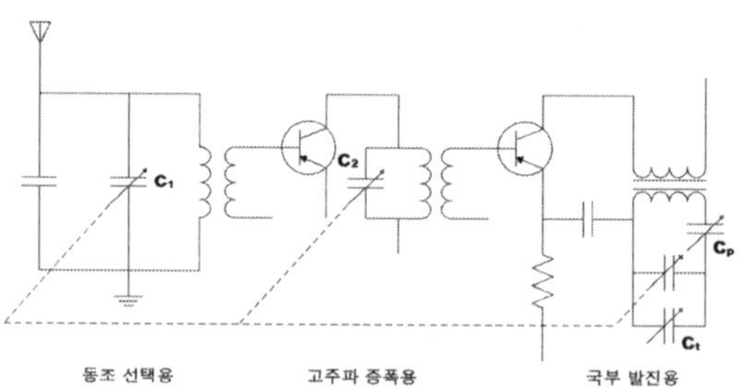

〈트래킹(Tracking)의 구성〉

32. **다음 중 슈퍼헤테로다인 수신기에서 단일조정에 대한 설명으로 가장 적합한 것은?**

가. DAGC 회로를 부가시킨다.
나. 반송파 주파수 변화에 관계없이 항상 중간주파수를 일정하게 얻도록 조정하는 것이다.
다. AFC 장치를 한 것이다.
라. 중간 주파수를 변화시키는 것이다.

33. **무선 수신기의 중간주파 증폭기의 안정도와 관계가 없는 것은?**

가. 전원전압의 변동
나. 온도에 의한 회로소자의 변동
다. 컬렉터전압의 변동
라. 컬렉터전류의 변동

34. 대역폭이 6㎑인 수퍼 헤테로다인 수신기가 650㎑ 를 수신하고 있을 때 영상 혼신 주파수는? (단, 중간 주파수는 455㎑ 임)

가. 1560 [㎑]　　나. 1755 [㎑]　　다. 1111 [㎑]　　라. 916 [㎑]

> ※ 영상주파수 방해(Image Frequency Interference)
> ⇒ 영상혼신 주파수(f_I)=수신 신호주파수(f_r)+2×중간주파수(f_i)=650[㎑]+2×455[㎑]=1,560[㎑]

★★★
35. 중간 주파수 455[㎑]인 슈퍼헤테로다인 수신기에서 1000[㎑]에 대한 영상주파수는 얼마인가?

가. 1455[㎑]　　나. 1545[㎑]
다. 1910[㎑]　　라. 545[㎑]

36. 슈퍼헤테로다인 수신기에서 수신신호파가 800 [Khz] 국부발진 주파수가 1255[Khz]이라면 영상 주파수는?

가. 455[Khz]　　나. 1427[Khz]
다. 1710[Khz]　　라. 3310[Khz]

37. 슈퍼헤테로다인 수신기에서 영상혼신을 경감시키는 방법이 아닌 것은?

가. 고주파 증폭단의 선택도를 높인다.
나. 동조회로의 Q를 낮춘다.
다. 중간 주파수를 높게 선정한다.
라. 이중 슈퍼헤테로다인 방식으로 한다.

38. 슈퍼헤테로다인 수신기의 특징 중 장점이 아닌 것은?

가. 이득을 크게 할 수 있다.
나. 전파형식에 따라 통과 대역폭을 변화시킬 수 있다.
다. 비트 방해를 받는 일이 있다.
라. 단일 조정을 할 수 있다.

해답

30. (다)　31. (나)　32. (나)　33. (라)　34. (가)　35. (다)　36. (다)　37. (나)　38. (다)

39. 그림과 같은 수퍼헤테로다인 수신기에서 제1 중간 주파수가 10[MHz]이고 제2 중간주파수가 500 [KHz]라고 할때 30[MHz]의 입력신호를 수신 하려면 A와 B의 발진 주파수는?

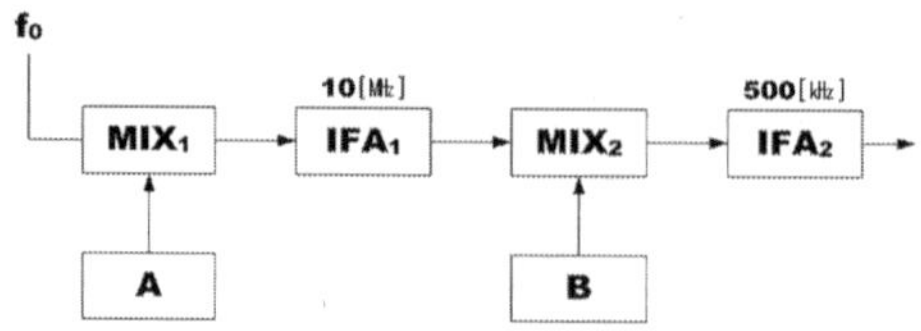

가. A : 20[MHz], B : 9.5[MHz]
나. A : 20[MHz], B : 20.5[MHz]
다. A : 30[MHz], B : 10[MHz]
라. A : 20[MHz], B : 500[MHz]

※ 국부발진주파수(f_L)=f_0(수신주파수) − f_{if}(중간주파수)이므로 A의 발진주파수는 30[㎒]−10[㎒]=20[㎒], B의 발진주파수는 10[㎒]−500[㎑]=9.5[㎒]가 된다.

40. 슈퍼헤테로다인 수신기의 중간 주파수(IF)를 선정할 때 고려되는 사항으로 틀린 것은?

가. 안정도 : 중간주파수(IF)가 낮은 것이 좋다.
나. 지연특성 : 중간주파수(IF)가 높을수록 좋다.
다. 근접 주파수 선택도 : 중간주파수(IF)가 높을수록 좋다.
라. 영상 혼신 : 중간주파수(IF)가 높을수록 좋다.

※ 중간주파수를 선정할 때는 이득, 감도, 안정도, 충실도, 인입현상, 영상주파수 선택도, 근접 주파수 선택도 등을 고려해야 한다.

중간주파수가 높을 때	중간주파수가 낮을 때
①인입현상 개선	①근접주파수 선택도 개선
②영상주파수 관계 개선	②감도, 안정도 개선
③충실도 개선(주파수 특성개선)	③단일조정 용이

41. 슈퍼 헤테로다인 수신기에서 중간 주파수의 선정에 있어 고려될 필요가 없는 것은?

가. 국부 발진기의 주파수 안정도
나. 영상 주파수 방해
다. 초고주파에 의한 방해
라. 단일 조정의 용이성

※ 중간주파수를 선정할 때는 이득, 감도, 안정도, 충실도, 인입현상, 영상주파수 선택도, 근접 주파수 선택도 등을 고려해야 한다.

42. 다음은 AM 수신기의 중간주파수를 낮게 선정하면 개선되는 것이다. 맞지 않은 것은?

가. 영상주파수 관계 개선
나. 근접 주파수 선택도 개선
다. 이득 및 안정도 개선
라. 단일조정을 쉽게 하기 위하여

★
43. AM 수신기에서 중간 주파수의 선정시 고려사항으로 관계가 적은 것은?

가. 이득 및 안정도　　　　나. 지연특성
다. 인입현상　　　　　　　라. 초고주파의 방해

※ 중간주파수를 선정할 때는 이득, 감도, 안정도, 충실도, 인입현상, 영상주파수 선택도, 근접 주파수 선택도, 주파수특성(지연특성과 같은) 등을 고려해야 한다.

44. 일반적인 수신기 구성 중 수신안테나로부터 가장 멀리 떨어져 있는 회로는?

가. 입력정합회로　　　　나. 전치증폭기
다. 대역통과필터　　　　라. 검파기

※ 다음은 싱글 슈퍼헤테로다인 수신기의 구성도이다.

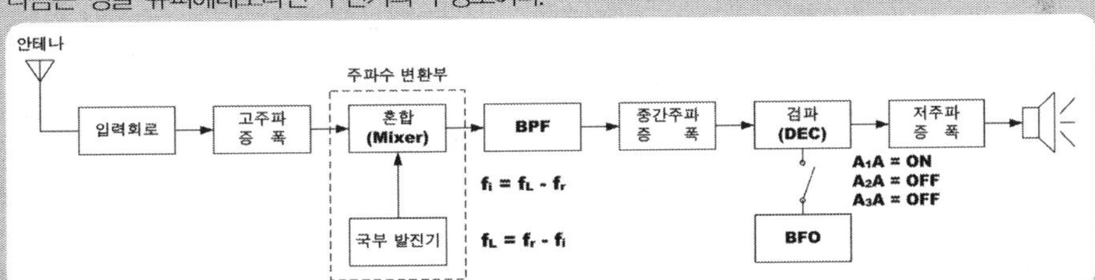

수신기 순서로는 ①수신 안테나 ②입력회로(입력정합회로) ③고주파 증폭(전치 증폭기) ④주파수 변환부 ⑤BPF(대역통과필터) ⑥중간주파증폭 ⑦검파기 ⑧저주파 증폭 ⑨스피커 순으로 되어 있다.

해답

39. (가)　40. (다)　41. (다)　42. (가)　43. (라)　44. (라)　45. (다)

45. **스트레이트 수신기에 비해 슈퍼헤테로다인 수신기 의 특징 중 틀린 것은?**

가. 넓은 주파수대에 걸쳐 조정을 바꿀 필요는 없다.

나. 수신 주파수에 관계없이 수신 감도와 선택도가 거의 일정하다.

다. 높은 주파수대에서 국부발진기의 주파수 안정도가 낮아진다.

라. 회로가 간단하게 되고 조정이 쉽다.

> ※ **슈퍼 헤테로다인 수신기**
>
> ⇒ 입력 주파수와 국부 발진주파수를 혼합하여 증폭하기 적합한 주파수인 중간 주파수를 만들어 증폭한 후 검파하는 방식의 수신기로 스트레이트 수신기에 비해 선택도와 안정도가 우수하나 회로가 복잡하고 영상주파수 방해라는 잡음을 발생한다.

46. **슈퍼헤테로다인 수신기의 특징 중 잘못된 것은?**

가. 선택도가 좋다.

나. 안정도가 좋다.

다. 감도가 좋다.

라. 영상혼신이 없다.

> ※ **슈퍼 헤테로다인 수신기의 특징**
>
> 장점) ① 선택도가 좋다. ② 안정도가 좋다. ③ 감도가 좋다. ④ 충실도가 좋다. ⑤ S/N가 좋다.
> 단점) ⑥ 영상주파수 혼신이 존재한다. ⑦ 회로가 복잡하고 조정이 비교적 어렵다.

47. **super-hetrodyne 수신기에서 중간주파수를 높게 할수록 수신기의 특성이 나빠지는 것은?**

가. 영상주파수 선택도

나. 인입현상

다. 감도 및 안정도

라. 전송대역 주파수 특성

> ※ 중간주파수를 선정할 때는 이득, 감도, 안정도, 충실도, 인입현상, 영상주파수 선택도, 근접 주파수 선택도 등을 고려해야 한다.

중간주파수가 높을 때	중간주파수가 낮을 때
①인입현상 개선	①근접주파수 선택도 개선
②영상주파수 관계 개선	②감도, 안정도 개선
③충실도 개선(주파수 특성개선)	③단일조정 용이

48. **수신기의 입력회로의 역할이 아닌 것은?**

가. 임피던스 정합　　나. 희망 주파수의 선택
다. 근접 주파수 입력이 제거　　라. 회부잡음의 감소

> **※ 수신기의 입력회로의 역할**
> ① 수신기에 최대 수신 전압을 얻기 위해 임피던스를 정합시킨다.
> ② 입력회로를 조정하여 외부잡음을 감소시켜 희망 주파수의 선택도를 높인다.

49. **다음 중 슈퍼헤테로다인 수신기에서 고주파 증폭기의 역할이 아닌 것은?**

가. 수신기의 S/N비를 개선시킨다.
나. 영상주파수 선택도를 개선시킨다.
다. 수신기의 이득을 감소시킨다.
라. 불요 전파가 수신 안테나를 통해 복사되는 것을 억제한다.

> **※ 고주파 증폭기의 설치 목적**
> ① 영상 주파수 선택도 개선 ② 공중선 회로와 정합 ③ 불요전파 방사 억압 ④ 수신기 감도 향상 ⑤ 수신기 전체의 S/N비의 개선 ⑥ 국부발진기에 의한 전파가 공중선에 복사되는 것을 방지(스퓨리어스 발사 억제)

50. **다음 중 무선수신기에 고주파증폭기를 사용하는 목적이 아닌 것은?**

가. 신호대 잡음비를 개선한다.　　나. 페이딩을 방지한다.
다. 수신기 이득을 증대시킨다.　　라. 선택도를 개선한다.

51. **수신기의 고주파증폭부의 역할로 적절치 않은 것은?**

가. 영상주파수 선택도의 개선　　나. 공중선회로와 정합이 용이
다. 불요전파 복사의 촉진　　라. 감도의 향상

> ※ 고주파 증폭기(Radio Frequency Amplifier)의 설치 목적 불요전파 방사 억압에 있다.

해답

45. (다)　46. (라)　47. (다)　48. (다)　49. (다)　50. (나)　51. (다)

52. 고주파 증폭기의 이득이 30[dB], 변환이득이 −3[dB]인 슈퍼헤테로다인 수신기의 입력에 50[μV]의 고주파 전압을걸어 검파기 입력단에서 0.5[V]를 얻었다면 중간 주파 증폭기의 이득은?

가. 53 [dB]　　나. 27 [dB]
다. 15 [dB]　　라. 0.5 [dB]

※ **수신기의 이득**

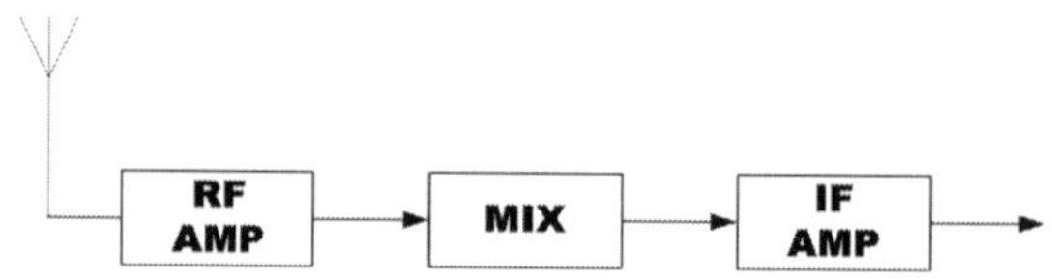

$dB = 20\log_{10}\frac{V_0}{V_i}[dB]$ = 고주파 증폭이득 + 변환이득 + 중간주파증폭기이득 이므로

$20\log_{10}\frac{0.5}{50\times10^{-6}} = 80[dB] = 30[dB] - 3[dB]$

+중간주파증폭기이득　∴ 중간주파증폭기이득 = 53[dB]가 된다.

53. 고주파 증폭기 이득이 22[dB], 중간 주파 증폭기 이득이 61[dB]인 슈퍼헤테로다인 수신기 입력에 전압 20[μV]인 고주파전압을 걸었을 때 검파기 입력에서 0.2[V] 전압의 파를 얻었다면 주파수 변화기의 이득은?

가. −1[dB]　　나. −2[dB]
다. −3[dB]　　라. −4[dB]

※ **수신기의 이득**

$dB = 20\log_{10}\frac{V_0}{V_i}[dB]$(수신기 전체 이득)= 고주파 증폭이득 + 주파수 변환이득 + 중간주파 증폭기이득 이므로

$20\log_{10}\frac{0.2}{20\times10^{-6}} = 80[dB] = 22[dB] + x[dB] + 61[dB]$ ∴주파수 변환 이득 = $-3[dB]$가 된다.

★
54. 고주파 증폭기의 이득이 30[dB],변환이득이 −3[dB]인 수신기에 5[μV]의 고주파 전압을 가하였더니 검파기 입력에 0.5[V]를 얻었다. 중간 주파 증폭기의 이득은?

가. 67[dB]　　나. 73[dB]
다. 83[dB]　　라. 130[dB]

55. 고주파 증폭기의 이득이 30[dB], 변환이득이 −3[dB]인 슈퍼헤테로다인 수신기의 입력에 50[μV]의 고주파 전압을 걸었던바 검파기 입력에 0.5[V]를 얻었다면 중간 주파 증폭기의 이득은 몇 [dB]인가?

가. 27 나. 53 다. 77 라. 80

56. 어느 수신기의 입력에 20μV의 전압을 가했더니 출력 전압이 20V이었다. 이 때 이 수신기의 감도는 몇 dB인가?

가. 60dB 나. 80dB
다. 100dB 라. 120dB

★★
57. 직선 검파기에서 Diagonal clipping현상이 발생하는 이유는?

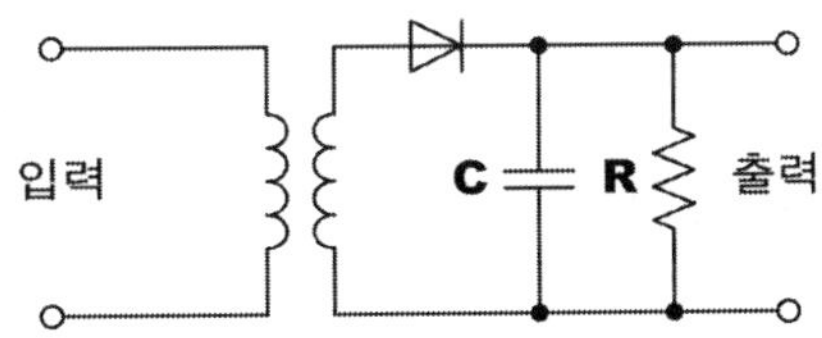

가. 입력 전압이 크기 때문에 나. 입력 전압이 작기 때문에
다. 시정수 R.C가 클 때 라. 시정수 R.C가 작을 때

※ Diagonal Clipping : 포락선 검파기에서 방전 시정수[τ(시정수) = RC]가 너무 클 때 발생

58. Diagonal clipping에 대한 설명이 맞는 것은?

가. 시정수가 과도하게 커서 검파출력이 포락선의 변화를 따르지 못해 발생하는 왜곡 현상
나. Fading 등에 의한 수신 level과 출력 변동으로 인해 통신의 질이 저하되는 현상
다. 신호파 전류의 진폭이 직류 성분전류보다 커져서 포락선 밑부분이 잘리는 왜곡현상
라. 단파의 원거리 통신에 있어서 fading으로 인한 진폭과 파형이 변형되는 현상

해답

52. (가) 53. (다) 54. (나) 55. (나) 56. (라) 57. (다) 58. (가)

59. **직선 검파기에서 Diagonal clipping이 발생하는 이유는?**

가. 직선 검파 외의 출력이 너무 커서
나. 평균 검파기는 부하에 저항만 접속되어서
다. 검파 회로 시정수가 너무 커서
라. 직선 검파기의 출력 측에는 직류 성분이 포함되어서

60. **검파기의 부하회로에서 소자의 시정수의 부적합으로 인하여 발생되는 파형왜곡은?**

가. Q curve clipping
나. negative peak clipping
다. positive peak clipping
라. diagonal clipping

★
61. **검파기의 부하가 직류와 교류의 시정수가 상이해짐으로서 발생되는 파형왜곡은?**

가. Negative Peak Clipping
나. 포락선 왜곡
다. Diagonal Clipping
라. 하강 경사 왜곡

※ Diagonal Clipping ⇒ 포락선 검파기에서 방전 시정수가 너무 클 때 발생
※ Negative Peak Clipping ⇒ 검파기에서 부하의 값이 직류시와 교류시에 상이한 값 때문에 왜곡이 발생

62. **검파기의 교류부하가 직류부하보다 작은 경우에 포락선의 부(−)의 첨두 부분이 절단되는 파형왜곡은?**

가. Negative Peak Clipping
나. Diagonal Clipping
다. 포락선 왜곡
라. 하강 경사 왜곡

63. **다음 중 수신기의 보조(부속)회로가 아닌 것은?**

가. 주파수변환부 회로 나. 뮤팅회로
다. 자동이득 제어회로 라. 자동주파수 제어회로

※ 수신기 보조(부속)회로

① 자동 이득 조절 회로(AGC) ② 지연 이득 조절 회로(DAGC) ③ 자동 주파수 조절 회로(AFC) ④ 비트 주파 발진기(BFO) ⑤ 뮤팅회로(squelch 회로) ⑥ 진폭제한기(Limiter 회로) ⑦ 단일 조정(tracking)회로 등

64. 다음 중 수신기의 직선성을 보호하고 출력 레벨을 거의 일정하게 하는 수신기의 보조회로는?

가. AGC　　나. ATC
다. BFC　　라. AFC

> **※ 자동 이득 제어회로(AGC)**
> 수신 전계강도 변화에 증폭기 이득을 제어하여 수신기 출력을 일정하게 유지시켜주는 수신기 보조회로이다.

65. 다음 AM수신기의 보조회로중 수신기의 직선 성을 보호하고 출력신호 레벨을 일정하게 유지하여 통신의 질 저하를 막아주는 회로로 가장 적당한 것은?

가. 자동이득조절(AGC) 나. 자동선택도조절(ASC)
다. 자동주파수조절(AFC)　　라. 자동잡음억제회로(ANL)

66. 단파 수신기에서 페이딩(Fading)에 의한 수신 전계강도 변화에 의한 수신기 감도를 안정시키기 위한 회로로 가장 타당한 것은?

가. 자동주파수 제어회로(AFC)　　나. 자동이득 조정회로(AGC)
다. 자동잡은 제어회로(ANC)　　라. 자동전력 제어회로(APC)

67. 무선수신기의 AGC 회로에서 CR의 값이 지나치게 크면 어떻게 되는가?

가. 수신감도가 높아진다.
나. 잡음이 작아진다.
다. 신호의 처음 부분만 동작한다.
라. 신호의 처음 부분만 동작한다.

해답

59. (다)　60. (라)　61. (가)　62. (가)　63. (가)　64. (가)　65. (가)　66. (나)　67. (다)

68. AM수신기에서 수신입력전압(전계강도)이 작을 때에는 동작하지 않고 수신입력전압이 어떤 값 이상 되면 동작하는 회로는?

가. AGC　　나. AFC
다. DAGC　　라. limiter

※ 수신기 보조회로
① 자동 이득 제어회로(AGC) : 수신 전계강도 변화에 증폭기 이득을 제어하여 수신기 출력을 일정하게 유지.
② 지연 이득 제어회로(Delayed AGC) : 일정한 Level 이상의 전파에서만 AGC가 동작.
③ 자동 주파수 제어회로(AFC) : 발진 주파수 편차를 검출하여 발질 주파수를 일정하게 유지.
④ Limiter (진폭제한기) : 잡음이나 혼신 등으로 인해 본래의 FM파 이외의 성분을 제거.

69. 위성시스템 설계시 전파가 빗방울에 부딪치면 산란되면서 전력이 감쇠되는데 이러한 영향은 10GHz에서 현저하다. 이러한 현상을 막기위해 사용하는 회로로 가장 적합한 것은?

가. 스크램블러회로　　나. 디스크램블러회로
다. 전파보상회로　　라. AGC 회로

※ 위성통신에서 전파가 빗방울에 부딪치게 되면 신호가 감쇠되어 수신 전력에 변화를 일으키게 된다. 이를 방지하기 위해 수신기에 전계강도 변화에 증폭기 이득을 제어하여 수신기 출력을 일정하게 유지하여주는 자동 이득 제어회로(AGC)를 설치한다.

70. 자동잡음 억제회로(ANL)는 다음 중 어느 잡음에 대하여 억제효과가 있는가?

가. 백색 잡음　　나. 필터 잡음
다. 충격성 잡음　　라. Gauss 잡음

※ 자동잡음 억제회로(ANL : Automatic Noise Limiter)는 AM 수신기 보조회로로 불규칙한 특성을 갖는 충격성 잡음 등을 억제하는데 주로 사용된다.

71. 자동 주파수 제어기에 대한 설명 중 잘못된 것은?

가. 발진 주파수를 자동적으로 조정하여 항상 일정 주파수로 유지시키는 것이다.
나. 기준 주파수와의 비교 발진기는 항온조에 수용된다.
다. 송신기와 수신기 어느 장치에도 사용된다.
라. 자동이득 제어기능을 갖고 있다.

※ 자동 주파수 제어회로(AFC)

발진 주파수 편차를 검출하여 발진 주파수를 일정하게 유지시킨다.
AFC는 송·수신기에 모두 이용되며 온도 영향을 받지 않기 위하여 기준 주파수와의 비교 발진기는 항온조에 수용한다.

※ 자동 이득 제어회로(AGC)

수신 전계강도 변화에 증폭기 이득을 제어하여 수신기 출력을 일정하게 유지.

해답

68. (다) 69. (라) 70. (다) 71. (라)

제4장

SSB 송 · 수신기

제4장 SSB 송 · 수신기

SSB 통신 방식은 진폭 변조에 생긴 상측파대와 하측파대 중 어느 한쪽 측파대만을 이용하는 통신방식으로 반송파와 신호 파를 평형 변조기(Balanced Modulator)에 넣어 출력 측에 나타나는 상 · 하측파대 중 대역 통과 필터를 통해 한쪽 측파대만을 빼내면 SSB 파가 된다.

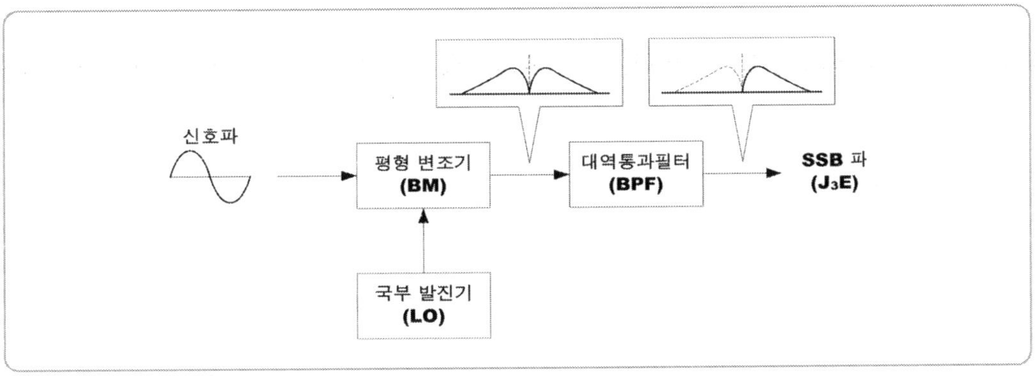

[그림 4-1] SSB 필터법

4.1 SSB 전파의 분류

4.1.1 전반송파 SSB 방식(H_3E)

[그림 4-2](b)와 같이 진폭 변조파에서 한쪽의 측파대민을 제거하고 방사하는 방식으로 송신측에서는 평형 변조기를 사용하여 반송파를 제거한 양측파대만을 얻은 후 다시 대역 여파기를 사용하여 한쪽 측파대를 제거 한다. 그리고 새로이 반송파 진폭을 측파대 최대 진폭의 크기로 첨가하여 송출하는 방식이다.

4.1.2 저감 반송파 SSB 방식(R_3E)

반송파를 어느 정도까지 저감시켜 낮은 레벨로 하여 한쪽의 측파대와 함께 보내는 방식으로 수신측에서는 필터를 사용하여 음성 신호와 저감 반송파를 분리하고, 다시 이 저감 반송파를 검파용 반송파의 동기 및 AGC 부과에 이용한다.

4.1.3 억압 반송파 SSB 방식(J_3E)

반송파는 억압하고 한쪽의 측파대만을 송출하는 방식으로 수신 장치에서는 반송파에 해당하는 주파수를 수신기의 국부 발진기에서 발진시켜 첨가하게 되며 그 진폭을 측파대의 진폭보다 충분히 크게 할 수 있어 일그러짐이 극히 적어진다.

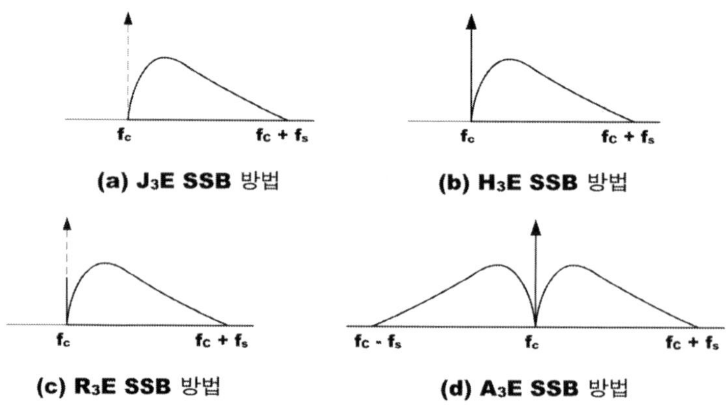

[그림 4-2] SSB의 종류

4.2. SSB 송신기(Single Sideband Transmitter)

SSB 송신기는 SSB파를 만드는 방법에 따라 평형 변조기와 필터를 사용하는 필터(Filter)법과 반송파와 한쪽 측파대를 제거하는 이상기법, 이 두 종류를 절충한 위버(Weaver)법등으로 구분할 수 있으며, 현재 가장 많이 사용하는 것은 필터 법에 의한 것이다.

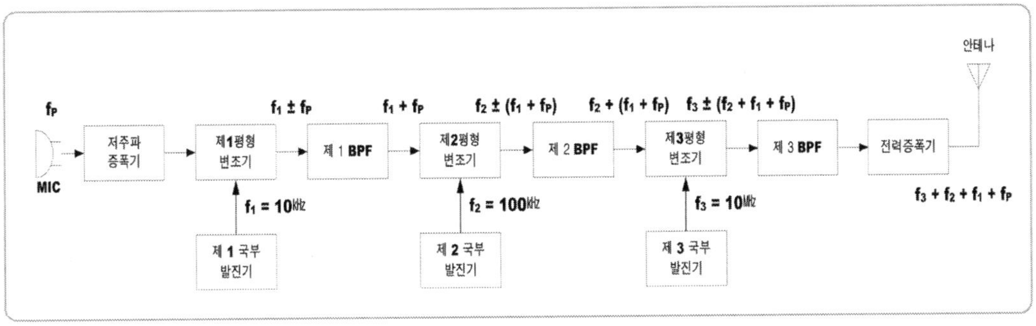

[그림 4-3] SSB 송신기의 구성도

여러 개의 국부 발진기를 사용하는 것은 필터의 분리 성능을 고려한 것이며, 만약 필터의 성능이 극히 우수하다면 위와 같이 다단 변조 회로를 취할 필요가 없게 된다.

4.2.1. SSB의 변조 방법

(1) 평형 변조기(BM : balanced modulation)를 사용하는 방법

① 평형 변조기는 2개의 스위치용 다이오드와 2대의 변압기를 [그림 4-4]와 같이 접속하여 만든다. 여기서 T_1은 입력 변압기를 T_2는 출력 변압기를 나타낸다. 변조 신호(f_s)는 입력 변압기(T_1)의 1차측 단자에 공급하고, 반송파(f_c)는 두 변압기의 중성점 사이에 공급한다.

② 반송파만 공급 시 반송파의 양(+)의 반주기 동안에는 2개의 다이오드 D_1과 D_2에 각각 i_1및 i_2의 전류가 흐르지만, 이들의 세기가 같고 출력 변압기의 1차 코일에 서로 반대 방향으로 흐르기 때문에 출력 변압기 2차 코일에는 아무런 전류도 흐르지 않는다. 이와 반대로 반송파 음(−)반주기 동안에는 다이오드 D_1과 D_2가 모두 차단되어 출력이 나오지 않게 된다. 이와 같이 반송파는 다이오드들을 개폐시키는 일종의 스위치 작용을 한다.

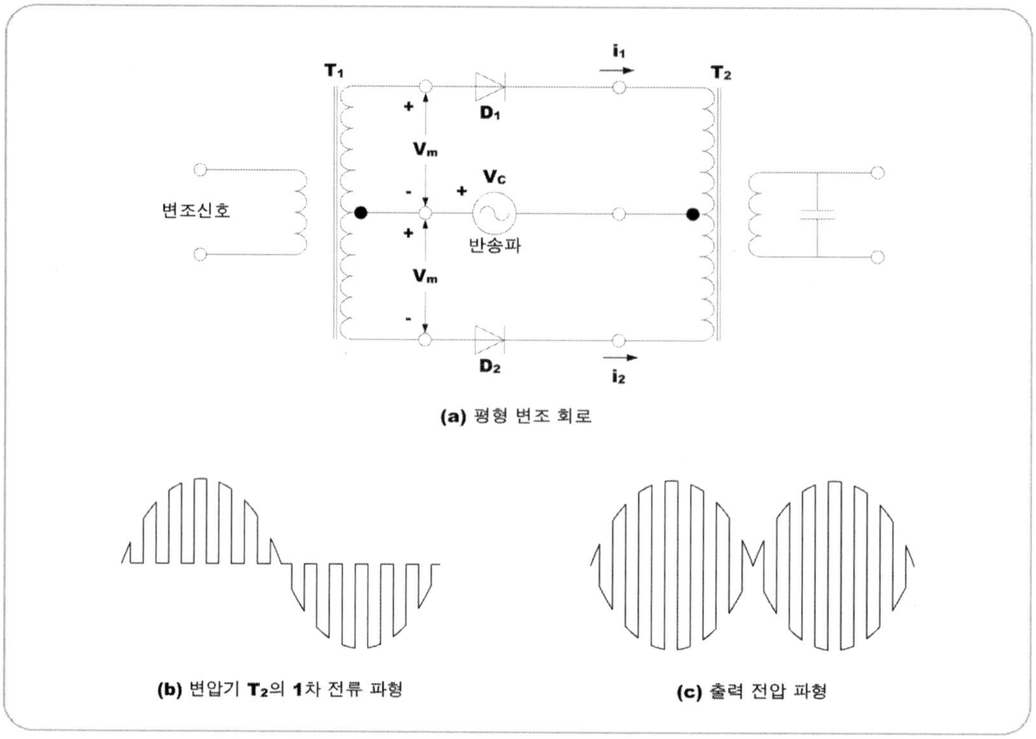

[그림 4-4] 평형 변조 회로 및 파형

③ 반송파에 의해 다이오드들이 개폐 작용을 하고 있는 동안 반송파보다 작은 변조 신호를 입력 단자에 가하면 입력 변압기의 2차측에는 [그림 4-4](a)와 같이 다이오드 D_1과 D_2에는 크기가 같고 부호가 반대되는 전압, 즉 $+v_m$과 $-v_m$이 각각 걸린다.

④ [그림 4-4](a)에 나타난 전압의 극성으로는 다이오드 D_1에 흐르는 전류 i_1이 다른 다이오드 D_2에 흐르는 전류 i_2보다 커지게 되며, 그 결과 출력 변압기의 1차 전류의 평형이 깨져서 출력 전류가 흐르게 된다. 이 전류의 파형은 [그림 4-4](b)와 같다.

⑤ 출력 단자 전압의 크기는 전류 i_2와 i_1의 차에 비례하고, 출력 신호의 주파수는 상측파대(f_c+f_s) 또는 하측파대(f_c-f_s) 중에서 공진 회로의 주파수로 결정되며, 파형은 [그림 4-4](c)와 같다.

(2) 링(ring) 변조기를 사용하는 방법

① 링 변조 회로는 [그림 4-5]에서 보는바와 같이 다이오드 4개를 브리지 형(Bridge Type)으로 연결하여, 입력 측 변압기의 1차 측에 변조신호를 가하고, 입력 측 변압기와 출력 측 변압기의 중성점 사이에 반송파 신호를 가하여 2중으로 평형을 이루는 회로로서 일종의 평형 변조기 회로이다.

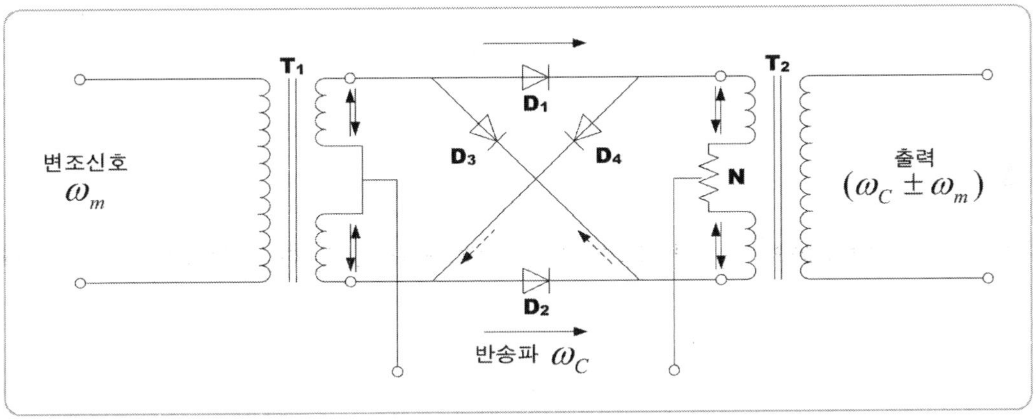

[그림 4-5] 링 변조 회로

② 링 변조 회로의 동작 원리는 평형 변조기와 비슷하며, 반송파는 다이오드를 개폐시키는 작용을 하게 되고, 반송파만을 가했을 때에는 출력 측에 출력전압이 나오지 않게 된다.

③ 그러나 변조 신호와 반송파를 알맞은 크기로 맞추어서 동시에 가하면 변조 신호에 의해서 진폭이 변조된 신호가 나타나게 되고 따라서 출력 측에 출력전압이 나오게 된다.
주파수는 상측파대와 하측파대가 나타나므로 적당한 필터를 써서 한쪽 측파대만을 분리하여 송신하면 된다.

④ 또한 링 변조 회로에 반송파를 가하고, 출력 변압기의 2차 측에 피변조파를 가하게 되면 입력 변압기의 1차 측에 변조 신호가 나타나 복조기로도 사용할 수 있다.

(3) 이상기(Phase Shifter)법

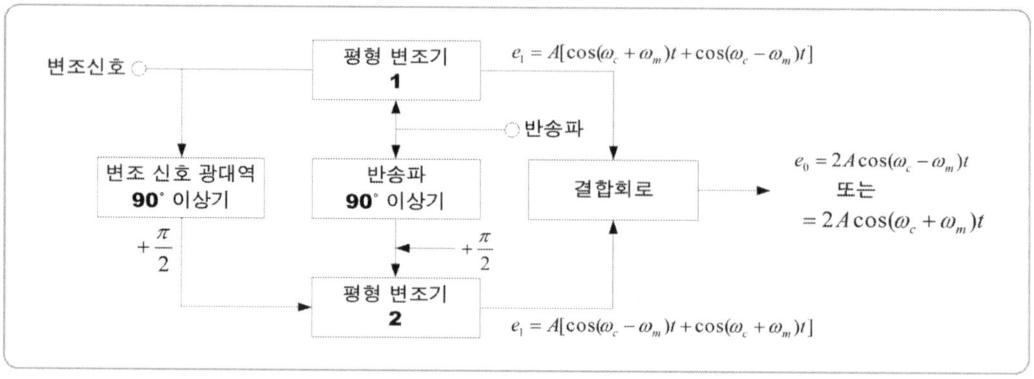

[그림 4-6] 이상기 법에 의한 변조부의 구성도

① [그림 4-6]에서처럼 평형 변조기 1에 변조 신호와 반송파를 가하여 상·하측파대를 얻어오고, 평형 변조기 2에는 변조된 신호와 반송파를 90°씩 이상 시켜 평형 변조기 2에 가하여 출력단의 상·하측파대를 얻어오게 된다.

② 이 두 출력 신호를 결합회로에서 서로 합하면 하측파대를 얻게 되고 빼면 상측파대를 얻어오게 된다.

③ 이 방법은 변조 신호의 각 성분을 정확히 90°씩 이상 시키고, 평형 변조기 1과 2가 같은 특성을 가지고 이어야 출력 측에 희망하는 SSB파만 나타나므로 값비싼 여파기를 사용할 필요 없이 매우 높은 반송 주파수 영역에서 큰 피변조파를 얻어 올 수 있게 된다.

④ 하지만 변조파의 모든 주파수 성분을 균일하게 90°씩 이상 시키는 것과 2개의 평형 변조기를 완전히 똑같은 특성을 가지도록 만드는 것은 매우 어려워 고도의 기술을 요하게 된다.

(4) 위버(Weaver)법

위버(Weaver)법은 Filter법과 이상기법을 적절히 합쳐 놓은 것으로 제1반송파(저주파)로 Filter법과 이상기법을 절충하고, 평형 변조기에서 나온 것을 제 2반송파(무선 주파)로 이상기법을 적용시킨 것이다. 불요 측파대가 발생하지 않는다는 장점이 있으나 회로가 복잡하고 가격이 비싸 거의 사용되지는 않는다.

4.3 필터(Filter)

일명 여파기라고도 불리며 특정한 주파수 대역에서 특정 원하는 신호만을 걸려주는 것으로 다른 불필요한 주파수 대역의 신호를 차단할 목적으로 사용한다.

4.3.1. 필터기의 종류

(1) 저역 통과 필터(LPF : Low Pass Filter)

어떤 경계 주파수(차단 주파수) 보다 낮은 주파수만을 통과 시키는 여파기를 의미한다.

(2) 고역 통과 필터(HPF : High Pass Filter)

어떤 경계 주파수 보다 더 높은 주파수만을 통과 시키는 여파기를 의미한다.

(3) 대역 통과 필터(BPF : Band Pass Filter)

특정 주파수에서 다른 특정 주파수까지의 특정 대역만을 통과시키는 여파기를 의미한다.

(4) 대역 소거 필터(BEF : Band Elimination Filter)

특정 주파수에서 다른 특정 주파수까지의 특정 대역만을 저지시키는 여파기를 의미한다.

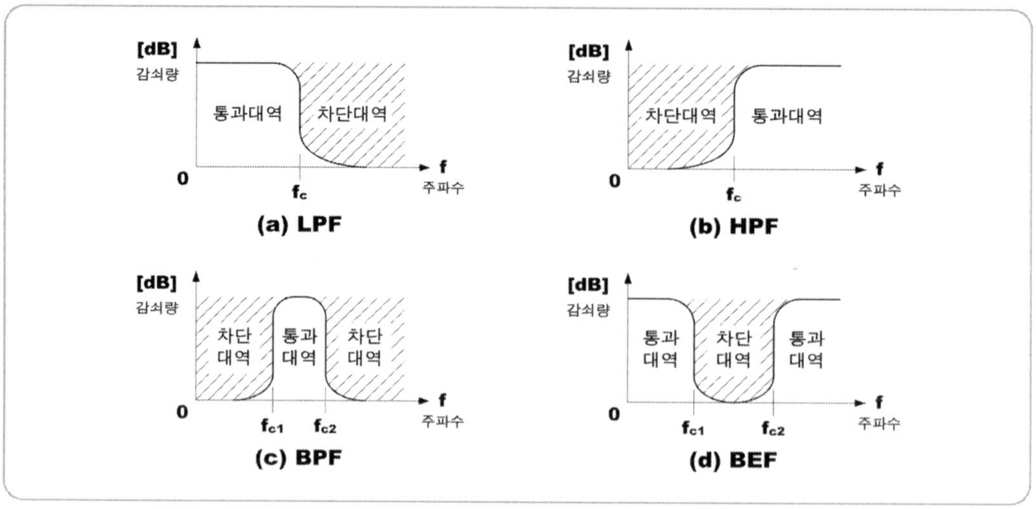

[그림 4-7] 필터의 종류

4.3.2. LC 필터

(1) LC 필터의 원리

LC 필터는 코일과 콘덴서로 구성된 필터로서 가장 빨리 상용화되었으며, 가장 일반적인 아날로그 필터이다. 현재는 100[MHz]까지 만들어 낼 수 있으며, LC 필터의 설계에서 고안한 정 K형 필터가 있다.

[그림 4-8]에서

$$Z_1 Z_2 = \frac{L_1}{C_2} = R^2 \quad \text{[식 4-1]}$$

이때 R을 공칭 임피던스라고 하고 이 경우의 리액턴스는 [그림 4-8](b)와 같이 변화하여 공진 주파수 f_0를 경계로 하고,

$f < f_0$에서는 $|Z_1| < |Z_2|$

$f > f_0$에서는 $|Z_1| > |Z_2|$로 되어 저역 통과 필터(LPF)가 된다.

L과 C의 위치를 바꾸어 [그림 4-9](a)와 같이 놓으면 [그림 4-10](b)와 같은 특성이 생겨서 $f > f_0$에서는 감쇠대가 되어 f_0를 차단 주파수로 하는 고역 통과 필터(High Pass Filter)가 된다.

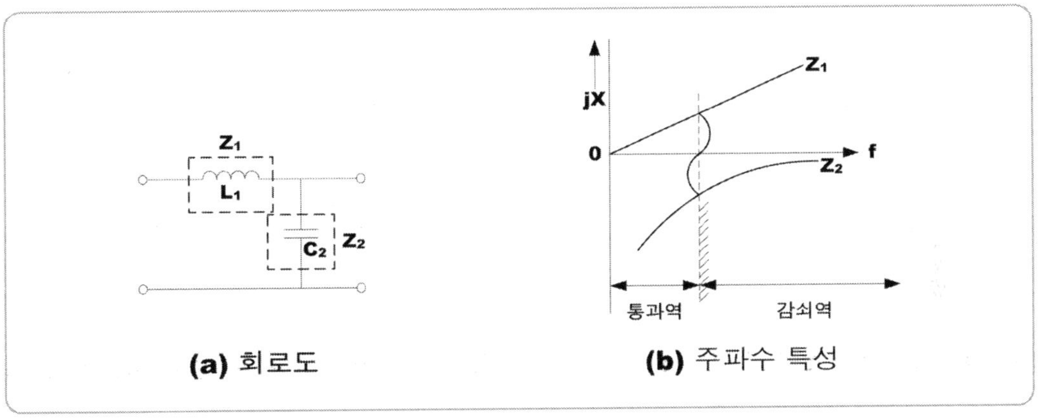

[그림 4-8] 정K형 LPF

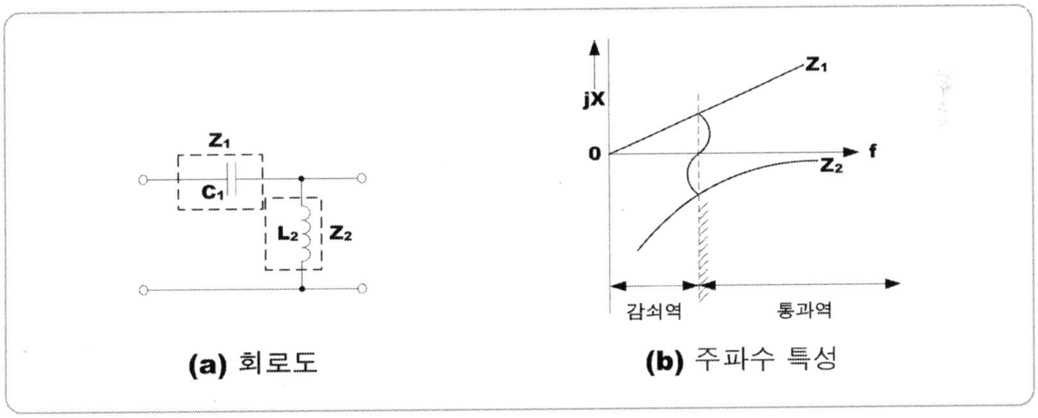

[그림 4-9] 정K형 HPF

(2) LC 필터의 특징

① LPF, HPF, BPF, BEF 등 모든 종류의 필터가 만들어 진다.

② 소자(L,C)의 가격 면에서 경제적이다.

③ 필터 특성의 조정이 간단하다.

④ 저주파수용(수[KHz] 이하)은 코일, 콘덴서가 함께 구성되므로 필터가 커진다.

⑤ Q가 큰 필터를 만들 수 없다.

4.3.3. 메커니컬 필터(Mechanical Filter)

메커니컬 필터는 기계 진동편의 고유 진동수를 전기 회로에 응용한 것으로 장치가 소형이고 선택특성이 우수하여 무선통신 기기의 중간 주파 필터 및 SSB 필터 등 다방면에서 이용되는 필터이다.

(1) 메커니컬 필터의 원리

[그림 4-10](a)는 메커니컬 필터의 구성도로서 기계적 진동 편을 중심으로 전기적 변환기(Transducer)와 전기 회로로 구성되어져 있다. 이것은 자기 일그러짐 현상이나 전기 일그러짐 현상을 이용하여 전기 진동을 기계적 진동으로 변환시켜 기계 진동자를 진동시키고 또한 이 진동을 역으로 하여 자기 일그러짐 현상이나 전기 일그러짐 현상을 이용 전기 진동으로 되돌려 환원하도록 한 필터이다.

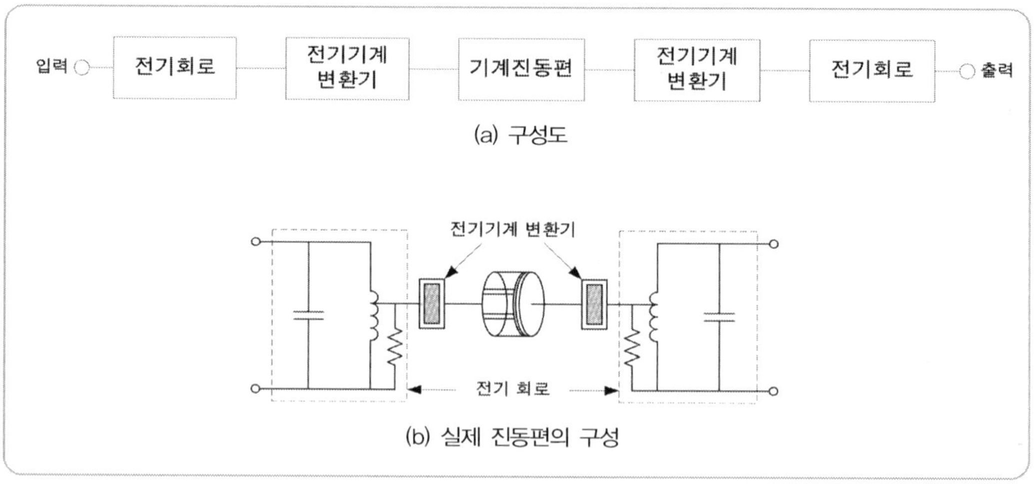

[그림 4-10] 메커니컬 필터의 구성

(2) 메커니컬 필터의 특징

① 비교적 낮은 주파수로 협대역 필터가 만들어진다.

② 온도 변화가 적다.

③ 장치가 소형 경량으로 경제적이다.

④ 마이크로포닉 잡음(Microphonic Noise)이 발생한다.

⑤ 특성의 미세조정을 간단히 할 수 없다.

⑥ 진동, 충격에 잡음이 발생한다.

⑦ BPF 이외에는 만들지 못한다.

4.3.4. 크리스털 필터(X-tal Filter)

수정의 압전 효과를 이용한 것으로 높은 Q와 높은 안정도, 예리한 차단 특성이 있어 높은 선택도를 필요로 하는 회로에 사용된다.

수정 필터의 등가 회로는 [그림 4-11]과 같으며, 필요한 공진 주파수는 그 형상 및 치수에 의하여 결정된다.

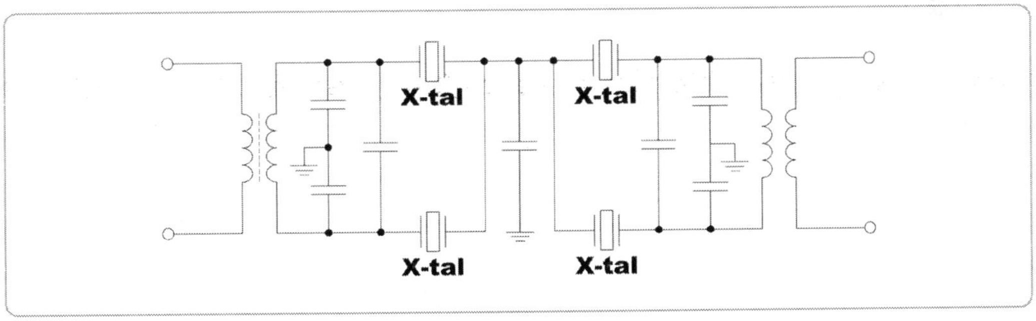

[그림 4-11] 크리스털 필터의 구성

(1) 크리스털 필터의 특징

① Q가 매우 크다.

② 온도 특성 변화가 매우 적다.

③ 삽입 손실이 적은 협대역의 BEF, BPF를 만들 수 있다.

④ 비교적 가격이 비싸고, 기계적으로도 약하다.

4.4 SSB 수신기

4.4.1 SSB 복조 방법

(1) 다이오드 검파기에 의한 방법

① [그림 4-12](a)와 같이 AM 수신기의 검파기와 같아 보이지만 입력부에 SSB파와 동기 반송파를 동시에 가하게 되어 있다는 점이 서로 다르다.

② 중간 주파 증포부에서 얻은 SSB파에 이것보다 충분히 큰 동기 반송파 $e_l(t) = V_l \sin \omega_l t$를 가하면 합성파 $e(t)$는 근사적으로 다음과 같이 된다.

$$e(t) \fallingdotseq E_l(1 + m\cos pt)\sin \omega_l t \quad \text{[식 4-2]}$$

③ 여기서, E_l은 동기 반송파의 진폭을, m은 $\dfrac{E_r}{E_l}$로서 변조도를 나타내고 E_r은 SSB파의 진폭, p는 $p = 2\pi f_s$로서 변조 신호의 각주파수를 나타낸다. 이것은 근사적으로 진폭 변조된 파형의 모양으로 다이오드 검파기에 입력시켜서 포락선 검파를 할 수 있다.

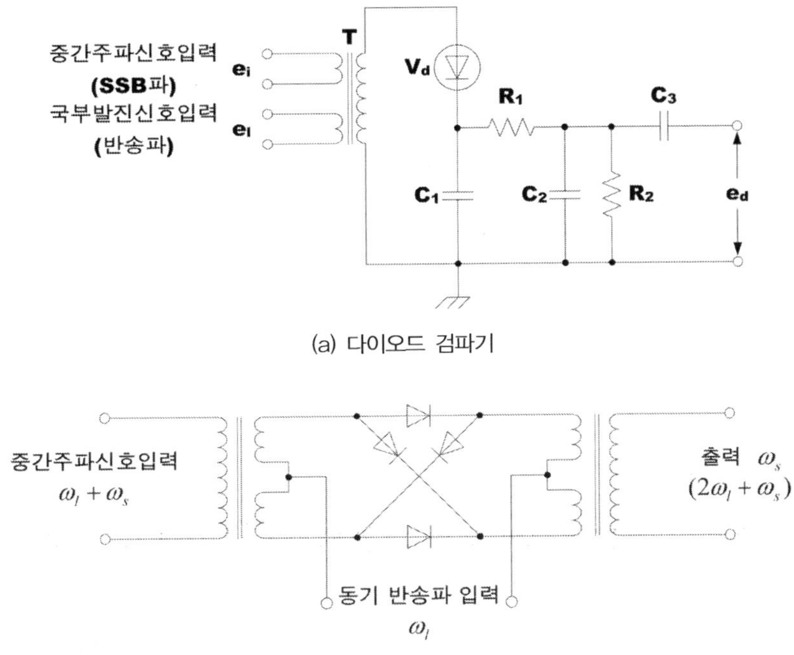

[그림 4-12] SSB 복조기

(2) 링 복조기에 의한 방법

① [그림 4-12](b)와 같이 입력과 출력 단자에서 보면 어느 방향으로 신호를 가하여도 동작 원리는 링 변조기와 같다.

② 입력 측에 중간 주파 증폭기로부터 받은 SSB파 $f_i + f_s$를 가하고, 동기 반송파 f_i를 중간 단자 사이에 가하면 출력 측에서는 두 주파수의 합성분인 $2f_i + f_s$와 차 성분인 변조파 성분 f_s가 나타나므로, 출력 단에 저역 통과 필터를 연결하여 높은 주파수 성분을 제거하고 낮은 주파수 성분만을 얻어낸다.

③ 전반송파 방식의 SSB(CSSB : Compatible Single Side Band 라고 한다.)통신의 경우, 수신기에서 발생하여 공급해야 할 반송파가 수신 전파에 포함되어 있으므로, 반송파 발생 장치가 없는 AM 수신기와 통신을 할 수 있다.

4.4.2 SSB 수신기의 구성

① [그림 4-13]와 같이 수신기의 구성은 슈퍼헤테로다인 방식을 사용하고 있다.

② SSB파 수신의 경우에는 송신측에서 억압한 반송파를 수신기에서 발생하며, 수신파와 합성해 주어야 복조가 가능해 진다.
이 새로운 반송파를 동기 반송파라 하며, 이 주파수가 송신측에서 사용했던 반송파 주파수와 완전히 같아야 이상적인 복조가 된다. 하지만 차이가 나면 일그러짐이 발생하고, 심한 경우에는 수신 자체가 불가능한 상태에까지 도달할 수 있다.

③ 이러한 문제점을 극복하기 위해 주파수 변환부의 제1 국부 발진기의 동조 회로에 병렬로 작은 콘덴서를 접속하는데, 이것을 동기 조정용 콘덴서(Speech Clarifier)라 한다. 즉 스피치 클라이파이어는 반송파와 송·수신기의 국부 발진 주파수와의 편차를 줄이기 위해 설치하는 것이다.

④ 중간 주파 증폭부에서는 주파수 변환된 피변조파를 크게 증폭하여 필요한 선택 특성을 가지게 한다. 따라서 SSB 필터를 포함한 이 증폭부의 Q는 커야 하고, 대역폭도 AM 수신기의 $\frac{1}{2}$정도가 되어야 차단 특성이 예민해져 잡음이나 불필요한 신호의 혼입을 방지할 수 있다.

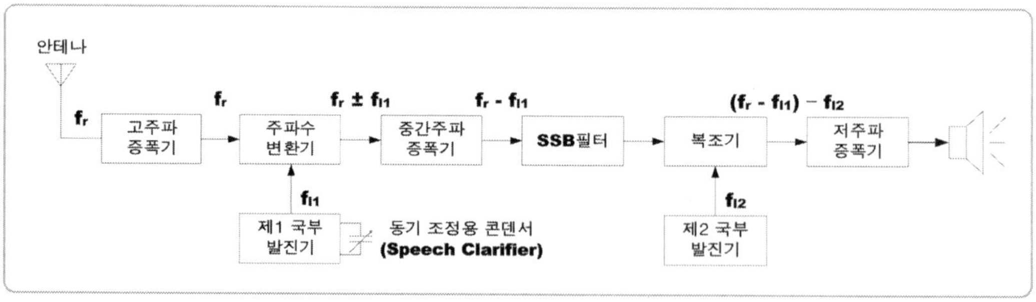

[그림 4-13] SSB 수신기의 구성도

⑤ 복조부는 중간 주파 증폭부에서 얻은 SSB 신호와 동기 반송파를 합성해서 검파하므로, 이것을 위한 제2 국부 발진기가 반드시 필요하다.
여기서, 복조된 변조 신호는 저주파 증폭기로 전달되어 선형 증폭된다.

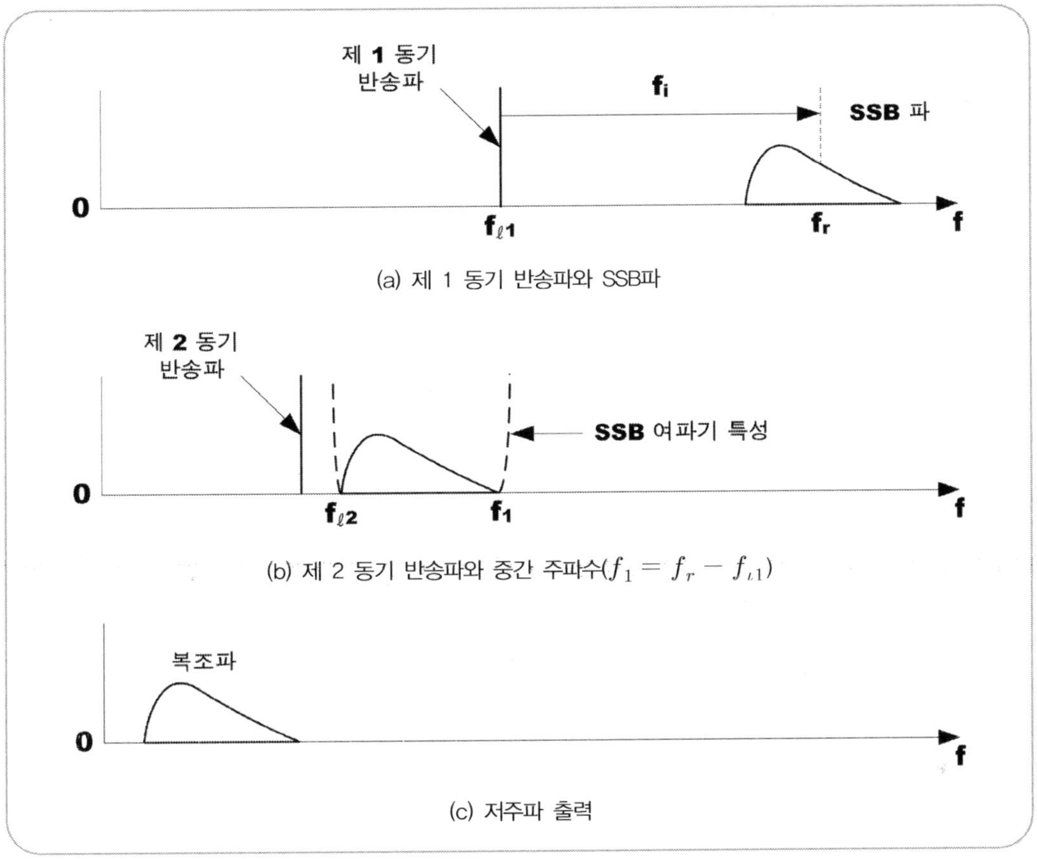

[그림 4-14] 수신기 동작 과정의 주파수 변환

⑥ 수신기에 들어온 SSB파의 중심 주파수를 f_r, 제1국부 발진기와 제2국부 발진기의 발진 주파수를 각각 f_{l1} 및 f_{l2}라고 하면, 각 단의 출력 주파수는 [그림 4-13]과 같아진다.

⑦ [그림 4-14](a)는 중심 주파수가 f_r인 SSB파와 제1국부 발진기의 동기 반송파 f_{l1}을 나타내었고, (b)는 제2국부 발진기의 동기 반송파 f_{l2}와 SSB 필터를 통과한 후의 SSB파(중간 주파수 $f_i = f_r - f_{l1}$)를 나타낸 것이며, (c)는 복조기에 의하여 복조된 파를 나타낸 것이다.

4.1.3 SSB 통신 방식의 특징(DSB와 비교)

진폭 변조 통신에 있어서 DSB 통신 방식과 SSB 통신 방식의 장 · 단점을 비교하면 다음과 같다.

(1) 장점

① 점유 주파수 대역폭이 $\frac{1}{2}$이 된다.

점유 주파수 대역폭이 DSB에 비해 절반밖에 차지하지 않기 때문에 주파수 이용률이 높다.

② 저 전력으로 양질의 통신이 가능하다.

완전변조(100% 변조)시 DSB변조 방식과 SSB변조 방식의 평균 전력을 보면

$$P_{DSB} = P_c(1 + \frac{m^2}{4} + \frac{m^2}{4}) = P_c(1 + \frac{m^2}{2}) = 1.5P_c \quad \text{[식 4-3]}$$

$$P_{SSB} = P_c\frac{m^2}{4} = 0.25P_c \quad \text{[식 4-4]}$$

로 되어 DSB 방식은 SSB방식에 비해 6배의 전력이 필요로 하게 된다. 그러나 SSB 송신기에서는 첨두 전력으로 표시하고, DSB송신기는 반송파 전력으로 표시하므로 각 송신기의 공칭 전력을 비교하면 [식 4-5]와 같이 SSB 송신기는 이것의 4배의 출력을 가진 DSB송신기에 해당한다. 즉, 100[W]의 SSB 송신기와 동일한 출력을 내려면 DSB 송신기는 400[W]의 출력을 내야 한다.

③ 선택성 Fading이 감소한다.

주파수에 따라 수신전계가 변동하는 것을 선택성 페이딩이라 하는데, 이 선택성 페이딩은 주파수 대역폭이 넓을수록 영향을 많이 받는다. 따라서 SSB는 DSB에 비해 대역폭이 $\frac{1}{2}$이므로 선택성 페이딩도 $\frac{1}{2}$로 감소한다.

$$\frac{P_{DSB}}{P_{SSB}} = \frac{P_c(1 + \frac{m^2}{2})}{P_c\frac{m^2}{4}} = \frac{2(2 + m^2)}{m^2} \quad \text{[식 4-5]}$$

④ **S/N비가 개선된다.**

점유 주파수 대역폭이 $\frac{1}{2}$이므로 입력 잡음 전력도 $\frac{1}{2}$이 되어 3[dB]개선되고, 선택성 페이딩에서 3[dB]개선된다.

• 평균 전력 대비

완전 변조(100% 변조)시 동일전력 하에서의 신호파 전력비는

$P_{DSB} = 1.5P_c$

$P_{SSB} = 0.25P_c \times 6 = 4.8[dB]$

$\therefore 10\log 3 = 4.8[dB]$ ······························ [식 4-6]

• 공칭 전력 대비

DSB의 반송파 첨두 전력 = P_c

SSB의 완전변조시 첨두 전력 = $0.25P_c$

$\therefore 10\log 4 = 6[dB]$ ······························ [식 4-7]

따라서 점유 주파수 대역폭과 선택성 페이딩에서 각각 $3[dB]$ 개선되어 평균전력 대비 $3+3+4.8 = 10.8\,[dB]$가 개선되고, 공칭전력 대비 $3+3+6 = 12\,[dB]$가 개선된다.

⑤ **변조 시에만 송출하므로 전력효율이 우수하다.**

무 변조($m=0$)시 [식 4-3]과 [식 4-4]에서 DSB 반송파 전력(P_c)이 송출되고, SSB는 0이 되어 신호가 없을 때에는 송출전력이 없다. 따라서 적은 전력으로 양질의 통신이 가능하다.

⑥ **비화성이 우수하다.**

SSB파는 일반 수신기로는 수신이 불가능하므로 비화성이 좋다.

(2) 단점

① **수신기에 동기용 국부 발진기가 필요하다.**

SSB파는 반송파가 전송되지 않으므로 수신기에 복조용 반송파를 만들어 SSB를 검파하게 된다. 또한 송신측의 반송파와 수신기의 반송파의 위상차로 인해 수신기의 출력 파에 일그러짐이 발생한다.

② 반송파가 없어서 AGC 및 AVC 회로 부가가 어렵다.

일반적으로 AGC나 AVC는 반송파 전압의 크기를 검출하여 제어하게 되는데 SSB파는 반송파가 없어서 AGC나 AVC의 부가가 곤란하게 된다.

③ 송 · 수신기 회로 구성이 복잡하고 고가이다.

SSB 송신기는 한쪽 측파대만을 전송하므로 측파대 분리를 용이하게 하기 위한 다단변조를 해야 한다. 하지만 다단변조를 하게 되면 송신기가 복잡해지고 또한 SSB파는 반송파가 없어서 수신에는 복조용 반송파 발진기가 따로 필요하므로 수신기 또한 복잡해진다.

④ 높은 주파수 안정도가 필요하다.

연습문제 EXERCISES

★
01. **DSB 통신방식과 비교하였을 때 SSB 통신방식의 특징 중 틀린 것은?**

가. 송·수신기의 회로구성이 복잡하다.
나. 높은 주파수 안정도를 필요로 한다.
다. 신호대 잡음비가 나빠진다.
라. 가격이 고가이다.

※ SSB 통신 특징(DSB 방식과 비교)

① 점유주파수 대폭이 1/2로 되어 주파수 이용률이 좋아진다.
② 저 전력으로 양질의 통신이 가능하다.
③ 선택성 fading의 영향이 적어 S/N가 개선된다.
④ 비화성이 있다.
⑤ 수신기에 동기용 국부발진기가 필요하다.(단점)
⑥ 반송파가 없어 AGC, AVC 회로 부가가 어렵다.(단점)
⑦ 송·수신기 회로가 복잡하고 비싸다.(단점)

02. **DSB 통신방식과 비교하여 SSB 통신방식의 결점이 아닌 것은?**

가. 송·수신기의 회로 구성이 복잡하다.
나. 높은 주파수 안정도가 요구된다.
다. 가격이 비싸다.
라. 잡음이 많다.

03. **SSB통신 방식을 DSB통신 방식과 비교할 때 틀린 것은?**

가. 통신 비밀이 상당히 보장된다.
나. S/N 비가 양호하다.
다. 동일 통신 내용을 전송할 때는 점유 주파수대가 반감된다.
라. 선택성 페이딩에 의한 일그러짐이 증대된다.

해답

1. (다) 2. (라) 3. (라)

04. **DSB와 비교하여 SSB(단측파대) 통신방식의 특징 중 틀린 것은?**

가. 어느 정도 비밀성이 있다.
나. 소비 전력이 크다.
다. 점유주파수 대역폭이 반 이하가 되어 다중통신에 적합하다.
라. 신호 대 잡음비(S/N)가 좋아진다.

05. **SSB 송신방식은 DSB 에 비하여 더욱 소형화되었다. 다음 특징 중 가장 타당한 이유에 해당되는 것은?**

가. 점유주파수 대폭이 증가되었다.
나. 비화성을 유지할 수 있다.
다. 적은 송신전력으로 양질의 통신이 가능하다.
라. 선택성 패이딩의 영향이 적다.

06. **다음은 SSB 통신방식을 DSB 방식과 비교 설명한 것이다. 이중 틀리는 것은?**

가. SSB 방식은 DSB 방식에 비해서 점유주파수 대역폭이 1/2 이하이다.
나. 동일전력인 경우 SSB는 DSB보다 전체적으로 S/N가 대략 10~12㏈ 개선된다.
다. 대전력 송신기의 경우 SSB는 회로가 복잡 하므로 DSB보다 소비전력이 훨씬 많이 든다.
라. SSB 방식은 DSB 방식에 비해서 선택성 페이딩의 영향이 적다.

07. **SSB와 DSB 통신방식에 대한 장단점의 비교 설명 중 틀린 것은?**

가. SSB의 점유주파수 대역폭은 DSB의 1/2이다.
나. 변조율이 100%인 경우에는 SSB 송신기의 소비전 력은 DSB 송신기 소비전력의 약 30% 이다.
다. SSB는 DSB에 비해 선택성 페이딩에 강하다.
라. SSB는 DSB에 비해 회로가 간단하다.

08. **SSB 통신방식에 관한 설명 중 맞지 않은 것은?**

가. DSB에 비해 회로구성이 간단하다.
나. 일반적으로 대역통과 여파기(BPF)를 이용하여 원하는 측파대를 만든다.
다. S/N비가 DSB에 비해 개선된다.
라. DSB의 상하측파대 중 한 측파대만을 통신에 이용한다.

★
09. 다음 SSB 통신방식에 관한 설명 중 옳지 않은 것은? (단, △f는 상.하측파대의 간격이다.)

가. S/N비가 DSB에 비해 개선된다.
나. 다단변조로 비대역($\Delta f/f_c$)을 높인다.
다. DSB에 비해 회로구성이 복잡하다.
라. 고역통과 여파기(HPF)를 이용하여 원한는 측파대를 만든다.

⇒ SSB 통신방식에서는 대역통과 여파기(BPF)를 이용하여 원한는 측파대를 만든다.

10. SSB전송방식과 관계없는 것은?

가. 다단 변조를 행한다.
나. 여파기(Filter)로서 양측파대를 취한다.
다. DSB에 비해 점유 주파수 대폭이 좁다.
라. 평형 변조기에 의해 반송파를 제거한다.

11. SSB 수신기가 AGC의 사용이 어려운 이유는?

가. 반송파가 거의 발사되지 않으므로
나. 측파대가 없기 때문에
다. 송신 출력이 적기 때문에
라. 신호 주파수가 적으므로

12. SSB 점유 주파수 대역폭은 DSB에 비해 몇 배인가?

가. 1/4배　나. 1/2배　다. 2배　라. 4배

13. DSB통신 방식에서 반송파 전력이 100[W]일 때 SSB통신 방식을 쓰면 전력이 몇[W] 이면 되는가? (단, 변조 도는 1이다.)

가. 100　나. 75　다. 50　라. 25

해답

4. (나)　5. (다)　6. (다)　7. (라)　8. (가)　9. (라)　10. (나)　11. (가)　12. (나)　13. (라)

14. 다음은 Ring 변조기의 동작원리를 설명한 것이다. 잘못 표현된 것은?

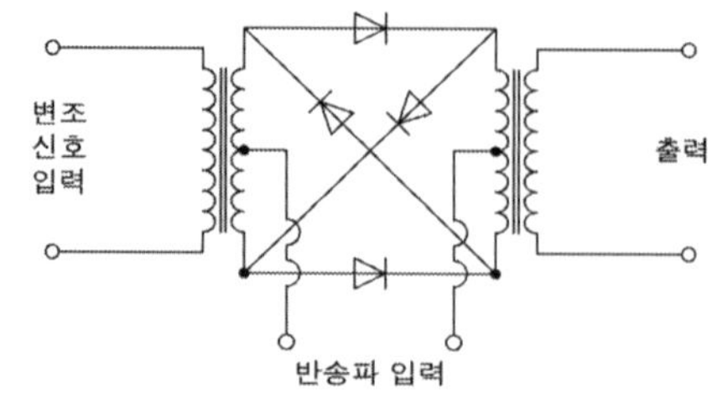

가. 변조기 출력에는 반송파가 제거되고 상,하측대파만 나온다.
나. 반송파가 인가되지 않으면 변조 신호만 나타난다.
다. Ring변조기를 복조기로도 사용할 수 있다.
라. 반송파만 인가되면 출력에는 아무것도 나타나지 않는다.

> ① 반송파와 신호파를 동시에 인가했을 때만 출력이 나온다. (신호파만 혹은 반송파만 인가하면 출력이 나오지 않는다.)
> ② 변조기 출력에는 반송파가 제거되어 상 · 하 측파대만 나온다.
> ③ 신호파 입력대신 중간주파수를 이용하여 역동작 시키면 복조기로도 사용할 수 있다.

15. 링 변조기(Ring modulator)의 설명 중 틀린 것은?

가. 다이오드는 반송파 극성에 따른 switch 구실을 한다.
나. 반송파와 신호파가 각각 입력단에 가해질 때 출력 이 나온다.
다. 입력단에 반송파만 가할 때 변조된 출력이 나온다.
라. 입력단에 신호파만이 가해질 때에는 변조된 출력이 나오지 않는다.

> ※ 평형변조기(Ring 변조기)은 반송파와 신호파를 동시에 인가했을 때만 출력이 나온다. 즉, 신호파만 혹은 반송파만 인가하면 출력이 나오지 않는다.

16. IC 평형변조기의 특징이 아닌 것은?

가. 저전압으로 동작하여 소비전력이 적다.
나. 가격이 저렴하다.
다. 저이득을 얻을 수 있다.
라. 온도에 의한 특성 변화가 매우 크다.

※ 평형변조기(Ring 변조기)

① 반송파와 신호파를 동시에 인가했을 때만 출력이 나온다. (신호파만 혹은 반송파만 인가하면 출력이 나오지 않는다.)
② 변조기 출력에는 반송파가 제거되어 상 · 하 측파대만 나온다.
③ 신호파 입력대신 중간주파수를 이용하여 역동작 시키면 복조기로도 사용할 수 있다.
④ 저전압으로 동작하여 소비전력이 적다.
⑤ 가격이 저렴하다.
⑥ 고이득을 얻을 수 있다.
⑦ 온도에 의한 특성 변화가 매우 크다.

17. 동일한 단일 동조 증폭단을 n단 접속한 다단 증폭기의 대역폭 Bn은 얼마인가? (단, 각 증폭단의 대역폭은B이다.)

가. $B/\sqrt{2^{1/n}-1}$　　나. $\sqrt{2^{1/n}-1}\cdot B$
다. $\sqrt{2^{n}-1}\cdot B$　　라. $B/\sqrt{2^{n}-1}$

※ 동일한 단일 동조 증폭 단을 n단 접속한 다단 증폭기 의 대역폭(Bn)은 $\sqrt{2^{1/n}-1}\cdot B$(단, B : 각 증폭단의 대역폭)가 된다.

18. 다음은 SSB송신기 계통도이다. 음성대역신호 주파수 대역폭을 5KHz로 하고 제1국부발진 주파수를 10KHz라고 할 때 상측파대를 사용하려면 제1 BPF의 통과주파수 대역은 얼마인가?

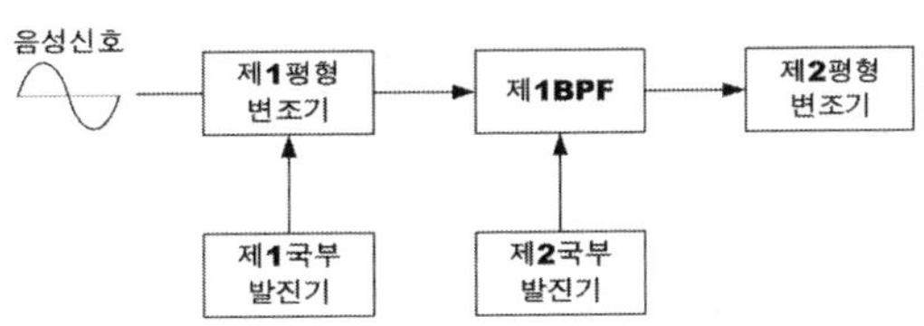

가. 5KHz~15KHz　　나. 10KHz~15KHz
다. 15KHz~25KHz　　라. 30KHz~35KHz

※ 제 1국부 발진기에서 발생되는 주파수(f_{LO})가 10[㎑]이고 주파수 대역폭(f_i)이 5[㎑]이므로 제 1평형 변조기에서 출력되는 상측파대($f_{LO}+f_i$)는 10[㎑]~15[㎑]가 된다.

해답

14. (나)　15. (다)　16. (다)　17. (나)　18. (나)

19. **린콤팩스(LINCOMPEX : linked compr and expander) 통신방식은 특징이 아닌 것은?**

가. 음성신호가 주파수변화 정보만으로 변환되어 전송되기 때문에 페이딩 영향이 적다.
나. 압축기와 신장기를 이용하기 때문에S/N이 향상된다.
다. 단파대에서 페이딩의 영향을 감소시키기 위하여 고안된 SSB통신방식이다.
라. 진폭변화 성분과 주파수성분은 페이딩 영향을 거의 받지 않기 때문에 다른 변환과정을 행할 필요가 없다.

※ **린컴펙스 방식(lincompex system)**

⇒ 주로 단파대 전화 회선에 사용되는 전송 방식으로 페이딩의 영향을 감소시키기 위하여 고안된 SSB통신 방식이다. 송신 측에서 음성을 주파수 부분과 억양 부분의 2개 성분으로 분리하여, 주파수 부분은 단측파대(SSB)로 변조하고, 억양 부분은 주파수를 변조한 후, 이 2개의 신호를 복합하여 송신한다. 수신 측에서 복합된 신호를 분리하여 SSB 신호에서는 억양이 없는 음성이 복조되며, 주파수를 변조한 신호에 억양을 갖게 하여 충실도가 높은 음성을 재현한다. 이 방식은 평상시 최대 공중선 전력이 송신되는 것과 무 통화 시 잡음이 소거되는 것, 압축기와 신장기를 이용하기 때문에 S/N이 개선되는 것 등의 장점이 있다.

20. **SSB 신호를 발생하는 방법에 해당되지 않는 것은?**

가. 포스터-실리법
나. 위상천이 방법
다. 피터법
라. Weaver법

※ Foster-Seely 형과 ratio 형은 FM 검파기이다.

21. **이상법에 의한 SSB송신기에 가장 적합한 이상회로는?**

가. 30° 이상기
나. 45° 이상기
다. 60° 이상기
라. 90° 이상기

22. **SSB 수신기에서 동기 조정(Speech clarifier)을 행하는 목적으로 가장 타당한 것은?**

가. 링 복조를 하기 때문에
나. 주파수 편차를 줄이기 위하여
다. 전 반송파 방식만을 수신하기 위하여
라. 상하 측파대를 동시에 수신하기 위하여

23. SSB 수신기에서 동기조정(speech clarifier)을 행하는 목적은?

가. 링(ring) 복조를 하기 위하여
나. SSB 반송파만을 수신하기 위하여
다. 송 · 수신 주파수 편차를 줄이기 위하여
라. 상, 하 양측파대를 동시에 수신하기 위하여

24. 다음 중 전리층 반사파를 이용하여 원거리통신이 가능한 단파대(HF)에서 주로 사용되고 있는 통신 방식은?

가. DSB　　나. SSB　　다. VSB　　라. FM

25. 다음 중 SSB 검파기의 종류에 속하지 않은 것은?

가. 링 검파기　　나. 승적 검파기
다. 비 검파기　　라. 싱크로다인(직선) 검파기

해답

19. (라)　20. (가)　21. (라)　22. (나)　23. (다)　24. (나)　25. (다)

제5장

FM 송신기

제5장 FM 송신기

FM 송신기는 음성 신호를 주파수 변조하여 송출시키는 장치로서 발진기, 완충증폭기, 주파수 체배기, 전력 증폭기 등은 AM 송신기와 거의 비슷하다.

FM 변조 방법에는 가변 리액턴스 소자를 이용하여 신호파에 따라 발진 주파수를 직접 변화시키는 직접 FM방식과 PM파를 전치 보상기(Pre-Distortor)를 이용하여 등가 FM으로 만드는 간접 FM방식이 있다.

5.1. 직접 FM과 간접 FM 방식

- FM 변조기
  - 직접 FM
    - 자려 발진기, 수정 발진기 — 가변 리액턴스 소자
      - 리액턴스관
      - 가변인덕턴스
      - 가변용량
      - 가변 용량 다이오드
    - 반사형 클라이스토론(Reflex Klystron)
  - 간접 FM
    - 벡터 합성법
      - Amstrong 방식
      - AM-C 합성 방식
      - AM-AM 합성 방식
    - 펄스위치 변조
      - Serrasoid 방식
      - 포화변압기 방법
    - 이상법
      - 가변 리액턴스 소자
      - 가변 저항

[그림 1-7] 주파수 변조방식과 위상변조 방식의 파형

5.1.1. 직접 FM 변조 회로

직접 FM 변조 방식이란 자려 발진기의 동조 회로에 가변 리액턴스 소자를 접속하고,

가변 리액턴스 소자의 용량 또는 인덕턴스를 신호파에 따라 변화시켜 발진 주파수를 변화시키는 방식이다.

(1) 직접 FM 방식의 특징

① 자려 발진기를 사용하므로 간접 FM 방식에 비해 주파수 안정도가 떨어진다.
② 발진 주파수를 높게 할 수 있어 체배 단수를 줄일 수 있다.
③ 비교적 장치가 간단하다.
④ AFC 회로가 필요하다.
⑤ Spurious 방사가 적다.

5.1.2. 간접 FM 변조 회로

간접 FM 변조는 음성 신호를 위상 변조를 행하여 전치 보상기(Pre-Distortor)를 통과시킨 후에 등가적인 FM파를 얻는 변조 방식이다.

(1) 간접 FM 방식의 특징

① 수정발진기를 사용하므로 주파수 안정도가 높다.
② 큰 주파수 편이를 요하는 송신기는 주파수 체배 단수가 많아야 한다.
③ 비교적 장치가 복잡하다.
④ AFC 회로가 필요 없다.
⑤ Spurious 방사가 많다.
⑥ PM에서 FM을 얻는 방법으로 전치 보상기 회로(Pre-Distortor)가 필요하다.

※ FM 변조 방식의 종류

	직접 FM 방식	간접 FM 방식
발진기	LC발진기	수정발진기
변조기종류	① Hartley 발진기 ② 가변 리액턴스를 이용한 변조기 ③ Varactor diode를 이용한 변조기 ④ 반사형 클라이스트론을 이용한 변조기	① Amstrong 발진기 ② 이상법 변조기 ③ Vector 합성법에 의한 방법 ④ Serasoid 변조기

5.2 직접 FM 변조 회로

직접 FM방식은 자려 발진기에 가변 리액턴스소자(가변용량 Diode, 리액턴스 등)를 접속하고, 신호파에 따라 가변 리액턴스 소자의 용량 또는 인덕턴스를 변화시켜 발진 주파수를 직접 변화시키는 방식이며, 일반적인 구성은 [그림 5-1]과 같다.

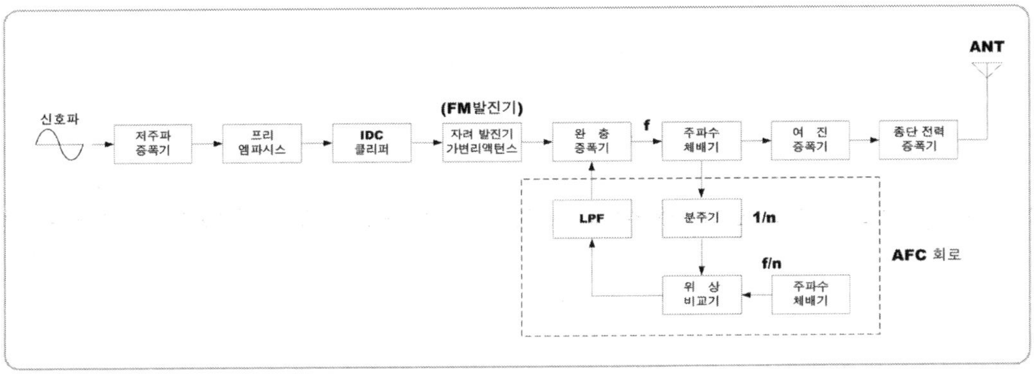

[그림 5-1] 직접 FM 방식 구성도

[그림 5-1]에서 자려 발진기와 병렬로 리액턴스 소자를 접속하고, 신호파 전압을 가하면 신호 파 전압에 따라서 상호 컨덕턴스가 변화하므로 결과적으로 리액턴스가 변화하여 발진 주파수가 변화하게 된다. 이와 같이 신호 파에 따라 반송파를 직접 변화시키는 방식이 직접 FM 방식이다.

이 방식은 주파수 편이 량을 크게 할 수 있지만 LC 발진기를 이용하므로 주파수 안정도가 떨어진다. 그래서 주파수 안정도를 높이기 위해 주파수 안정도가 우수한 크리스털 발진기를 이용하여 LC 발진기의 발진 주파수를 제어하는 자동 주파수 제어(AFC : Automatic Frequency Control)장치로 주파수 안정도를 높인다.

신호 파는 프리엠파시스(Pre-emphasis)로 높은 주파수 성분을 강하게 하고, 큰 입력 신호가 입력되면 클리퍼(IDC)회로에 의해 일정 진폭 이상 되지 않도록 소요 한계레벨까지 증폭하여 리액턴스 소자에 가한다. 일반적으로 가장 많이 사용하는 방식이다.

5.2.1 특징

① LC 발진기의 발진 주파수를 리액턴스 소자로 FM 변조 하므로 주파수 편이를 크게 할 수 있다. 따라서 주파수 체배를 많이 하지 않아도 된다. 그리고 변조 직선성이 우수하다.

② 주파수 안정도가 낮아 AFC 회로를 설치하여야 하므로 회로가 복잡해진다.

5.3 간접 FM 변조 회로

간접 FM 방식은 위상변조(PM : Phase Modulation)파를 전치 보상기(Pre-Distorter)를 이용해 등가 FM파를 만드는 방식이다.

[그림 5-2]의 간접 FM방식의 위상 변조기에는 이상 법, 벡터 합성법(E.F. Armstrong 변조 법, AM-C 합성 법, AM-AM 합성 법)및 브리지 위상변조 법과 Serrasoid 변조 법 등이 있으며, 주파수 안정도가 높은 수정 발진기를 사용하므로 주파수 안정도가 우수하다는 장점이 있다.

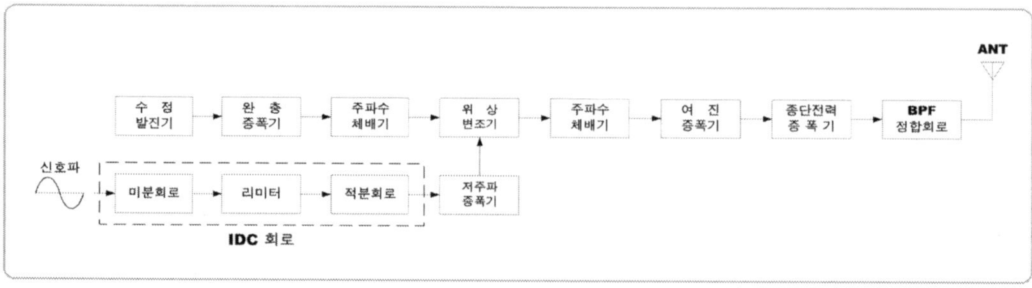

[그림 5-2] 간접 FM 방식 구성도

(1) 이상 법

이상 법은 저 전력 증폭기의 탱크회로 또는 그 후단의 고주파 증폭기의 탱크회로의 리액턴스 소자인 L 또는 C에 변조된 신호 파를 가하여 이들의 값을 변화 시키면 회로의 동조 점을 경계로 리액턴스는 용량 성 또는 유도 성으로 되어 출력전압의 위상이 기본파에 비해 신호 파에 따라서 빨라지기도 하고, 느려지기도 하는 위상변조파가 얻어진다.

가변 리액턴스 소자는 리액턴스 트랜지스터, 가변 인덕턴스, 가변 용량 다이오드 등이 있다.

[그림 5-3](d)에서 기준 벡터 A_0는 첫 번째 변조 단에서 이상 되어 A_1이 되고, 종속 접속된 다음 변조 단에서 A_2, A_3로 이상 되어 가면 결국 종속접속한 단 수 만큼의 위상편이가 얻어진다.

이상 법은 변조회로를 종속 접속하여 큰 위상편이를 얻을 수 있는 장점이 있다.

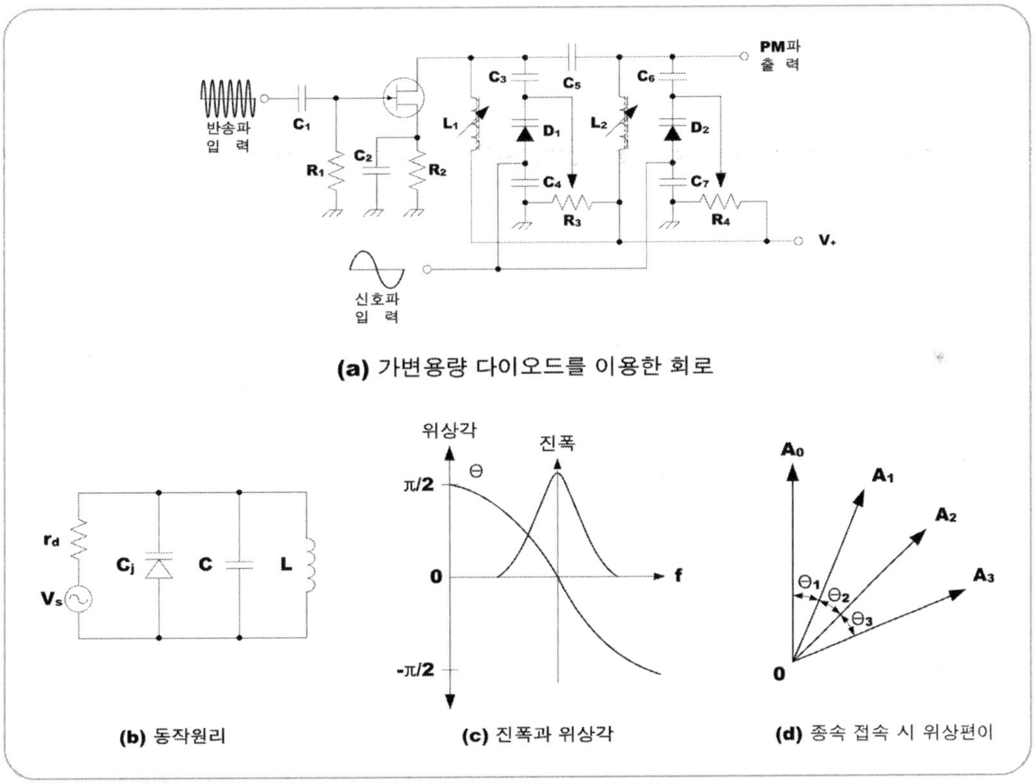

[그림 5-3] 이상법에 의한 간접 FM 변조

5.4 FM 송신기의 부속 회로

5.4.1 프리 엠퍼시스(Pre-emphasis)회로

일반적으로 음성 신호의 에너지 분포는 [그림 5-4](a)와 같이 400[㎐]전후의 성분이 가장 크고, 주파수가 증가 할수록 적어진다. 따라서 그대로 변조하거나 복조하면 신호파의 높은 주파수 성분의 S/N비가 악화되므로 송신 시에 신호파의 높은 주파수 성분을 강하게 하여 변조가 깊게 되도록 하고, 수신시에는 다시 원상태로 낮추면 잡음도 낮아지므로 S/N비가 개선된다.

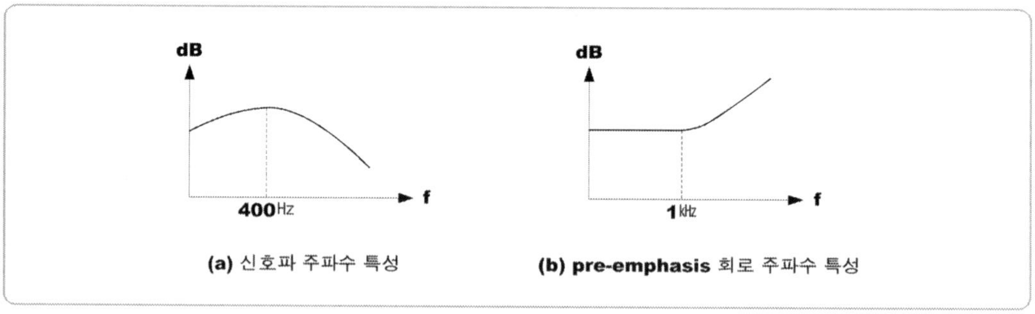

[그림 5-4] 주파수의 특성

이와 같이 동작하는 회로를 엠퍼시스(emphasis)회로라 하며, CR로 구성된 미·적분 회로에서 CR값을 적당히 선정하면 양호한 S/N비를 얻을 수 있다.

따라서 송신기에서 변조하기 전에 신호파의 특정 주파수(약 1[㎑])이상의 신호를 강하게 하는 미분 회로를 프리 엠퍼시스회로라고 한다.

[그림 5-5] 프리 엠퍼시스 회로

[그림 5-5]의 회로에서 입력 전압을 V_i라 하고, 출력 전압을 V_o라 하면

$$V_o = V_i \frac{R_2}{1/1/(R_1 + j\omega C) + R_2}$$
$$= V_i \frac{R_2 + j\omega C R_1 R_2}{(R_1 + R_2) + j\omega C R_1 R_2} [V] \quad \cdots\cdots [식 5-1]$$

이다. 여기서 $\tau = CR_1$이므로

$$\frac{V_o}{V_i} = \frac{R_2 + j\omega\tau R_2}{(R_1 + R_2) + j\omega\tau R_2} \quad \cdots\cdots [식 5-2]$$

이고, $\omega = 0$일 대의 전달함수$(\frac{V_o}{V_i})_{\omega=0}$를 비교하면,

$$F(\omega) = \frac{V_o / V_i}{(V_o / V_i)_{\omega=0}} = \frac{1 + j\omega\tau}{1 + j\omega\tau R_2 / (R_1 + R_2)} \quad \cdots\cdots [식 5-3]$$

이다 여기서 $\omega\tau R_2 / (R_1 + R_2) \ll 1$이라고 하면

$$|F(\omega)| \fallingdotseq \sqrt{1 + (2\pi f CR_1)^2} = \sqrt{1 + (\omega\tau)^2} \quad \cdots\cdots [식 5-4]$$

이 된다.

5.4.2 순시편이 제어(IDC : Instantaneous Deviation Control)회로

FM 송신기에서 최대 주파수 편이가 규정치를 넘지 않도록 하는 회로를 순시편이 제어회로라 한다.

변조 신호 입력이 과대해지는 경우 발사 주파수 대폭이 규정 값을 넘어 다른 통신에 방해를 주게 되는데 이를 방지하기 위한 회로로 일종의 진폭제한기 역할을 하는 회로이다.

순시편이 주파수(ΔF)는 신호 진폭에 비례하므로 신호 진폭을 제한하면 최대 주파수 편이를 막을 수 있어 과변조를 피할 수 있다. 따라서 진폭 제한기 앞단에 [그림 5-8](a)와 같은 미분회로를 설치하여 이를 방지한다.

[그림 5-6](c)에서 입력 신호레벨이 높을수록 진폭 제한기는 낮은 주파수에서 동작하는 것을 알 수 있다. 즉, 입력 신호레벨이 크면 낮은 주파수에서 진폭제한기가 동작하여 변조회로의 변조도를 낮추어 최대 주파수편이 폭이 규정치를 넘지 않게 하는 것이다.

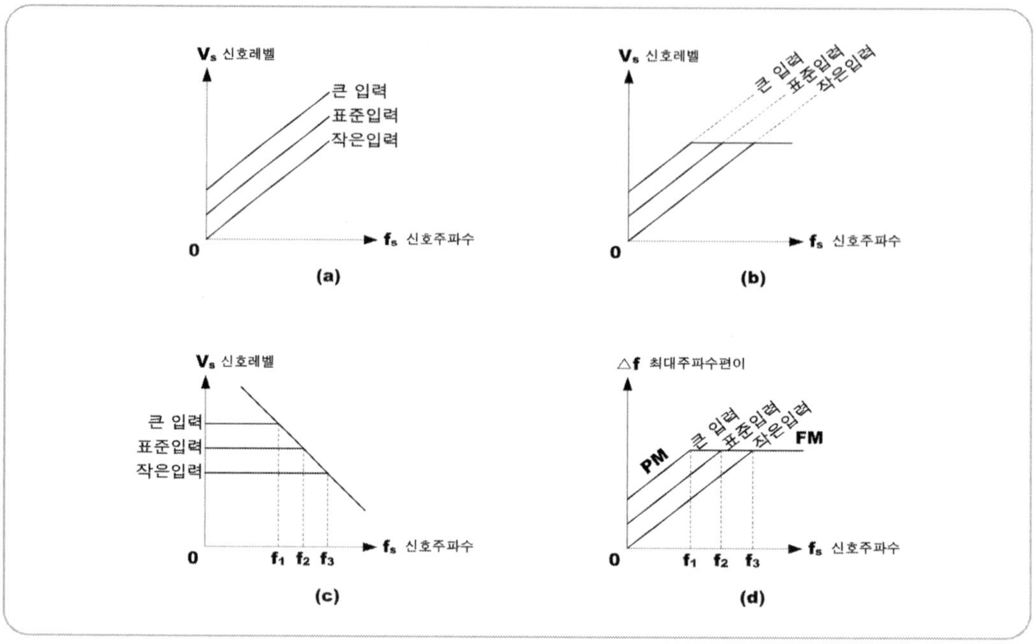

[그림 5-6] 순시편이 제어 회로의 각부 특성

[그림 5-8](b)는 IDC 회로의 주파수와 출력 관계를 나타낸 것으로 A는 미분회로 통과 출력이고, B는 적분회로 통과 출력, C는 리미터가 있을 때, D는 리미터가 없을 때가 되어 주파수가 $0 \sim f_s$까지는 일정 레벨로 일정하므로 FM에서의 순시 주파수 편이 $\triangle F$는 음성 주파수에 비례하고, f_s위에서는 입력레벨이 주파수에 반비례하므로 $\triangle F$는 일정하게 된다.

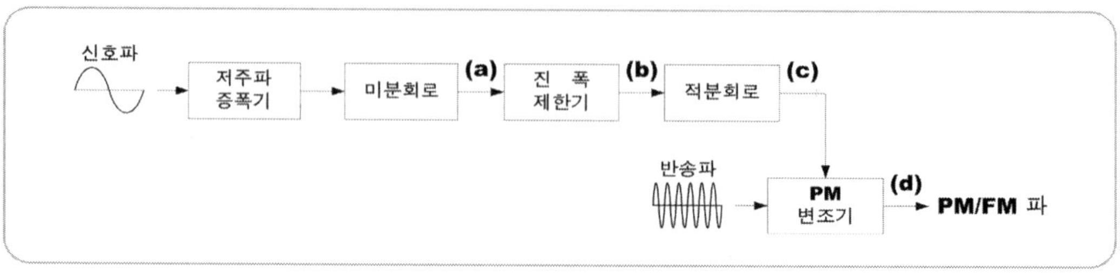

[그림 5-7] 순시편이 제어 회로의 구성도

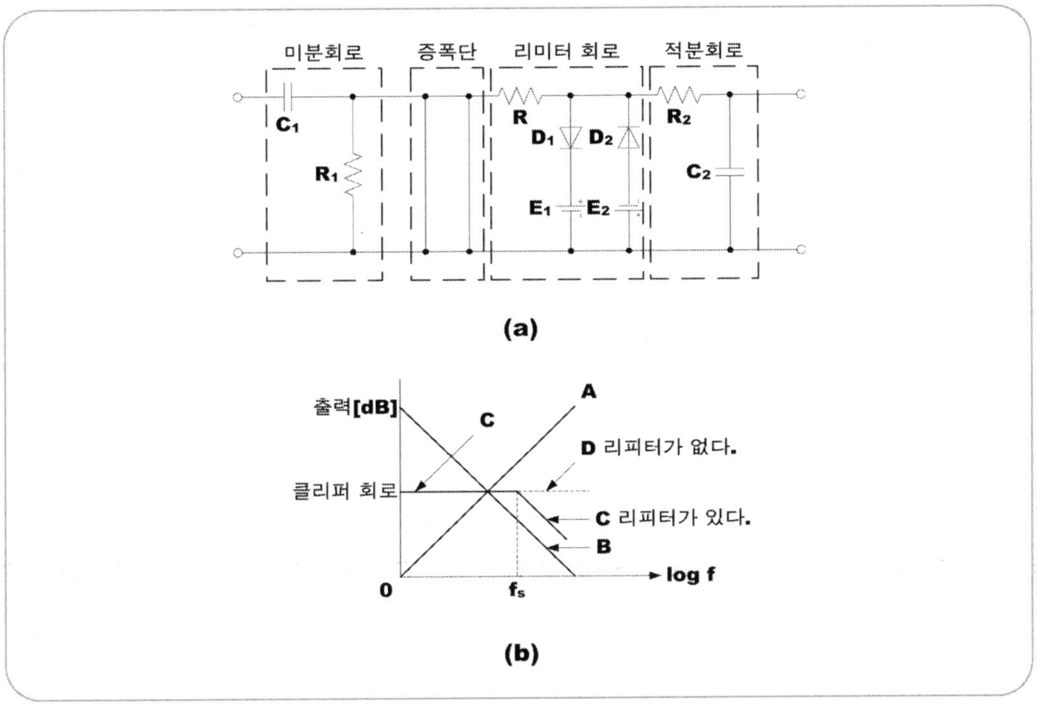

[그림 5-8] 순시편이 제어 회로

5.4.3 전치보상기(Pre-distorter)

전치보상 회로는 PM계 송신기를 이용하여 FM파를 얻는 간접 FM방식에 사용되는 회로로 전치왜곡 회로(Pre-distortion Circuit)라고도 한다.

[그림 5-9](b)와 같이 FM 수신기의 디 엠퍼시스 회로와 같은 적분회로로서 출력 전압이 입력 전압이 주파수에 반비례하는 역 주파수 회로이다.

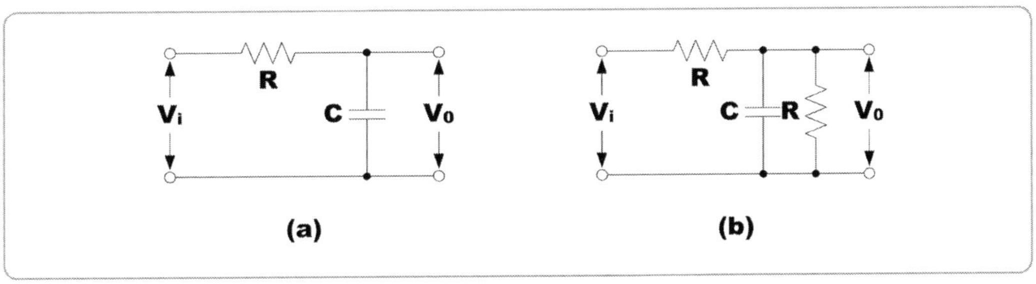

[그림 5-9] 전치보상 회로

[그림 5-9]회로의 입력 전압을 V_i라 하고, 출력 전압을 V_o라 할 때 입·출력 비는

$$\frac{V_o}{V_i}=\frac{\dfrac{R_2/j\omega C}{R_2+1/j\omega C}}{\dfrac{R_1+R_2/j\omega C}{R_2+1/j\omega C}}$$

$$=\frac{R_2/1+j\omega CR_1}{R_1+(R_2/1+j\omega CR_2)}=\frac{1}{1+(R_1/R_2)+j\omega CR_1} \quad \text{[식 5-5]}$$

로 된다. 이 식에서 알 수 있듯이 ω가 클수록 V_o는 작아지므로 출력전압은 입력전압의 주파수에 반비례함을 알 수 있다.

즉, 위상변조회로의 전단에 적분회로를 삽입하여 주파수 변조회로와 같은 특성이 되게 할 수 있다.

(4) 주파수 안정 회로

자려 발진기(LC 발진기)를 사용하는 직접 FM 방식은 주파수 안정도가 나쁘고, 전원전압변동, 주위온도 및 습도변화 등에 따라 발진 주파수가 변동한다. 이러한 주파수변동을 방지하기 위한 회로를 주파수 안정 회로라 하고 PLL(Phase Looked Loop), AFC(Automatic Frequency Control)회로, 및 APC(Automatic Phase Control)회로가 있다.

연습문제 EXERCISES

01. 다음 중 FM 무선 송신기의 구성요소로서 적합하지 않는 것은?

가. 충전기　　나. 발진기
다. 증폭기　　라. 변조기

02. 다음 그림은 통상 사용되는 FM송신기의 구성도이다. 빈 곳 A에 들어갈 수 없는 회로는?

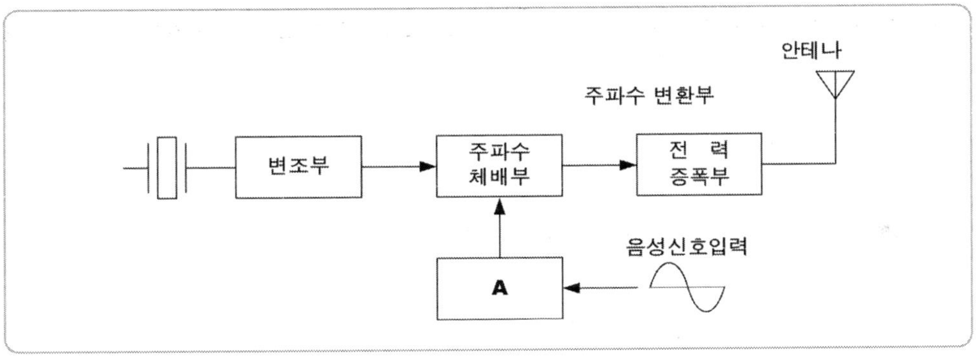

가. muting 회로　　나. 가청주파 증폭기 회로
다. Pre-emphasis　　라. 순시편이제어 회로

03. 다음 중 FM 송신기의 구성부로 적합하지 않은 것은?

가. 변조 부　　나. 전력증폭 부
다. 진폭 제한 부　　라. 주파수 체배 부

해답

1. (가)　2. (가)　3. (다)

04. 주파수 변조를 진폭 변조와 비교할 경우 다음 중 틀린 것은?

가. 신호대 잡음비(S/N비)가 좋아진다.
나. 초단파대 통신에 적합하다.
다. 에코의 영향이 많아진다.
라. 주파수 대역폭이 넓다.

※ FM은 AM방식에 비해 거의 모든 잡음에 유리한 변조방식이나 변조방식이 복잡하며 대역폭이 넓어진다는 단점을 갖는다.

05. FM변조 방식중 간접 FM변조 방식이 아닌 것은?

가. 이상법에 의한 변조 방법
나. 벡터 합성법에 의한 변조방법
다. 반사형 크라이스트론을 이용한 변조방법
라. 펄스 위치변조를 이용한 변조방법

	직접 FM 방식	간접 FM 방식
발진기	LC발진기	수정발진기
변조기종류	① Hartley 발진기 ② 가변 리액턴스를 이용한 변조기 ③ Varactor diode를 이용한 변조기 ④ 반사형 클라이스트론을 이용한 변조기	① Amstrong 발진기 ② 이상법 변조기 ③ Vector 합성법에 의한 방법 ④ Serasoid 변조기

06. FM 변조 방식 중 직접 FM 변조 방식인 것은?

가. 세라소이드 변조를 이용한 변조 방법
나. 가변용량 다이오드를 이용하는 변조 방법
다. 이상 법에 의한 변조 방법
라. 벡터 합성법에 의한 변조 방법

07. 주파수 변조(FM) 중 직접 FM 방식에 속하지 않는 것은?

가. VCO 를 사용한 FM 회로
나. 브리지형 위상변조방식
다. 리액턴스 FET를 사용한 회로
라. PLL을 이용한 FM 회로

08. 다음의 주파수 변조 중에서 직접 FM 방식에 속하지 않는 것은?

가. 리액턴스관 변조회로
나. Vector 합성법에 의한 방법
다. 반사형 Klystron을 사용한 변조회로
라. 가변용량 다이오드를 사용한 변조회로

※ Vector 합성법에 의한 방법는 간접 FM 방식이다.

09. 다음 중 간접 FM 변조회로에서 변조용으로 사용되는 다이오드는?

가. 바랙터 다이오드
나. 터널 다이오드
다. 제너 다이오드
라. 쇼트키 다이오드

10. 위상 피변조파로부터 진폭 피변조파를 만드는 가변위상변조 방식은?

가. Doherty 변조회로
나. Serrasoid 변조방식
다. Chirex 변조회로
라. Armstrong 변조회로

11. 다음은 벡터 합성법에 의한 FM송신기에 대한 설명이다. 합당치 않은 것은 어느 것인가?

가. 리액턴스관을 사용하여 주파수 안정도가 매우 좋다.
나. 자동주파수 제어회로가 불필요하다.
다. IDC회로에서 일정 입력 레벨로 증폭을 제한한다.
라. 위상 변조로 등가 FM파를 얻으려면 전치보상기 회로가 필요하다.

(1) 직접 FM 변조 방식

① 주파수 안정도가 나쁘다 → LC발진기 사용 ② 주파수 체배단이 적다 ③ AFC 회로가 필요하다
④ 높은 주파수 편이(Δf)를 얻을 수 있다. ⑤ Spurious 발사가 적다.

(2) 간접 FM 변조방식

① 주파수 안정도가 좋다. → X-tal 발진기 사용 ② 많은 주파수 체배단 필요 ③ AFC가 필요 없다.
④ 주파수 편이(Δf)가 낮다. → 직선성이 나빠서 ⑤ Spurious 발사가 많다.
⑥ Pre-distortor (전치보상기) 필요 → PM에서 FM을 얻기 위해
※ 벡터 합성법은 간접 FM 변조방식으로 수정발진기를 사용하여 주파수 안정도가 매우 높다. 가변 리액턴스를 이용한 변조기는 직접 FM 변조 방식에 속한다.

해답

4. (다) 5. (다) 6. (나) 7. (나) 8. (나) 9. (나) 10. (다) 11. (가)

12. **자력발진기를 사용한 직접FM변조와 비교하여 수정 발진기를 사용한 간접FM변조의 특징 중 틀린 것은?**

가. 자동주파수제어가 필요하다.
나. 주파수안정도가 높다.
다. 전치 보상기회로가 필요하다.
라. 큰 주파수 편이를 요하는 송신기는 주파수체배가 필요하다.

※ 간접 FM 변조방식

⇒ Pre-distotor (전치보상회로)를 통해 신호파를 PM 변조기에 가하여 FM파를 얻는 방법.
① 주파수 안정도가 좋다. → X-tal 발진기 사용 ② 많은 주파수 체배단 필요 ③ AFC가 필요 없다.
④ 주파수 편이(Δf)가 낮다. → 직선성이 나빠서 ⑤ Spurious 발사가 많다.
⑥ Pre-distortor (전치보상기) 필요 → PM에서 FM을 얻기 위해

13. **간접 FM방식의 특징인 것은?**

가. 수정발진기를 사용하기 때문에 주파수 안정도가 높아 AFC회로가 불필요.
나. 기기가 복잡함.
다. 깊은 변조를 할 수 있음.
라. 필요한 주파수를 얻기 위해서는 체배 수를 증가시켜야하므로 스퓨리어스 복사가 적다.

★★★★★
14. **100㎒의 반송파를 최대 주파수편이 50㎑로 하고 10㎑의 신호파를 FM변조하였다. 변조지수 m_f와 대역폭 B는 각각 얼마인가?**

가. m_f =10, B =10㎑
나. m_f =5, B =50㎑
다. m_f =10, B =100㎑
라. m_f =5, B =120㎑

※ 변조지수(m_f)

$$m_f = \frac{\Delta f}{f_m} = \frac{50[\text{kHz}]}{10[\text{kHz}]} = 5, \quad \begin{cases} f_m : \text{신호파} \\ m_f : \text{변조지수} \\ \Delta f : \text{최대주파수편이} \end{cases}$$

※ 대역폭(Band Width)

$$BW = 2(f_m + \Delta f) = 2(10[\text{kHz}] + 50[\text{kHz}]) = 120[\text{kHz}]$$

15. **FM 송신기의 반송파와 최대주파수 편이를 측정 하였더니 각각 80MHz 와 50KHz 이었다. 이 송신기에 10KHz 의 신호파로 변조한다면 점유 주파수 대역폭(B)과 변조지수(m_f)는 얼마인가?**

가. B=110[KHz], m_f =5
나. B=110[KHz], m_f =6
다. B=120[KHz], m_f =5
라. B=120[KHz], m_f =6

※ **변조지수(m_f)**

$$m_f = \frac{\Delta f}{f_m} = \frac{50[\text{kHz}]}{10[\text{kHz}]} = 5,\ \begin{cases} f_m : \text{신호파} \\ m_f : \text{변조지수} \\ \Delta f : \text{최대주파수 편이} \end{cases}$$

※ **대역폭(Band Width)**

$$BW = 2(f_m + \Delta f) = 2(10[\text{kHz}] + 50[\text{kHz}]) = 120[\text{kHz}]$$

16. FM신호의 변조 주파수(f_p)가 15KHz이고, 변조지수 (m_f)가 5일 때 FM 수신기의 필요 주파수 대역폭은?

가. 15KHz　　나. 30KHz　　다. 75KHz　　라. 180KHz

※ **변조지수(m_f)=5**

$$m_f = \frac{\Delta f}{f_p} \Rightarrow \Delta f = m_f \cdot f_p\ ,\ \begin{cases} f_p : \text{신호파} \\ m_f : \text{변조지수} \\ \Delta f : \text{최대주파수 편이} \end{cases}$$

※ **대역폭(Band Width)**

$$BW = 2(f_p + \Delta f) = 2(f_p + m_f f_p) = 2(15 + 5 \times 15) = 180[\text{kHz}]$$

17. 반송파 20[MHz]를 신호파 10[KHz]로 FM 변조 할 경우 주파수 변조지수와 점유 주파수 대역폭은 각각 얼마인가? (단, 최대 주파수 편이는 80[KHz]이다.)

가. 4, 180[KHz]　　나. 8, 180[KHz]　　다. 4, 200[KHz]　　라. 8, 200[KHz]

※ **변조지수(m_f)**

$$m_f = \frac{\Delta f}{f_p} = \frac{80}{10} = 8\ ,\ \begin{cases} f_p : \text{신호파} \\ m_f : \text{변조지수} \\ \Delta f : \text{최대주파수 편이} \end{cases}$$

※ **대역폭(Band Width)**

$$BW = 2(f_p + \Delta f) = 2(10 + 80) = 180[\text{kHz}]$$

해답

12. (가)　13. (가)　14. (라)　15. (다)　16. (라)　17. (나)

18. FM에서 최대주파수편이 Δf =15KHz, 변조주파수 f_p =3000Hz일 때 변조지수 m_f는 얼마인가?

가. 1
나. 2
다. 3
라. 5

※ **변조지수(m_f)**

$$m_f = \frac{\Delta f}{f_p} = \frac{15 \times 10^3}{3000} = 5$$

- f_p : 신호파
- m_f : 변조지수
- Δf : 최대주파수편이

19. FM송신기에서 최대 주파수 편이 Δf = 100(KHz)이 고, 변조신호 주파수가 4(KHz)인 경우 대역폭은 얼마인가?

가. 100[KHz]
나. 208[KHz]
다. 400[KHz]
라. 800[KHz]

※ **대역폭(Band Width)**

$$BW = 2(f_m + \Delta f) = 2(4[\text{kHz}] + 100[\text{kHz}]) = 208[\text{kHz}]$$

- f_m : 신호 주파수
- Δf : 최대 주파수 편이

20. 200[MHz] FM송신기의 5[MHz]발진기에서 4000[Hz]의 변조 신호로 200[Hz]의 주파수 편이를 걸때 송신기의 변조지수는 얼마인가?

가. 2
나. 4
다. 8
라. 0.05

※ FM 송신기의 변조지수는 $m_f = \frac{\Delta F}{f_m}$ 이며 5[MHz]의 발진기로 200[MHz] FM 송신기에 사용하기 위해서는 40배의 변조도가 필요하다.

$$\therefore m_f = n\frac{\Delta F}{f_m} = 40\frac{200}{4000} = 2$$

- f_s : 신호파
- m_f : 변조지수
- Δf : 최대주파수편이

21. 광대역 FM 변조에서 최대 주파수 편이가 30KHz이고, 변조 주파수가 5KHz일 때 FM 신호의 대역폭은 약 몇 KHz 인가?

가. 10
나. 35
다. 70
라. 100

22. 주파수 변조에서 주파수 편이는 무엇에 비례하는가?

가. 변조파의 진폭　　나. 반송파의 진폭
다. 변조파의 주파수　　라. 반송파의 주파수

23. FM 송신기에서 주파수 편이는 변조지수와 어떤 관계가 있는가? (단, 변조주파수는 일정)

가. 변조지수와 반비례　　나. 변조지수와 비례
다. 변조지수의 제곱에 비례　　라. 변조지수의 제곱에 반비례

24. 다음은 FM 송신기 블록도의 일부이다. 3체배한 후 최대 주파수 편이가 ±6[㎑]이면, FM 변조한 뒤(3체배하기전)의 최대 주파수 편이 $\triangle f$는 얼마인가?

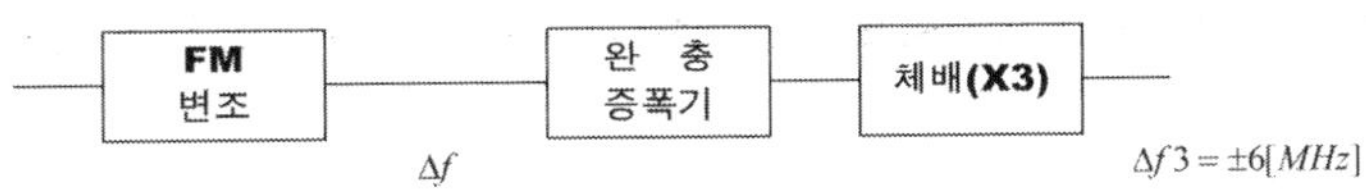

가. $\triangle f = \pm 1$[㎑]　　나. $\triangle f = \pm 2$[㎑]
다. $\triangle f = \pm 6$[㎑]　　라. $\triangle f = \pm 12$[㎑]

★
25. PM을 등가 FM으로 만들기 위하여 사용되는 회로는?

가. pre-emphasis회로　　나. pre-distorter회로
다. de-emphasis회로　　라. IDC회로

※ **Pre-distortor (전치보상기)**

- 적분회로
- PM을 등가 FM으로 만드는 회로

해답

18. (라)　19. (나)　20. (가)　21. (다)　22. (다)　23. (나)　24. (나)　25. (나)

26. **간접 FM방식에서 사용되는 전치보상회로 (pre-distorter)의 설명중 틀린 것은?**

가. 신호 주파수에 반비례하는 회로이다.　　나. 미분회로의 일종이다.
다. PM을 FM으로 만드는데 쓰인다.　　라. 입출력 위상차는 90°이다.

※ **Pre-distortor (전치보상기)**

- 적분회로.
- PM을 등가 FM으로 만드는 회로.
- 입출력 신호 사이에는 90°위상차를 갖는다.

27. **주파수 변조에서 IDC회로를 사용하는 이유는?**

가. 반송파 주파수를 일정하게 유지하기 위해서
나. 최대 주파수 편이가 규정치를 넘지 않게 하기위해서
다. 주파수 체배를 정확하게 하기 위해서
라. 주파수 변조 특성을 좋게 하기 위해서

★
28. **FM송신기에서 최대 주파수편이가 규정치를 넘지 않도록 음성신호 등의 진폭을 일정하게 제한하는 회로는?**

가. A.F.C 회로　　나. I.D.C 회로
다. 스켈치(Squelch)회로　　라. 리미터(Limiter)회로

★
29. **다음 중 IDC 회로를 사용하는 목적으로 가장 적합한 것은?**

가. 주파수 체배를 정확하게 하기 위하여
나. 최대 주파수 편이가 규정치를 넘지 않게 하기 위하여
다. 반송파 진폭을 일정하게 하여 주파수 편이를 좋게 하기 위하여
라. 반송파 주파수를 일정하게 하기 위하여

30. **FM송신기에서 사용되는 pre - emphasis회로에 관한 설명 중 맞는 것은?**

가. 변조신호의 높은 주파수 성분을 낮게 하여 변조한다.
나. 선택도가 개선된다.
다. 전력 증폭기의 효율을 높이기 위하여 사용한다.
라. S/N비를 향상시키는 효과가 있다.

※ Pre-emphasis

- 변조하기 전 신호파의 특정 주파수 이상의 주파수에서 이득을 강하게 하는 회로. (미분회로)
- 높은 주파수에 대한 S/N비 개선

$\tau = CR$[sec]

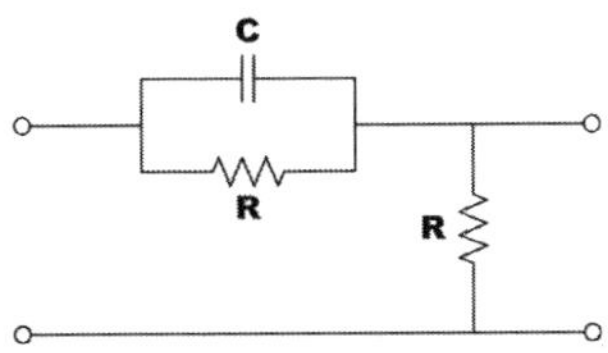

31. FM 통신기기에서 사용되는 다음 회로에 대한 설명 중 틀린 것은?

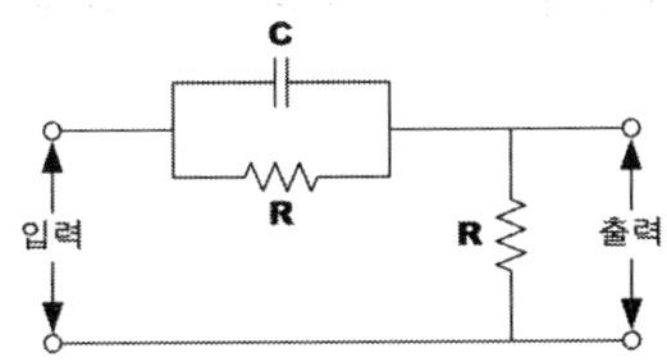

가. 입력파형의 고역주파수에 대한 출력전압을 강화한다.

나. pre – emphasis 회로의 일종이다.

다. FM 송신기에 사용되는 회로이다.

라. 적분회로의 일종이다.

해답

26. (나) 27. (나) 28. (나) 29. (나) 30. (라) 31. (라)

32. 그림과 같은 pre-emphasis회로에 시정수가 75[μs]가 되도록 하려면 C의 값을 얼마로 하면 되는가?

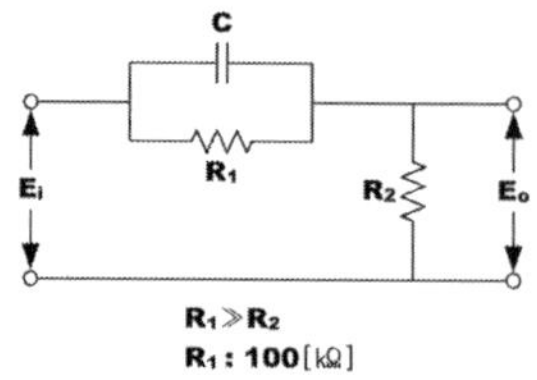

가. 7500[pF]
나. 750[pF]
다. 75[pF]
라. 7.5[pF]

※ 프리엠파시스(pre-emphasis)에서 시정수(τ)=$R_1 \cdot C$이다.

$$\therefore C = \frac{\tau}{R_1} = \frac{75 \times 10^{-6}}{100 \times 10^{3}} = 750 \times 10^{-12} = 750[\text{pF}]$$

★
33. FM 송신기에서 프리엠퍼시스(pre-emphasis) 회로를 사용하는 목적은?

가. 신호의 크기를 증가시킨다.
나. 전송 효율을 높인다.
다. 신호대 잡음비(S/N)를 향상시킨다.
라. 주파수 대역폭을 좁힌다.

※ Pre-emphasis

- 송신 신호 중 특정 주파수 이상의 주파수 신호가 이득이 현저하게 떨어지는 현상 때문에 송신측에서 변조하기 전 신호파의 특정 주파수 이상의 주파수에서 이득을 크게 해주는 회로이다. (미분회로)
- 높은 주파수에 대한 S/N비 개선

34. FM 무선 통신에서는 송신 및 수신기에 각각 Pre-emphasis와 De-emphasis 회로를 사용하고 있다. 다음 중 이들 회로를 사용하는 이유로 가장 타당한 것은?

가. 저주파 특성 개선
나. 고주파 특성 개선
다. 과변조방지
라. 반송 주파수 안정

※ FM무선통신에서 낮은 주파수에서는 잡음 전력이 작으나 주파수가 높아짐에 따라 잡음 전력이 현저히 증가하게 된다. 따라서 송신 쪽에서 변조하기 전 신호파의 특정 주파수 이상의 주파수에서 이득을 강하게 하는 회로가 필요 하는데 이를 Pre-emphasis 라 한고 수신 쪽에서는 다시 원상태로 되돌리기 위하여 고주파 신호 Level을 억제하는 회로가 필요 하는데 이를 De-emphasis 라 한다.

★
35. FM송신기에서 신호주파수의 높은 쪽을 강하게 변조하여 시스템 S/N비를 개선하는데 사용되는 회로는?

가. Limiter　　나. IDC　　다. Pre-emphasis　　라. APC

※ Pre-emphasis
- 변조하기 전 신호파의 특정 주파수 이상의 주파수에서 이득을 강하게 하는 회로. (미분회로)
- 높은 주파수에 대한 S/N비 개선

36. FM 송・수신기에서 엠파시스회로를 사용하는 이유는?

가. S/N비를 개선한다.　　나. 주파수 선택도를 개선한다.
다. 전송 효율을 높인다.　　라. 신호 왜곡을 감소한다.

37. VHF대에서 FM 통신 방식이 많이 사용되는 이유는?

가. 고속 통신에 적합하기 때문에　　나. 변조가 쉽게 이루어지므로
다. 주파수 대역이 넓게 취해지므로　　라. 비화성이 있기 때문에

38. 아래의 회로 중 설명이 잘못된 것은?

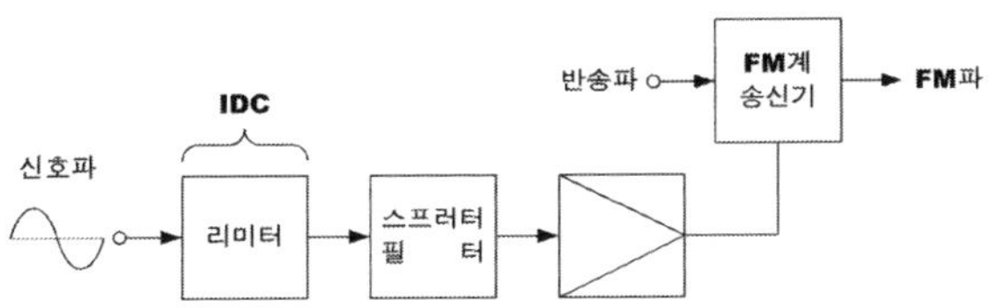

가. IDC회로의 리미터에서 신호가 클리프(clip)된 경우에 발생되는 고조파를 억압한다.
나. 신호의 주파수 대역을 제한한다.
다. IDC회로는 송신전력 스펙트럼의 확산을 일정치 이하로 제한한다.
라. 직접 FM송신기로 구성하려면 반드시 전치보상회로를 사용해야 한다.

※ 간접 FM이란 신호파를 전치보상회로(IDC)를 이용해 적분한 다음 PM파를 얻은 후 다시 FM파를 얻는 방식을 말한다.

해답

32. (나)　33. (다)　34. (나)　35. (다)　36. (가)　37. (다)　38. (라)

39. **무선 송신기에서 사용하지 않는 회로는?**

가. 변조회로 나. 뮤팅(Muting)회로
다. 완충증폭회로 라. 전력 증폭회로

※ **Squelch(=Muting)회로**

입력신호가 없거나, 잡음 Level이 신호 Level보다 클 경우 AF(저주파 증폭기) 차단시키는 회로로 FM 수신기에서 사용된다.

해답

39. (나)

제6장

FM 수신기

제6장 FM 수신기

6.1 FM 수신기의 구성

슈퍼헤테로다인 FM 수신기는 AM 수신기에 비해 고주파 증폭기, 주파수 변환부 및 중간 주파 증폭기, 저주파 증폭기 등은 동일하지만, **진폭 제한기(Limiter), 주파수 변별기(Discriminator), 스켈치(Squelch)회로, 디엠퍼시스(De-Emphasis)**등과 같은 보조회로들이 존재한다.

FM 수신기의 종류에도 하나의 주파수 변환 부를 갖는 싱글 슈퍼헤테로다인(Single Super- Heterodyne)과 두개의 주파수 변환 부를 갖는 2중 슈퍼헤테로다인(Double Super-Heterodyne)방식이 있다.

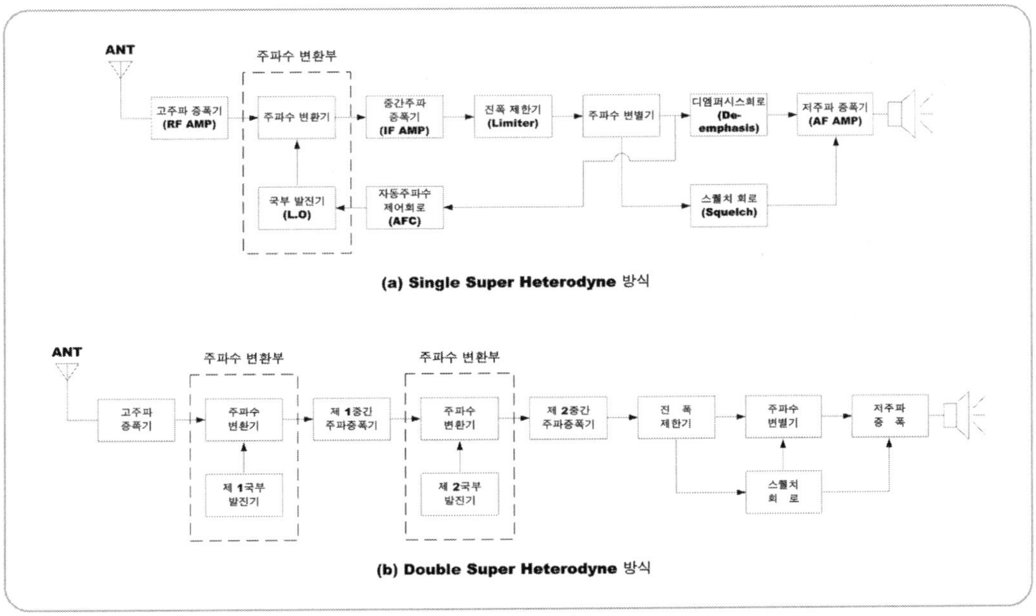

[그림 6-1] FM 수신기의 구성도

6.1.1 진폭 제한기(Amplitude Limiter)

진폭 제한기는 일정 레벨 이상의 진폭을 제한하기 위한 장치로 중간 주파 증폭기 뒤에 위치하여 충분히 증폭된 수신 신호를 일정 레벨 이상의 진폭을 제한하여, 주파수 변조파 입력 시의 혼신이나 잡음으로 생긴 진폭 변조 성분을 제거하는데 사용한다.

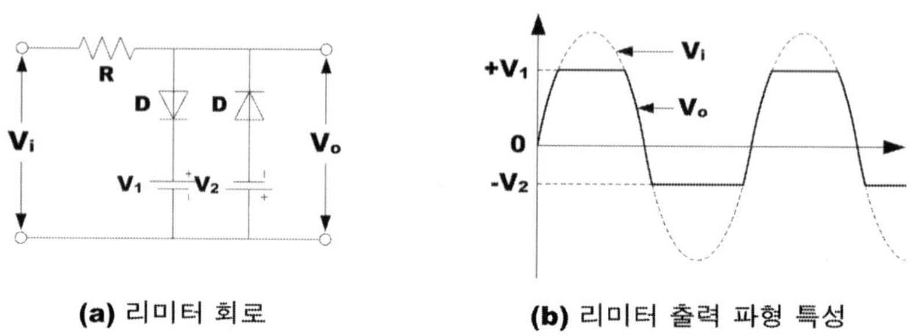

[그림 6-2] 다이오드 리미터

① 목적 : 잡음제거

② 위치 : 중간주파 증폭부 뒷단

③ 특성곡선

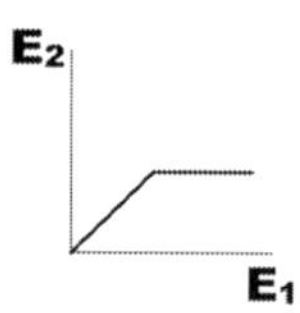

④ FM수신기의 보조회로이다.

6.1.2. 주파수 변별기(Frequency Discriminator)

주파수 변별기는 FM파의 **주기 변화를 진폭변화로 바꾸는 회로**로 판별 감도와 직선성이 중요시 되며, 주파수 변화에 따른 출력의 비율[V/㎑]을 변별 감도라 한다.

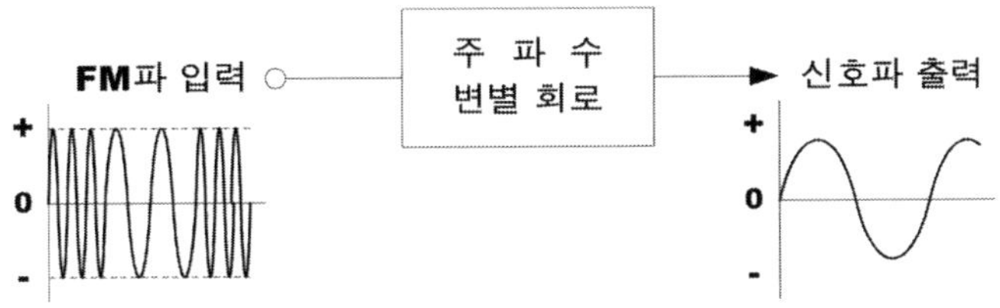

[그림 6-3] 주파수 변별기의 원리

변별기의 종류는

① 경사 형 검파, 복 동조형, 포스터 실리, 비 검파기

② 게이트 빔, 쿼드러처 검파기

③ PLL 검파기

등으로 나눌 수 있다.

(1) 포스트 실리형 검파기(Foster-Seeley Detector)

[그림 6-4](a)와 같이 2개의 다이오드를 대칭으로 접속하고, 1차와 2차 동조 회로는 중심 주파수에 동조하도록 하며, 1차와 2차 결합은 소결 합으로 한다.

입력 주파수를 f, 중심 주파수를 f_0라 하면

① $f = f_0$일 때는 저항성을 나타내며 이때 $V_{AB} = 0[V]$이다. [그림 6-4](b)

② $f > f_0$일 때는 유도성을 나타내며 이때 $V_{AB} > 0[V]$이다. [그림 6-4](c)

③ $f < f_0$일 때는 용량성을 나타내며 이때 $V_{AB} < 0[V]$이다. [그림 6-4](d)

④ 그러므로 입력 주파수 f의 변화에 따라 V_{AB}의 진폭이 변화하여 신호를 복조한다.

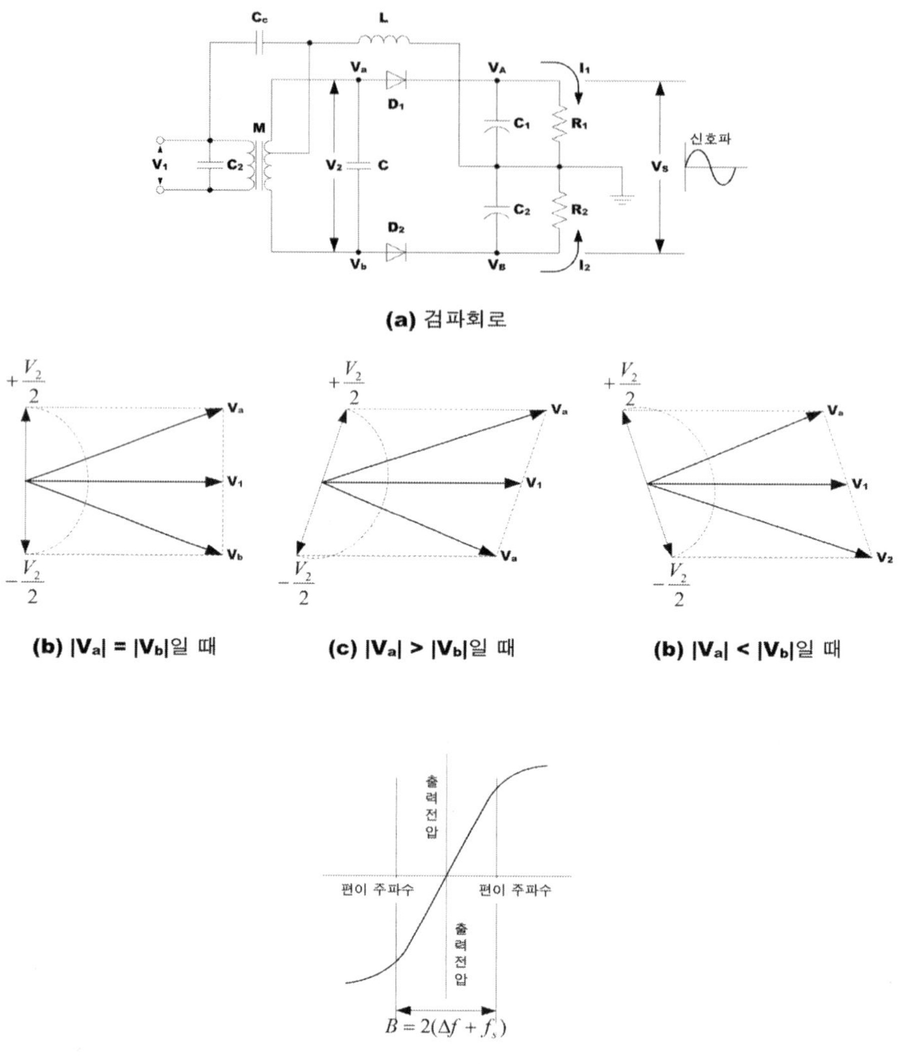

(a) 검파회로

(b) $|V_a| = |V_b|$일 때 (c) $|V_a| > |V_b|$일 때 (b) $|V_a| < |V_b|$일 때

(e) S자 검파 특성

[그림 6-4] 포스터 실리형 FM 검파기 회로의 특성

(2) 비 검파기(Ratio Detector)

비 검파기는 포스터 실리 형과 다이오드의 극성이 다르고, 출력단의 중심점이 접지되어 대지에 대하여 회로가 평형하며, 또 출력 측에 대용량의 콘덴서가 접지되어 있다.

[그림 6-5]의 C_5는 용량이 커 충격성, 펄스성 잡음에 대한 리미터 작용을 하므로 FM 수신기에 리미터를 생략할 수 있다.

비 검파기와 포스터 실리형 검파기의 검파 비는 1 : 2 이다.

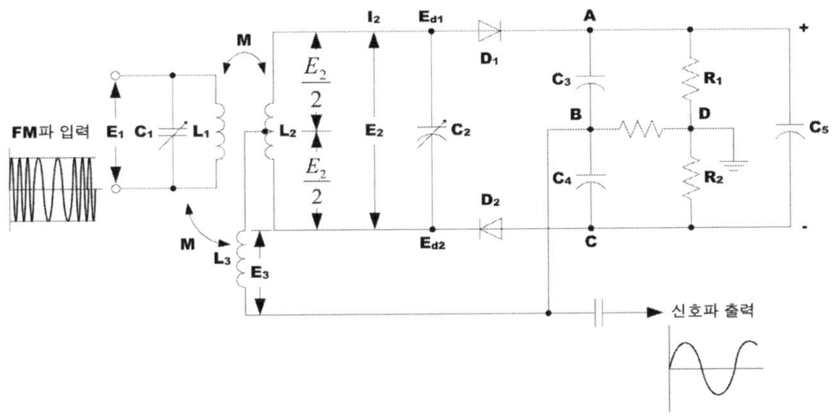

[그림 6-5] 비 검파기 회로

① 포스터 실리 검파기에 대한 비 검파기의 특징

㉠ 비 검파기는 부하 저항과 병렬로 대용량 콘덴서가 접속된다.

㉡ 비 검파기는 감도가 약하여 Limiter 단수를 적게 할 수 있다.

㉢ 출력 감도는 포스트 실리형이 비 검파기에 비해 2배로 크다.

㉣ 비 검파기는 진폭 제한 기능이 있다.

㉤ 다이오드 접속 방향이 다르다.

㉥ 출력 단자가 다르다.

② S-특성 곡선이 분류

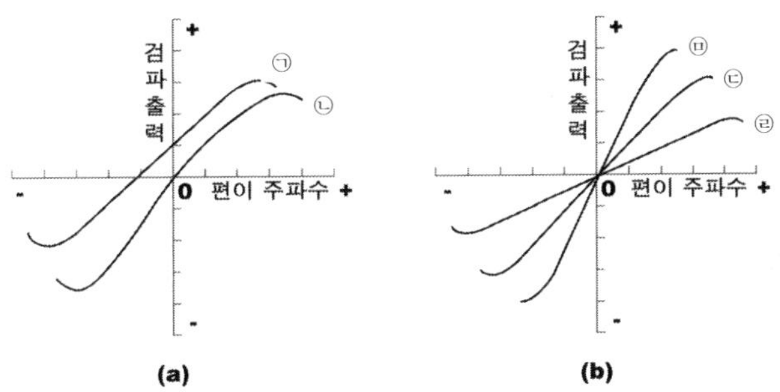

[그림 6-6] S-특성 곡선

㉠ 곡선

ⓐ 원인 : **동조 회로의 동조가 벗어났을 때**

ⓑ 대책 : C_1과 C_2를 조정하여 중심 주파수에서 출력이 0이 되도록 정확히 동조를 잡는다.

㉡ 곡선

ⓐ 원인 : L_2의 중성점이 벗어났을 때

ⓑ 대책 : 탭(Tab)의 위치를 정확히 중성점에 위치하도록 조정한다.

㉢ 곡선 : 가장 이상적인 경우의 곡선으로 **직선 부분이 대칭적이며 길수록 이상적이다.**

㉣ 곡선

ⓐ 원인 : L_1과 L_2가 소결합(Loose Coupling)일 경우

ⓑ 특징 : 경사가 완만하며 직선성도 길고 주파수 편이를 넓게 잡을 수 있어 좋지만 상대적으로 출력이 적어진다.

㉤ 곡선

ⓐ 원인 : L_1과 L_2가 밀결합(Close Coupling)일 경우

ⓑ 특징 : 감도는 좋지만 주파수 편이가 좁고, 직선 범위가 짧아 왜곡이 발생하기 쉽다.

(3) PLL(Phase Locked Loop) 검파기

FM 입력 신호와 전압 제어 발진기(VCO)의 위상과 주파수가 위상비교기(Phase Comparator)에 의해 비교되어 그 오차에 비례한 직류전압이 발생하게 되는데 이 오차 전압은 저역통과필터(LPF)를 거쳐 증폭되고 전압 제어 발진기(VCO)의 발진 주파수 및 위상차를 저감시키는 방향으로 전압 제어 발진기의 주파수를 변화시켜 FM 신호를 검파하게 된다.

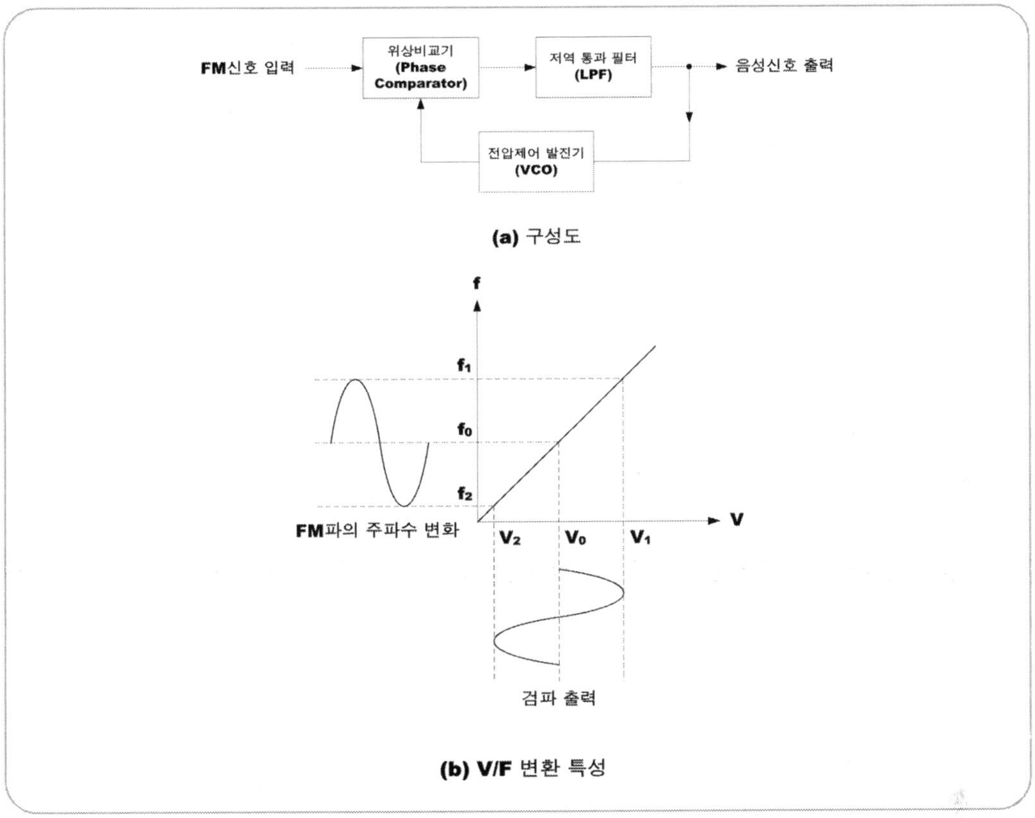

[그림 6-7] PLL 검파기

6.2 FM 수신기의 부속회로

6.2.1. 디 엠퍼시스(De-emphasis)회로

송신 측에서 프리엠퍼시스 회로를 사용하여 고음부를 강조하게 되면 수신기 출력의 S/N비는 개선되나 본래의 신호와는 다르게 된다. 따라서 프리엠퍼시스와 반대의 특성을 가진 적분회로(LPF)를 사용하여 본래의 신호 특성을 갖도록 환원하는 회로를 디엠퍼시스 회로라 한다.

6.2.2. 스켈치(Squelch)회로

FM 수신기의 저주파 출력 단에는 송·수신을 전환할 때나 수신 레벨이 미약할 때 또는 수신하고자 하는 국을 선택하는 중에는 큰 잡음이 발생하게 된다. 이러한 경우 중간 주파 증폭 단에서 반송파의 유무를 확인하여 반송파가 없을 때 중간 주파 증폭 단이나 저주파 증폭단의 동작을 차단하는 방식을 뮤팅(Mutting)이라고 하고, 검파 출력의 잡음 유무를 검출하여 잡음이 신호파보다 클 경우 저주파 증폭 단의 입력을 차단하는 회로를 스켈치(Squelch) 회로라 한다.

6.2.3. AFC(Automatic Frequency Control)회로

수신기에 수신된 주파수는 국부 발진기의 발진 주파수의 변동으로 인해 중간 주파수가 변하게 되는데 이런 경우 수신측에서 수신이 전혀 되지 않는 경우가 발생하게 된다. 따라서 이를 방지하기 위해 중간 주파수의 변화에 따라 변화하는 FM 검파 회로의 전압 변동분을 국부 발진기 측으로 궤환시켜 국부 발진 주파수를 보정하여 안정된 중간주파수를 유지하게 된다. 이렇게 자동으로 주파수 보정을 해주는 회로를 AFC(Automatic Frequency Control)라 한다.

연습문제 EXERCISES

01. FM 수신기에서 진폭제한기에 대한 설명 중 틀린 것은?

가. 진폭제한기는 중간 주파증폭기의 앞단에 접속된다.
나. 충격성 잡음의 영향을 경감할 수 있다.
다. 일정한 레벨이상이 되면 그 이상의 레벨을 제한 한다.
라. 진폭제한기를 종속접속하면 그 효과가 크다.

02. 그림은 FM수신기의 리미터 특성을 측정하기 위한 구성도와 전압계로 입력과 출력단의 전압을 측정한 경우의 E1− E2 관계특성을 보이고 있다. 리미터의 적합한 특성은?

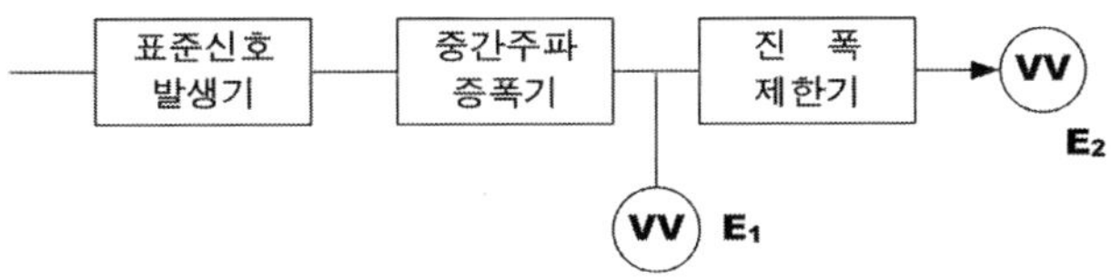

가. 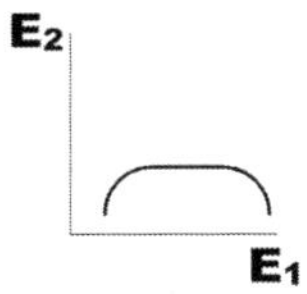

나. 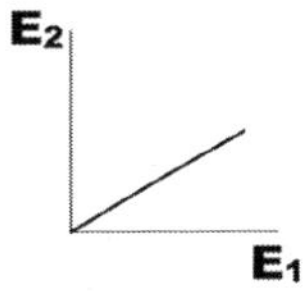

다. 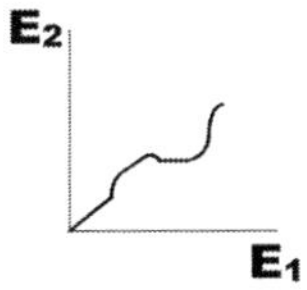

라. 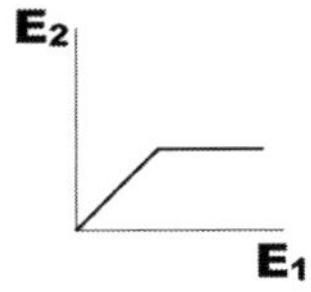

해답

1. (가) 2. (라)

03. FM수신기에 사용된 리미터의 용도는?

가. 기생 진동을 방지하기 위해서
나. 충격성 잡음을 방지하기 위해서
다. 전원 전압의 변동을 방지하기 위해서
라. 고조파에 의한 찌그러짐을 방지하기 위해서

04. FM수신기에서 Limiter 회로역할로 가장 타당한 것은?

가. 주파수의 변화에 따른 출력 전압의 변화를 검출
나. 잡음지수를 증가시키는 역할
다. 수신신호의 진폭을 일정하게 만드는 역할
라. 송신측에서 강조되어 보내진 높은 주파수 신호를 수신 단에서 억제하는 역할

★
05. FM 통신방식이 AM 방식에 비해서 신호 대 잡음비가 좋은 이유로 가장 타당한 것은?

가. 레벨변동이 크므로 나. 진폭제한기를 사용하므로
다. 점유주파수 대폭이 넓기 때문에 라. 송신장치가 간단하기 때문에

06. 다음 회로는 트랜지스터를 이용한 리미터(Limitter) 회로이다. 회로에 관한 다음 설명중 틀린 것은?

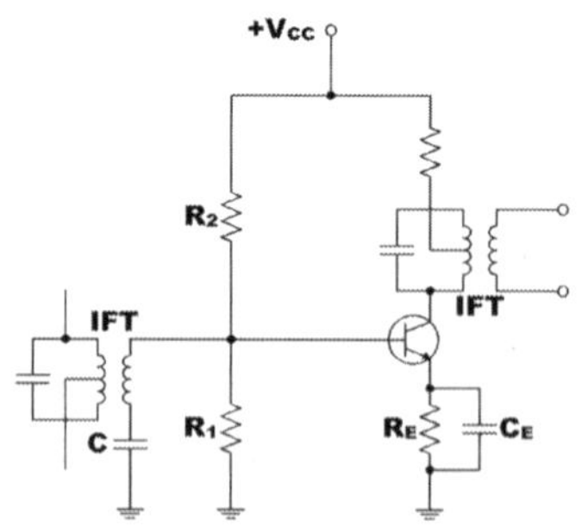

가. 컬렉터의 바이어스 전압을 가능한 낮게 설정해야 출력포화로 인한 진폭 제한의 기능을 잘 수행한다.
나. R_1을 크게 하면 우수한 진폭제한기의 기능을 수행 한다.
다. 콘덴서 C는 IF 이외의 높은 주파수의 잡음 신호를 제거하는 기능을 한다.
라. RE 값을 적게하면 출력신호의 포화가 빨리 일어나 진폭제한기의 기능을 한다.

> ※ **트랜지스터를 이용한 리미터(Limitter) 회로 특징**
> ① 컬렉터의 바이어스 전압을 가능한 낮게 설정해야 출력포화로 인한 진폭 제한의 기능을 잘 수행한다.
> ② R1을 크게 하면 V_{be}가 증가되어 트랜지스터의 컬렉터 전류가 증가하게 됨으로써 우수한 진폭제한기의 기능을 수행 수 없게 된다.
> ③ 콘덴서 C는 IF 이외의 높은 주파수의 잡음 신호를 제거하는 기능을 한다.
> ④ RE 값을 적게 하면 출력신호의 포화가 빨리 일어나 진폭제한기의 기능을 한다.

07. 포스터-실리 검파기가 주로 하는 기능으로 가장 적합한 것은?

가. FM 신호의 진폭을 제한한다.
나. FM 신호의 중간주파 신호를 증폭한다.
다. 복조된 신호 파에서 고주파 성분을 제거한다.
라. FM 신호의 주파수 변화를 진폭변화로 변환하여 신호 파를 재생한다.

★
08. FM 수신기의 주파수 변별기의 특성을 측정하는 방법은 어느 것인가?

가. 입력 전압의 변화에 대한 직류 출력 전압의 변화
나. 입력 주파수 변화에 대한 직류 출력 전압의 변화
다. 입력 전압의 변화에 대한 출력 주파수의 변화
라. 입력 주파수 변화에 대한 출력 주파수의 변화

★
09. FM 수신기 복조기에서 Foster – Seely 형과 Ratio – Detector 형에서 검파감도의 비는?

가. 1 : 1　　나. 2 : 1
다. 1 : 2　　라. 4 : 1

10. 비 검파기에 대한 설명 중 적합하지 않은 것은?

가. 대용량의 콘덴서를 사용한다.
나. 출력은 Foster-Seeley의 2배이다.
다. 순시 편이 주파수와 출력전압과의 관계는 S자 특성을 갖는다.
라. 진폭제한 작용을 갖기 때문에 앞단의 리미터를 단순화할 수 있다.

해답

3. (나)　4. (다)　5. (나)　6. (나)　7. (라)　8. (나)　9. (나)　10. (나)

11. **다음 중 포스터 실리 검파기와 비교한 비 검파기에 대한 설명으로 적합하지 않은 것은?**

가. 검파 감도가 둔하다.
나. 진폭 제한 작용을 가지고 있다.
다. 다이오드의 접속 방향이 동일하다.
라. 포스터 실리 검파기의 개량 형으로 볼 수 있다.

12. **다음 중 FM 검파기의 종류에 해당되지 않는 것은?**

가. Cascode 형
나. Foster-Seeley 형
다. 비 검파기형
라. 복 동조형

13. **limiter 작용을 겸한 FM 검파기는?**

가. Ratio-detector형
나. foster-seely형
다. round-travis형
라. stagger 동조형

14. **다음 중 FM 수신기에서 입력 진폭 변화에 대한 영향이 가장 적은 검파기는?**

가. 다이오드 직선 검파기
나. 경사 형 검파기
다. 포스터 실리(Foster-Seeley)형 검파기
라. 비 검파기(Ratio-Detecter)

15. **아래의 회로는 포스터-실리(Foster-Seeley) 검파기 이다. 회로의 구성 상태 중 잘못 설명한 것은?**

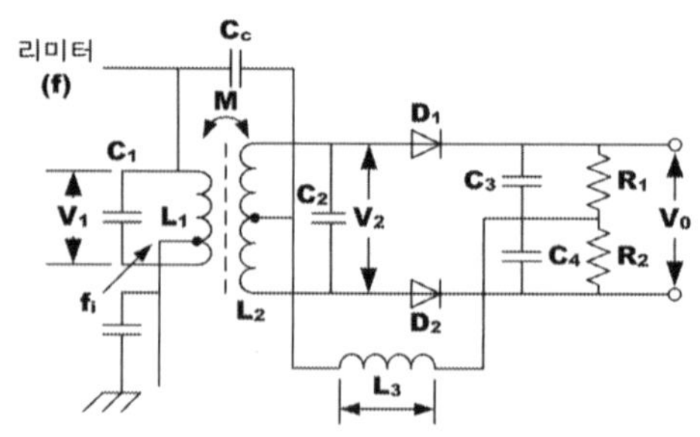

가. 1차측 동조회로 L_1, C_1 및 2차측 동조회로 L_2, C_2는 FM파의 중심주파수에 동조되어야 함.
나. 1차측 동조회로의 코일 L_1과 2차측 동조회로 L_2는 유도결합 되어 있으며, 결합계수는 크지 않음.

다. 무선주파 쵸크 L_3는 고주파에서 개방, 신호주파수 에서는 단락상태가 될 수 있도록 선정함.

라. 1차측 전압 V1과 2차측 전압 V2는 FM파의 중심 주파수 f_i에서 180[도]의 위상차가 되도록 함.

※ **포스터-실리(Foster-Seeley) 검파기**

① 1차측 동조회로 L_1, C_1 및 2차측 동조회로 L_2, C_2는 FM파의 중심주파수에 동조되어야 함.
② 1차측 동조회로의 코일 L1과 2차측 동조회로 L_2는 유도결합 되어 있으며, 결합계수는 크지 않음.
③ 무선주파 쵸크 L_3는 고주파에서 개방, 신호주파수 에서는 단락상태가 될 수 있도록 선정함.
④ 1차측 전압 V_1과 2차측 전압 V_2는 FM파의 중심 주파수 fi에서 90[도]의 위상차가 되도록 하여 검파출력이 0이 되게 함.

16. **주파수변별기와 주파수검파기가 하는 기능은?**

가. FM 주파수 편차를 위상편차로 변환한다.
나. FM 신호의 진폭을 제한한다.
다. FM 주파수 편차를 신호파로 변환한다.
라. 복구된 신호 파에서 FM합 주파수 성분을 제거한다.

17. **FM수신기에서 주파수 변별기의 주파수편이에 따른 출력전압의 변화특성을 보인 그림이다. 동조가 벗어난 경우에 나타나는 특성은?**

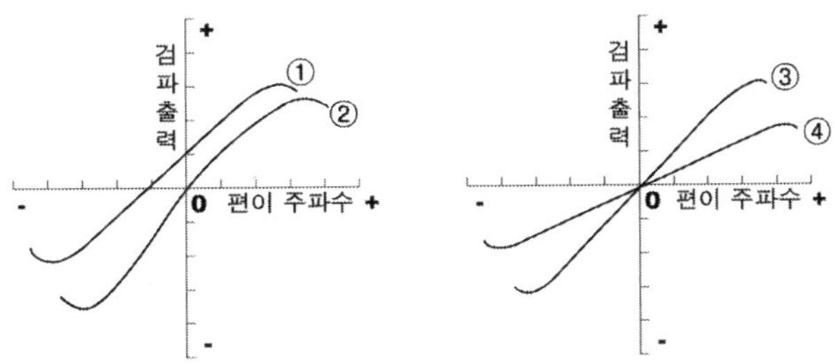

가. ① 나. ②
다. ③ 라. ④

해답

11. (다) 12. (가) 13. (가) 14. (라) 15. (라) 16. (다) 17. (가)

★

18. **FM 수신기에서 주파수 변별기의 주파수 특성곡선(frequency response)의 설명 중 적합하지 않은 것은?**

가. 중심 주파수 fo에 대하여 대칭적인 것
나. 중심 주파수 fo 부근에서 경사가 될 수 있는 한 완만할 것
다. 직선부분이 길 것
라. 중심 주파수 fo에서는 출력 전압이 0(기준 값)일 것

19. **FM 검파기의 특성인 S 커브의 상태가 직선이 아니면 어떤 상태인가?**

가. 동조가 벗어났다.
나. 출력이 적어진다.
다. 복조감도가 나쁘다.
라. 잡음이 감소한다.

20. **FM 복조에 PLL 회로가 많이 사용되고 있다. 다음 중 PLL의 기본적인 구성요소가 아닌 것은?**

가. 전압제어발진기(VCO) 회로
나. 위상 비교기(PC) 회로
다. 샘플링(sampling) 회로
라. 저역통과필터(LPF) 회로

21. **FM 복조에 PLL 회로가 많이 사용되고 있다. 다음 중 PLL 의 기본적인 구성 요소가 아닌 것은?**

가. 전압제어발진기(VCO) 회로
나. 위상 비교기 (PC) 회로
다. 샘플링(Sampling) 회로
라. 저역통과필터(LPF)

22. **아래 그림은 FM의 복조에 사용되는 회로의 블록도이다. 이 회로를 무엇이라 하는가?**

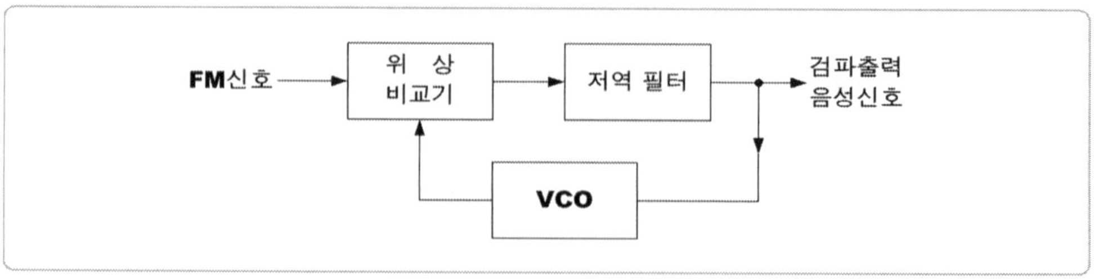

가. PLL회로
나. BFO회로
다. 스켈치회로
라. 디엠파시스회로

23. 다음 중 PLL주파수 합성기의 분류가 아닌 것은?

가. 간접방식 나. 주파수 혼합방식
다. Prescaler방식 라. Pulse swallow방식

※ **전치 분주기(prescaler)**

주파수계나 PLL 회로 등에서 고속 회로 부분과 저속 회로 부분과의 주파수 정합을 위하여 주파수를 분주하는 회로.

※ PLL주파수 합성방식에는 직접 방식, 주파수 혼합 방식, 고정 프리스케일러(Prescaler)방식 등이 있다.

24. PLL 주파수 합성기의 기본구성 요소와 거리가 먼 것은?

가. 전압제어발진기 나. 주파수 변별기
다. 저역통과 필터 라. 위상검출기

※ **위상제어회로(PLL : Phase Look Loop) 구성도**

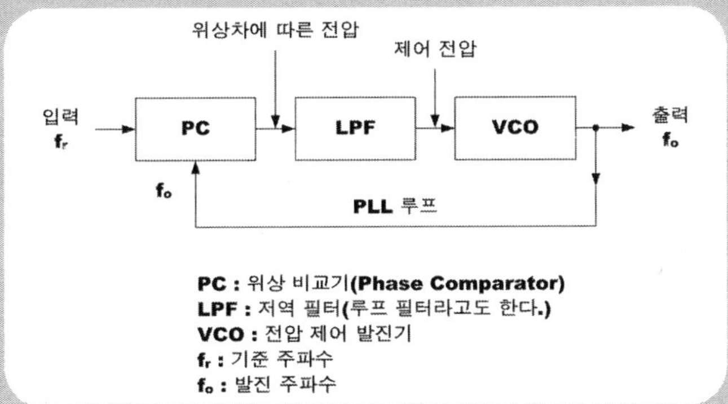

25. FM검파기의 분류 중 주파수 변화에 따르는 VCO의 제어 신호를 검출하는 방법에 해당되는 것은?

가. PLL 검파기 나. Foster-seeley 검파기
다. Ratio 검파기 라. Quadrature 검파기

⇒ FM검파기의 분류 중 주파수 변화에 따르는 VCO의 제어 신호를 검출하는 방법에는 PLL 검파가 있다.

해답

18. (나) 19. (다) 20. (다) 21. (다) 22. (가) 23. (가) 24. (나) 25. (가)

26. 송·수신기의 발진방식으로 널리 사용되고 있는 방식중 PLL(Phase Locked Loop)은 외부로부터 입력 되는 신호의 위상을 추적하여 안정된 위상관계를 유지하는 신호를 얻는 회로이다. 다음 중 PLL 회로 구성에 반드시 필요한 회로는?

가. 전압제어발진회로
나. 샘플링회로
다. 주파수체배회로
라. 적분회로

27. PLL회로 구성과 가장 관계 깊은 회로는?

가. VCO회로
나. Sampling회로
다. 적분회로
라. 주파수 체배회로

28. FM 수신기에서 입력 신호가 없을 때 잡음이 대단히 크며 이를 방지하기 위해 저주파 증폭 부를 자동적으로 정지 시키도록 동작하는 회로는?

가. 스켈치 회로
나. AFC 회로
다. IDC 회로
라. 리미터 회로

29. FM수신기에 있는 스켈치(Squelch)회로의 사용목적은?

가. 도래하는 전파를 증폭한다.
나. 도래하는 전파의 잡음을 제거한다.
다. 도래하는 전파의 주파수변동을 자동으로 조정하여 신호 대 잡음비를 개선한다.
라. 잡음 전력이 수준 이상으로 커졌을 때 가청주파 증폭 단을 차단시킨다.

30. FM수신기에서 저주파 잡음을 차단하는 역할을 하는 것은?

가. 주파수 변별기
나. 리미터
다. 국부 발진기
라. 스켈치 회로

31. FM 수신기에서 입력신호가 없을 때 잡음발생을 방지하기위해 저주파 증폭 부를 자동적으로 정지시키도록 동작하는 회로는?

가. 스켈치 회로
나. AFC 회로
다. IDC 회로
라. 리미터 회로

32. FM 수신기에서 스켈치 회로가 사용되는 이유는?

가. 수신기 감도를 향상시키기 위해서
나. 선택도를 높이기 위해서

다. 자동 주파수를 조정하기 위해서

라. 수신 신호가 없을 때 내부 잡음을 억제하기 위해서

> ※ Squelch(=Muting)회로
>
> 입력신호가 없거나, 잡음 Level이 신호 Level보다 클 경우 AF(저주파 증폭기) 차단하여 내부 잡음을 억제시키는 회로이다.

33. 스켈치(Squelch)회로의 입력은 어느 단에서 얻는가?

가. 고주파 증폭단　　　　나. 중간주파 증폭단

다. 저주파 증폭단　　　　라. 주파수 변별기

> ※ FM 수신기 구성
>
> 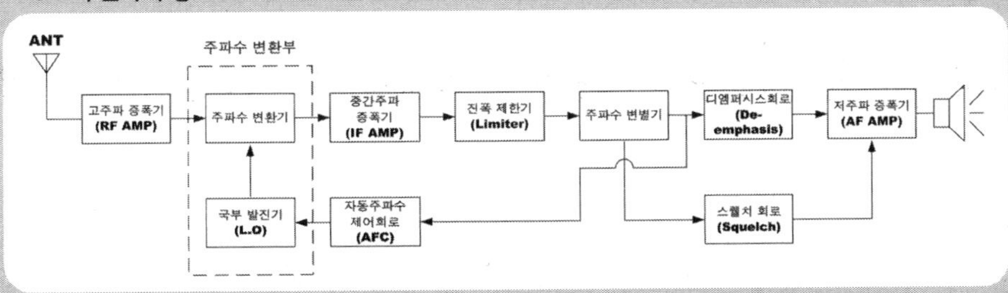
>
>
> (Single Super Heterodyne 방식)
>
> ⇒ FM 수신기는 입력된 신호가 없을 때 Limiter가 동작하지 않아 큰 잡음이 발생하므로 입력된 신호가 없을 때는 저주파 증폭단의 입력을 차단하고 입력된 신호가 있을 때는 저주파 증폭단의 입력을 개방시켜주는 잡음 억제회로를 squelch 회로라 한다.

34. 다음 설명 중 FM수신기의 스켈치(SQUELCH)회로의 설명이 맞지 않는 것은?

가. 수신 신호가 약하거나 없을 때 잡음 출력이 커지는 것을 방지한다.

나. 잡음이 커지면 자동적으로 가청주파 증폭기 기능을 정지한다.

다. 잡음 증폭과 잡음 정류 기능을 갖추고 있다.

라. 수신기 감도를 향상시켜 준다.

> ※ Squelch(=Muting)회로
>
> 입력신호가 없거나, 잡음 Level이 신호 Level보다 클 경우 AF(저주파 증폭기) 차단하여 잡음 출력을 억제하는 회로이다.

해답

26. (가)　27. (가)　28. (가)　29. (라)　30. (라)　31. (가)　32. (라)　33. (라)　34. (라)

35. **FM 수신기는 신호파의 입력이 없으면 큰 잡음이 발생한다. 이를 제거하기 위해 신호파가 없을 경우 저주파증폭기의 출력을 차단하는 기법을 사용하는데 이 회로의 명칭은 무엇인가?**

가. 리미터(Limiter) 나. 스켈치(Squelch) 회로
다. 주파수변별기(Discrimination) 라. De-emphasis

※ Squelch(=Muting)회로
입력신호가 없거나, 잡음 Level이 신호 Level보다 클 경우 AF(저주파 증폭기) 차단하여 내부 잡음을 억제시키는 회로이다.

36. **FM 수신기의 스켈치(Squelch) 회로에 대한 설명 중 맞지 않는 것은?**

가. 잡음 증폭과 잡음 정류 기능을 갖추고 있다.
나. 수신기 감도 및 이득을 향상시켜 준다.
다. 잡음이 커지면 자동적으로 가청 주파수 증폭기 기능을 정지한다.
라. 수신 신호가 약하거나 없을 때, 잡음 출력이 커질 때 이를 방지 한다.

※ Squelch(=Muting)회로
입력신호가 없거나, 잡음 Level이 신호 Level보다 클 경우 AF(저주파 증폭기) 차단하여 내부 잡음을 억제시키는 회로이다.

37. **다음 중 주파수변조(FM) 수신기를 구성하는 장치(회로)가 아닌 것은?**

가. 프리엠퍼시스 회로 나. 진폭제한기
다. 비검파기 라. 주파수 변환회로

※ FM 수신기의 특징
① S/N가 좋다. ② 수신 주파수대역이 넓다.(단점)
③ 보조회로의 종류
㉠ Limiter(진폭제한기) ㉡ 주파수 변별기(Frequency Discriminator) ㉢ Squelch(=Muting)회로
㉣ De-emphasis(디엠파시스)
※ Pre-emphasis : FM 송신기 보조 회로로 변조하기 전 신호파의 특정 주파수 이상의 주파수에서 이득을 강하게 하는 방식으로 높은 주파수에 대한 S/N비 개선 방법으로 쓰인다.

38. **다음 중 FM 송신기의 보조회로가 아닌 것은?**

가. 순시주파수편이 제어회로(IDC) 나. Pre-emphasis 회로
다. 진폭제한기 라. 자동 주파수제어회로(AFC)

※ **Limiter (진폭제한기)는 FM 수신기에 사용되는 회로이다.**

- 용도 : 잡음이나 혼신 등으로 인해 본래의 FM파 이외의 성분을 제거
- 위치 : 중간주파증폭기 뒷단에 위치
- 특성곡선

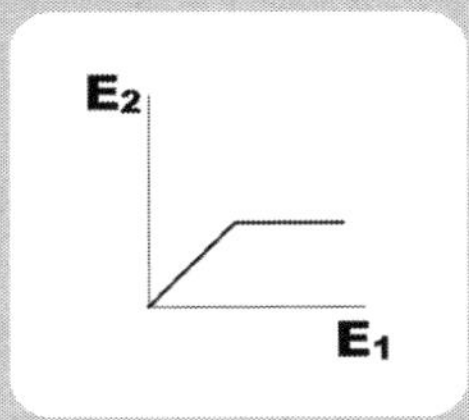

39. 다음 중 AM 수신기와 비교하여 FM 수신기의 특징이 아닌 것은?

가. 수신 주파수 대역이 넓다.
나. 수퍼 헤테로다인 방식을 사용한다.
다. 주파수 변별회로가 있다.
라. 진폭제한 회로가 있다.

※ **AM 수신기와 비교한 FM수신기의 차이점**

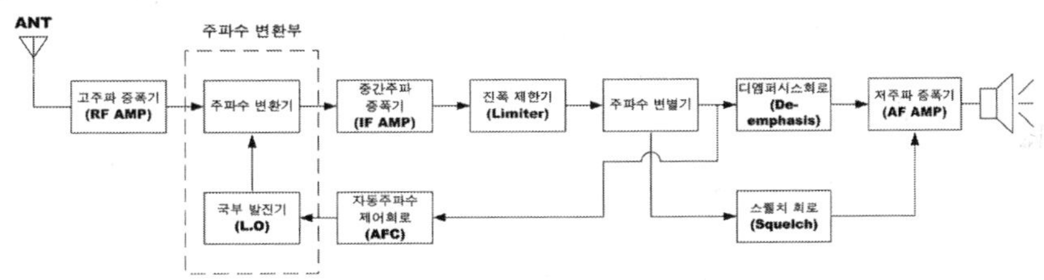

(Single Super Heterodyne 방식)

1. 구성상 차이점
   ① Limiter (진폭제한기) : 잡음이나 혼신 등으로 인해 본래의 FM파 이외의 성분을 제거.
   ② 주파수 변별기(Frequency Discriminator) : FM파의 주기 변화를 진폭변화(AM파)로 바꾸는 회로
   ③ Squelch(=Muting)회로 : 입력신호가 없거나, 잡음 Level이 신호 Level보다 클 경우 AF(저주파 증폭기) 차단
   ④ De-emphasis : 고주파 신호 Level을 억제(적분회로 : LPF)
2. 특징상 차이점
   ⇒ FM은 AM방식에 비해 거의 모든 잡음에 유리한 변조방식으로 S/N가 좋으나 변조방식이 복잡하며 대역폭이 넓어진다는 단점을 갖는다.

해답

35. (나) 36. (나) 37. (가) 38. (다) 39. (나)

40. **AFC에 대한 설명으로 잘못된 것은?**

가. 송신기와 수신기에 사용된다.

나. 기준 주파수로 사용되는 발진기는 주로 수정발진기를 사용한다.

다. 발진기의 발진 주파수를 자동적으로 조정하여 항상 일정 주파수로 유지시킨다.

라. AFC 장치는 간접 FM 송신기에 많이 사용된다.

> ※ AFC(Automatic Frequency Control)
> ⇒ 직접 FM 방식에서 LC 발진기를 사용하므로 발진주파수가 불안정하여 주로 사용되는 자동 주파수 조절 장치이다.

41. **다음 중 FM수신기에서 주로 사용되는 잡음억제회로로 가 아닌 것은?**

가. Limiter 회로　　나. Squelch 회로

다. Muting 회로　　라. Eliminator 회로

> ① Limiter (진폭제한기) : 잡음이나 혼신 등으로 인해 본래의 FM파 이외의 성분을 제거.
> ② Squelch회로 및 Muting 회로 : 입력신호가 없거나, 잡음 Level이 신호 Level보다 클 경우 AF(저주파증폭기) 차단시킴으로써 FM수신기 출력에 잡음이 나타나는 것을 방지한다.

42. **AM 통신방식과 비교한 FM 통신방식의 특징 중 틀린 것은?**

가. 신호 대 잡음비가 개선된다.

나. 수신 입력 레벨 변동의 영향이 적다.

다. 수신 신호가 매우 낮은 통신에 적합하다.

라. 넓은 점유주파수 대역폭이 요구된다.

> ※ AM 통신방식과 비교한 FM 통신방식의 특징
> ① S/N가 좋다.
> ② 잡음 및 레벨 변동의 영향이 적다.
> ③ 수신 주파수대역이 넓다.(단점)

43. **수신기의 감도를 나타내는 방법 중 잡음억압방식에 관한 설명으로 옳지 않은 것은?**

가. FM 수신기의 감도를 나타내는데 사용한다.

나. 측정할 때는 무변조 반송파만을 사용한다.

다. 감도는 잡음이 20dB 억압되는 수신기 입력을 말한다.

라. 스켈치는 ON 상태로 측정한다.

※ **Squelch(=Muting)회로**

입력신호가 없거나, 잡음 Level이 신호 Level보다 클 경우 AF(저주파 증폭기) 차단하여 내부 잡음을 억제시키는 회로이다.

※ **감도(感度, sensitivity)**

어떤 규정된 유효출력을 얻을 수 있는 최소의 입력으로 나타낸다. 증폭기나 수신기에 미약한 신호입력이 있을 경우에, 잡음 이상으로 분명히 신호라고 인정되는 출력값을 규정하고, 그러한 출력을 주는 입력값으로 감도를 나타낸다. 이 값이 작을수록 감도가 높다고 한다. 하지만 Squelch(=Muting)회로가 ON 상태인 경우에는 이를 측정할 수 없게된다.

44. FM통신방식에 대한 설명 중 옳지 않은 것은?

가. 주파수 대역폭이 AM방식보다 넓다.
나. 수신기 입력전압이 한계레벨 보다 작은 경우에는 AM방식이 오히려 잡음이 적다.
다. 진폭 제한기에 의해 진폭성분의 잡음을 감소시킬 수 있다.
라. 통신하는 동일 주파수와 동일 수준의 전력 레벨에 의한 혼신을 받을 경우에도 양호한 통신이 가능하다.

※ **수신기 입력전압이 한계레벨 보다 작은 경우에는 AM방식이 오히려 감도(미약한 전파 수신정도)가 좋다.**

⇒ FM통신방식은 동일 주파수나 동일 수준의 전력 레벨에 의한 혼신방해에 약하다.

45. FM통신방식이 AM방식에 비해 신호 대 잡음비가 좋은 이유는?

가. 리미터를 사용하므로　　나. 클라리파이어를 사용하므로
다. AGC회로를 사용하므로　　라. 깊은 변조를 할 수 있으므로

※ **Limiter (진폭제한기)**

⇒ FM통신 방식에서 수신부의 중간주파증폭기 뒷단에 위치하여 잡음이나 혼신 등으로 인한 본래의 FM파 이외의 성분(잡음)을 제거하며 신호 대 잡음을 개선한다.

해답

40. (라)　41. (라)　42. (다)　43. (라)　44. (라)　45. (가)

46. FM검파회로 중 주파수 변화를 진폭변화로 바꾸어 검파하는 방법이 아닌 것은?

가. Slope 검파기　　나. Foster-seely 검파기

다. Ratio 검파기　　라. Quadrature 검파기

※ FM파의 복조용 회로 중 주파수 변화를 진폭변화로 바꾸어 검파하는 방법에는 경사형(Slope) 검파기, 스태거 동조형 판별기, Foster-Seeley 검파기, 비검파기(Ratio 검파기) 등이 있다.

⇒ Quadrature 검파기 : 수신신호를 동위상(inphase)성분 및 직교위상(quadrature)성분으로 분리하여 출력하는 직교검파기이다.

47. 순시 주파수 편이제어(Instantaueous Deviation Countrol)회로를 사용하는 목적은?

가. AM변조에서 반송파 주파수를 일정하게 하기 위해서

나. FM변조에서 반송파 주파수를 일정하게 하기 위해서

다. AM변조에서 최대 주파수 편이가 규정치를 넘지 않게 하기 위해서

라. FM변조에서 최대 주파수 편이가 규정치를 넘지 않게 하기 위해서

※ **순시편이제어회로(IDC : Instantaueous Deviation Control)**

FM 변조에서 최대 주파수 편이가 규정값을 넘지 않도록 하는 회로

48. 아래 그림은 이동전화용 단말기의 일반적 구조이다. 빈칸 A 에 알맞는 기능은?

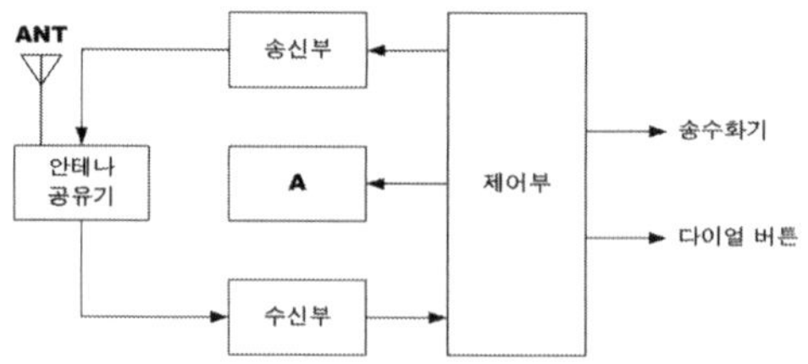

가. 변,복조기(Mod/Demodulation)

나. 주파수 합성기(Synthesizer)

다. 전원부(Power Supply)

라. IF 증폭기(IF Amplifier)

※ **주파수 합성기(Synthesizer)**

⇒ PLL 방식을 사용하여 수신주파수와 VCO(전압 제어 발진기)에서 발생시킨 발진주파수와의 차이를 이용 출력 주파수를 결정하는 장치.

49. FM수신기의 특징과 관계 적은 것은?

가. 수신 주파수대역이 넓다.
나. 진폭제한회로가 필요하다.
다. 주파수 변별회로가 있다.
라. ANL회로를 사용한다.

※ FM 수신기의 특징
① S/N가 좋다.
② 수신 주파수대역이 넓다.(단점)
③ 보조회로의 종류
㉠ Limiter(진폭제한기)
㉡주파수 변별기(Frequency Discriminator)
㉢Squelch(=Muting)회로
㉣De-emphasis(디엠파시스)
※ 자동잡음 억제회로(ANL : Automatic Noise Limiter)는 AM 수신기 보조회로로 불규칙한 특성을 갖는 충격성 잡음 등을 억제하는데 주로 사용된다.

50. 다음 중 슈퍼헤테로다인 수신기에서 수신주파수와 국부발진 주파수의 차가 항상 중간주파수가 되도록 조정하는 회로는?

가. 트래킹 회로　　나. 디엠퍼시스 회로
다. AGC 회로　　라. 주파수 변별기 회로

51. AM 및 FM수신기에서 다 같이 사용되고 있는 것은?

가. 리미터를 사용해서 일정진폭의 신호를 검파기에 보낸다.
나. 검파기로서 주파수 변별기를 사용할 수 있다.
다. 스켈치(squelch)회로를 사용하고 있다.
라. 주파수 변환을 위하여 국부 발진을 시키고 있다.

해답

46. (라)　47. (라)　48. (나)　49. (라)　50. (가)　51. (라)

52. **FM 수신기 구성 회로가 아닌 것은?**

가. Squelch 회로
나. 진폭제한기
다. De-emphasis 회로
라. 주파수체배기 회로

53. **AM수신기 및 FM수신기에서 다 같이 사용되고 있는 것은?**

가. 리미터를 사용해서 일정 진폭의 신호를 검파기에 보낸다.
나. 검파기로서 주파수 변별 기를 사용한다.
다. 스켈치 회로를 사용하고 있다.
라. 주파수 변환을 위하여 국부 발진을 시키고 있다.

54. **다음 중 FM 수신기의 보조회로가 아닌 것은?**

가. 진폭제한기
나. De-emphasis 회로
다. 순시주파수편이 제어회로(IDC)
라. 스켈치(Squelch)회로

55. **다음 수신기의 각 회로 중 FM 수신기에서만 쓰이고 있는 것은?**

가. 주파수 변환회로
나. 주파수 변별기
다. 국부 발진기
라. 대역통과 필터

56. **FM 수신기의 설명 중 잘못된 것은?**

가. 진폭제한기(limiter)를 사용한다.
나. 주파수 변별기를 상용한다.
다. 스켈치 회로가 사용된다.
라. Pre-emphasis 회로가 필요하다.

57. **다음 중 FM 수신기와 AM 수신기에서 모두 사용되는 것은?**

가. 국부발진기
나. 주파수 변별기
다. 스켈치 회로
라. 진폭제한기

58. **다음 중 AM 수신기와 비교하여 FM 수신기의 특징이 아닌 것은?**

가. 통과 대역폭이 넓다.
나. 진폭 제한기를 사용함으로 페이딩 영향이 개선된다.
다. 국부발진 회로가 사용된다.
라. 무신호시 잡음 제거를 위해서 스켈치 회로가 사용된다.

59. 다음 중 AM, FM 수신기에서 다 같이 사용되는 것은?

가. 리미터　　나. 주파수 변별기
다. 스켈치 회로　　라. 국부 발진기

60. FM 수신기 등에 사용되는 바랙터 다이오드는 어떤 특성을 이용한 것인가?

가. 전압에 따른 캐패시턴스 변화
나. 전압에 따른 인덕턴스 변화
다. 전류에 따른 저항 변화
라. 전류에 따른 부성 저항 변화

해답

52. (라) 53. (라) 54. (다) 55. (나) 56. (라) 57. (가) 58. (다) 59. (라) 60. (가)

제7장

Microwave 다중통신

제7장 Microwave 다중통신

마이크로파(Microwave) 통신이란 UHF(300~3000㎒)주파수 대와 SHF(3~30㎓)의 주파수 대역의 전자파를 이용하여 주로 가시거리 통신을 수행하는 통신으로 좁은 의미로는 전파의 창의 원리에 의해 주로 1㎓~10㎓대를 마이크로파라 한다.

■ Microwave 통신방식의 특징

① 주파수가 높아 외부 잡음의 영향이 적다.

- 일반적인 잡음은 마이크로파대 이하에서 발생하므로 잡음의 영향이 적다.

② 가시거리 통신이 가능하다.

- 마이크로파대는 주파수가 높아 빛의 성질과 유사하게 직진 성이 강하며, 회절은 거의 일어나지 않는다. 따라서 전파가 도달할 수 있는 거리는 대류권 산란이나 산악회절 등 특수한 경우를 제외하고는 거의 다 가시거리 내 범위이기 때문에 장거리 통신을 위해서는 일정구간마다 중계기가 필요하다.

③ 파장이 짧아 고 이득, 예리한 지향성을 갖는 안테나를 사용해야 한다.

④ 주파수가 높아 전파 손실이 적다.

- 대기권을 전파하는 전파는 비, 눈, 구름, 안개 등에 의해 감쇠되지만 Microwave 파는 전파의 창의 원리에 의해 강우감쇠가 적다.

⑤ 안정한 전파(電波) 전파(傳播) 특성을 가진다.

- 마이크로파는 가시거리 내에서 전파거리나 지점과 지점간의 높이와 지형 등의 선정이 알맞으면 매우 안정한 전파(傳播)특성을 가진다. 따라서 가시거리 내에 일정구간마다 중계소를 설치하면 장거리 통신에서도 양질의 통신이 가능하다.

⑥ 전리층을 통과하여 전파하므로 우주 통신도 가능하다.

- 마이크로파는 주파수가 높고 파장이 짧아 전리층을 통과하기 때문에 위성통신이나 우주통신처럼 전리층을 통과하여 통신을 행하는 것이 가능하다.

⑦ 광대역 다중 통신이 가능하다

• 마이크로파는 주파수가 높아서 마이크로파를 반송파로 사용하게 되면 넓은 주파수 대역을 가질 수 있다 따라서 통신 회선의 수를 늘려 광대역 신호를 쉽게 전송할 수 있다.

⑧ S/N비 개선을 크게 할 수 있다.

• 마이크로파는 전송 대역폭이 넓어서 주파수 변조 방식을 사용할 수 있어 이득이 큰 광대역으로 할 수 있다.

⑨ 회선건설 기간이 짧고, 통신망의 구성이 용이하며 재해 등의 영향이 적다.

7.1 마이크로파(Microwave) 다중 통신 방식

7.1.1. 다중 통신 방식의개요

다수의 통신서비스 사용자가 서로에게 방해를 주지 않는 범위 내에서 주파수, 시간, 코드와 같은 한정된 공유 자원을 분배하여 사용할 수 있도록 하는 방식을 다중 통신방식이라 하며 다중통신방식은 [그림 7-1]과 같이 FDMA(Frequency Division Multiple Access), TDMA(Time Division Multiple)방식과 CDMA(Code Division Multiple Access)방식으로 나눌 수 있다.

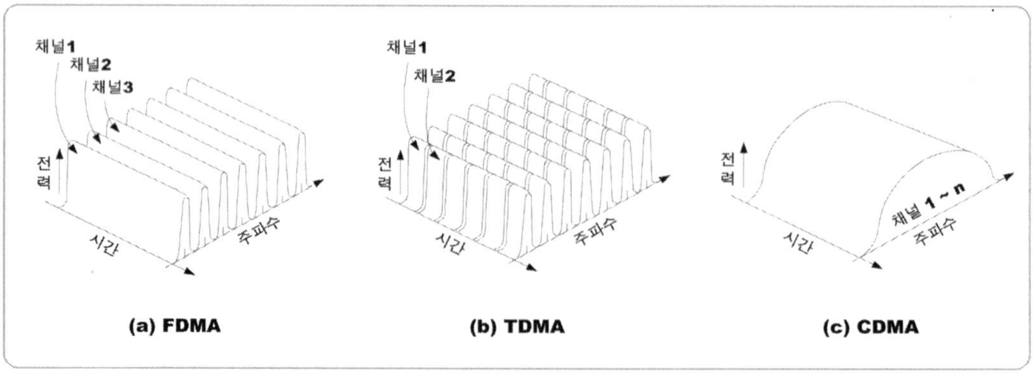

[그림 7-1] 다중통신 방식

7.1.2. 신호의 다중화 방식

(1) FDM(주파수 분할 다중화 : Frequency Division Multiplexer)

주파수 분할 다중화란 사용가능한 주파수 대역을 분할하여 다중화 하는 방식으로 일정 크기의 주파수 대역폭을 가입자 상호간 간섭을 피하기 위해 각 채널 간에 보호대역(guard band)을 두고 여러 개의 작은 대역폭으로 나누어 각각의 단말과 연결된 각 채널을 서로 다른 반송파를 사용하여 변조 한 다음 송신하고, 수신측에서는 BPF(Band Pass Filter)를 통해 각 채널 별로 복조(검파)함으로서 원래의 신호를 얻어내는 방식이다.

군 (약호)	통화로 수 (CH)	주파수 대역폭 [KHz]	구성	반송 주파수[KHz]	파일럿 주파수 [KHz]
전 군 (PG)	3	12~24	CH × 3	12, 16, 20	
기초군 (BG)	12	60~108	PG × 4	84, 96, 108, 120	84.08
기초초군 (SG)	60	312~552	BG × 5	420, 468, 516, 564, 612	411.92
기초주군 (MG)	300	812~2044	SG × 5	1364, 1612, 1860, 2108, 2356	1552
기초 초주군 (SMG)	900	8516~12398	MG × 3	10560, 11880, 13200	11086
기초거군 (JG)	3600	42612~59684	SMG × 4	55000, 59400, 63800, 68200	40920

① 전군(Pre-Group)

[그림 7-2]와 같이 통화로 용 변조 주파수가 12, 16, 20[KHz]를 부 반송파로 하여 채널 1에서 채널 3의 각 음성 신호를 각각 평형 변조하면 반송파가 억압된 DSB파가 얻어진다. 이것을 대역 통과 필터(BPF)에 인가하여 상측파대의 SSB파를 얻은 후 합성하면 12~24[KHz]에 채널 1에서 채널 3이 배열된다.

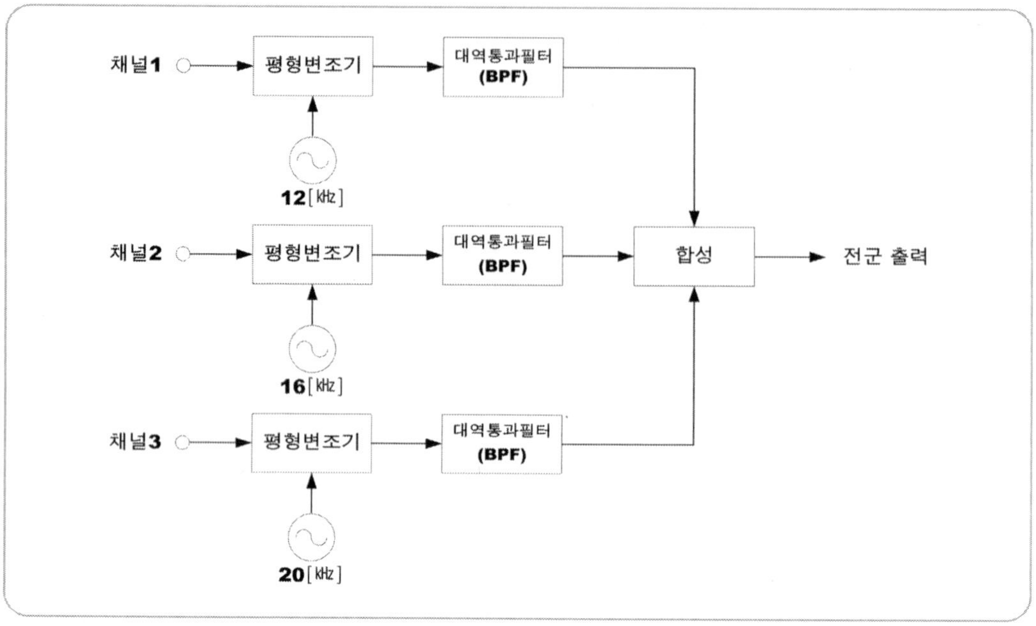

[그림 7-2] 전군 방식

② 기초군(Base Group)

기초군도 전군과 같이 채널 1~채널 3, 채널 4~채널 6, 채널 7~채널 9, 채널 10~채널 12의 전군 4개를 [그림 7-3](a)와 같이 배열한 다음 24, 36, 48[㎑]를 부반송파로 하여 전군으로 SSB화하고, 각각 상측파대를 얻어 1채널~3채널을 전군과 합성하면 약 12~60[㎑]사이에 채널 1~채널 12가 배열된다.

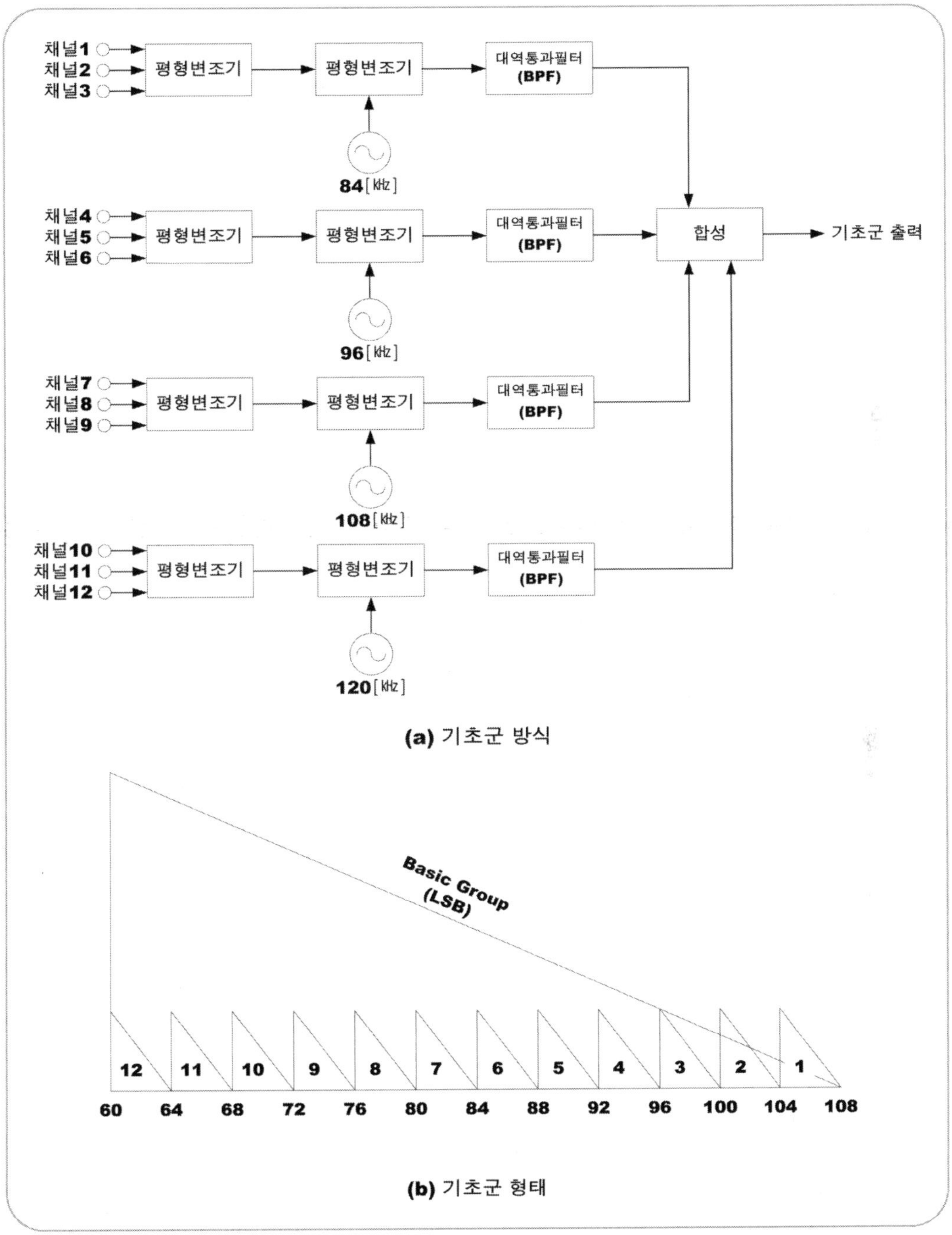

채널1
채널2
채널3
채널4
채널5
채널6
채널7
채널8
채널9
채널10
채널11
채널12
평형변조기
대역통과필터 (BPF)
84 [㎑]
96 [㎑]
108 [㎑]
120 [㎑]
합성
기초군 출력
(a) 기초군 방식
Basic Group (LSB)
12 11 10 9 8 7 6 5 4 3 2 1
60 64 68 72 76 80 84 88 92 96 100 104 108
(b) 기초군 형태

[그림 7-3] 기초군 방식

③ 기초 주군(Super Group)

채널 1~채널 12의 기초군과 채널 13~채널 60에 대해 전군과 기초군을 행하여 60, 108, 156, 204[㎑]의 부 반송파를 각각 SSB화 하여 기초군과 합성하여 약 12~252[㎑]사이에 채널 1에서 채널 60이 배열된다.

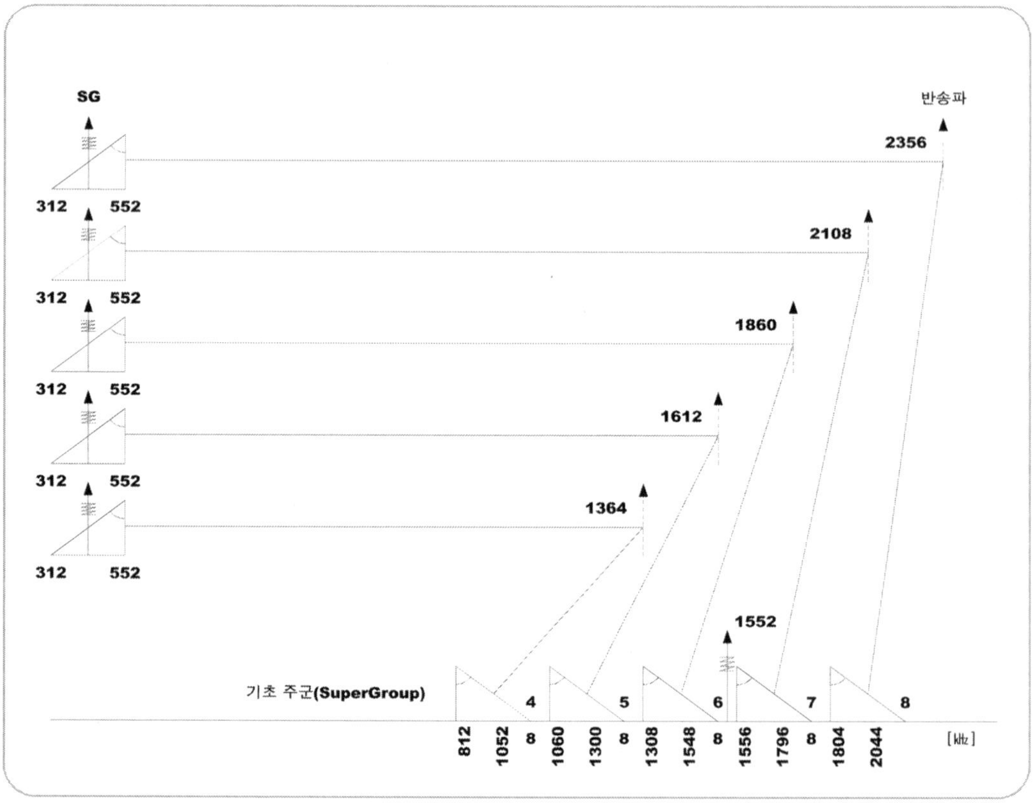

[그림 7-4] 기초초군 방식

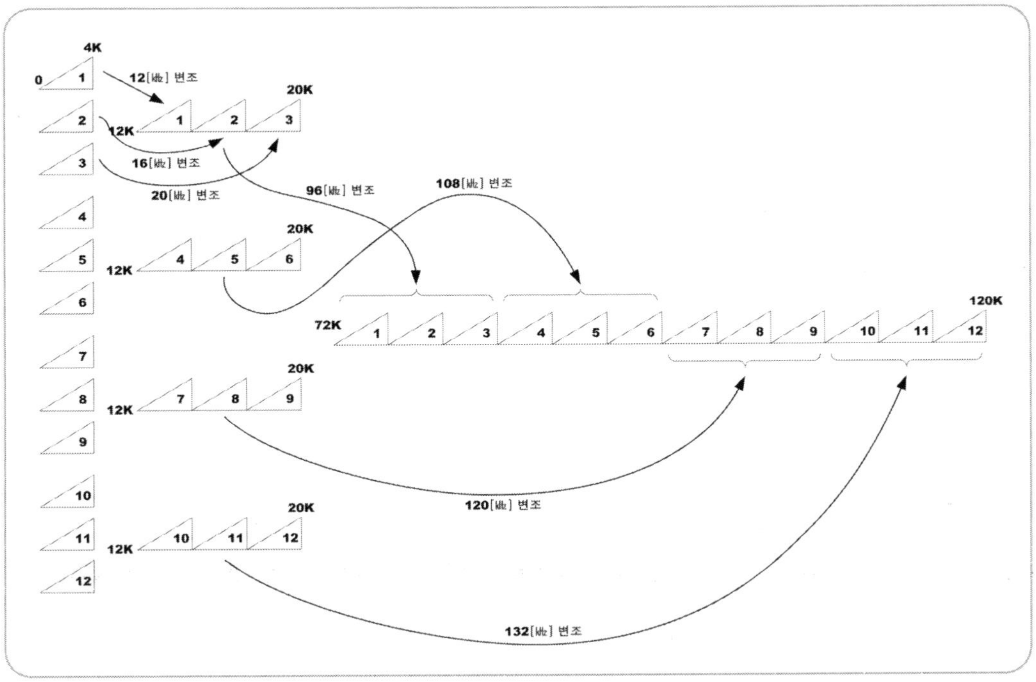

[그림 7-5] 주파수 배치 구성

(2) TDM(시간 분할 다중화 : Time Division Multiplexer)

시분할 다중화란 사용가능한 시간대역을 분할하여 다중화 하는 방식으로 각 채널에 정보신호를 전송할 수 있는 Time Slot을 할당하여 전송하고 수신측에서 전체 망 동기를 통해 희망 채널 신호를 Time Gate를 이용하여 수신함으로서 원래의 신호를 얻어낼 수 있는 디지털 다중화 기술이다.

[표 7-1] FDM, TDM방식의 특징 비교

	FDM	TDM
다중화	주파수 대역폭이 넓으면 TDM에 비해서 다중화가 용이하다.	많은 채널이 할당되면 시간적 지연(Delay)이 생길 수 있어 기술적 제한을 받는다.
동기	필요치 않다.	필요하다.
누화(혼선)	누화(혼선)가 많이 발생한다.	누화(혼선)가 발생하지 않는다.
상호변조	있다.	없다.
통화 회선	대역폭에 따라 회선수를 얼마든지 증가 시킬 수 있다.	증가 시킬 수 있는 통화 회선 수에 제한을 받는다.
시스템 구조(단국장치)	시스템 구조가 비교적 간단하고, 저렴하다.	복잡하고 고가이다.
통신망 형태	multipoint 통신망에 적합하다.	point-to-point 통신망에 적합하다.

(3) CDM(코드 분할 다중화 : Code Division Multiplexer)

코드 분할 다중화 방식은 여러 사용자가 주파수와 시간을 공유하면서 각 사용자에게 의사임의 시퀀스(Pseudorandom Sequence)를 할당하여 각 사용자는 송신신호를 확산(Spreading)하여 전송하고, 수신측에서는 송신측에서 사용한 것과 같은 의사임의 시퀀스를 발생하여 동기 시키고, 수신된 신호를 역 확산(De-Spreading)하여 신호를 복원하는 다중 통신 방식이다.

7.1.3. PCM(Pulse Code Modulation)

(1) 표본화 정리

표본화는 연속적으로 변화하는 아날로그 신호의 파형을 일정 주기의 펄스파의 진폭으로 대표시키는 과정으로 입력신호를 대표 할 수 있는 대표 값을 뽑아내는 과정을 말한다.

즉 입력되는 신호전체를 전부 그대로 다 전송할 경우에는 전송할 Data량이 많아져서 효율적이지 못하다. 하지만 전체 신호를 전부 보내지 않고 특정 신호에서 대표 값만 취하여 보내도 원 신호 회복이 가능하다는 것이다.

다음 [그림7-6]표본화 파형을 참고하기 바란다.

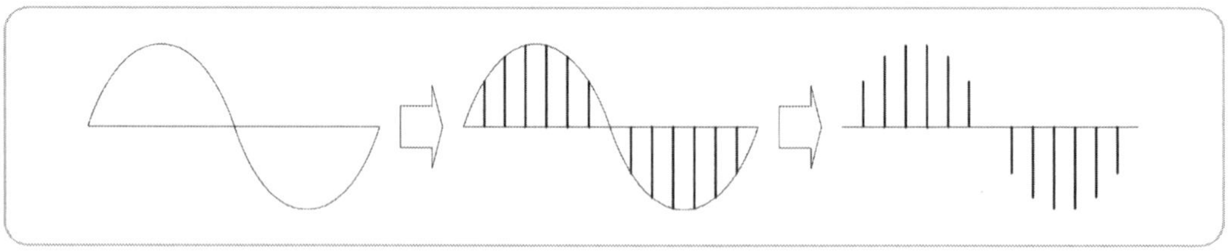

[그림 7-6] 표본화 파형

[그림7-6]표본화 파형에서 보듯이 연속적인 아날로그 신호를 그대로 전송하지 않고, 일정 주기로 대표 값만을 발췌하여도 원래의 신호와 비슷하게 구현이 가능하다는 것을 알 수 있다.

그러므로 대표 값을 뽑아내는 주기를 좁혀 나간다면 즉, 좀 더 많은 대표 값을 발췌한다면 거의 완벽하게 원래의 아날로그 신호를 구현할 수 있을 것이다. 하지만 그렇게 된다면, 전송해야할 Data량이 방대해져서 효율적이지 못하게 된다. 하지만 대표 값의 주기를 넓게 하여 발췌한다면 전송할 Data량이 적어지지만 원래의 아날로그 신호를 완벽하게 복원할 수 없게 된다.

그리하여 전송할 Data량을 줄이면서 최적의 대표 값만 발췌하여 원래의 아날로그 신호를 복원 할 수 있는 방법을 스웨덴의 Nyquist가 정리하였는데 이를 **표본화 정리** 혹은 **Nyquist 정리**라 한다.

① 표본화 정리(Sampling 이론)

특정 신호가 가지고 있는 최고 주파수(f_m)으로 대역 제한된 신호$f(t)$가 있을 때 이 $f(t)$신호를 $T_s(T_s \leq \dfrac{1}{2f_m})$초 간격으로 발췌하여 전송하여도 원래의 신호 $f(t)$가 가지고 있는 정보 전달에는 이상이 없으며 주어진 원래의 신호를 정확히 복원할 수 있다는 이론이다.

이 이론은 Nyquist에 의해서 정리되었다 하여 Nyquist 이론 이라고도 부른다.

예를 들어 음성 신호는 300㎐~3400㎐의 주파수 대역을 가지고 있다. 여기서 $f(t)$ 신호는 음성이 되고 최고 주파수(f_m)는 3400㎐가 된다.

T_s는 Sampling 주기 또는 Nyquist 주기라고 부르며 2배의 f_m분의 1로서 구할 수 있다.

즉 $T_s \leq \dfrac{1}{2f_m}$ 되고, 여기서 $2f_m$은 Sampling 주파수 또는 Nyquist 주파수라 하고 f_s라 표현한다면 $f_s \geq 2f_m$ 되어야 한다. 결국 음성의 경우 $f(t)$ = 음성, f_m = 3400㎐가 되고 $f_s \geqq 2 \times 3400$㎐ = 6800㎐, $T_s \leq \dfrac{1}{2f_m}$ = 1/6800㎐ = 147[㎲] 이므로 대표 값은 최소 147㎲ 간격으로 발췌하고, 1초 당 sampling은 6800번 이상 되어야 주어진 원래의 음성신호를 정확히 복원할 수 있다는 의미이다. 하지만 실제 음성신호의 sampling 주파수(f_s)는 8000㎐를 사용하고 있으며 sampling 주기(T_s)는 125㎲(T_s = 1/8000㎐)간격으로 sampling한다.

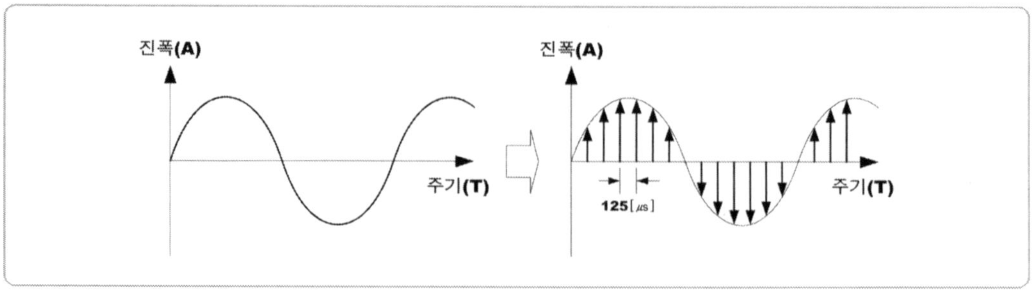

[그림 7-7] sampling 파형

(2) 양자화 정리

PCM과정의 표본화 단계를 통해 발생된 PAM파의 진폭을 이산적 신호인 디지털 양으로 변환하기 위하여 계단 모양의 양자화 레벨(2^n)에 근사화 시키는 과정으로서 PAM파의 진폭의 최저 레벨과 최고 레벨 사이를 양자화 레벨(2^n)로 등분하여 계단 모양의 근사 파형으로 만드는 과정을 말한다.

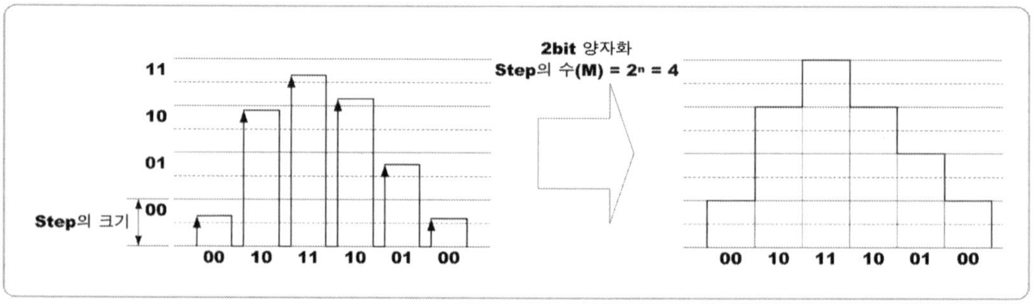

[그림 7-8] 양자화 파형

여기서 양자화 레벨(2^n)은 계단 모양의 근사파형에서 Step의 수를 의미하며, n은 양자화 시 사용되는 bit수를 말한다.

양자화 스텝(Step) 수(M) = 2^n n : 양자화 시 사용된 bit 수

① 양자화 방법

■ 선형 양자화(Linear Quantization)

입력되는 신호의 크기에 관계없이 양자화 스텝의 크기를 항상 일정하게 양자화 하는 방식으로 입력신호의 크기가 일정한 경우에 사용하는 방식이다.

■ 비선형 양자화(Non-Linear Quantization)

입력되는 신호의 크기에 따라서 양자화 스텝의 크기를 달리하는 방식으로 입력 신호의 진폭이 큰 경우에는 스텝의 크기를 크게 하고, 진폭이 작은 경우에는 스텝의 크기를 작게 하여 전 입력 신호에 걸쳐 신호 대 잡음비(S/N)를 균일 하게 할 수 있는 방식이다.

② 양자화 오차

양자화 오차는 표본화 과정을 거쳐 나온 PAM파의 진폭을 양자화 레벨(2^n)에 근사화 시키는 과정에서 PAM의 진폭의 크기가 특정 양자화 레벨에 근접하지 않을 경우 약간의 오차가 발생할 수 있는데, 이 때 발생하는 오차를 양자화 오차라 한다.

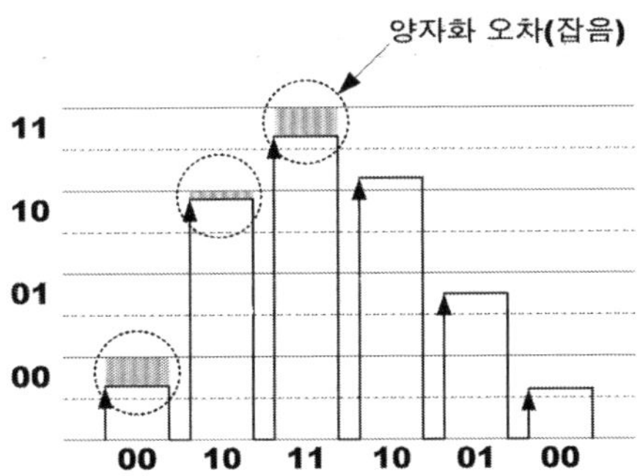

[그림 7-9] 양자화 오차

③ 양자화 시 생기는 오차를 줄이는 방법(잡음 개선책)

■ 양자화 시 스텝(Step)의 수를 증가시킨다.

단순히 생각하면 양자화 시 사용되는 bit수를 늘려서 스텝(Step)의 수를 늘리면 그만큼 오차를 줄일 수 있다. 하지만 양자화 시 사용되는 bit수를 늘리게 되면 전송해야할 정보량이 많아져서 효율적이지 못하다.

그러므로 양자화 시 사용할 bit의 수는 입력되는 신호에 맞게 적절히 지정되어야 한다.

■ 비선형 양자화를 한다.

■ 양자화 전단에 압신 기를 사용한다.

입력 신호의 진폭이 작은 경우에는 증폭을 하고, 큰 진폭에 대해서는 압축을 행하여 압축기와 수신측에서 복호화된 신호를 다시 환원 시키는 신장기가 1조로 하여 압신기라 한다.

즉 표본화 과정을 거쳐서 나온 PAM파의 진폭을 압신기를 통하여 압축한 다음 양자화 레벨(2^n)에 맞추어 등분하면 그만큼 더 조밀해서 오차를 줄일 수 있다.

(3) 부호화(Encoding)

양자화를 거쳐 나온 0과 1의 부호 열 신호를 전송로 상에 보내기 알맞은 Digital Pulse부호로 바꾸는 과정으로 오차가 적은 그레이 코드(Gray Code)를 이용한다.

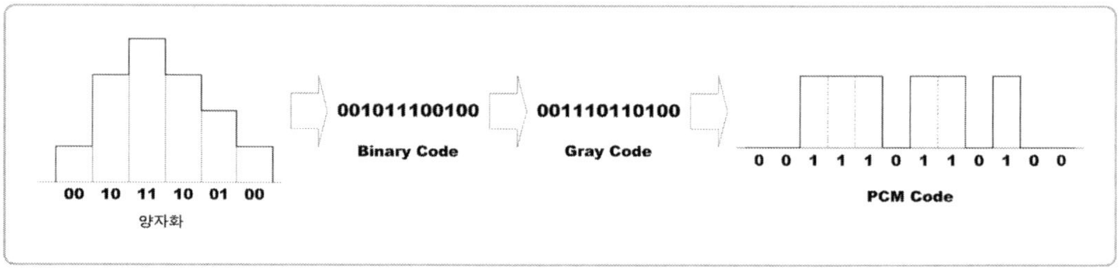

[그림 7-10] 부호화 과정

부호화 과정을 거쳐서 나온 Digital 신호는 전송로를 따라 목적지로 전달된다.

한편 수신측에서는 수신된 Digital 신호를 부호화의 반대 과정인 복호화 과정을 거쳐 PAM펄스로 만들고, 다시 아날로그 신호로 재생시킨 후 LPF(Low Pass Filter)를 거쳐서 원래의 신호로 복원 시킨다.

(4) PCM의 특징

① PCM방식의 장점

- PCM방식은 디지털 신호를 전송하는 방식으로서 각종 잡음에 강하며 S/N가 우수하다.
- 누화나 혼선에 강하다.
- 전송로 상에 존재하는 각종 잡음에 강하므로 저질의 전송로에서도 신호 전송이 가능하다.
- 디지털 중계기의 재생기능으로 인하여 전송구간에 각종 잡음이 누적되지 않는다.

② **PCM방식의 단점**

- 채널 당 점유 주파수 대역폭이 넓다.
- PCM고유의 잡음인 표본화, 양자화 잡음 등이 발생한다.

(5) PCM/TDM

아날로그 정보를 디지털 신호로 바꾸어 전송하는 PCM방식은 TDM 다중화 방식이 이용되는데 전 세계적으로 북미식과 유럽식 2가지 방식이 사용된다.

북미 식은 24채널로 구성되며 보통은 T1, NAS방식으로도 불리고, 유럽식은 32채널로 구성되며 보통은 E1, CEPT방식으로도 불린다.

북미식, 유럽식 모두 8bit양자화를 수행한다.

전체적으로 북미 방식과 유럽 방식의 차이점은 다음과 같다.

[표 7-2] PCM/TDM방식

<table>
<tr><th colspan="2"></th><th colspan="2">PCM-24ch / TDM(북미방식)
T1반송 system (DS1)</th><th colspan="2">PCM-32ch / TDM(유럽방식)
E1반송 system (DE1)</th></tr>
<tr><td colspan="2">표본화 주파수</td><td colspan="2">8㎑(음성의 경우)</td><td colspan="2">8㎑(음성의 경우)</td></tr>
<tr><td colspan="2">표본화 주기</td><td colspan="2">125㎲</td><td colspan="2">125㎲</td></tr>
<tr><td rowspan="3">1Frame Channel 수</td><td>음성 채널 수</td><td rowspan="3">24 채널</td><td>24 채널</td><td rowspan="3">32 채널</td><td>30 채널</td></tr>
<tr><td>신호용 채널</td><td>각 채널의 마지막 1bit</td><td>16번째 채널</td></tr>
<tr><td>동기용 채널</td><td>frame의 마지막 1bit</td><td>1번째 채널</td></tr>
<tr><td colspan="2">1Frame당 bit 수</td><td colspan="2">24ch(채널 수) × 8bit(1채널 당 bit 수)+1bit(동기용 bit) = 193bit</td><td colspan="2">32ch(채널 수) × 8bit(1채널 당 bit 수) = 256bit</td></tr>
<tr><td colspan="2">Time Slot
(1frame에서 1bit가 차지하는 시간)</td><td colspan="2">125㎲ ÷ 24채널 = 5.2㎲</td><td colspan="2">125㎲ ÷ 32채널 = 3.9㎲</td></tr>
<tr><td colspan="2">정보전송량[bps]
(1ch의 전송속도)</td><td colspan="2">한 채널의 비트 수(8bit) × 표본화 주파수(8㎑) = 64Kbps</td><td colspan="2">8bit × 8㎑ = 64Kbps</td></tr>
<tr><td colspan="2">Pulse 전송속도
(1Frame의 전송속도)</td><td colspan="2">1 frame의 총 비트 수(193bit) × 표본화 주파수(8㎑) = 1.544Mbps</td><td colspan="2">256bit × 8㎑ = 2.048Mbps</td></tr>
<tr><td colspan="2">압신특성</td><td colspan="2">μ-Law μ = 255, 15절선식</td><td colspan="2">A-Law A = 87.6, 13절선식</td></tr>
</table>

7.2 마이크로파 중계 방식

마이크로파 통신의 중계방식으로는 **직접 중계방식**, **헤테로다인 중계방식**, **검파 중계방식**, **무 급전 중계방식** 등이 있다.

7.2.1. 직접 중계방식

직접 중계방식은 수신한 마이크로파를 저 잡음 증폭기로 증폭하고, 수신 주파수를 약간 편이 시킨 후 **그대로 증폭하여 중계하는 방식**으로 전력 증폭 중계방식이라고도 한다. 중계기에서는 검파를 따로 하지 않으므로 장치가 간단하고 가격이 저렴하여 경제적이지만 전파 손실 보상 및 잡음 방지 기능이 없어 원거리 전송에는 부적합하다.

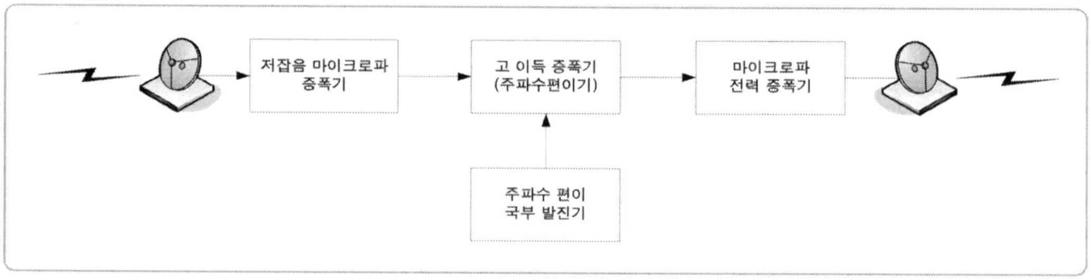

[그림 7-11] 직접 중계방식

7.2.2. 헤테로다인 중계방식

수신한 마이크로파를 **증폭하기 쉬운 중간주파수(보통 70[㎒])로 변환**하여 중간 주파 증폭기로 필요한 만큼 증폭한 후 다시 마이크로파로 변환하여 송신하는 방식이다. 중계기에서 변·복조를 하지 않기 때문에 **변·복조에 의한 열화 특성이 적어 중계기가 많은 장거리 통신에 많이 사용**되어지고 있다.

(1) 특징

① 중계기마다 변·복조를 하지 않아 열화 특성이 적고, 신호의 일그러짐이 적다.

② 동일한 주파수를 사용하면 다른 회선과의 접속도 가능하다.

③ 변·복조 장치가 없어 장치가 간단하다.

④ 장거리 중계방식에 적합하다.

⑤ 통화로의 삽입이나 분기가 어렵다.

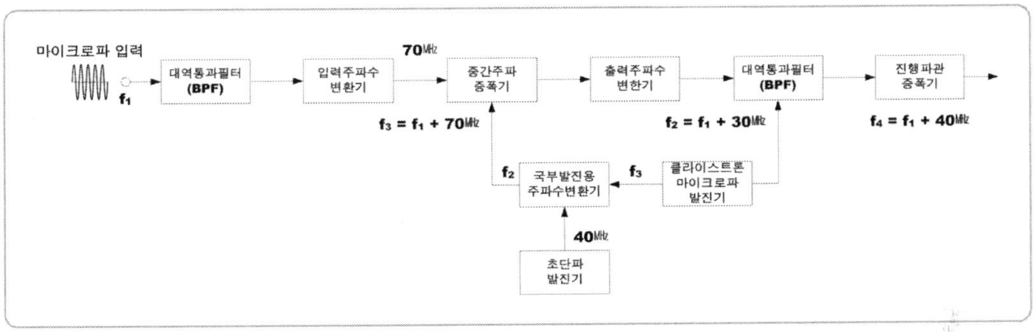

[그림 7-12] 헤테로다인 중계방식

7.2.3. 검파 중계방식

수신한 마이크로파를 **복조**하여 원 신호를 뽑아낸 뒤 신호를 증폭하여 다시 마이크로파로 **변조**시킨 후 송신하는 방식으로 **변·복조 과정에서 원 신호의 변형이 생길 수 있어 중계기가 많은 장거리 통신에는 부적합하다.**

(1) 특징

① 중계기마다 변·복조를 행하므로 특성이 열화 되지만 통화로의 삽입이나 분기가 쉽다.

② 변·복조를 수행하여 원신호로 변환시킨 후 다시 마이크로파로 만들어 중계하므로 Voice 중계 방식 또는 base band 중계방식이라고도 부른다.

③ 중계기가 많이 필요한 장거리 전송에는 부적합하므로 주로 근거리 통신에서만 사용된다.

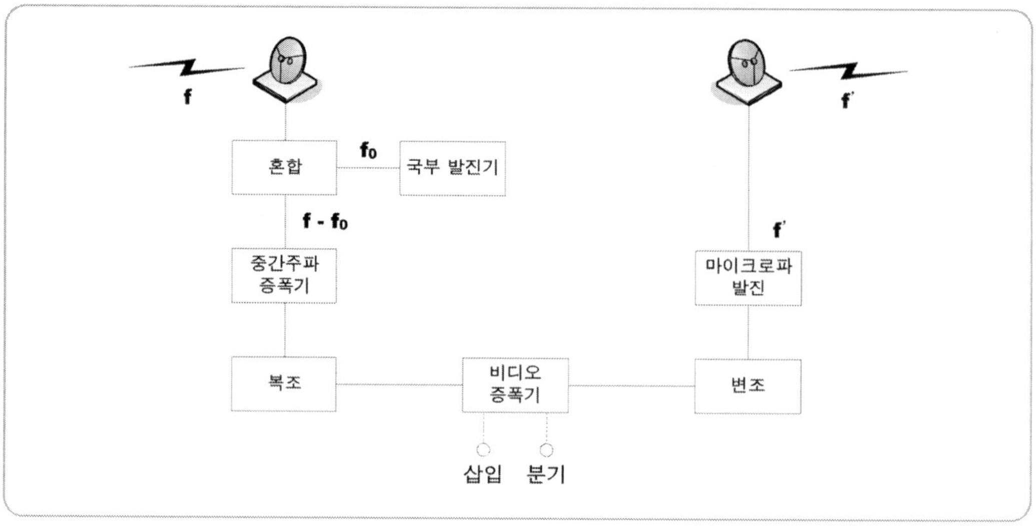

[그림 7-13] 검파 중계방식

7.2.4. 무 급전 중계방식

마이크로파의 직진 성을 이용하여 금속판이나 금속 망과 같은 **반사판을 사용** 그 진행방향을 변화시켜 중계하는 방식으로 중계용 전력이 따로 필요하지 않아 무 급전 중계방식이라 한다. 이 중계방식은 장애물이 있어 가시거리외의 지점 간에 중계를 해야 할 때나 비교적 중계소간 거리가 멀지 않은 비교적 근거리용으로 사용된다.

(1) 전파 손실을 경감하는 방법

① 송・수신간 거리가 근거리 일수록 반사판의 면적이 클수록 전력 손실이 적다.

② 반사 각도가 직각에 가까울수록 손실이 적다.

③ 반사판은 두 중계소 중 어느 한쪽 중계소에 가까이 설치하여야 손실이 적다.

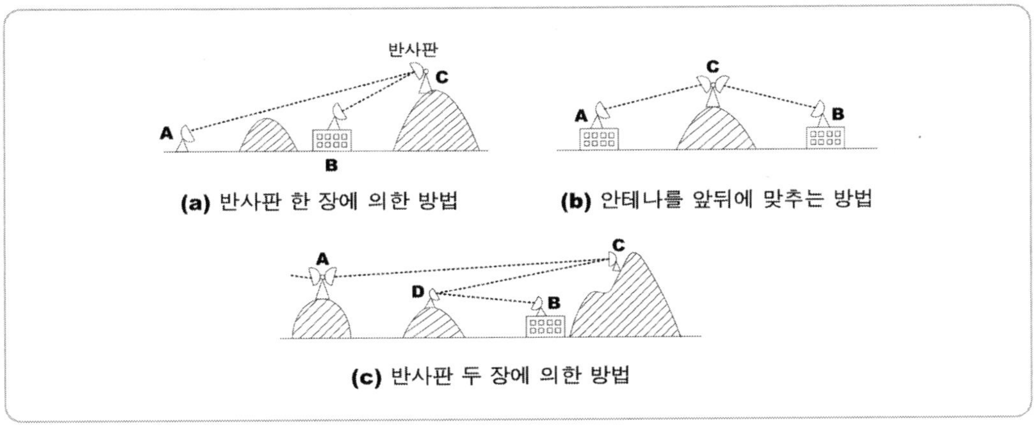

[그림 7-14] 무 급전 중계방식

7.3 주파수의 배치

회선의 사용 목적이나 장치의 상호 간섭 등을 고려하여 다음의 방식으로 주파수를 배치하여 사용한다.

7.3.1 2주파 중계 방식

중계소의 양방향으로 송신 주파수와 수신 주파수를 동일하게 하여 1왕복 경로에 2개의 주파수 밖에 사용하지 않는 방식으로 송신 주파수와 수신 주파수가 동일하므로 경제적이다.

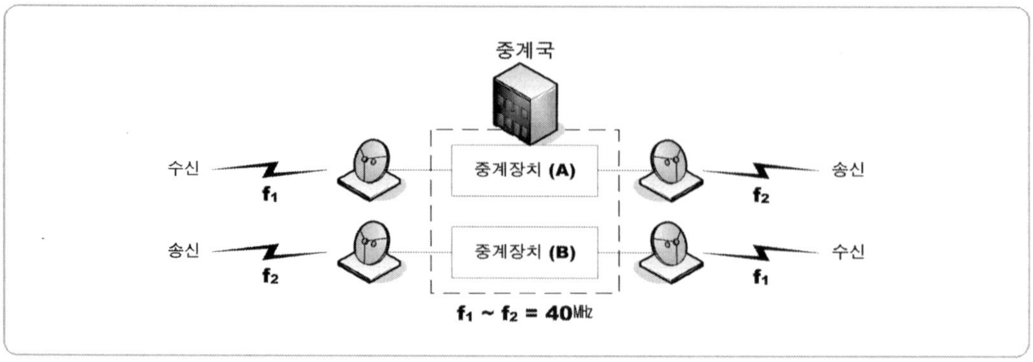

[그림 7-15] 2주파 중계 방식

7.3.2 4주파 중계 방식

상행의 송·수신 주파수와 하행의 송·수신 주파수를 각각 적당한 주파수만큼 차이를 두어 4주파를 사용하는 방식으로 비교적 주파수가 낮은 초단파대의 중계에서 회절 간섭을 방지하기 위해 사용한다.

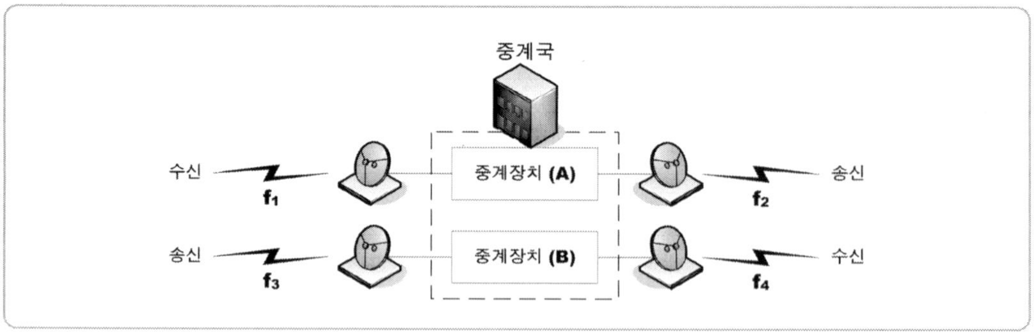

[그림 7-16] 4주파 중계 방식

7.4 마이크로파 전자관

마이크로파 전자관은 마이크로파의 증폭이나 발진에 사용되는 진공관으로 보통의 진공관은 낮은 주파수대에서 사용되어 사용주파수가 높아지게 되면 다음과 같은 것들로 인해 제대로 동작하지 않게 된다.

① 주파수가 높아지면 전자가 음극과 양극 사이의 간격으로 진행하는데 걸리는 시간을 고려해야 한다.

② 주파수가 높아지면 유리의 유전체 손실이나 전극 도입선, 전극 자체에서 소비되는 손실이 커진다.

③ 주파수가 높아지면 전극 도입선의 인덕턴스와 전극 사이의 정전 용량의 영향을 고려해야 한다.

따라서 이러한 영향을 줄이기 위해 특수하게 설계된 것으로는 클라이스트론(Klystron), 마그네트론(Magnetron), 진행파관(Traveling Wave Tube)등이 있다.

7.4.1 클라이스트론(Klystron)

마이크로파 영역에서 사용되는 전자관으로 보통의 진공관에서 주파수가 높아지면 생기는 전자 주행 시간의 영향을 줄이기 위해서 미리 전류 고압으로 가속시킨 전자류를 공동 공진기의 좁은 간격사이로 통과시켜 공진기의 간격에 가한 고주파 전기장의 작용으로 가속 또는 감속시키는 작용을 이용한 전자관이다. 다른 말로는 속도 변조관이라고도 부르며, 3~30[㎓]의 마이크로파대에 있어서 발진 관으로 널리 사용되고 있다.

발진 출력은 보통 수십~수백[㎽]정도이며, 더 큰 출력을 내는 것도 있다.

7.4.2 마그네트론(Magnetron)

진공 안에서 움직이는 전자에 자기장을 작용시켜 회선 운동을 일으켜 마이크로파를 발진시키는 전자관으로 다른 말로는 자전관이라고도 부른다. 이러한 마그네트론은 3~9[㎓]대에 걸쳐서 사용되며, 펄스 모양의 높은 출력을 얻을 수 있어 레이더 등의 송신관으로 널리 사용되어지고 있다.

7.4.3 진행파관(TWT)

진행파 증폭작용에 의해 증폭되는 마이크로파용 진공관으로 전자 빔과 진행파 자기장과의 상호 작용에 의해 마이크로파의 전력을 증폭할 수 있으며 진행파관은 전자총, 나선 모양의 지연 회로 및 컬렉터 등으로 구성되어져 있다. 진행파관은 동작 주파수 대역이 넓고 이득도 높기 때문에 마이크로파대의 전력 증폭기로 널리 이용되고 있으며 하나의 진행파관으로 발진과 증폭에 공동으로 쓸 수도 있다.

7.5 마이크로파 반도체 소자

최근에는 반도체 기술이 발달되어 마이크로파대에서 사용할 수 있는 여러 가지 종류의 반도체 소자들이 개발되어 사용되고 있다. 이러한 반도체 소자들은 일반적인 전자관에 비해 크기가 작고, 견고하며, 반영구적으로 사용할 수 있다는 이점이 있어 점차적으로 전자관을 대체해 나아가고 있다. 그러나 지금까지 개발된 마이크로파 반도체 소자는 그 출력이 작아 큰 출력을 필요로 하는 기기에서는 아직도 전자관이 사용되고 있는 현실이다.

마이크로파 반도체 소자의 종류로는 대표적으로 버랙터 다이오드(Varactor Diode), 건 다이오드(Gun Diode), 임팩트 다이오드(Impact Avalanche and Transit-time Diode), 터널 다이오드(Tunnel Diode)등이 있다.

7.5.1 버랙터 다이오드(Varactor Diode)

다이오드에 역방향 바이어스 전압을 가하면 다이오드 접합부의 정전 용량이 공급 전하에 따라 비선형적으로 변화는 성질을 이용한 다이오드로 가변 리액터(Variable Reactor) 다이오드의 준말이다.

주로 주파수를 변화시키는데 이용하는 소자로서 주파수 체배기 등을 만드는데 사용된다.

7.5.2 터널 다이오드(Varactor Diode)

불순물 반도체에서 부성(負性) 저항 특성이 나타나는 현상으로 응용한 PN접합 다이오드로 불순물 농도를 증가시켜 만든 반도체이다. PN접합을 만들면 공핍 층이 아주 얇게 되어 터널 효과가 발생하고 갑자기 전류가 많이 흐르게 되면 순방향 바이어스 상태에서 부성 저항 특성이 나타나는데 이렇게 하면 발진 및 증폭이 가능하고 동작 속도가 빨라져 마이크로파대에서 발진, 증폭 및 스위칭 작용으로 사용되어 지고 있다.

7.5.3 건 다이오드(Gun Diode)

1963년에 건(Gunn, J.B.)이 N형 GaAs반도체 내부에 강한 전기장을 가하면 마이크로파가 발생하는 현상을 발견하여 만든 특수한 반도체를 건 다이오드라 한다. 이 다이오드는 주파수 1~20[㎓]대의 마이크로파를 발진할 수 있으며, 2~3[㎓]주파수대에서는 연속 발진시 수십~수백[㎽]정도의 출력을 얻을 수 있다. 또한 공급 전원도 9~28[V]정도로 낮은 전압을 사용할 수 있다.

클라이스트론보다 효율이 좋고, 잡음이 적어 소형화에 유리하다.

7.5.4. 임패트 다이오드(IMPATT Diode)

임패트 다이오드는 GaAs로 된 특수한 반도체 다이오드에 충분히 큰 역방향 바이어스 전압을 걸었을 때 전자 사태(Electron Avalanche)가 일어나며, 이때 발생하는 음 저항 특성에 의해서 마이크로파 발진이 가능한 반도체 소자이다.

7.6 이동통신

7.6.1. 로밍(Roamming)

사용자가 가입 등록한 시스템 이외의 다른 시스템이 관리하는 서비스 영역에서도 정상적인 서비스를 가능하게 해주는 서비스이다.

7.6.2. 스펙트럼 확산(SS : Spread Spectrum)의 특징

① 송신신호 대역폭이 메시지 대역폭보다 아주 넓다.
② 저밀도 스펙트럼 상태를 갖는다.
③ 잡음과 간섭에 강하다.
④ 은밀하게 전파를 방사할 수 있으며, 신호의 비밀을 실현 할 수 있다(비화통신가능).
⑥ 주파수 이용률 증가
⑦ 동기 및 비동기의 다원접속이 가능하다.

⑧ CDMA를 구현하기 위한 스펙트럼 확산 기술에는 다음과 같다.

㉠ 직접 확산(DS : Direct Sequence)

㉡ 주파수 도약(FH : Frequency Hopping)

㉢ 시간도약(TH : Time Hopping)

㉣ 첩 변조(CM : chirp Modulation)

7.6.3. 이동통신 단말기 구성

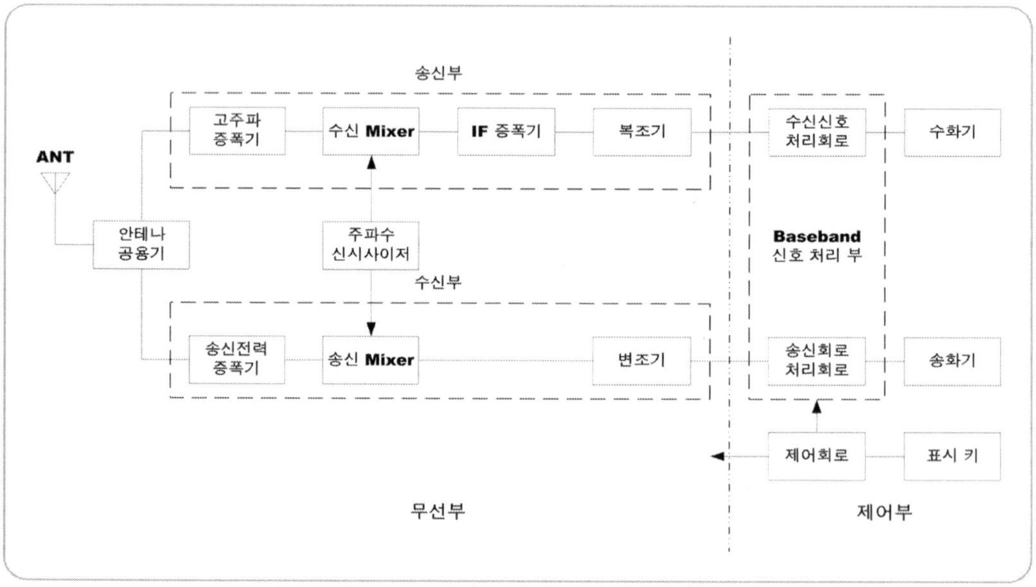

[그림 7-17] 이동통신 단말기 구성도

7.6.4. 주파수 재사용거리(D)

$$D=\sqrt{3N}\cdot R\ ,\ D=\sqrt{3K}\cdot R\ \begin{cases}(N(K):\ 주파수재사용계수(반복구역수, 셀수)) \\ R:\ 단위기지국의서비스반경(셀의반경)\end{cases}$$

7.7 항법장치

7.7.1. 탐지거리(L)

$$L = \frac{C \cdot t}{2}(m) \begin{cases} L: \text{물체까지의 거리} \\ C: \text{전파속도}(3 \times 10^8) \\ t: \text{전파왕복 소요시간} \end{cases}$$

※ 레이더의 수신전력(S)

$$S = P\frac{G^2\lambda^2\delta}{(4\pi)^3\gamma^4}[W] \begin{cases} r: \text{거리}[m] \\ \delta: \text{목표물의 유효반사면적}[m^2] \\ G: \text{안테나의 이득} \\ P: \text{송신전력} \\ f: \text{주파수} \\ \lambda: \text{파장} \end{cases}$$

※ 레이더에서 최대 탐지 거리를 증대시키는 방법

① 송신 전력을 증가 시킨다.
② 이득이 큰 공중선을 사용한다.
③ 수신기 감도를 증대시킨다.

7.7.2. 최소탐지거리 (Minimum detectable range)

어느 정도 가까운 거리까지 탐지할 수 있는가의 정도를 나타낸다.

$$\gamma_{min} = \frac{1}{2}c\tau = 1.5 \times 10^8 \cdot \tau[m] \;,\; \tau: \text{펄스폭}(\mu s)$$

7.7.3. 부속장치

(1) 우설 제거회로 [FTC (Fast Time Constant)]

(2) 근거리해면 반사 억제회로 [STC (Sensitivity Time Control circuit)]

7.7.4. 펄스를 레이더 전파로 사용하는 이유

① 파장이 짧으므로 회절 현상이 적고 직진성이 좋다.

② 예민한 빔(beam)을 얻기가 쉽고 지향성이 용이하다.

③ 파장이 짧으므로 작은 물체라도 잘 반사된다.

④ 주파수가 높으므로 펄스와 같은 광대역을 필요로 하는 신호를 보낼 수 있다.

⑤ 펄스를 반사하면 발사파와 반사파의 상호간섭이 없어지며, 또 발사정지 중에도 반사파의 수신이 가능하므로 편리하다.

⑥ 짧은 펄스를 쓰면 근거리 또는 인접 목표물 등의 거리 측정에 정도(定度)가 높아진다.

7.7.5. 고니오 미터(gonio-meter)

전파의 도래각 측정을 측정한다.

연습문제 EXERCISES

01. PCM통신방식의 동작순서가 옳게 배열된 것은?

가. 신장 → 양자화 → 부호화 → 복호화 → 압축
나. 신장 → 복호화 → 양자화 → 부호화 → 압축
다. 압축 → 복호화 → 양자화 → 부호화 → 신장
라. 압축 → 양자화 → 부호화 → 복호화 → 신장

※ **PCM(pulse code modulation) 과정**
Analog 신호 ⇒ (LPF) ⇒ 표본화 ⇒ (압축) ⇒ 양자화 ⇒ 부호화 ⇒ 전송로(중계기) ⇒ 복호화 ⇒ (신장) ⇒ (LPF) ⇒ Analog 신호

※ **PCM 3단계 : 표본화 ⇒ 양자화 ⇒ 부호화**

02. 전송하려고 하는 신호를 표본화 한 다음에 양자화 하고 부호화하여 송신장치로 송신하는 방식은?

가. PAM 나. FDM 다. PPM 라. PCM

※ **PCM(pulse code modulation)**
아날로그 신호를 표본화 ⇒ (압축) ⇒ 양자화 ⇒ 부호화 과정을 통해 디지털화 하여 전송하는 디지털 전송 방식이다.

03. 최고 주파수가 4[㎑]인 신호파를 펄스변조할 경우 표본화 주파수의 최저는 얼마로 하면 되는가?

가. 2[㎑] 나. 4[㎑] 다. 6[㎑] 라. 8[㎑]

※ 표본화 주파수(f_s)는 신호 주파수 중 최고주파수(f_m)의 2배 이상으로 사용한다.
⇒ $f_s \geq 2f_m = 2 \times 4[\text{kHz}] = 8[\text{kHz}]$가 된다.

해답

1. (라) 2. (라) 3. (라)

04. PCM에서 피크-피크 전압이 ±8[V]인 아날로그 신호를 일정한 간격으로 16개의 레벨로 나눈 경우 양자화 잡음에 대한 S/N[dB]는 약 얼마인가?

가. 19.8㏈ 나. 25.8㏈

다. 31.8㏈ 라. 37.8㏈

※ $V_{P-P}=8[V]$인 아날로그 신호를 16개의 레벨로 나눈 경우 4개의 양자화 비트가 필요하게 된다. 따라서 신호 전력대 양자화 잡음 전력의 비(S/N_q)는 $6n+1.8=6\times4+1.8=25.8[dB]$가 된다.

05. 디지털 변조 방식이 아닌 것은?

가. VSB 나. PSK

다. QAM 라. PCM

※ VSB(잔류측파대)는 AM 방식 중 하나인 Analog 변조 방식이다.

06. 펄스의 폭과 진폭은 일정하게 유지하고 신호의 표본 값에 따라 펄스의 위치만을 변화시키는 변조방식은?

가. PAM 나. PTM

다. PPM 라. PCM

07. 샤논(C. E. Shannon)의 전송로 용량 식은?
(단, C 용량, W 대역폭, N 잡음전력, S 신호전력)

가. $C = W \log_2 (1 + S/N)$ 나. $C = W \log_{10} (1 + S/N)$

다. $C = 1.44 \log_e (1 + S/N)$ 라. $C = 1.44\ S/N$

※ 샤논(Shannon)의 전송로 용량(C)은 다음과 같다.
⇒ $C=W\log_2(1+S/N)[bps]$(W: 대역폭, S: 신호전력, N: 잡음전력)

08. Micro파 통신의 특징을 설명한 것 중 틀린 것은?

가. 안테나의 이득을 크게 할 수 있다. 나. 안정한 전파전파 특성을 나타낸다.

다. 광대역성이 가능하다. 라. 외부의 잡음에 매우 약하다.

※ **Micro Wave 통신방식의 특징**

① 가시거리 통신이 가능하다.
② 안정한 전파 전파 특성을 갖는다.
③ 파장이 짧아 큰 이득과 예리한 지향성 안테나로 할 수 있다.
④ 주파수가 높아 외부잡음의 영향이 적다.
⑤ 광대역 다중통신이 가능하다.
⑥ S/N비 개선도를 크게 할 수 있다.
⑦ 지향성이 예민, 통신망 구성이 용이하다.
⑧ 전리층을 통과하여 전파, 우주 통신이 가능
⑨ 파장이 짧아 전파 손실이 적다.
⑩ 회선건설 기간이 짧고, 재해 등의 영향이 적다.

09. 마이크로파 통신의 특징에 대한 설명 중 틀린 것은?

가. 가시거리 내 통신이다. 　나. 외부 잡음의 영향이 적다.
다. SN비 개선도를 크게 할 수 없다. 　라. 기상 상태에 따라 전송품질이 변한다.

10. M/W 중계방식이 아닌 것은?

가. 베이스 밴드(Base Band)중계방식 　나. 헤테로다인 중계방식
다. 무급전 중계방식 　라. 페이딩 중계방식

※ **Micro Wave 중계방식**

① 무급전 중계방식
⇒ 금속으로된 반사판이나 반사망을 이용하여 M/W 전파의 진행 방향을 변경시켜 중계하는 방식.

② Heterodyne 중계방식
⇒ 수신한 Micro파를 증폭하기 쉬운 IF(중간주파수)로 변환하여 증폭한 후 다시 Micro파로 변환하여 다음 중계기나 수신기에 중계하는 방식.(가장 많이 사용)

③ 검파중계 방식(Base Band 중계방식, Video 중계방식)
⇒ 수신한 Micro파를 복조하므로 써 얻은 베이스밴드 신호를 증폭한 후 Micro파로 바꾸어 다음 중계기나 수신기에 중계하는 방식.

④ 직접 중계 방식
⇒ 수신된 마이크로파를 저잡음 증폭기로 증폭하고, 수신주파수를 약간 편이 시킨 후, 전력 증폭하여 송신하는 방식.

해답

4. (나) 　5. (가) 　6. (다) 　7. (가) 　8. (라) 　9. (다) 　10. (라)

11. **마이크로파 다중 중계방식과 관계없는 것은?**

가. 복동조 중계방식
나. 헤테로다인 중계방식
다. 무급전 중계방식
라. 검파 중계방식

12. **M/W 중계방식 중 장해물 정상에 송·수신 안테나를 설치하거나 반사판을 설치하여 전파를 목적으로 하는 방향으로 유도하는 방식은?**

가. 검파 중계방식
나. 헤테로다인 중계방식
다. 무급전 중계방식
라. 직접 중계방식

13. **마이크로파 무 급전 중계 방식에서 전파 손실을 경감시키기 위한 방법으로 타당하지 않은 것은?**

가. 반사판의 크기 또는 송·수신 안테나의 이득을 크게 한다.
나. 반사판의 반사 각도를 가능한 직각에 가깝게 한다.
다. 송·수신 안테나의 거리를 짧게 한다.
라. 사용 주파수를 낮게 한다.

14. **M/W중계방식 중 장해물 정상에 송·수신 안테나를 설치하거나 반사판을 설치하여 전파를 목적하는 방향으로 유도하는 방식은?**

가. 검파중계방식
나. 헤테로다인중계방식
다. 무 급전중계방식
라. 직접중계방식

15. **마이크로웨이브(M/W) 중계방식 중 비가시 구간에 사용되는 무 급전 중계방식을 바르게 설명한 것은?**

가. 금속의 반사판을 사용한다.
나. 헤테로다인 중계방식을 사용한다.
다. 검파 중계방식을 사용한다.
라. 태양전지를 이용하여 소용 량으로 직접 중계한다.

16. **다음 중 마이크로파 다중 통신방식에서 무급전 중계방식에 대한 설명으로 적합하지 않은 것은?**

가. 비교적 근거리의 송·수신국 사이에 산과 같은 장애물이 있을 때 사용된다.
나. 반사판 등에 의해서 그 전파의 도래방향만을 변화시킨다.
다. 다단중계에 매우 적합하다.
라. 마이크로파의 직진 성을 이용한다.

17. 2슬롯 TDMA(시분할 다원접속) 방식으로 다음 신호를 전송할 때 변조하기 전 송신되는 신호형태로 옳은 것은? (가입자 1이 전송하려는 정보 : 아버지, 가입자 2가 전송하려는 정보 : 어머니)

가. 아버지어머니
나. 아어버머지니
다. 니머어지버아
라. 섞이기 때문에 알 수 없다.

18. 우리나라 디지털 이동통신 무선접속 방식의 표준은?

가. 주파수분할 다원접속(FDMA)
나. 시분할 다원접속(TDMA)
다. 공간분할 다원접속(SDMA)
라. 부호분할 다원접속(CDMA)

19. 무선통신에 사용되고 있는 스펙트럼 확산 신호 방법이 아닌 것은?

가. 직접 확산 (DS : Direct Sequence)
나. 주파수 도약 (FH : Frequency Hoppers)
다. 시간 도약 (TH : Time Hoppers)
라. 델타 변조 (DM : Delta Modulation)

20. 주파수 도약(FH) 변조방식의 송 · 수신기 구성 도에서 송 · 수신측 공통으로 필요한 요소로 맞는 것은?

가. 주파수 합성기, PN 부호 발생기
나. 반송파 발진기, 주파수 혼합기
다. 주파수 혼합기, 중간주파증폭기
라. 평형변조기, BPF

해답

11. (가) 12. (다) 13. (라) 14. (다) 15. (가) 16. (다) 17. (나) 18. (라) 19. (라) 20. (나)

21. **위성통신의 다원접속방식 중 복수개의 반송파를 스펙트럼이 서로 겹치지 않도록 주파수축 상에 배치함으로써 실현되는 다원접속방식은?**

가. 주파수분할 다원접속(FDMA) 나. 시분할 다원접속(TDMA)
다. 부호분할 다원접속(CDMA) 라. 임의분할 다원접속(SDMA)

22. **다음 중 위성통신에서 회선의 다원접속 방법이 아닌 것은?**

가. SDMA 나. CDMA
다. WDMA 라. FDMA

23. **우리나라에서 사용되고 있는 디지털 M/W 통신의 동일채널(Co-Channel) 주파수 배치를 가장 잘 설명한 것은?**

가. 수직, 수평 편파를 동시에 1채널의 주파수로 사용
나. 수직 편파만을 사용
다. 수평 편파만을 사용
라. 송신을 수직편파, 수신을 수평편파를 사용

> 디지털 M/W 통신의 동일채널(Co-Channel) 주파수 배치방식은 하나의 주파수로 2개의 편파(수직, 수평)를 만들어 주파수는 같지만 편파가 다른 방식을 사용한다.

24. **저잡음증폭기와 관계없는 것은?**

가. Magnetron 증폭기 나. 파라메트릭 증폭기
다. GaAs MESFET 증폭기 라. 터널다이오드 증폭기

> Magnetron 증폭기는 마이크로 웨이브 송신기용 발진기로 사용된다.

25. **레이다의 수신부의 구성과 관계없는 것은?**

가. 클라이스트론(건다이오드) 나. 음극선관(CRT)
다. 마그네트론 라. 중간주파증폭기

> ※ **Magnetron(자전관)**
> ⇒ M/W발진 Reader, PCM통신 송신기 내에 사용되는 발진기로 아주 높은 주파수의 반송파를 발진한다.

26. **파라메트릭(parametric Amp) 증폭기의 증폭에너지 주 공급처는?**

가. 터널다이오드　　나. 직류전원
다. 여진교류전원　　라. 태양전지

※ 파라메트릭 (Parametric)증폭기 : 가변 리액턴스 소자를 사용하는 저잡음 증폭기로 통신위성, 기상레이더 등에 널리 쓰이며 여진 교류 전원과 같은 고주파 전력을 공급하는 발진기에서 널리 이용된다.

27. **maser의 설명 중 옳게 표현되지 못한 것은?**

가. Micro파 증폭에 쓰이는 maser는 루비를 사용한 고체 3준위 maser가 많다.
나. 물질에 의하여 고유한 주파수를 가지고 있으므로 모든 발진 주파수들을 증폭할 수 없다.
다. 자계억제 회로가 필요하다.
라. 전자스핀의 에너지 준위 사이의 전이를 이용한다.

28. **이동전화망의 교환국에 시설되는 VLR (Visitor Location Register)의 기능과 가장 밀접한 관계가 있는 것은?**

가. 로밍(Roaming)　　나. 핸드오프(Hand-off)
다. 자동전력제어(APC)　　라. 스크램블(Scramble)

29. **동일한 CDMA주파수를 사용하는 동일 기지국내 섹터 간 핸드오프에 해당되는 것은?**

가. 중간(middle) 핸드오프　　나. 소프터(softer) 핸드오프
다. 하드(hard) 핸드오프　　라. CDMA- 아날로그 핸드오프

30. **무선통신에 사용되고 있는 확산 스펙트럼 방식이 아닌 것은?**

가. 직접확산(DS)　　나. 주파수도약(FH)
다. 시간도약(TH)　　라. 델타변조도약(DMS)

해답

21. (가)　22. (다)　23. (가)　24. (가)　25. (다)　26. (다)　27. (다)　28. (가)　29. (나)　30. (라)

31. SAW 필터에 대한 설명 중 적합하지 않은 것은?

가. 일반적으로 BPF에 이용된다.
나. 특성의 미세 조정을 간단히 할 수 있다.
다. 재료로는 수정 등의 단결정이나 세라믹 등이 사용된다.
라. 저 삽입손실, 고 신뢰성, 양산성 등 장점이 많다.

32. 이동전화시스템에 사용되는 CDMA 방식의 특성에 대한 설명으로 적합하지 않은 것은?

가. 비화특성이 우수하다.
나. 채널용량은 간섭 량에 의해서 결정된다.
다. 페이딩과 시간지연에 대해서 약하다.
라. 매우 정교한 전력제어시스템이 필요하다.

33. 무선통신에서 이용하는 다이버시티 방법이 아닌 것은?

가. 슬롯
나. 시간
다. 공간
라. 주파수

34. 레이더에서 사용하는 전파의 펄스폭이 6[μs]일 때, 탐지할 수 있는 최소탐지거리는 약 몇 [m]인가?

가. 300[m]
나. 450[m]
다. 500[m]
라. 900[m]

35. 다음 중 스펙트럼 확산 변조의 특징이 아닌 것은?

가. 제 3자가 수신하기 쉽다.
나. 비화성을 유지할 수 있다.
다. 광대역 전송로가 필요하다.
라. 혼신 방해에 대한 영향이 적다.

※ 스펙트럼 확산 변조의 특징은 비화성이 좋아 제 3자로부터 보안성이 우수하다.

36. 다음 중 스펙트럼 확산(Spread spectrum)변조방식의 종류가 아닌 것은?

가. indirect spread
나. frequency hopping
다. time hopping
라. chirp

※ CDMA를 구현하기 위한 스펙트럼 확산 기술

① 직접 확산(DS : Direct Sequence)
② 주파수 도약(FH : Frequency Hopping)
③ 시간도약(TH : Time Hopping)
④ 첩 변조(CM : chirp Modulation) 방식 등이 있다.

37. 이동통신 시스템에서 캐리어주파수가 850MHz, 차량속도가 80km/h라 할때 최대 Doppler Spread는 얼마인가?

가. 63[Hz]　　나. 65[Hz]
다. 67[Hz]　　라. 69[Hz]

※ 차량(이동국)이 $v=80[\text{km}/h]$의 속도로 이동할 경우 Doppler Spread는

$\Rightarrow f=\frac{v}{\lambda}=\frac{(80\times10^3)\div3600}{0.353}=63[\text{Hz}]$가 된다. $(\lambda=\frac{C}{f}=\frac{3\times10^8}{850\times10^6}=0.353)$

38. 레이더에서 발사된 펄스 전파가 8[μs]후에 목표물 에서 반사되어 되돌아 왔다. 목표물까지의 거리는?

가. 2400[m]　　나. 1200[m]
다. 800[m]　　라. 600[m]

※ 거리(L)측정

$$L=\frac{C\cdot t}{2}=\frac{3\times10^8\times8\times10^{-6}}{2}=1,200[m]\begin{cases}C: & \text{전파속도}(3\times10^8)\\ t: & \text{전파왕복 소요시간}\end{cases}$$

해답

31. (나)　32. (다)　33. (가)　34. (라)　35. (가)　36. (가)　37. (가)　38. (나)

39. **레이더에서 최대 탐지 거리를 증대시키는 조치와 관계없는 것은?**

가. 공중선을 높게 설치한다.

나. 탐지거리를 2배로 증가시키려면 송신 전력은 2배로증가 시키면 된다.

다. 이득이 큰 공중선을 사용한다.

라. 수신기 감도를 증대시킨다.

※ 레이더의 수신전력(S)

$$S=P\frac{G^2\lambda^2\delta}{(4\pi)^3\gamma^4}[W]\begin{cases}r: 거리[m]\\ \delta: 목표물의\ 유효반사면적[m^2]\\ G: 안테나의\ 이득\\ P: 송신전력\\ f: 주파수\\ \lambda: 파장\end{cases}$$

※ 레이더에서 최대 탐지 거리를 증대시키는 방법

① 송신 전력을 증가 시킨다.
② 이득이 큰 공중선을 사용한다.
③ 수신기 감도를 증대시킨다.

※ 거리측정

$$L=\frac{C\cdot t}{2}(m)\begin{cases}L: 물체까지의\ 거리\\ C: 전파속도(3\times10^8)\\ t: 전파왕복\ 소요시간\end{cases}$$

해답

39. (가)

제8장

위성통신

제8장 위성통신

8.1 위성 통신의 개요

위성통신(Satelite Communication)은 우주 상공에 통신 위성을 띄워 놓고 지상의 지구국에서 전파를 송신하고, 이를 수신 증폭하여 다시 지상으로 중계함으로서 원하는 목적지와의 통신이 가능한 방식으로 1962년 미국 텔스타(TELSTAR)위성을 이용한 텔레비전 중계 실험 성공으로 마이크로파에 의한 대륙 간 통신이 실현되었다.

최초의 상업용 위성은 국제공중통신 서비스용으로 1965년 인텔세트(INTELSAT : International Telecommunication Satelite Organization)1호다.

INTELSAT은 세계 각국이 참여하여 설립한 국제 전기통신기구에 의해 발사된 것으로 대서양, 태평양, 인도양 상공에 복수 개의 위성이 발사되어 전 세계 대부분 지역에서 위성 통신이 가능하게 되었다.

- 위성의 분류
  - 위성 중계기의 유무에 따른 분류
    - 수동 위성
    - 능동 위성
      - 정지궤도 위성
      - 임의 위성(랜덤 위성)
      - 위상 위성
  - 궤도에 따른 분류
    - 저 궤도 위성(LEO : Low Earth Orbit)
    - 중 궤도 위성(MEO : Medium Earth Orbit)
    - 정지 궤도 위성(GEO : Geostationary Earth Orbit)
  - 용도에 따른 분류
    - 통신위성
    - 방송위성
    - 관측위성
    - 군사위성

[그림 8-1] 위성의 분류

위성 통신은 마이크로파에 의해 행해지고 있지만 지상의 마이크로파통신은 중계기 간격이 40~60[㎞]정도이어서 짧지만 위성 통신은 정지궤도 위성인 경우 지표 상공 35,786[㎞]나 된다. 하지만 위성의 경우 송신기는 여러 가지 제약으로 인해 지상에서의 수신 레벨이 극히 낮아 지상 마이크로파 통신과 같이 직접 주파수 변환을 할 수 없어 수신 파를 마이크로파대로 직접 증폭해야 하기 때문에 저 잡음, 고 이득 증폭기가 필요하다.

우리나라도 무궁화 1~3호가 발사되어 위성 중계기를 이용한 위성방송과 국내, 국제 통신 업무에 사용되어지고 있다.

8.1.1 위성 통신의 분류

위성 통신은 지구국과 지구국간 통신을 위성을 중계기로 하여 수행하는 형태로 지구국의 송신국에서 마이크로파를 이용하여 위성으로 전송(up link)하고 위성에서는 수신된 마이크로파를 증폭하여 송신 주파수로 다시 바꾸어 지구국의 수신국으로 전송(down link)하는 과정을 통하여 통신이 이루어진다.

따라서 위성통신은

① 위성과 지구국간의 통신

② 위성을 중계로한 지구국과 지구국간 통신

③ 위성과 위성 상호간 통신

으로 분류할 수 있으며, 지구국과 지구국간의 직접 통신은 불가능하다.

8.1.2 위성 통신의 특성

(1) 통신 영역

위성의 통신 영역은 고도(h)와 지구국 안테나 사이의 최대 앙각의 함수로 다음과 같은 관계식을 가진다.

$$\frac{R}{R+h} = \frac{\cos(\theta+\beta)}{\cos\theta} \qquad \text{[식 8-1]}$$

여기서 R은 지구의 반경을, θ는 앙각, β는 커버리지의 중심각을 나타낸다.

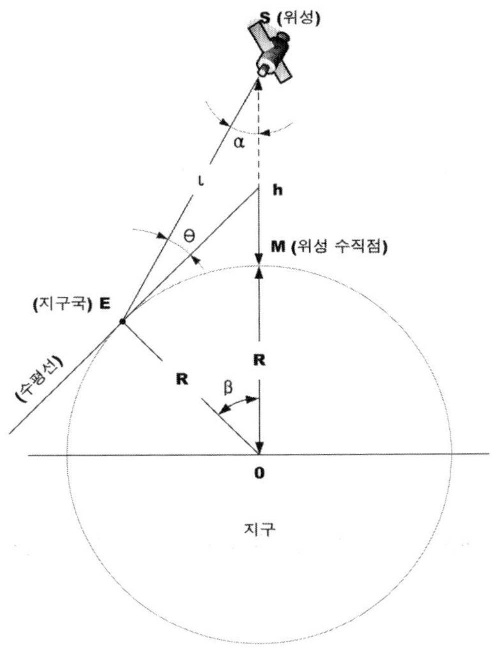

[그림 8-1] 지구와 위성간의 기하학도

(2) 통신 거리(l)

통신 거리는 지구국과 위성간의 거리를 말하며 다음과 같은 관계식을 가진다.

$$l = (R+h) = \frac{\sin\beta}{\cos\theta} \quad \text{[식 8-2]}$$

(3) 전송 지연시간(T_m)

전송 지연시간이란 지구국에서 전파를 발사하여 다시 지구국으로 되돌아 올 때까지의 시간을 의미하며 다음과 같은 관계식을 가진다.

$$T_m = \frac{2l}{C} = \frac{2}{C}(R+h) \times \frac{\sin\beta}{\cos\theta} \quad \text{[식 8-3]}$$

㉠ 최소 전송 지연 시간 : $T_m = \frac{2h}{C} = 238[ms]$ ······ [식 8-4]

㉡ 최대 전송 지연 시간 : $T_m = \frac{2}{C}(h+R)\cos 17.4^\circ = 278[ms]$ ······ [식 8-5]

(4) 전파의 창

위성통신을 위한 최적의 주파수 대역으로 비나 안개등에 잘 흡수되지 않고 전리층을 통과 성능이 우수한 1~10[㎓]의 주파수 대역을 전파의 창이라 한다.

> ※ **전파의 창 결정 요소**
> - 정보 전송량의 문제
> - 송·수신계의 문제
> - 잡음의 영향
> - 전리층 영향
> - 대류권 영향

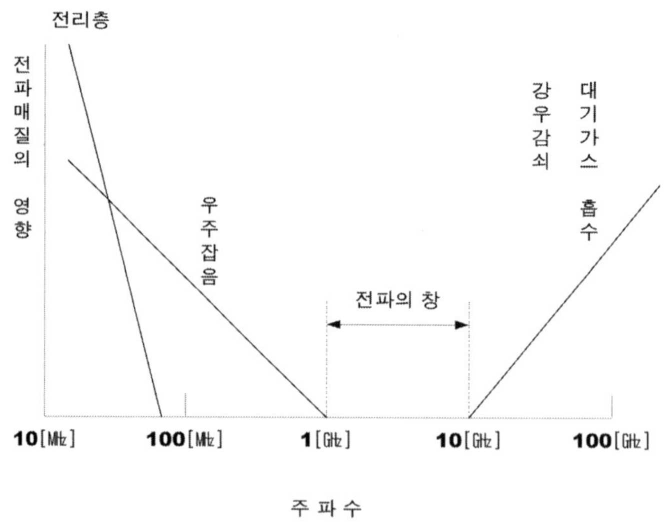

[그림 8-2] 전파의 창

8.1.3 위성 통신의 장·단점

(1) 장점

① 동보성

복수 지점에서 동일한 정보를 동일한 시간에 동시에 수신할 수 있다.

② **회선 구성의 융통성**

유연한 회선의 설정이 가능하고 구성이 용이하다.

③ **신뢰성**

기상변화나 자연재해의 영향을 받지 않아 통신 품질이 균일하고 에러 율이 적어 신뢰성 있는 통신이 가능하다.

④ **고속성**

원거리 전송에서 별도의 많은 중계기를 거치지 않아도 되므로 통신 속도가 빠르다.

⑤ **광대역성**

사용 주파수 대역이 GHz대를 이용하므로 주파수 대역이 넓어 대용량 데이터 전달이 가능하다.

⑥ **광역성**

3개의 정지궤도 위성으로 지구 전역 통신이 가능하므로 통신 가능 범위가 넓다.

(2) 단점

① **위성체 고장 시 수리가 어렵다.**

위성이 고장이 났을 경우 유지보수가 불가능하고, 위성체가 상당한 고가의 장비이다.

② **수명이 짧다.**

위성의 경우 수명이 약 10년 이내로 짧다.

③ **암호화 장비가 필요하다.**

통시의 비밀보장이 어렵고 비밀을 요하는 통신은 따로 스크램블 신호를 삽입하여 통신을 행해야 한다.

④ **전파지연이 발생한다.**

정지궤도 위성 체의 경우 지구국과의 고도가 높아 약 0.25초 정도의 전파 지연이 발생한다.

8.1.4 위성 통신에 사용되는 주파수 대역

위성 통신에서 위성과 지구국간에 사용되는 주파수 대역은 상향링크(Up Link)와 하향링크(Down Link)가 각각 서로 다르며, 주파수의 범위는 수백[MHz]에서 수백[GHz]까지 할당이 가능하다.

(1) 고정 위성 업무에 사용되는 주파수

4/6[GHz], 7/8[GHz], 20/30[GHz]

(2) 이동 업무에 사용되는 주파수

1.5/1.6[GHz], 7/8[GHz]

(3) 국제 통신용 표준 A, B 국

4/6[GHz]

[표 8-1] 위성 통신 주파수 대역

주파수 대역	상향(Up Link)링크 주파수	하향(Down Link)링크 주파수
1.5/1.6[GHz]	1.5425~1.5435[GHz]	1.644~1.645[GHz]
4/6[GHz]	3.7~4.2[GHz]	5.925~6.425[GHz]
12/14[GHz]	117.~12.2[GHz]	14.0~14.5[GHz]
20/30[GHz]	17.7~21.2[GHz]	27.5~31[GHz]

[표 8-2] 위성 통신 주파수 대역별 명칭

명칭	주파수 대역[GHz]
P-Band	0.23~1
L-Band	1~2
S-Band	2~4
C-Band	4~8
X-Band	8~12.5
Ku-Band	12.5~18
K-Band	18~26.5
Ka-Band	26.5~40

8.1.5 위성 통신의 성능 평가요인

(1) 안테나의 이득(G)

위성통신에서 지구국에 사용하는 안테나로는 바라볼라 안테나가 있으며, 이 안테나의 이득은 다음과 같다.

$$G = \frac{4\pi\eta A}{\lambda^2} = (\frac{\pi D}{\lambda})^2 \eta \quad \text{[식 8-6]}$$

여기서

η : 개구 효율

A : 개구 면적

λ : 파장

D : 안테나의 직경

을 나타낸다.

(2) 자유 공간 전송로 손실(L_p)

$$L_p = (\frac{4\pi d}{\lambda})^2 \quad \text{[식 8-7]}$$

여기서

d : 위성과 지구국간의 거리

λ : 파장

나타내며

$$L_p[dB] = 92.5 + 20\log d[km] + 20\log f[GHz]$$

(3) 수신 성능 지수(G/T)

위성 통신용 안테나의 성능을 표시하는 지수

$$G/T = G_R - T[dB/{}^\circ K] \quad \text{[식 8-8]}$$

여기서

G_R : 수신 안테나의 이득

T : 안테나 포함한 시스템의 잡음 온도($^\circ K$)

나타낸다.

(4) 실효 등방성 복사 전력(EIRP : Effective Isotopically Radiated Power)

목표하는 방향을 향하여 방사되는 급전 도파관 손실을 고려한 전력을 나타낸다.

$$EIRP = P_T G_T$$

$$EIRP[dBw] = P_T[dBW] + G_T[dB] \quad \cdots\cdots [식\ 8\text{-}9]$$

여기서

P_T : 송신기의 출력

G_T : 송신 안테나의 이득

나타낸다.

(5) 수신 전력(P_R)

$$P_R = \frac{P_T G_T A_\eta}{4\pi d^2} = (P_T G_T)\, G_R (\frac{\lambda}{4\pi d})^2 \quad \cdots\cdots [식\ 8\text{-}10]$$

여기서

P_T : 송신기의 출력 전력

G_T : 송신 안테나의 이득

d : 전반 거리

A : 수신 안테나의 개구 면적

G_R : 수신 안테나의 이득

η : 수신 안테나의 효율

λ : 파장

나타낸다.

8.2 위성 통신의 종류

통신 위성은 크게 수동 위성과 능동 위성으로 구분할 수 있으며, 이 중에서 능동 위성은 위성의 궤도에 따라 임의 위성, 위상 위성, 정지 위성 등으로 나눌 수 있다.

8.2.1 임의 위성(Random Satellite)

초기의 위성통신 방식에서 사용하던 위성으로 지구 상공 수백~수천[km]의 궤도를 수 시간의 주기로 선회하면서 통신을 수행한다. 이 위성은 지구국과 위성이 마주보는 시간에만 사용할 수 있어 많은 통신 회선을 확보하기 위해서는 많은 량의 통신 위성이 필요하다.

8.2.2 위상 위성(Phased Satellite)

지구 상공에 등 간격으로 여러 개의 위성을 배치하고 지구국은 안테나를 사용하여 차례로 위성을 추미 상시 통신망을 확보한다.

① 정지위성 방식에서 통신 불가능 지역인 극지방과의 통신이 가능하다.

② 상시 통신망을 구성하기 위해 많은 량의 위성이 필요하다.

③ 위성의 전력감소와 안테나의 크기가 감소한다.

④ 고도가 낮아 지연 시간이 짧다.

8.2.3 정지 위성(Stationary Satellite)

정지 위성은 지구의 적도 궤도면을 가지며 지구의 자전 방향과 같은 방향으로 회전하는 위성으로 지구에서 위성을 볼 때 항상 고정된 위치에 있는 것과 같이 보이므로 정지 위성이라 한다.

정지 위성은 지구국 안테나에 위성 트래킹(Tracking)장치가 필요치 않으며, 도플러(Doppler)편이가 매우 적다.

정지궤도의 케플러 궤도 특성은 반장축 $a = r = 42164.2[km]$, 위성속도 $V = \sqrt{a^3/\mu} = 3075[km]$, 위성고도 $R_s = 35768.1[km]$, 적도 반경 $R_E = 6378.1[km]$이다.

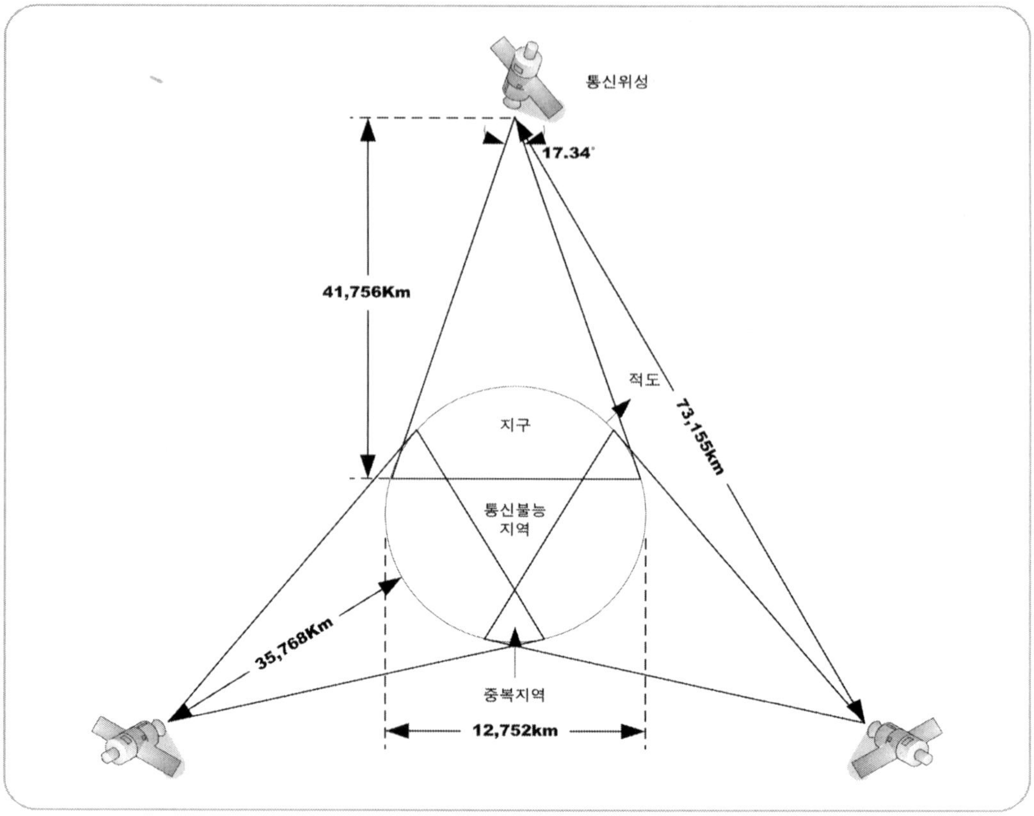

[그림 8-3] 정지 위성

[그림 8-3]과 같이 위성에서 지구 표면 42.4][%]를 커버하므로 3개의 위성을 120° 간격으로 배치하면 극(남 · 북극)지방을 제외한 전 세계를 커버할 수 있어 넓은 지역에 산재된 지구국들 간에 상호 접속이 용이한 장점이 있는 반면 81.35° 이상이 되는 극지방은 위성의 가시권에서 벗어나게 되어 위성통신 서비스를 제공받지 못한다.

지구와 위성간의 거리가 멀기 때문에 전력 손실이 크고, 전파(電波)의 전파지연(傳播遲延)시간이 큰 단점이 있다. 또한 정지궤도는 지구의 중력에 의한 영향 보다는 태양 에너지 복사 입력에 의한 영향을 크게 받는다.

정지궤도는 몇 가지 원인에 의하여 궤도가 변화 되는데, 그 주요 원인으로는 다음과 같다.

① 달과 태양의 인력에 의해서 1년에 약 0.75~0.95° 정도로 궤도의 기울기가 변화되어 적도면과 기울기가 0°가 되지 않는다.

② 태양 에너지 복사 입력(Sun Energy Radiation Pressure)에 의해서 이심률이 변화

되어 궤도가 원형에서 타원형으로 된다.

③ 지구의 중력장이 일정하지 않아서 궤도의 동·서 편이(East-West Drift)가 발생되어 궤도의 경도가 변경된다.

한편 정지궤도 위성의 특징은 다음과 같다.

① 위성의 공전주기와 자전주기가 같아 위성을 추적할 필요 없이 24시간 연속통신이 가능하다.

② 총 3개의 위성으로 극지방을 제외한 전 세계를 커버할 수 있다.

③ 지표 상공 35,768.1[km]적도면에 위치한다.

④ 통신회선의 에러 율이 작으나 지상에서 멀기 때문에 전파지연(최소 235[ms], 최대 275[ms])이 발생하고, 전송손실이 크다.

8.3 회선할당에 따른 분류

각 지구국에서 위성과 통신을 할 수 있는 채널(Channel)을 할당하는 방법으로는 사전 할당 방식(PAMA), 요구 할당 방식(DAMA), 임의 할당 방식(RAMA)으로 구분된다.

8.3.1 사전 할당 방식 (PAMA : Pre Assignment Multiple Access)

고정된 주파수나 시간을 특별한 변경이 없는 사전에 지구국에 할당하는 방식으로 고정 할당 방식이라고도 한다. 방송국처럼 1년 365일 24시간 방송을 해야 하는 방송통신용에 주로 사용되며, 전송 데이터 량이 많고, 회선 사용이 많은 경우에는 적합하지만, 전송 트래픽의 변화가 많은 경우에는 부적절하고 망의 확장에 대한 융통성도 떨어진다.

8.3.2 요구 할당 방식 (DAMA : Demand Assignment Multiple Access)

회선에 유연성을 주기 위한 방식으로 사용하지 않는 통신 채널은 비워 두었다가 지구국으로부터 요구가 있을 경우 회선을 할당한다. 이 방식은 한번 에 전송해야 할 데이터 량이 많거나 회선 사용이 낮은 경우에 적합하다.

8.3.3 임의 할당 방식(RAMA : Random Assignment Multiple Access)

지구국에서 전송할 정보가 발생할 경우 즉시 임의로 비어있는 통신 채널을 할당하여 통신하는 방식으로 한번 에 전송할 데이터 량이 많지 않고, 채널 사용시간이 짧은 경우에 적합하지만 다른 지구국에서 송신한 신호와 충돌이 발생할 가능성이 있다. 주로 패킷 전송망에서 많이 활용하는 방식이다.

8.4 위성 통신 시스템

위성 통신 시스템은 지구국에서 마이크로파로 신호를 변조하여 발사한 업링크(Up Link)주파수를 수신하고 증폭하여 다시 다운링크(Down Link)주파수로 변환 지상으로 송출하기 위한 페이로드(Payload)시스템과 위성이 동작할 수 있도록 각종 장치들에 대한 제어를 위한 버스 서브(Bus sub)시스템으로 구성된다.

[표 8-2] 위성 통신 시스템의 구성

위성통신 시스템	구성		기능	특성
페이로드 (Payload) 시스템	안테나		신호의 송・수신	송신전력, 대역폭, 수신 성능지수(G/T)
	트랜스폰더		신호를 수신한 후 주파수 변환하여 재전송 수신부, 주파수 변환부, 송신부로 구성	
버스서브 (Bus sub) 시스템	전원부	전원 발생부	태양 전지 패널로 전원 공급 배터리 전원 연결	태양전지로 100[W]정도의 출력
		전원 공급부	발전된 전력을 각 전자장치에 요구하는 전압으로 변환하여 공급	
	TTC계 (텔레메트리 명령계)		위성 상태를 보고하는 텔레메트리 신호 송신 위성 관제소로 부터의 명령 신호 수신	위치 및 속도 측정
	AOCS계 (자세 제어 계)		위성의 궤도상 위치 및 자세 제어	위성축의 정확도
	열 제어계		위성 각 부품의 열적 안정을 위한 장치	위성의 평균 온도 제어
	추친계		위성 발사 시 및 자세 변동 시 궤도 수정	추진, 비추진력 추진 체량
	구체계		각 기기들을 유지하는 기본 구조체	공진 주파수, 구조 강도

8.4.1 페이로드(Payload)시스템

페이로드 시스템은 지구국에서 송신한 신호를 수신해서 증폭하고 주파수 변환시켜 다시 지구국으로 송출하는 기능을 수행하는 시스템으로 안테나와 트랜스폰더로 구성된다.

(1) 안테나

지구국과의 정보 송・수신을 위해 전파를 수신하고 발사하는 장치로 위성에 장착하는 안테나의 종류는 다음과 같다.

① 무지향성 안테나

지향성이 없어 이득은 떨어지나 텔레메트리 신호의 통신을 위해 사용한다.

② 혼(Horn)안테나

넓은 지역을 커버하는 빔(Beam)을 만드는데 사용한다.

③ 헬리컬(Helical)안테나

비교적 낮은 주파수대(VHF)에서 사용한다.

④ 파라볼라 안테나

(2) 트랜스폰더(Transponder)

트랜스폰더는 위성에서의 송・수신 장치로 지구국으로부터 발사한 상향 링크 신호를 받아서 저 잡음 증폭기(LNA : Low Noise Amplifier)로 증폭한 다음 다시 하향 링크 주파수로 변환 하고 고 전력 증폭기로 증폭하여 송신 안테나를 이용 지구국에 송출하는 장치이다.

따라서 위성의 트랜스폰더는 여러 통신 채널을 증폭시킬 수 있어야 하므로 광대역 고 전력 증폭기가 필요하며 위성에서 사용하는 고 전력 증폭기로는 클라이스트론(Klystron)과 진행파(TWT)관 등이 있다. 하지만 클라이스트론은 협대역으로 많은 통신 채널을 증폭시킬 수 없어 주로 진행파(TWT)관을 많이 사용하고 있다.

① 입력 필터

위성에서 지구국으로 하향 링크 신호를 송출하는 주파수와 이 주파수에 의해 발생되는 고조파 신호를 제거하는 부분이다.

② 저 잡음 증폭기(LNA : Low Noise Amplifier)

지구국으로부터 수신한 상향 링크 신호를 저잡음, 고이득 신호로 만들기 위해 사용하는 증폭기로 종류는 다음과 같다.

- 전계 효과 트랜지스터(FET)증폭기
- 터널 다이오드 증폭기
- 파라메트릭 증폭기
- MASER 증폭기

③ 주파수 변환부

저 잡음 증폭된 상향 링크 주파수 신호를 중간 주파수로 변환시켜주는 부분이다.

④ 신호 증폭부

주파수 변환부에 의해 중간 주파수로 변환된 신호를 협대역 신호로 분리하여 고 전력 증폭기에 적합한 출력으로 증폭시켜주는 부분으로 입력 멀티플렉서와 구동 증폭기로 구성된다.

⑤ 송신부

위성의 송신 안테나에서 하향 링크 신호로 지구국에 송출할 수 있는 충분한 전력으로 신호를 증폭시켜주는 부분으로 고 전력 증폭기(HPA)와 출력 멀티플렉서로 구성된다. 고 전력 증폭기로는 주로 진행파(TWT)관 증폭기가 사용되며 증폭기의 효율(η)는 다음과 같다.

$$\eta = \frac{RF\text{출력}}{\text{직류}(DC)\text{입력전력}} \times 100[\%] \quad \text{[식 8-11]}$$

8.4.2 버스서브(Bus sub)시스템

버스서브 시스템은 페이로드(Payload)시스템이 정상적으로 동작할 수 있도록 각 장치들에 대한 전력 공급, 자세 제어, 위치 제어, 온도 제어 등을 수행하는 부분으로 구체계(구조계), AOCS(자세 제어계), 추진계, 열 제어계, TTC(텔레메트리 명령계)계로 구성된다.

(1) 구체계(구조계)

위성 체의 골격을 이루고 있는 부분으로 기계적, 열적 변화에 잘 견딜 수 있도록 가볍고, 강한 재료를 이용한다.

(2) AOCS계(자세제어계 : Attitude and Orbit Control Subsystem)

위성체의 궤도와 위치, 자세 등을 안정되게 제어하는 기능을 수행하는 부분으로 자세 제어 방식에 따라서 스핀 안정 방식과 3축 안정 방식 등이 있다.

(3) 추진계

위성체가 정지궤도상에 진입하거나 또는 위치 이동, 방향 전환 시 자세를 교정하고 궤도를 유지할 수 있도록 해주는 장치이다.

(4) 열 제어계

태양의 직사광선으로부터 위성체를 보호하거나 또는 위성체내의 각 부품들이 허용온도 범위내에 있도록 제어하는 기능을 수행하는 장치이다.

(5) 전력계

태양 전지로부터 전기를 발생시키고 전력이 필요한 각 부분에 전력을 공급해주는 장치이다.

(6) TTC계(텔레메트리 명령계 : Tracking Telemetry and Command)

위성 체의 위치와 자세, 상태 등을 검출하여 지구국의 위성 관제소로 전송하고, 지구국의 위성 관제소에서 보내온 제어 신호에 따라 위성 체의 각 부분에 명령을 전달하는 장치이다.

8.5 지구국 시스템

지구국은 위성체로 전파를 송신하고 또한 위성체로부터 송신된 전파를 수신할 수 있는 역할을 담당하는 부분으로 정보 신호를 송・수신할 뿐 아니라 위성의 상태를 수신하여 제어 신호를 송신하는 역할도 수행한다.

지구국의 구성은 안테나 계, 송・수신 계, 변・복조 계, 지상 인터페이스 계, 통신

제어계, 전원계로 구성된다.

8.5.1 안테나 계

지구국의 안테나는 우주국의 위성 체와 직접 신호를 송·수신 할 수 있는 장치로 다음과 같은 특징을 가진다.

(1) 지구국 안테나의 특징

① 위성으로 부터의 미약한 전파의 수신이 가능해야 한다.

② 피 전력 송신파를 다른 지구국에 방해를 주지 않고 유효하게 복사하기 위해 고 이득, 저 잡음, 지향 특성이 우수하고 광대역 특성이 요구된다.

③ 안테나의 종류는 파라볼라 안테나, 카세그레인 안테나, 혼 리플렉터 안테나, 어레이 안테나 등이 사용된다.

④ 국제 통신용 표준 인텔세트 표준 A국은 직경 27~32[m]인 카세그레인 안테나가 사용 되는데 반치 폭이 0.2° 이하이므로 안테나를 위성에 정확히 맞출 수 있는 고정밀도의 구동 제어, 추미 기능을 가지고 있어야 한다.

(2) 지구국 안테나의 특성

① 수신 성능 지수

안테나의 수신 이득과 수신 시스템의 잡음 온도의 비율(G/T)

$$G/T = G_R - T[dB/°K] \quad \text{[식 8-12]}$$

여기서

G_R : 수신 안테나의 이득

T : 안테나 포함 시스템 잡음 온도[°K]

나타낸다.

② 이득(G)

$$G = \eta\left(\frac{\pi D}{\lambda}\right)^2 \quad \text{[식 8-13]}$$

여기서

D : 안테나의 직경

λ : 파장

η : 안테나의 효율

나타낸다.

③ **안테나의 등가 잡음 온도**

외부에서 들어온 잡음과 도파관의 저항률에 의한 잡음이 있다.

④ **지향특성($G[\theta]$) (ITU-R 기준)**

$G[\theta] = 32 - 25\log_{10}\theta \quad (1^\circ < \theta \leq 48^\circ)$

$G[\theta] \leq -10[dB] \quad (\theta > 48^\circ)$

8.5.2 송 · 수신 계

송 · 수신 계는 지상의 통신장치로부터 전송된 신호를 안테나를 통해 위성으로 전송할 수 있을 정도의 레벨로 증폭하거나 또는 위성으로부터 전송된 미약한 신호를 잡음을 제외한 순수한 신호만 골라 증폭기로 증폭하여 지상 통신장치로 전송하는 역할을 수행한다.

따라서 송신 계에서는 높은 마이크로파 신호로 증폭시키기 위해 고 전력 증폭기(HPA)가, 수신 계에서는 잡음의 최소화 하고 순수 신호만을 증폭하기 위해 저 잡음 증폭기(LNA)가 사용되며 또한 마이크로파대 신호를 중간 주파수대 신호로 변환하기 위한 주파수 변환 장치가 사용된다.

(1) 고 전력 증폭기(HPA : High Power Amplifier)

100[W]~10[kW]의 고출력을 얻기 위해 진행파관(TWT : Traveling Wave Tube)이나 클라이스트론이 사용된다.

① **저 잡음 증폭기(LNA : Low Noise Amplifier)**

㉠ 위성에서 전송되어 온 미약한 신호를 저 잡음으로 증폭하고 높은 S/N비를 얻기 위해 사용된다.

㉡ 일반적으로 파라메트릭 증폭기가 사용되나 소형 지구국에서는 전계 효과 트랜지스터(FET)증폭기가 사용된다.

클라이스트론	TWT
① 주파수 대역이 비교적 좁다. (35~200[MHz]) ② 단일파 증폭 ③ 유지보수 운용이 편리하다. ④ 소비전력이 작다. ⑤ 저가이고 경량이다.	① 주파수 대역이 비교적 넓다. (500[MHz]이상) ② 다수파 공통 증폭 ③ 공통 증폭에 생기는 혼변조를 규정치 이내로 하기 위해 bach off가 필요 ④ 소비 전력이 크다. ⑤ 고가이고 중량이다.

② 주파수 변환 장치

마이크로파대의 주파수와 중간 주파수대 사이에서 주파수 변환을 행하는 장치이다.

8.5.3 변 · 복조 계

① 변복조 방식은 아날로그 FM 변조 방식이 사용되었으나 최근 들어서 디지털 기술이 발전됨에 따라 디지털 변조에 의한 시분할 다원 접속(TDMA)방식이 사용되고 있으며, 영상은 아직 FM 방식으로 전송하고 있다.

② 디지털 변조 방식으로는 2상 및 4상 PSK 방식이 일반적이다.

8.5.4 통신 제어계

① 지구국의 전반적인 통신 상태나 동작 상태 등을 감시 제어하는 기능을 수행한다.

② 감시 제어 기능으로는 회선 설정 제어 기능, 현용/예비 전환 제어 기능, 원격 감시 제어 기능 등이 있다.

8.5.5 측정 장치

지구국 및 지상 인터페이스의 일상 점검에 필요한 기기로 정기적으로 행하는 위성 측정의 감시 또는 부정기적으로 행하는 G/T 측정과 같은 특수 측정 등이 있다.

8.5.6 무 정전 전원 장치

지구국 운용을 위한 주 전원으로 상용 전원과 자가 발전 설비, Battery의 조합으로 구성된다.

8.5.7 위성 추미 방식

(1) 정지 궤도를 사용하는 통신 위성은 정지 궤도를 따라 지구를 회전하므로 지상에서 보면 거의 정지 상태로 생각할 수 있지만 실제 위성의 위치는 다소 변동된다. 다라서 빔 폭이 매우 좁은 지구국의 대구경 안테나로는 자동 추적을 해야 통신이 가능한데 이것을 추미라 한다.

(2) 추미 방식의 종류는 자기 추미 방식과 프로그램에 의한 추미 방식이 있는데 INTELSAT지구국에서는 통상 자기 추미 방식이 쓰이고, 프로그램에 의한 추미는 그 예비로서 약간의 지구국에 설비되어 있을 뿐이다.

8.5.8 반향 제거 장치

(1) 전송 지연이 50[ms]이하가 되면 에코(echo)의 식별이 불가능해져서 통신에 있어서 방해가 되지 않지만, 위성을 이용한 통신인 경우 전송 지연이(최소 235[ms], 최대 275[ms])이 발생되므로 에코(echo)가 현저하게 나타나 정상적인 통화를 방해하게 된다.

(2) 개선책

① **반향 억압 장치(echo suppressor)**
일종의 보이스 스위치로, 4W 회선으로 입력 레벨의 낮은 방향으로 손실을 삽입하여 반향의 경로를 단절시켜 에코(echo)를 억압하는 방식이다.

② **반향 소거 장치(echo canceler)**
반향로의 impulse 응답$h(t)$를 기억하는 메모리를 가지고, $h(t)$와 수신 신호등을 넣어 연산을 하여 에코(echo)를 송신 신호에서 소거하는 방식이다.

8.6 위성의 다원 접속 방식

여러 개의 지구국 공통의 통신 위성을 거쳐 동시에 필요한 통신로를 설정하는 것을 다원 접속이라 한다. 이러한 다원 접속은 하나의 통신회선을 통해서 많은 량의 데이터를 전송하므로 상호간의 혼신이 발생하는데 이것을 해결하기 위한 통신 방식이 주파수 분할 다원 접속(FDMA), 시 분할 다원 접속(TDMA), 코드 분할 다원 접속(CDMA)방식이다.

8.6.1 주파수 분할 다원 접속(FDMA : Frequency Division Multiple Access)

FDMA는 각각의 지구국이 서로 다른 주파수대를 이용하여 각각의 반송파에 여러 전송 신호를 실어서 위성으로 전송하고, 각 지구국은 위성으로부터 전송되어져 온 전파를 전부 수신하여 자국으로 전송되어 온 신호만 추출하여 사용하는 방식이다.

(1) 장점

① 재래식 기술을 사용하므로 초기 투자비용이 적다.
② 지구국 장비가 간단하고 저렴하다.
③ 중계기의 부하 결정이 용이하다.

(2) 단점

① 가드 밴드(guard band)로 인해 주파수 스펙트럼 효율이 저하된다.
② 상호 변조 적으로 인한 간섭이 발생한다.
③ 상향 회선의 전력 조정이 필요하다.
④ 시스템의 융통성이 낮다.

8.6.2 시 분할 다원 접속(TDMA : Time Division Multiple Access)

TDMA는 시간을 일정한 간격으로 분할하여 여러 사용자들에게 제공하여 공동의 주파수 대역을 사용하는 방식이다. 한 개의 반송파가 일정 시간 동안 모든 사용 주파수 대역을 사용한다. 즉, TDMA 방식은 FDMA방식의 결점을 해결하기 위한 방식으로 다수의 지구국에서 송·수신하는 디지털화된 신호를 동일한 주파수에 실어 공통의 트랜스폰더에서 시 분할로 접속하는 방식이다.

(1) 장점

① 단일 반송파를 사용하므로 반송파들 간의 상호 변조에 의한 간섭이 없다.
② FDMA방식에 비해 최대 출고(Through Output)가 크다.

③ FDMA방식에 비해 위성 간 간섭이 적다.
④ 상향 회선의 전력 조절이 불필요 하다.
⑤ 회선의 유연성과 융통성이 우수하다.

(2) 단점

① 정확한 망 동기 기술이 필요하다.
② 구성이 FDMA에 비해 복잡하고 고가이다.

8.6.3 코드 분할 다원 접속(CDMA : Code Division Multiple Access)

CDMA은 하나의 주파수를 이용하여 여러 사용자들이 통신할 수 있도록 하는 방식으로 각각의 정보마다 고유의 코드를 매긴 뒤 넓은 주파수 대역을 이용하여 전송하고, 수신측에서는 주파수 대역에 실려 오는 수많은 정보 중 특정 코드만을 골라내 원래 신호를 재생한다.

(1) 장점

① 타국간의 선택 통신이 유리하며, 다원 접속이 가능하고 상호 간섭이 적다.
② 선택성 페이딩이나 다중 전파로 등의 페이딩의 영향이 적다.
③ 간섭 방해의 신호 배제 능력이 뛰어나다.
④ 통화의 비화성이 우수하다.

(2) 단점

① 구성이 복잡하고 매우 고가이다.
② 광대역 전송로가 필요하다.

8.6.4 공간 분할 다원 접속(SDMA : Space Division Multiple Access)

FDMA, TDMA, CDMA가 주파수, 시간 및 부호의 지교성을 이용하여 여러 지구국의 위성 트랜스폰더를 공유하는 반면, SDMA는 통신 영역을 분할하여 한정된 제원을 반복하여 이용하는 방식이다.

연습문제 EXERCISES

01. **위성통신 지구국의 기본적인 구성이 아닌 것은?**

가. 안테나계 나. 송・수신계
다. 자세제어계 라. 인터페이스계

> 위성통신 지구국은 안테나계, 송・수신계, 인터페이스계로 구성되며 자세 제어계는 위성 시스템(우주국)의 버스 서브(bus sub)시스템에 속해있는 장치로 위성의 자세를 제어해주는 역할을 담당한다.

02. **통신위성시스템은 크게 페이로드 시스템과 버스 시스템으로 구성된다. 버스 시스템에 해당되지 않는 것은?**

가. 자세궤도제어 시스템 나. 추진 시스템
다. 전원공급 시스템 라. 안테나 시스템

03. **다음 중 통신위성체의 TT&C 시스템에서 행하는 일과 거리가 먼 것은?**

가. Telemetry 정보의 수집
나. 위성관제소의 명령을 수행
다. 주파수의 변환
라. Telemetry 정보의 송신

> **※ TT&C(Telemetry Tracking & Command) 시스템 :**
> 위성 관제소로부터의 명령 신호 수신, 위성의 자세 및 위치 등에 관한 텔리메트리 데이터를 위성관제소에 송신하는 기능, 자세제어, 위치제어, 빔 중심 제어, 정상기능점검, 운용 장비와 예비용 장비와의 절체기능 수행 등의 역할 담당
> **※ 트랜스 폰더**
> 상향링크 신호를 받아 증폭 및 주파수 변환하여 하향링크 신호로 만드는 과정 수행

04. **위성의 제어를 위하여 위성에 있는 각 장치의 전기적인상태 및 센서로 감지한 열에 대한 데이터의 정보를 지구국에 송신하는 기능을 갖는 장치를 무엇이라고 하는가?**

가. 자세제어시스템 나. Telemetry시스템

다. 열제어시스템

라. 전원제어시스템

※ TTC(Telemetry Tracking & Command)

① telemetry 시스템 : 위성에 있는 각 장치의 전기적인 상태 및 센서로 감지한 열에 대한 데이터의 정보를 지구국에 송신하는 장치

② Tracking & Command 시스템 : 위성 관제소로부터의 명령 신호 수신, 위성의 자세 및 위치 등에 관한 텔리메트리 데이터를 위성 관제소에 송신하는 기능을 하는 장치

05. 통신 위성 체 구성 부 중 텔레메트리 기능에 해당하지 않는 것은?

가. 위성추진시스템의 가스 압력 값

나. 열 제어 시스템에서의 온도감지의 출력 값

다. 명령에 대한 데이터 확인

라. 주파수 변환

06. 통신위성을 통신시스템과 지원(공용)시스템으로 구분할 때 지원시스템에 포함되지 않는 것은?

가. 전원계

나. 자세제어계

다. 감시제어계

라. 추진계

※ 통신위성의 구성

① 통신시스템 : 트랜스폰더와 안테나계

② 지원(공용)시스템 : 전력(원)계, TTC계(텔리메트리 명령계), 자세제어계, 열제어계, 추진계, 구체계

07. 지구국의 안테나를 위성방향으로 향하도록 하는 제어장치를 무엇이라고 하는가?

가. TWTA

나. 추미장치

다. Transponder

라. 자세제어장치

해답

1. (다) 2. (라) 3. (다) 4. (나) 5. (라) 6. (다) 7. (나)

08. 위성의 자세를 제어하기 위해서는 3개의 기준축이 설정된다. 이에 속하지 않는 것은?

가. 롤(roll)축　　나. 요(yaw)축
다. 토크(torque)축　　라. 피치(pitch)

※ 3축제어 : 위성의 자세를 제어하기 위한 3개의 기준축 제어.
① yaw(요)축 : 위성 안테나가 지구국을 향하는 방향
② roll(롤)축 : 위성 자체의 회전 방향
③ pitch(피치)축 : 위성의 날개 방향

09. 위성 탑재용 중계기 (Transponder)의 구성 항목 중 거리가 먼 것은?

가. TWTA　　나. 저 잡음 증폭기
다. 주파수 변환장치　　라. 안테나

※ 위성 탑재용 중계기(transponder)의 구성
① LNA(Low Noise Amplifier) : 저잡음 증폭기 ⇒ GaAs 증폭기 등
② 주파수 변환장치(frequency translator) ⇒ 상향회선과 하향회선 주파수를 변환시켜줌.
③ HPA(high Power Amplifier) : 대전력 증폭기 ⇒ TWTA : 진행파관 등

★★
10. 위성 중계기에서 대 전력 증폭기로 사용되는 것은?

가. TWTA　　나. MAGNETRON
다. IMPATT DIODE　　라. GaAs MESFET

★
11. 위성 중계기의 구성 중 신호 증폭부에 사용되는 광대역 증폭기는?

가. MAGNE TRON　　나. TWTA
다. TDA　　라. KLYSTRON

12. 위성 중계기에서 잡음의 영향을 최소화하기 위해서 저 잡음증폭기에 사용되는 소자는?

가. MASER　　나. HPA
다. SSPA　　라. GaAsFET

13. Parametric 증폭기의 설명 중 잘못된 것은?

가. 비선형 리액턴스 소자로 Varector diode가 실용적으로 쓰인다.
나. 통신위성, 기상레이더 등에 널리 쓰인다.
다. 잡음 특성이 좋다.
라. 고정의 비선형 리액턴스 소자를 쓴 증폭기이다.

14. 위성지구국 시스템은 신호를 지구국 안테나에서 위성으로 Up-link 시키거나 혹은 위성에서 지구국 안테나로 Down-link 신호를 분리하는 기능을 하는 장치는?

가. 디멀티플렉서(Demultiplexer) 나. 다운 컨버터(Down converter)
다. 다이플렉서(Diplexer) 라. 멀티플렉서(Multiplexer)

※ **위성통신에서는 하나의 안테나로 송·수신을 하므로 Uplink 신호와 Downlink 신호를 분리하여야 한다. 이와 같은 기능을 담당하는 장치를 다이플렉서(diplexer)라 한다.**
① Uplink : 지상국에서 위성으로 송신되는 통신회선
② Downlink : 위성에서 지상국으로 송신되는 통신회선

15. GPS에 대한 설명 중 적합하지 않은 것은?

가. 위성은 고도 20200Km 상공에서 12시간의 주기로 지구 주위를 돈다.
나. 영역은 우주 부문, 관제부문, 사용자부문 등으로 구분 된다.
다. 6개의 궤도면에 모두 20개의 위성으로 구성된다.
라. 수신기의 위치와 속도, 시간을 계산하는데 4개 이상 위성의 동시 관측을 필요로 한다.

※ **위성항법장치(global positioning system : GPS)**
지피에스(GPS)라고도 하며 위치 정보는 GPS 수신기로 3개 이상의 위성으로부터 정확한 시간과 거리를 측정하여 3개의 각각 다른 거리를 삼각 방법에 따라서 현 위치를 정확히 계산할 수 있다. 현재 3개의 위성으로부터 거리와 시간 정보를 얻고 1개 위성으로 오차를 수정하는 방법을 널리 쓰고 있다. 위성 그룹은 모두 24개의 내브스타(NAVSTAR : navigation satellite timing and ranging) 위성으로 구성되었으며, 2만 200km의 지구 상공에 있는 6개의 원궤도에 원자모형처럼 분포되어 있다. GPS는 현재 단순한 위치정보 제공에서부터 항공기·선박·자동차의 자동항법 및 교통관제, 유조선의 충돌방지, 대형 토목공사의 정밀측량, 지도제작 등 광범위한 분야에 응용되고 있으며, GPS 수신기는 개인 휴대용에서부터 위성 탑재용까지 다양하게 개발되어 있다. GPS 위성의 궤도는 167,000km 이며 주기는 약 11시간 58분이다.

해답

8. (다) 9. (라) 10. (가) 11. (나) 12. (라) 13. (라) 14. (다) 15. (가)

16. GPS(전세계측위시스템)에 대한 설명 중 틀리는 것은?

가. 위성의 궤도는 저궤도이며, 주기는 약 8시간이다.
나. GPS는 Global Position System의 약어이다.
다. 표준 측위를 위한 반송파는 약 1.575 GHz(L1)이다
라. 항상 4개 이상의 위성이 시계 내에 배치된다.

※ GPS 위성의 궤도는 167,000㎞ 이며 주기는 약 11시간 58분이다.

17. 다음 중 INMARSAT 시스템과 관계없는 것은?

가. 해안지구국　　나. 선박지구국
다. 통신망관리국　　라. 인텔세트위성

※ INMARSAT
(1) 목적 : 해상에서의 조난 및 인명의 안전에 관한 통신을 목적(선박과 육상에 전화, 텔렉스, 데이터, 팩시밀리와 조난, 안전통신서비스를 제공하기 위한 위성시스템)
(2) 사용주파수대
① 선박과 위성간 : 1.6/1.5[GHz]의 L 밴드　② 해안 지구국과 위성간 : 6.4[GHz] C 밴드
(3) INMARSAT 시스템 구성
① 통신망관리국 ② 해안지구국 ③ 선박지구국

18. 다음 INMARSAT에 대한 설명 중 가장 적당한 것은?

가. 일기예보를 정확히 하기 위한 기상관측 등을 주목적으로 한다.
나. 지구관측을 통해 지상의 자원조사 및 탐사 등을 주목적으로 한다.
다. 해상에서 선박간의 정보교환과 해상안전에 관한 통신 등을 주목적으로 한다.
라. 국제공중통신 역무를 주목적으로 한다.

※ INMARSAT
(1) 목적 : 해상에서의 조난 및 인명의 안전에 관한 통신을 목적(선박과 육상에 전화, 텔렉스, 데이터, 팩시밀리와 조난, 안전통신서비스를 제공하기 위한 위성시스템)
(2) 사용주파수대
① 선박과 위성간 : 1.6/1.5[GHz]의 L 밴드　② 해안 지구국과 위성간 : 6.4[GHz] C 밴드
(3) INMARSAT 시스템 구성
① 통신망관리국 ② 해안지구국 ③ 선박지구국

19. 다음 중 INMARSAT의 구성요소가 아닌 것은?

가. OCC
나. NCS
다. CES
라. DSC

20. 다음 중 저궤도위성이 아닌 것은?

가. INMARSAT
나. IRIDIUM
다. GLOBAL STAR
라. ODYSSEY

21. 국제 통신 위성 기구의 약칭은 무엇인가?

가. INMARSAT　나. INTELSAT　다. EUTELSAT　라. COMSAT

22. CDMA통신에 대한 설명 중 가장 옳은 것은?

가. 이 방식은 동기가 필요 없이 코드만 식별되면 통신이 된다.
나. CDMA에서는 캐리어 주파수분할이 필요 없다.
다. PN코드의 동기만 맞으면 통신이 된다.
라. 각 가입자별로 고유의 PN 코드를 할당하는 방식 이다.

※ CDMA 방식의 특징
① 저밀도 스펙트럼을 갖는다. ② 잡음 및 간섭 등의 영향이 적다. ③ 비화성이 좋다.
④ 사용 주파수 대역이 넓다. ⑤ 각 가입자별로 고유의 PN 코드를 할당한다.

23. CDMA방식에 대한 설명으로 틀린 것은?

가. Spread spectrum 기술을 이용한 것이다.
나. 광대역의 주파수폭을 필요로 한다.
다. 코드의 검출이 어렵기 때문에 통신의 비밀이 보장된다.
라. 광대역특성이므로 간섭의 영향도 크다.

※ CDMA 방식은 잡음 및 간섭 등의 영향이 적다.

해답

16. (가)　17. (라)　18. (다)　19. (라)　20. (가)　21. (나)　22. (가)　23. (라)

24. 무선통신에 사용되는 스펙트럼 확산통신방식의 특징을 나타내는 것은?

가. 도청으로부터 메시지 보호가 유리하다.
나. 고전력 스펙트럼이 필요하다.
다. 대용량 M/W 시스템에 적용이 용이하다.
라. 주파수 대역폭이 극히 좁다.

※ Spread Spectrum
① 송신신호 대역폭이 메시지 대역폭보다 아주 넓다.
② 저밀도 스펙트럼 상태를 갖는다.
③ 잡음과 간섭에 강하다.
④ 은밀하게 전파를 방사할 수 있으며, 신호의 비밀을 실현 할 수 있다.(비화통신가능)
⑥ 주파수 이용율 증가
⑦ 동기 및 비동기의 다원접속이 가능하다
⑧ 직접 확산(DS), 주파수 도약(FH), 시간 도약(TH), 첩변조(CM) 방법 등이 있다.

25. 위성통신에서 강우중인 공간을 전파하는 전파가 빗방울에 의한 영향으로 생기는 현상이 아닌 것은?

가. 전파의 흡수　　나. 전파의 산란
다. 교차편파 식별도의 열화　　라. 파라데이 회전

※ 위성을 이용한 우주통신에서 전파가 강우중인 공간을 전파하게 되면 빗방울의 영향을 받아 흡수, 산란, 열화 등의 현상이 나타난다.

26. 다원접속방식 중 대역확산기술을 적용하기 때문에 잡음 및 에러에 강한 특징을 갖는 방식은?

가. CDMA　　나. PA-TDMA
다. FDMA　　라. TDMA

※ CDMA
대역확산기술(spread spectrum)을 이용 직교하거나 거의 직교하는 대역확산 코드가 각 사용자나 신호에 할당되는 방식으로 잡음이나 에러에 매우 강하며 비화성이 좋은 다원접속방식이다.

27. 위성통신의 다원접속방식중 위성의 주파수스펙트럼 을 분할하여 각 지구국에 할당하는 방식을 무엇이라 고 하는가?

가. SDMA　　나. FDMA
다. TDMA　　라. CDMA

※ FDMA(frequency division multiple access)
전체 사용가능한 주파수 대역을 분할하여 다원 접속하는 방식으로 각 사용자는 다른 반송 주파수로 신호를 변조한다.

28. 다음 중 스펙트럼 확산 변조의 특징이 아닌 것은?

가. 제 3자가 수신하기 쉽다.
나. 비화성을 유지할 수 있다.
다. 광대역 전송로가 필요하다.
라. 혼신 방해에 대한 영향이 적다.

※ 스펙트럼 확산 변조의 특징은 비화성이 좋아 제 3자로부터 보안성이 우수하다.

29. 다음 중 스펙트럼 확산(Spread spectrum)변조방식의 종류가 아닌 것은?

가. indirect spread　　나. frequency hopping
다. time hopping　　라. chirp

※ CDMA를 구현하기 위한 스펙트럼 확산 기술
① 직접 확산(DS : Direct Sequence)　② 주파수 도약(FH : Frequency Hopping)
③ 시간도약(TH : Time Hopping)　④ 첩 변조(CM : chirp Modulation) 방식 등이 있다.

30. 인공위성의 이동에 따라서 수신 주파수가 변화하는 현상을 무엇이라고 하는가?

가. 패러데이 회전　　나. 도플러 효과
다. 플라즈마 층　　라. 전파의 지연시간

※ 도플러 효과(doppler effect)
이동체의 움직임에 따라 수신 신호의 주파수가 변하는 현상.

해답

24. (가)　25. (라)　26. (가)　27. (나)　28. (가)　29. (가)　30. (나)

31. 아래 그림은 CDMA 송신 시스템의 개략도이다. 빈칸에 들어갈 내용 중 적당한 것은?

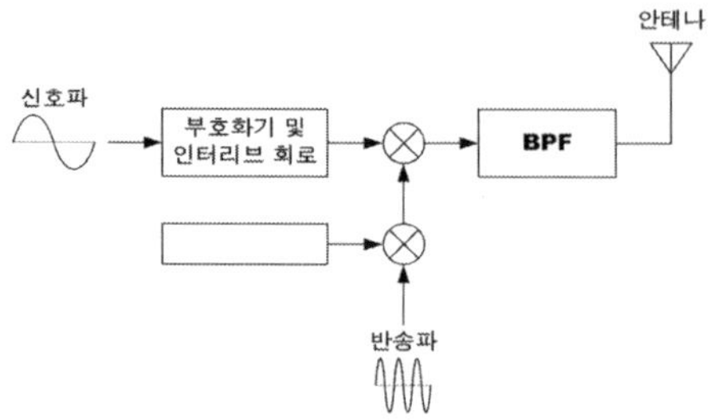

가. 디지털 필터(Digital Filter)　　　나. 주 발진기(Master OSC)
다. 음성 부호화기(VOCODER)　　　라. 의사잡음(PN) 부호 발생기

※ 그림은 CDMA(code division multiple access : 부호분할 다원접속)으로 입력 데이터의 Burst성 error를 Random error화 하기위해 Inter leaver회로를 거치고 Random한 코드를 가지고 반송파와 변조하기 위하여 의사잡음(PN) 부호 발생기를 둔다.

32. 다음 그림은 직접확산(DS) 방식의 송신기 구성도이다. A에 알맞은 것은?

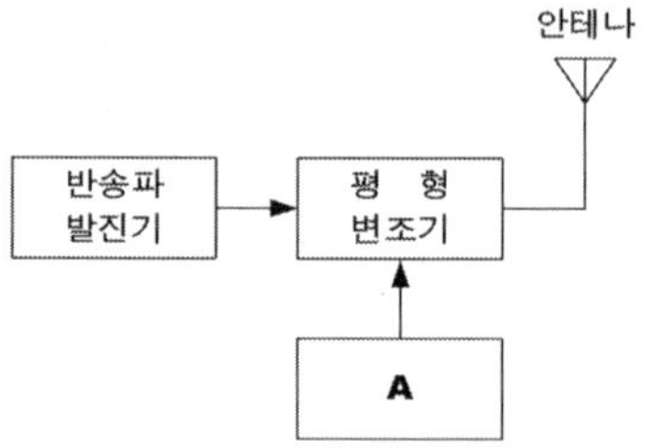

가. 고주파 믹서　　　나. PSK 변조기
다. 중간주파 발진기　　　라. 의사잡음(PN) 발생기

※ 그림은 CDMA(code division multiple access : 부호분할 다원접속)으로 입력 데이터의 Burst성 error를 Random error화 하기위해 Inter leaver회로를 거치고 Random한 코드를 가지고 반송파와 변조하기 위하여 의사잡음(PN) 부호 발생기를 둔다.

33. DBS에 대한 설명 중 틀린 것은?

가. 방송 위성은 정지궤도 위성을 이용한다.
나. 한 개의 위성으로 한반도 전체를 서비스 할 수 있다.

다. Up-link 주파수 대역은 4㎓ 이다.

라. 가정에서는 소형 파라보라 안테나를 사용한다.

※ DBS(Direct Broadcasting Satellite)는 직접 위성 방송 서비스란 뜻으로 방송국에서 전파를 정지위성으로 쏘아 올리면 이를 증폭한 후 지상에 있는 각 가정의 소형 parabola 안테나와 se-top box 또는 TV 수신기를 이용하여 전파를 수신하는 방식이다. 위성방송에 사용하는 주파수는 지상국에서 위성으로는 14GHz, 위성에서 지상으로는 12GHz(8채널)를 사용한다. 대단히 높은 주파수를 사용하고 지상에서 수신하는 전파도 대단히 약하기 때문에 수신측에서는 지향성이 강한 파라볼라 안테나나 여러개의 작은 안테나 소자를 집합시킨 평면 안테나를 사용한다.

34. **DBS(Direct Broadcasting Satellite)에 대한 설명 중 틀린 것은?**

가. 방송 위성은 정지궤도 위성을 이용한다.

나. 한 개의 위성으로 한반도 전체에 서비스할 수있다.

다. 사용 주파수 대역은 V/UHF 대역을 사용한다.

라. 가정에서는 소형 파라보라 안테나를 사용한다.

※ DBS(Direct Broadcasting Satellite)의 사용 주파수대는 SHF대이다.

35. **다음 중 통신위성의 원리와 거리가 먼 것은?**

가. 만유인력법칙　　나. 지구의 자전주기

다. 지구의 공전주기　　라. 궤도운동

※ 정지궤도위성은 지구의 자전주기와 위성의 공전주기가 같고 동일한 궤도 방향으로 회전(궤도운동)하고 있어야 한다. 그리고 위성은 일정속도 이상으로 돌아야 떨어지지 않을 수 있다.(만유인력법칙)

해답

31. (라)　32. (라)　33. (다)　34. (다)　35. (다)

36. 통신위성에 관한 설명 중 틀린 것은?

가. 통신위성용 저잡음 증폭기(LNA)는 파라메트릭 증폭기나 FET증폭기 등을 사용한다.
나. 정지궤도 위성은 지상 약36,000km 상공에 위치하며 통신커버리지(Coverage)는 지구 표면의 30% 정도이다.
다. 대전력 증폭기(HPA)는 진행파관(TWT)이나 클라이스트론(Krystron) 등을 주로 사용한다.
라. 위성통신은 주로 센티미터파대의 주파수를 사용하 며 Up-link 와 Down-link는 서로 다른 주파수를 사용한다.

> ※ **정지궤도위성 (Geo- Stationary Orbit Satellite)**
> ⇒ 적도 궤도면에 지구의 자전 방향과 같은 방향으로 회전시키는 위성
> ① 지표상공 35,786.1[km] 위치(약 36,000[km])
> ② 3개의 위성으로 극지방을 제외한 전 세계 커버(지표면의 42.4[%]가 보여 120 ° ×3개)
> ③ 거리가 멀어 전파의 전파 지연시간(최소 238ms, 최대 278ms)이 크고 전력손실이 크다.
> ④ 24시간 상시 통신이 가능하다.

37. 정지궤도(GEO) 위성을 설명한 것은?

가. 위성의 고도가 약 300 ~ 1500 km 이다.
나. 이동통신 위성에 많이 사용된다.
다. 극 지점 통신용 이다.
라. 위성의 수 3개로 국제통신을 할 수 있다.

38. 지상으로부터 약 36,000km에 위치하여 지구의 자전 주기와 위성의 공전 주기를 같게 하여 적도 상에 같은 간격으로 3개 정도를 배치하여 전 세계를 커버할 수 있어 경제적인 위성 통신을 할 수 있는 방식은?

가. 랜덤 위성 방식
나. 정지 위성 방식
다. 위상 위성 방식
라. 다중 위성 방식

39. 통신위성에 관한 설명 중 틀린 것은?

가. 정지궤도 위성은 지상 약 36,000km 상공에 위치하며 통신 커버리지(Coverage)는 지구표면의 약 40%정도이다.
나. 위성회선 중계 시 보통 2~3백ms 정도 전파 전송지역이 발생하는 데 이것은 에코 캔슬러(Echo canceller)를 이용하여 제거할 수 있다.
다. 통신위성은 고정위성, 이동위성으로 크게 분류할 수 있다.

라. 위성통신은 주로 SHF대의 주파수를 사용하며 Up-link와 Down-link는 서로 다른 주파수를 사용한다.

40. **트랜스폰더에 사용되는 저잡음 증폭기의 출력주파수 와 잡음 온도에 대한 설명 중 잘못된 것은?**

가. 저잡음 증폭기의 출력주파수는 펌핑전력 레벨과 펌핑주파수의 변화에 대해서 대단히 민감하다.

나. 출력주파수의 안정을 위해 펌핑회로를 항온조내에 설치한다.

다. 저잡음 증폭기의 잡음 온도에 대해서는 펌핑 주파수를 최대한 적게 하고 Q가 낮은 다이오드를 선택한다.

라. 저잡음 증폭기 자체의 잡음을 줄이기 위해 증폭기 에 냉각 장치를 설치한다.

※ 트랜스폰더에 이용되는 저 잡음 증폭기의 잡음 온도에 대한 출력 주파수는 최대로 높게 하고 선택도(Q)가 높은 다이오드를 선택한다.

41. **LEO 위성방식에 대한 설명 중 틀린 것은?**

가. 극지방에서의 통신이 가능하다.

나. 통화중 handover가 자주 발생된다.

다. 위성수가 증가하여 투자비가 증가한다.

라. 정지위성방식보다 이동국 안테나의 크기가 커진다.

※ **저궤도 통신위성 (LEO Communication Satellite)**

- 정지궤도 통신위성의 단점보완(극지방에서의 통신이 가능하다)
- 통신용 단말기의 소형화 가능(이동국 안테나의 크기가 작아진다)
- 실시간 원거리 통신 가능.
- 대용량 통신 가능
- 위성의 제작 및 발사비용 절감(전체 위성수가 증가하여 총 투자비가 증가하게 된다는 단점이 있다)
- 차세대 이동통신 수단으로 각광을 받음.

해답

36. (나) 37. (라) 38. (나) 39. (나) 40. (다) 41. (라)

42. **NAVTEX 수신기의 운용에 있어서 수신을 거부할 수 없는 것은?**

가. 기상경보　　나. 기상방송
다. 데카정보　　라. 로란정보

※ **내비텍스 수신기(NAVTEX)**

⇒ F_1B 전파 518kHz 전용의 협대역 직접 인쇄 전신 자동 수신 장치. 국제적 내비텍스 수신기 서비스로 해안국이 행하는 단방향 오류 정정 방식의 협대역 인쇄 전신에 의해 영어로 해상 안전 정보의 송신을 자동적으로 수신하여 인쇄하는 외에, 조난 통신을 수신하면 경보를 발한다. 의무 선박국에 비치하는 것이 의무화되어 있으며, 518kHz로 해상 안전 정보를 송신하는 해안국의 통신권 내에 있을 때는 항상 그 전파를 청취하도록 규정되어 있다. 해상 안전 정보란 선박을 향해서 방송하는 항행 경보, 기상 정보, 기상 예보, 기타의 긴급한 안전 관련 통보를 말하며 기상경보는 수신을 거부할 수 없다.

43. **위성방송 TV수신용 안테나와 가장 거리가 먼 것은?**

가. 파라볼라안테나
나. 야기(yagi)안테나
다. 패치 어레이(patch array)안테나
라. 오프 세트(off set)안테나

※ 야기 안테나는 VHF대 일반 TV전파의 수신 안테나로 사용되며 SHF대를 이용하는 위성방송용 수신안테나로는 파라볼라, 패치 어레이, 오프세트 안테나와 같은 입체형 안테나를 사용한다.

44. **정지위성에 장착하는 안테나가 갖추어야 할 조건과 관계가 먼 것은?**

가. 고 이득일 것　　나. 저 잡음일 것
다. G/T가 작을 것　　라. 광대역성일 것

45. **통신위성과 지구국 사이의 데이터 전송에 필요한 전력은 다음 중 어떤 비례식으로 늘려 주어야 하는가?**

가. 거리에 비례　　나. 거리의 제곱에 비례
다. 거리의 3승에 비례　　라. 거리에 반비례

46. **다음은 능동 위성통신을 위해 현재까지 제안된 방식이다. 이에 해당되지 않는 것은?**

가. 랜덤위성방식　　나. 정지위성방식
다. 다중위성방식　　라. 위상위성방식

47. **위성통신에 사용되는 주파수는 ㎓대의 매우 높은 주파수이다. 위성에서 수신한 ㎓대의 주파수를 신호처리를 위해 먼저 낮은 주파수로 변환하는데 이 변환이 이루어지는 수신측의 장치는?**

가. 디멀티플렉서(Demultiplexer)
나. 다이플렉서(Diplexer)
다. 다운 컨버터(Down converter)
라. 저 잡음 증폭기(LNA)

48. **위성의 다원접속기술에서 회선할당방식에 속하지 않는 것은?**

가. 사전할당방식
나. 요구할당방식
다. 개방할당방식
라. 임의할당방식

49. **정지위성에 장착하는 안테나가 갖추어야 할 조건과 관계가 먼 것은?**

가. 고 이득일 것
나. 저 잡음일 것
다. G/T가 작을 것
라. 광대역성일 것

50. **다음 중 위성통신의 장 · 단점이 아닌 것은?**

가. 회선 설정이 용이하다.
나. 전송지연이 발생한다.
다. 동보통신이 가능하다.
라. 암호화 장비가 필요 없다.

51. **위성통신의 특징에 관한 설명 중 장점이 아닌 것은?**

가. 원거리통신에 적당하다.
나. 광범위한 지역 및 해역을 커버할 수 있다.
다. 안정된 대용량의 통신이 가능하다.
라. 지구국과 위성 사이에서의 지연시간이 발생한다.

해답

42. (가) 43. (나) 44. (다) 45. (나) 46. (다) 47. (다) 48. (다) 49. (다) 50. (라) 51. (라)

52. **다음은 위성통신에 관한 설명이다. 틀린 것은?**

가. 주로 SHF 대를 이용하고 위성에 의한 원거리 통신을 한다.
나. 위성통신시스템에서는 다중화기술이 불가능하다.
다. 마이크로웨이브 통신방식과 같이 가시거리 통신이다.
라. 정지궤도에 떠있는 통신위성은 중계소 역할을 한다.

53. **다음 중 위성의 수명과 관계없는 것은?**

가. 트랜스폰더의 잔존확률　　나. 탑재연료
다. 주파수 자원의 한정　　라. 태양전지의 성능

54. **직경 1.2~1.8m 의 소형 안테나와 낮은 송신출력을 갖는 위성통신 지상 장치로 개인적으로 소유하는 초소형 지구국 시스템을 무엇이라 하는가?**

가. INMARSAT　　나. VSAT
다. GPS　　라. INTELSAT

55. **Circulator 에 대하여 가장 알맞게 설명한 것은?**

가. BPF 의 일종이다.
나. 저 잡음 증폭기이다.
다. 마이크로웨이브 발진기이다.
라. 입력과 출력신호를 분리하는 장치이다.

56. **위성통신에서 주로 사용되는 주파수 범위는?**

가. 30 GHz~300 GHz　　나. 3 GHz~30 GHz
다. 300 MHz~3 GHz　　라. 30 MHz~300 MHz

57. **MASER의 특징 설명 중 틀린 것은?**

가. 전계나 자계가 아닌 전자 spin의 energy준위 사이의 전이를 이용한 것이다.
나. 저 잡음 소자이다.
다. 임의의 주파수로 발진 및 증폭을 동시에 행할 수 있다.
라. 보통 강자계 중에 수용된다.

58. 위성의 1차 전원은 어느 것을 사용하는가?

가. 태양전지　　나. Ni-Cd전지
다. Ni-H_2전지　　라. 납축전지

59. 다음 중 지상1.414km의 저궤도 위성 체(48기)를 이용하여 고품실의 통신서비스를 제공하는 이동통신시스템은?

가. Iridium　　나. Odyssey
다. Globalstar　　라. Inmarsat

60. 위성에서 수신한 GHz대의 주파수를 신호처리를 위해 먼저 낮은 주파수로 변환하는데 이 변환이 이루어지는 수신측의 장치는?

가. 디멀티프렉서(Demultiplexer)　　나. 다이플렉서(Diplexer)
다. 다운 컨버터(Down converter)　　라. 저잡음 증폭기(LNA)

61. 위성통신에 사용하는 전파창이란 어느 주파수대 인가?

가. 1[GHz] 이하　　나. 1[GHz]~10[GHz]
다. 10[GHz]~15[GHz]　　라. 20[GHz] 이상

62. GPS 위성의 고도는 약 몇 [km]인가?

가. 1000[km]　　나. 10000[km]
다. 20200[km]　　라. 35800[km]

해답

52. (나)　53. (다)　54. (나)　55. (라)　56. (나)　57. (다)　58. (가)　59. (다)　60. (다)　61. (나)
62. (다)

제9장

전원 장치

제9장 전원 장치

9.1 전원장치

전원장치란 통신 장비에 전원을 공급하는 장치로 교류전원을 직류전원으로 변환하는 장치를 말한다. 전원회로는 교류신호를 정류하기위해 다이오드 특성을 이용한 **정류회로**와 정류출력에 포함된 교류 성분을 제거하기 위한 **평활회로**, 부하변동이나 입력전압 변동에 대해 일정한 출력 전압을 유지하는 **정전압회로** 등으로 구성되어 있다.

(1) 수전 설비의 전원 계통도

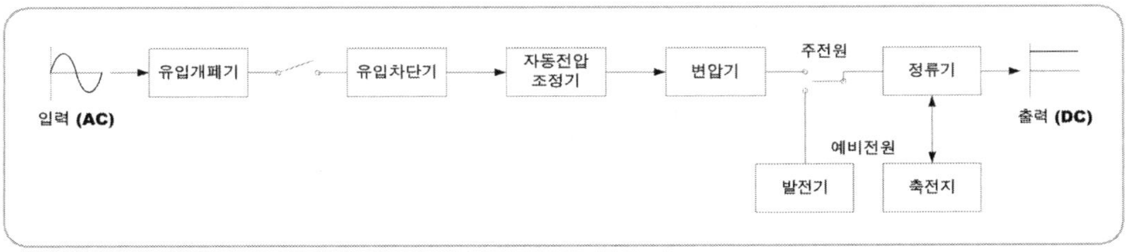

[그림 9-1] 전원 계통도

(2) 정류기(Rectifier)

교류(AC)를 직류(DC)로 변환하는 장치이다.

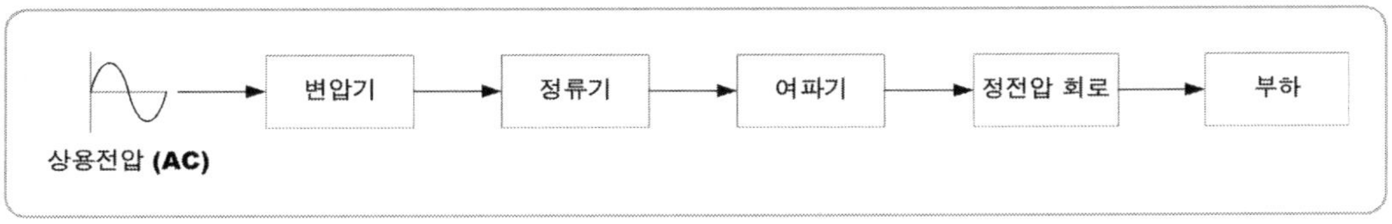

[그림 9-2] 정류기의 구성도

9.1.1. 정류 회로의 특성

(1) 전압 변동률(Voltage Regulation : △ V)

부하의 유무에 따른 출력 전압의 변동 정도를 나타내는 요소이다.

$$\triangle V = \frac{\text{무부하시 출력전압}(V_0) - \text{부하시 출력전압}(V_L)}{\text{부하시 출력전압}(V_L)} \times 100[\%] \quad \text{[식 9-1]}$$

(2) 맥동률(ripple율 : γ)

직류 출력성분에 남아있는 교류성분(맥동 성분)의 비율을 나타내며 값은 작을수록 좋다.

$$\gamma = \frac{\text{교류출력 전압의 평균값}(V_{ac})}{\text{직류출력 전압의 평균값}(V_{dc})} \times 100[\%] = \sqrt{(\frac{I_{rms}}{I_{dc}})^2 - 1} \times 100[\%] \quad \text{[식 9-2]}$$

(3) 정류 효율(Efficiency of Rectification : η)

교류 입력 전력에 대한 직류 출력 전력의 비를 의미하며 값은 클수록 좋다.

$$\eta = \frac{\text{직류출력 전력}(P_{dc})}{\text{교류입력 전력}(P_{ac})} \times 100[\%] \quad \text{[식 9-3]}$$

(4) 최대 역 전압(Peak Inverse Voltage : PIV)

다이오드에 걸리는 최대 역방향 전압을 의미한다.

9.1.2 단상 반파 정류 회로

다이오드 특성을 이용하여 교류 전류의 반주기만을 이용하는 정류회로로 효율이 낮고, 맥동율도 크지만 회로의 구성이 간단한 방식이다.

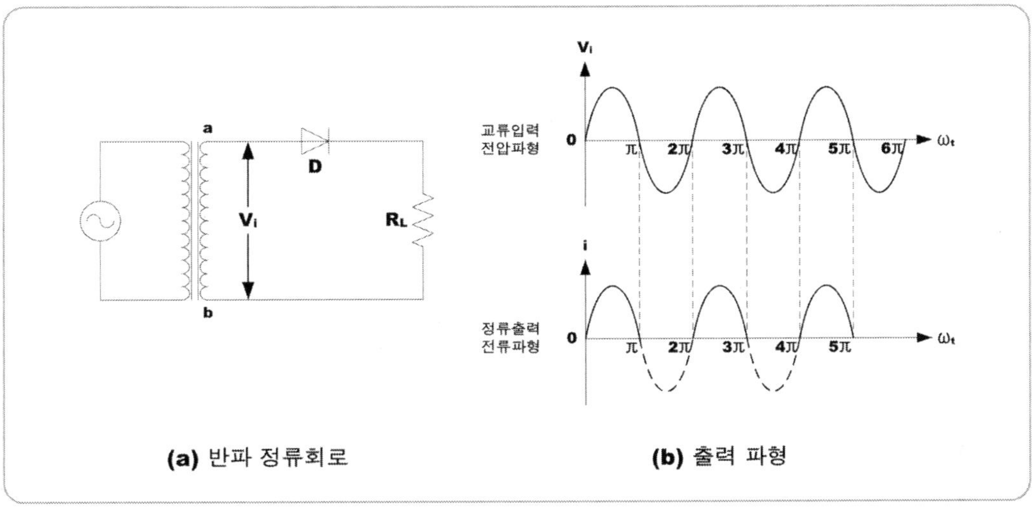

[그림 9-3] 단상 반파 정류회로

1차 측 전압이 정현파 양(+)의 반주기이면 2차 측에는 양의 반파가 유도되어 다이오드가 순방향으로 바이어스 되어 부하저항에는 양의 반주기가 나타나고, 1차 측 전압이 음(−)의 반주기이면 2차 측에는 음의 반파가 유도되어 다이오드가 역방향으로 바이어스 되어 부하저항에 음의 반주기는 나타나지 않게 된다. 그러므로 부하저항에는 정현파의 반주기만 나타나게 되어 반파 정류회로라 한다.

(1) **정류 전류** : $i = \dfrac{V_m}{r_f + R_L} \sin \omega t$

(단, r_f : 다이오드의 순방향 저항이다.)

(2) **최대 값** : $I_m = \dfrac{V_m}{r_f + R_L}$

(3) **평균 값** : $I_{dc} = \dfrac{I_m}{\pi}$

(4) **실효 값** : $I_{rms} = \dfrac{I_m}{2}$

(5) **출력 전력** : $P_{dc} = I_{dc}^2 R_L = (\dfrac{I_m}{\pi})^2 \times R_L = \dfrac{V^{2m} R_L}{\pi^2 (r_f + R_L)^2}$

(6) **정류 효율** : 40.6[%]

(7) **맥동률 :** 1.21

(8) **최대 역 전압**(PIV)

$PIV = V_m$

9.1.3. 단상 전파 정류 회로

다이오드 특성을 이용하여 전주기 동안 부하에 같은 방향으로 전류가 흐르게 하는 정류방식으로 중간 탭이 있는 트랜스가 필요하다.

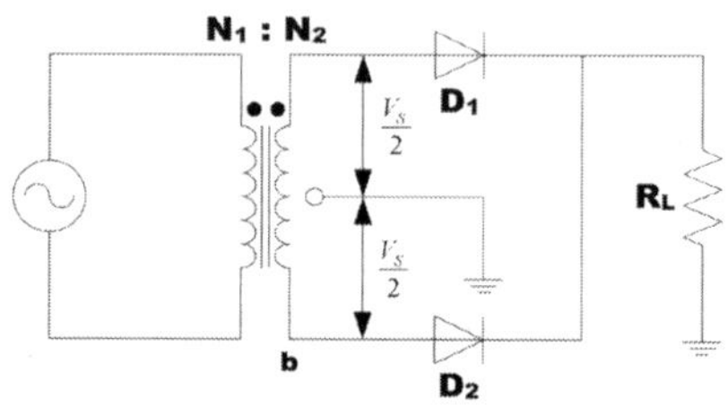

(a) 전파 정류회로

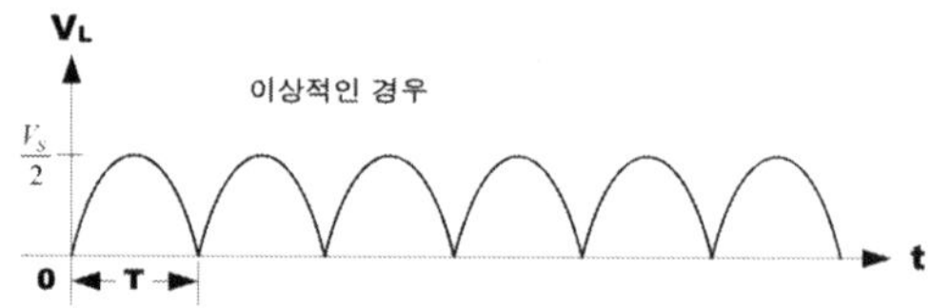

(b) 전파 정류파형

[그림 9-4] 단상 전파 정류회로(중간탭 형)

2차 측의 중간 탭(Center Tab)이 접지되어 있어 정현파 양(+)의 반주기 일 때는 D_1이 동작하고, 음(-)이 반주기일 때는 D_2가 도통되어 부하저항에는 양의 반주기와 음의 반주기가 모두 나타나게 된다.

(1) **평균 값 :** $I_{dc} = \dfrac{2I_m}{\pi} = \dfrac{2V_m}{\pi(r_f + R_L)^2}$

(2) **실효 값 :** $I_s = \dfrac{I_m}{\sqrt{2}} = \dfrac{V_m}{\sqrt{2}(r_f + R_L)^2}$

(3) **출력 전력** : $P_{dc} = I_{dc}^2 R_L = (\frac{2I_m}{\pi})^2 \times R_L = \frac{4R_L V_m^2}{\pi^2 (r_f + R_L)^2}$

(4) **정류 효율** : $\eta = \frac{81.2}{1 + (\frac{r_f}{R_L})}[\%]$

(5) **맥동률** : $r = 0.482$

(6) **최대 역 전압**(PIV)

$PIV = 2V_m$

9.1.4. 브리지형 전파 정류 회로

전파 정류 회로의 일종으로 다이오드 4개를 브리지 형태로 접속하여 정류하는 회로로서 중간 탭이 있는 트랜스를 사용하지 않아도 되며 최대 역 전압이 낮아 고전압 정류회로에 적합하다.

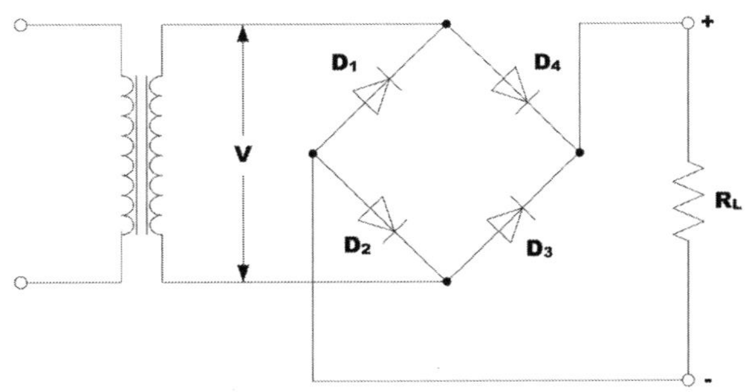

[그림 9-5] 브리지형 정류회로

처음 음(-)반주기 신호에는 D_1, D_3 으로, 나머지 양(+)반주기 신호에는 D_2, D_4 를 통해 전류가 부하저항(R_L)에 공급되어 전파가 출력된다.

(1) 장점

㉠ 각 다이오드의 최대 역전압기는 전파 정류 회로의 $\frac{1}{2}$로서 작다

㉡ 중간 탭이 필요 없는 소형 변압기를 사용할 수 있다.

㉢ 고전압 정류 회로에 적합하다.

(2) 단점

㉠ 많은 다이오드가 필요하므로 가격이 비싸다.

㉡ 정류 효율이 전파 전류회로에 비해 낮다.

(3) 정류 효율

$$\eta = \frac{0.812}{1 + \frac{2r_f + r_s}{R_L}}$$

(4) 맥동률

$$\gamma = 0.17$$

(5) 최대 역 전압(PIV)

$$PIV = V_m$$

9.1.5. 반파 배 전압 정류 회로

변압기를 사용하지 않고 입력 교류 전압으로 얻을 수 있는 직류전압의 2배 전압이 얻어지도록 배려된 정류회로로 반파 배 전압 정류 회로, 전파 배 전압 정류 회로가 있다.

(1) 반파 배전압 정류 회로

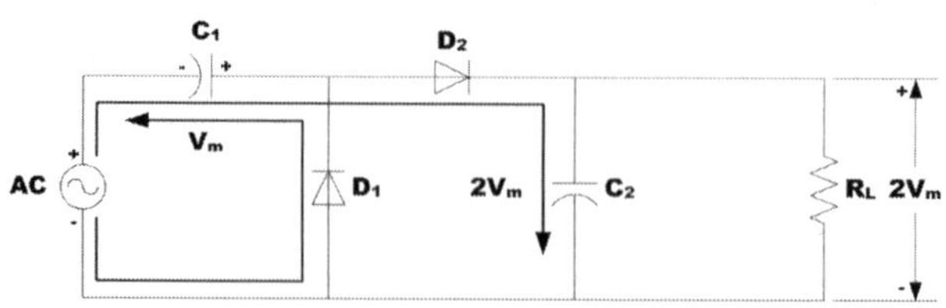

[그림 9-6] 반파 배전압 정류 회로

① 음(−)의 반주기 동안 D_1이 순방향으로 바이어스 되고, D_2는 역방향으로 바이어

스 되어 C_1이 [그림 9-6]와 같이 피크 전압 V_m까지 충전된다.

② 양(+)의 반주기 동안은 음(-)의 반주기와 반대로 D_1이 역방향으로 바이어스 되고, D_2가 순방향으로 바이어스 되어 C_1에 충전되었던 전하도 교류입력전압과 같은 극성으로 되어 두 전압이 합해져 D_2를 통해 C_2에 $2V_m$이 충전되어 출력은 배전압이 된다.

(2) 전파 배전압 정류 회로

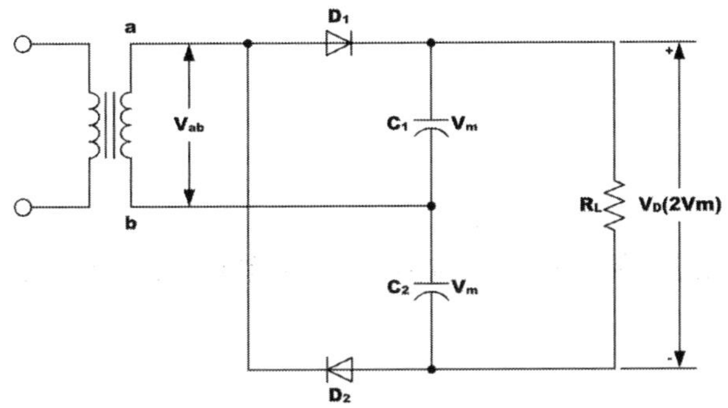

[그림 9-7] 전파 배전압 정류 회로

① 양(+)의 반주기 동안에는 D_1이 순방향으로 바이어스 되어 C_1이 [그림 9-7]에 나타난 바와 같이 V_m까지 충전하고, 음(-)의 반주기에서는 D_2가 순방향으로 바이어스 되어 C_2가 V_m까지 충전된다. 따라서 부하저항(R_L) 양단에는 C_1, C_2의 전압이 합해진 $2V_m$의 전압이 나타난다.

③ 이 회로는 각 반주기마다 커패시터가 한 개씩 충전하므로 전파 배전압 회로라 한다.

(3) n배전압 정류 회로

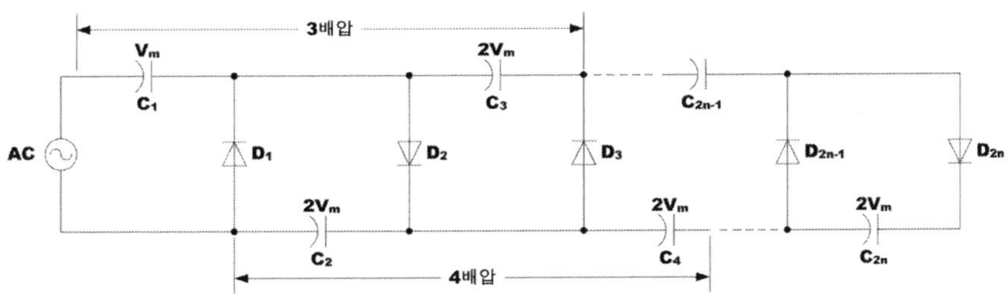

[그림 9-8] n배전압 정류 회로

① 음(−)의 반주기 동안 D_1이 순방향으로 바이어스 되어 C_1이 V_m까지 충전되고, 양(+)의 반주기 동안에는 D_2가 순방향으로 바이어스 되어 C_2가 $2V_m$까지 충전된다. 다시 음(−)의 반주기 동안 D_3가 순방향으로 바이어스 되어 C_3가 $2V_m$까지 충전되고, 양(+)의 반주기 동안에는 D_4이 순방향으로 바이어스 되어 C_4가 $2V_m$까지 충전되는 방식이다.

② 따라서 C_1과 C_3양단에서 출력을 얻으면 V_m과 $2V_m$까지 충전된 전압을 얻을 수 있어 3배압 정류 회로가 되고, C_2와 C_4양단에서 출력을 얻으면 $2V_m$과 $2V_m$까지 충전된 전압을 얻게 되어 4배압 정류 회로가 된다.

9.2 평활회로

평활회로란 정류회로에 의해서 만들어진 맥류(AD + DC)성분을 완전한 직류(DC)성분으로 만드는 회로로서 맥류속의 교류(AC)성분을 제거하고, 직류(DC)성분만을 출력하기 위한 일종의 저역 통과 필터(LPF) 회로이다.

9.2.1. 콘덴서 입력 형 평활회로

정류회로 바로 뒤편에 커패시터를 병렬로 접속한 형태의 평활회로로 초크 입력 형보다 큰 직류 출력 전압을 얻을 수 있으며 부하 전류 변화에 대한 출력 전압의 변동이 비교적 적다.

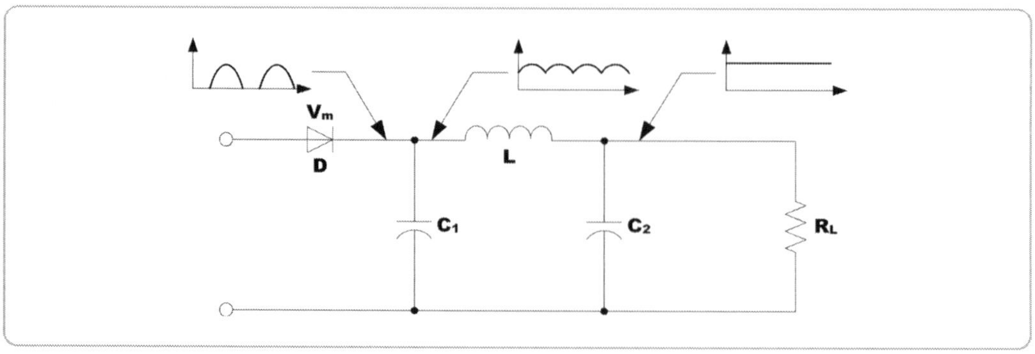

[그림 9-9] 콘덴서 입력 형 평활회로

① 다이오드에 의해 반파 정류된 파는 C_1의 용량에 의해 직류와 가깝게 되나 교류 성분이 많이 포함된다. 이것이 L과 C_2를 통과하면 직류에 가까운 파형이 부하저항에 나타나게 된다.

② 맥동률은 부하저항(R_L)과 콘덴서(C)에 반비례함으로, 용량이 큰 콘덴서는 맥동률을 낮게 한다.

맥동률 $r = \frac{T}{2\sqrt{3}R_L C}$. ($T$: 콘덴서가 충전하는 주기)

9.2.2. 초크 입력 형 평활회로

출력 전압의 맥동률을 더욱 작게 할 수 있는 평활회로로서 초크 입력 형 평활회로라고 한다. 부하와 직렬로 접속된 L은 교류성분에 대해서 큰 임피던스를 나타내고, 부하와 병렬로 접속한 C는 교류 성분을 바이패스(bypass)시켜 줌으로서 맥동률이 더욱 적어지게 된다.

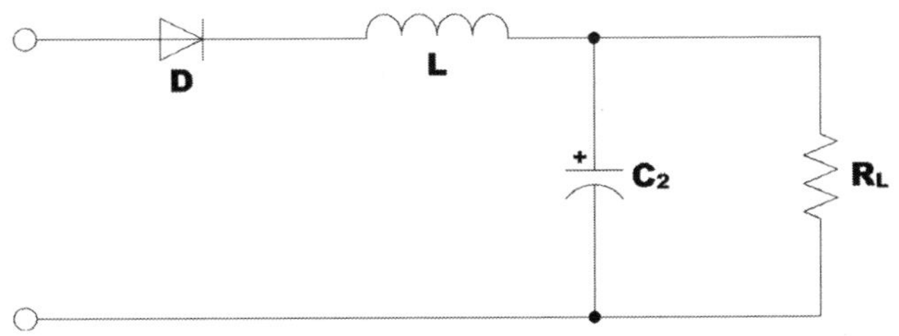

[그림 9-10] 초크 입력 형 평활회로

① 부하저항에 직렬로 L(초크 코일 : Choke Coil)을 접속시켜 맥동률을 더욱 작게 한다. 맥동률은 L에 반비례하고, 부하저항이 작거나 부하 전류가 클수록 감소한다.

맥동률 $r = \frac{R_L}{3\sqrt{2}\omega L}$

② L은 고조파에 대해 높은 임피던스 값을 가지므로 급격한 전류 증가를 억제하며 L이 클수록 파형의 평활 정도는 커진다.

평활회로 방식 / 항목	콘덴서 입력 형 평활회로	인덕터 입력 형 평활회로
직류 전력 전압	높다.	낮다.
전압 변동률	크다.	작다.
맥동률	작다.	부하 전류가 적을수록 크다.

9.3 전압 안정화 회로(정전압 회로)

전원회로에서 부하가 변동하면 출력전압이 변동되는데 이때 부하가 변동하더라도 출력 전압이 일정하도록 해주는 회로가 정전압 회로이다.

9.3.1. 직렬 제어형 정전압 회로

가장 널리 사용되는 정전압 회로로서 제어용 트랜지스터를 부하와 직렬로 접속하여 부하가 가벼울 때 효율은 병렬 형에 비교 훨씬 크고, 출력 전압을 넓은 범위에서 쉽게 설계 할 수 있으며 증폭 단을 증가시킴으로서 출력 저항 및 전압 안정계수를 대단히 작게 할 수 있다.

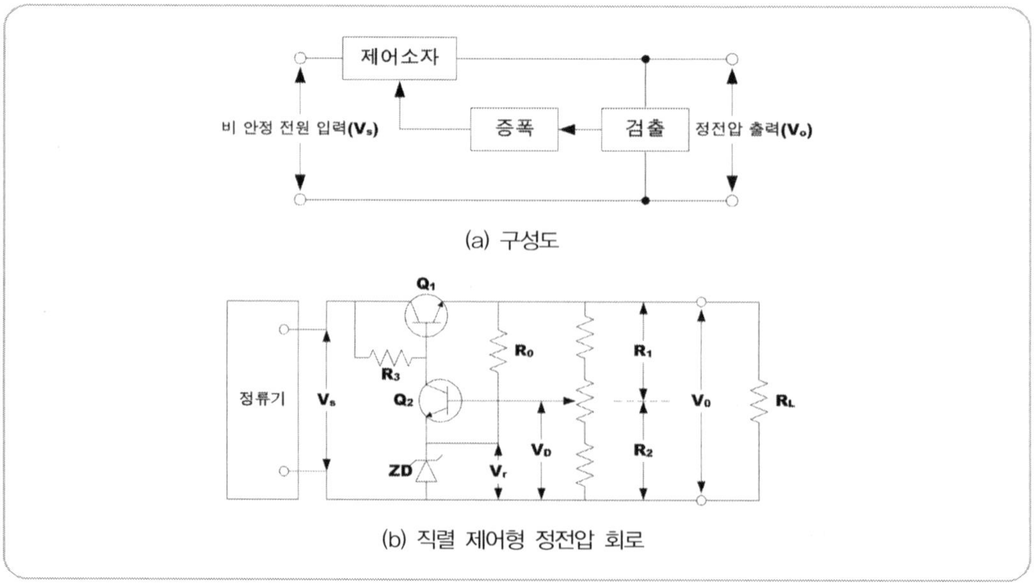

[그림 9-11] 직렬 제어형 정전압 회로

① [그림 9-11]에서 V_0가 증가하면 V_D가 증가하고 V_D의 증가에 의해 Q_2에 큰 컬렉터 전류가 흐르게 된다.

② 이에 따라 Q_1의 베이스에 공급되는 전류가 적어져 Q_1의 출력전압 V_0를 감소시키게 된다.

③ 반대로 V_0가 감소하면 V_D가 감소하고 V_D의 감소에 의해 Q_2의 컬렉터 전류가 줄어든다.

④ 이에 따라 Q_1의 베이스에 공급되는 전류가 증가하여 Q_1의 출력전압 V_0가 커진다.

9.3.1. 병렬 제어형 정전압 회로

제어용 트랜지스터를 부하와 병렬로 넣은 회로로서 출력 단자가 단락되더라도 트랜지스터가 파괴되지 않으나, 효율이 직렬 형에 비해 좋지 못하고, 부하의 변동 폭을 크게 할 수 없다.

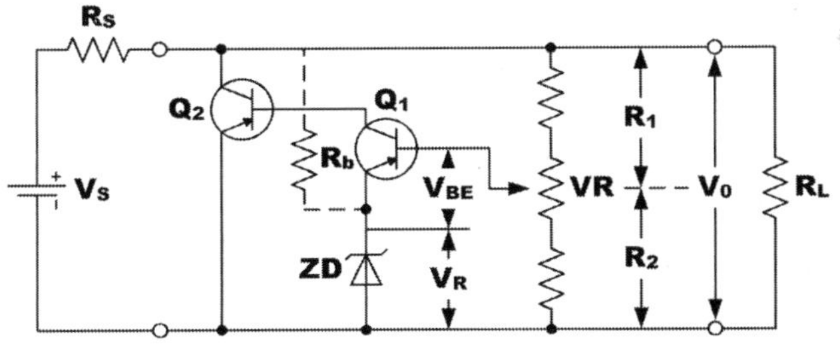

[그림 9-12] 병렬 제어형 정전압 회로

[그림 9-12]에서 저항 R_2는 제너 다이오드 Z_D를 적당한 동작 점에 바이어스 하기 위한 것이며 R_1은 직렬 안정 저항으로서 출력 전압의 변동 분을 분담하여 보상한다.

9.4 축전지(Storage Battery)

전지란 화학적 에너지를 전기적 에너지로 변환 시키는 장치로서 1차 전지와 2차 전지로 구분할 수 있다. 여기서 1차 전지는 건전지나 수은전지등과 같이 한번 사용하면 다시 사용할 수 없는 형태의 전지이고, 2차 전지는 납축전지나 니켈 이온전지와 같이 사용 후 충전(Charge)과 방전(Discharge)을 반복하여 계속적으로 사용할 수 있는 전지이다.

축전지에는 납축전지가 널리 사용되어지고 있다.

축전지는 1개당 기본 전압이 2[V]이며, 방전됨에 따라 전압이 강하하여 어느 값에 도달하게 되면 갑자기 감소하여 0이 된다. 이때의 전압을 방전 정지 전압(Final Discharge Voltage)라고 하며 이 전압 이하로 사용해서는 안 된다.

9.4.1. 축전지의 구조

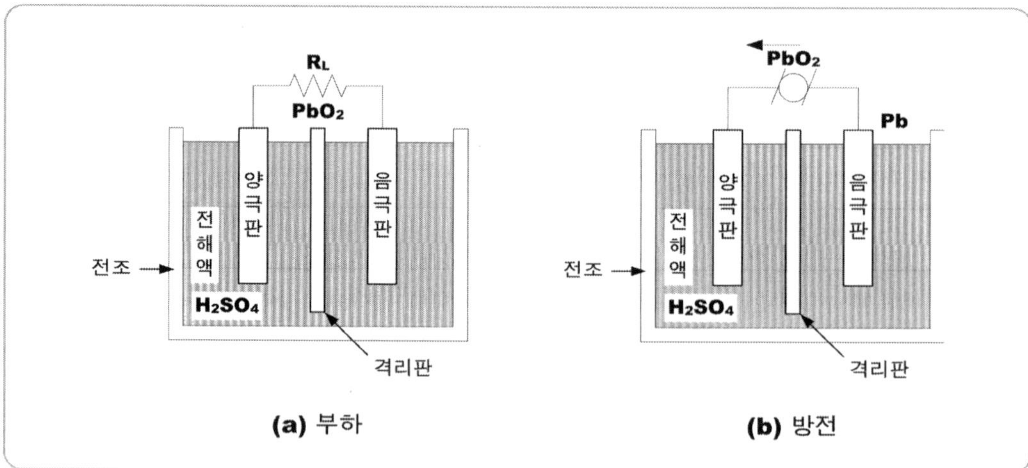

[그림 9-13] 납축전지의 구조

9.4.2. 화학 반응

				(방전)			
PbO_2	+ $2H_2SO_4$	+	Pb	⇆	$PbSO_4$	+ $2H_2O$	+ $PbSO_4$
양극(적갈색)	전해액		음극(회백색)	(충전)	양극	전해액	음극

전해액은 H_2SO_4(묽은 황산)을 사용한다.

㉠ 온도 20[℃], 비중 1.210일 때 전해액의 전기 저항이 가장 작다

㉡ 황산의 비중은 온도에 반비례 한다.

㉢ 표준 비중은 1.210~1.220이다.

㉣ 표준 온도 20[℃]에서의 비중치(S_{20}), $S_{20} = S_t + 0.0007(t-20)$

단 S_t는 t℃ 온도에서의 실측값, t는 전해액 측정 온도이다.

9.4.3. 용량

(1) 용량 : 암페어시[Ah], [Wh]

(2) 의미 : 방전전류×방전시간

9.4.4. 충전의 종류

(1) 초 충전(Initial Charge)

최초로 행하는 충전으로 초충전은 전지의 일생을 좌우하게 된다.

(2) 평상 충전(Normal Charge)

규정 전압 및 규정 전류로 충전하는 방식으로 전해액 비중이 변화하지 않은 범위 내에서 행하는 충전이다.

(3) 속충전(Quickly Charge)

전압이 2.4[V]될 때까지는 평상 전류의 2배로 급속히 충전하고, 다음은 평상 충전으로 하는 충전이다.

(4) 과 충전(Over Charge)

평상 충전이 끝난 다음 평상 전류의 $\frac{1}{2}$로 계속 충전하는 것이다. 전해액 내의 기포로 백색 황산납을 씻어내기 위한 충전이다.

(5) 균등 충전(Equality Charge)

충전 시 충전 부족인 극판이 없도록 하는 충전이다.

(6) 부동 충전(Floating Charge)

정류기와 축전지를 부하에 병렬로 연결하여 축전지의 방전을 계속 보충하면서 부하에 전력을 공급하는 방식으로 회로의 전압을 축전지의 전압보다 약간 높게 유지 시킨다.

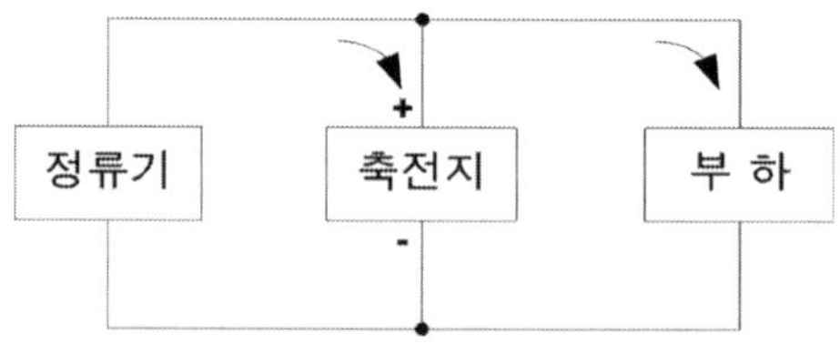

[그림 9-14] 부동 충전 방식

■ **부동 충전 방식의 이점**

㉠ 정류기의 맥동을 축전지가 흡수하여 맥동률이 좋아진다.
㉡ 부하 변동으로 인한 전압 변동에 대하여 안정적이다.
㉢ 주전원이 정지되었을 때도 계속 사용이 가능하다.
㉣ 축전지의 용량이 크지 않아도 되며 효율이 좋아진다.
㉤ 축전지의 수명이 길어진다.

9.4.5. 축전지 사용 시 주의 사항

(1) 축전지 용량이 감소하는 원인

① 전해액의 비중 과 · 소

② 충 · 방전 전류의 과대

③ 극판의 부식과 균열

④ 백색 황산납의 생성

⑤ 국부 및 성극 작용

⑥ 전해액의 부족

(2) 극판의 백색 황산연화의 원인

극판이 백색으로 되거나 표면에 백색 반점이 생기는 것을 백색 황산연화라고 하며 다음과 같은 원인으로 인해 생기는 현상이다.

① 전해액 부족으로 극판이 공기 중에 노출되었을 때

② 방전상태로 장시간 방치되었을 때

③ 불충분한 충 · 방전이 반복되었을 때

④ 전해액이 불순할 때

⑤ 자기 방전

(3) 극판의 만곡

극판의 반곡은 육안으로도 확인할 수 있으며, 정(+)극판의 상부가 두꺼워지고 심한 경우에는 극판이 단락하기도 한다. 이러한 극판의 만곡 원인은 다음과 같다.

① 고온(45[℃]이상)에서의 사용.

② 과대 전류의 충 · 방전

③ 전해액의 불순

④ 과도한 방전

연습문제 EXERCISES

01. 다음 중 정류회로의 구성으로 가장 적합한 것은?

가. 증폭부 – 평활회로 – 정류부 – 정전압회로 – 부하
나. 정류부 – 변압기 – 증폭부 – 정전압회로 – 부하
다. 변압기 – 정류부 – 평활회로 – 정전압회로 – 부하
라. 변압기 – 증폭부 – 정전압회로 – 평활회로 – 부하

※ 통신용 전원 계통도

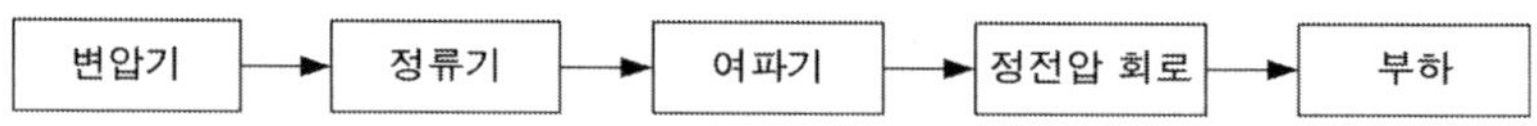

⇒ 평활회로(여파기)는 정류파 중 AC 성분을 제거해주는 필터 역할을 한다.

02. 전파 정류회로에서 정류 효율은 반파 정류 회로의 몇 배 까지 얻어질 수 있는가?

가. 2배　　나. 4배
다. 6배　　라. 8배

단상 반파 정류회로의 최대효율은 40.6% 이고, 단상 전파 정류회로의 최대효율은 81.2%이다.

03. 단상 반파 정류기에서 출력 전력은?

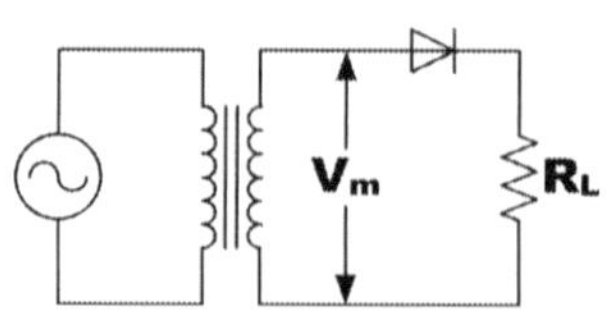

가. 입력 전압의 자승에 비례　　나. 부하 임피던스의 자승에 비례
다. 다이오드 내부저항의 자승에 비례　　라. 입력 전압의 자승에 반비례

※ **단상 반파 정류회로**

⇒ 직류전류(I_{dc})=$\frac{V_m}{\pi(r_f+R_L)}$, (V_m : 최대입력전압,

r_f : 다이오드순방향저항, R_L : 부하저항)

⇒ 출력전력(P_{dc})=$I_{dc}^2 \cdot R_L$=$[\frac{V_m}{\pi(r_f+R_L)}]^2 \cdot R_L$

∴ 출력전력은 입력 전압의 자승에 비례하고 다이오드 내부저항의 자승에 반비례한다.

04. **단상 반파 정류회로에서 정류기의 내부저항과 부하 저항이 같을 때 최대 정류 효율은 얼마인가?**

가. 20.3%　　나. 40.6%

다. 60.4%　　라. 81.2%

정류방식 / 항목	단상반파정류	단상전파정류
η(정류효율) $=\frac{P_{dc}}{P_{ac}}$	$\eta=\frac{P_{dc}}{P_{ac}}=\frac{40.6}{1+\frac{r_f}{R_L}}$	$\eta=\frac{P_{dc}}{P_{ac}}=\frac{81.2}{1+\frac{r_f}{R_L}}$

⇒ 정류기의 다이오드 순방향 저항(r_f)와 부하저항(R_L)이 같게 되면 $\eta=0.203$가 된다.

05. **단상 반파 정류회로에 사용한 다이오드의 순방향 저항이 10[Ω]이고 회로의 부하저항이 200[Ω] 이 라면 정류효율은?**

가. 약 32.7[%]　　나. 약38.7[%]

다. 약 42.7[%]　　라. 약48.7[%]

단상 반파 정류회로의 다이오드 순방향 저항(r_f)=10[Ω],부하저항(R_L)=200[Ω]이므로 정류효율(η)은

$\eta=\frac{P_{dc}}{P_{ac}}=\frac{40.6}{1+\frac{r_f}{R_L}}=\frac{40.6}{1+\frac{10}{200}}$ ≒ 38.7[%]가 된다.

해답

1. (다)　2. (가)　3. (가)　4. (가)　5. (나)

06. 그림의 단상 반파 정류회로에서 정류효율(η)은 얼마인가? (단, 다이오드의 순방향 저항은 20Ω이다.)

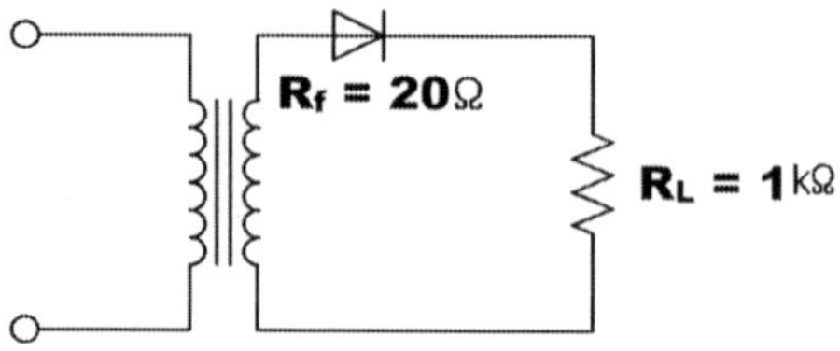

가. 25.6[%] 나. 32.6[%] 다. 39.8[%] 라. 42.6[%]

07. 단상 반파 정류기가 1[KΩ]의 부하에 전력을 공급하고 있다. 정류기에 인가되는 교류전압은 300[V](rms값)이고, 다이오드 저항은 100[Ω]이라 할 때 정류효율은?

가. 약 28.9[%] 나. 약 33.8[%] 다. 약 36.9[%] 라. 약 39.4[%]

08. 정현파를 단상 전파정류 했을 때 출력전압의 실효치는 약 얼마인가?

가. 최대치의 0.5배
나. 최대치의 0.707배
다. 최대치의 1배
라. 최대치의 2배

※ 단상 전파 정류회로에서 출력전압의 실효치는 $\frac{V_m}{\sqrt{2}} = 0.707 \cdot V_m$ (단, V_m : 최대 전압)이 된다.

09. 구형파를 반파정류 하였을 때 출력 전압의 평균치는?

가. 최대치의 2배
나. 최대치
다. 최대치의 0.707배
라. 최대치의 0.5배

※ 구형파를 반파 정류했을 때 평균 출력 전압은 최대치의 0.5배이며 전파 정류했다면 1배가 된다.

10. 정현파의 최대전압이 100[V]이면 단상 전파정류를 했을 때 평균치는 얼마인가?

가. 32.6V
나. 63.6V
다. 71.6V
라. 90.6V

11. 그림과 같은 정류 회로에서 콘덴서 Cf의 리이드가 단선 되었을 때 출력 전압의 파형은 어떤 상태가 되는가?(단, 입력 Vi에는 정현파 가해진다.)

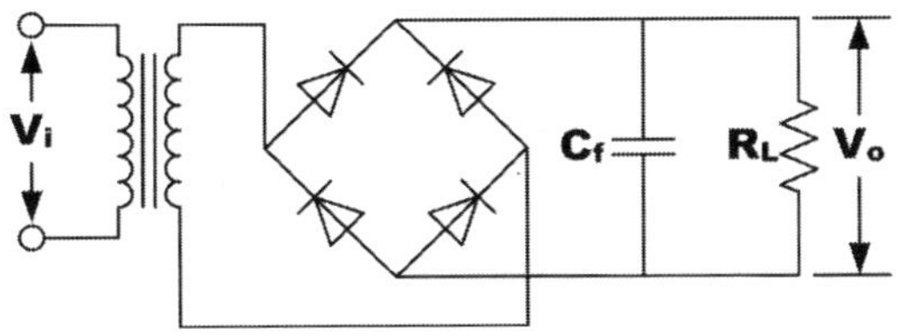

가. 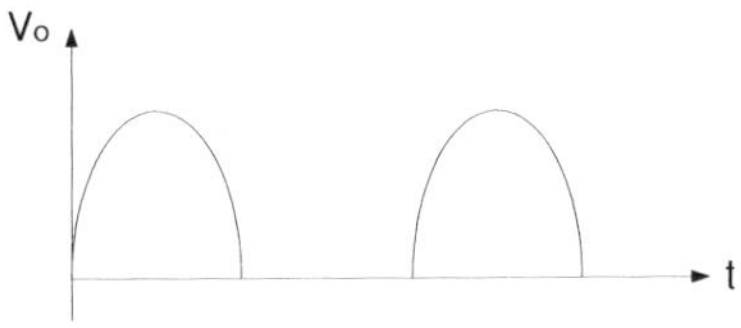

나. 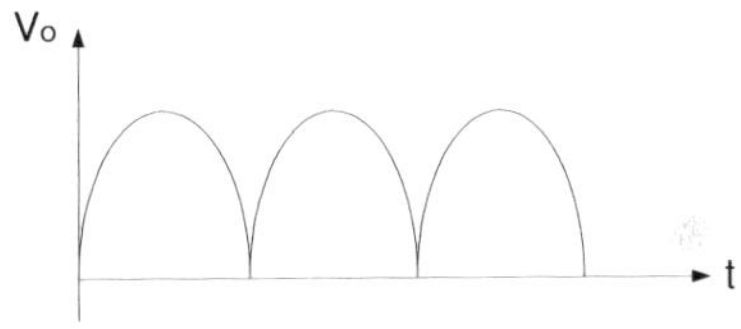

다. 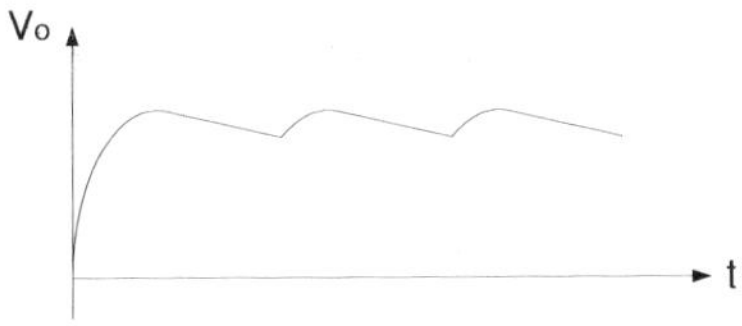

라. 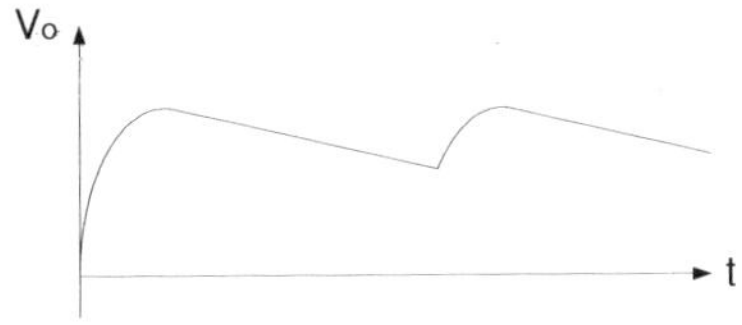

12. 정류기의 부하단의 평균전압은 200V, 실효값 맥동율이 2%일 때 교류분 실효값은?

가. 8[V]　　나. 6[V]　　다. 4[V]　　라. 2[V]

※ 맥동율(r)은 $r = \frac{V_{ac}}{V_{dc}} \times 100[\%]$ 이다. ⇒ $\therefore\ V_{ac} = \frac{r \times V_{dc}}{100} = \frac{2 \times 200}{100} = 4[V]$가 된다.

13. 단상 반파 정류기의 맥동주파수와 전원주파수의 관계로 맞는 것은?

가. 1배　　나. 2배　　다. 3배　　라. 1/2배

	단상 반파	단상 전파	3상 반파	3상 전파
맥동주파수	f	2f	3f	6f

※ 단, f는 전원 주파수이다.

해답

6. (다)　7. (다)　8. (나)　9. (라)　10. (나)　11. (나)　12. (다)　13. (가)

14. 어떤 정류기의 부하 양단 평균전압이 600V이고, 맥동률이 2%일 때 여기에 포함된 교류분의 최대치는 약 몇 V인가?

가. 6　　나. 12　　다. 17　　라. 24

※ 맥동률$(r)=\frac{V_{ac}}{V_{dc}}\times 100[\%]$, $2=\frac{V_{ac}}{600}\times 100[\%]$에서 $V_{ac}=12[V]$가 된다.

15. 다음 정류방식 중 맥동률이 가장 적은 방식은?

가. 단상 전파 방식　　나. 단상 반파 방식
다. 3상 전파 방식　　라. 3상 반파 방식

	단상 반파	단상 전파	3상 반파	3상 전파
맥동주파수	f	2f	3f	6f
맥동률(r)	1.21	0.482	0.183	0.042

※ 단, f는 전원 주파수이다.

16. 각 정류회로의 맥동율 중 맞지 않는 것은?(단, 저항 부하시임)

가. 단상반파 정류회로 : 1.21　　나. 단상전파 정류회로 : 0.482
다. 3상 반파 정류회로 : 1.23　　라. 3상 전파 정류회로 : 0.042

★★
17. 정류기의 부하양단의 평균전압이 500[V]이고 이때 맥동률은 2[%]라고 한다. 교류 분은 몇[V]포함되어 있는가?

가. 10 [V]　　나. 20 [V]　　다. 30 [V]　　라. 40 [V]

★
18. 맥동률이 2% 일 때 맥동분의 전압이 5V 이었다면 이때의 직류 전압은 몇 V 인가?

가. 100　　나. 125　　다. 200　　라. 250

19. 전원장치의 출력 직류전압이 100[V], 출력 교류 전압이 3.5[V]인 경우 맥동률은?

가. 0.35%　　나. 3.5%　　다. 35%　　라. 350%

$$맥동률 = \frac{출력\ 교류전압}{출력\ 직류전압} \times 100[\%] = \frac{3.5}{100} \times 100 = 3.5[\%]$$

20. 그림은 전원 정류회로의 리플(ripple) 함유율을 측정하는 회로이다. 저항 R을 조정하여 전류계의 지시가 정격전류가 되었을 때 전압계 V_1과 V_2의 지시값이 120[V] 및 6[V]라면 리플 함유율은 얼마인가?

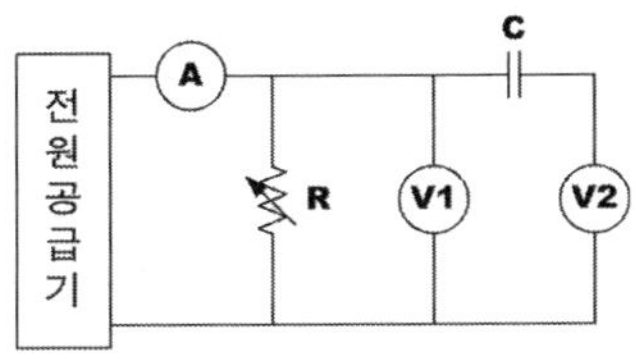

가. 5% 나. 2%

다. 10% 라. 8%

$$리플\ 함유율(\gamma) = \frac{직류에\ 포함된\ 교류전압}{정류회로의\ 출력\ 직류전압} \times 100[\%] = \frac{6}{120} \times 100 = 5[\%]$$

∵ C는 직류성분을 차단하므로 V_2에 나타나는 전압은 교류성분의 전압이 된다.

★★★
21. 어떤 전원 정류기에서 전부하의 출력 전압이 250[V]일 때 전압 변동률이 20[%]일 경우 무부하시 전압은?

가. 500[V] 나. 312.5[V]

다. 300[V] 라. 475[V]

※ 전압 변동율

$$\Delta V = \frac{V_0 - V_L}{V_L} \times 100[\%] \text{ 이므로 } 20 = \frac{V_0 - 250}{250} \times 100[\%] \begin{cases} V_0: \text{ 무부하시 전압} \\ V_L: \text{ 부하시전압} \end{cases} \therefore V_0 = 300[V]$$

해답

14. (나) 15. (다) 16. (다) 17. (가) 18. (라) 19. (나) 20. (나) 21. (다)

22. 전원 회로에서 무부하 일때 단자 전압이 120[V], 부하일 때 단자 전압은 100[V]였다. 이때 전압 변동율은?

가. 20[%] 나. 0.2[%] 다. 16[%] 라. 1.6[%]

※ **전압 변동율**

$$\Delta V = \frac{V_0 - V_L}{V_L} \times 100(\%) = \frac{120-100}{100} \times 100(\%) = 20(\%) \quad \begin{cases} V_0: \text{무부하시 전압} \\ V_L: \text{부하시 전압} \end{cases}$$

23. 전원 정류기의 부하에 대한 전압 변동 율을 측정하였더니 무부하시 출력전압은 V_o이었고, 부하시 출력전압은 V_L이었다. 전압 변동 율은 얼마인가?

가. $\frac{V_o - V_L}{V_o} \times 100[\%]$

나. $\frac{V_o - V_L}{V_L} \times 100[\%]$

다. $\frac{V_L - V_o}{V_o} \times 100[\%]$

라. $\frac{V_L - V_o}{V_L} \times 100[\%]$

24. 아래의 회로에서 출력전압의 변동 분을 분담하여 보상한 소자는?

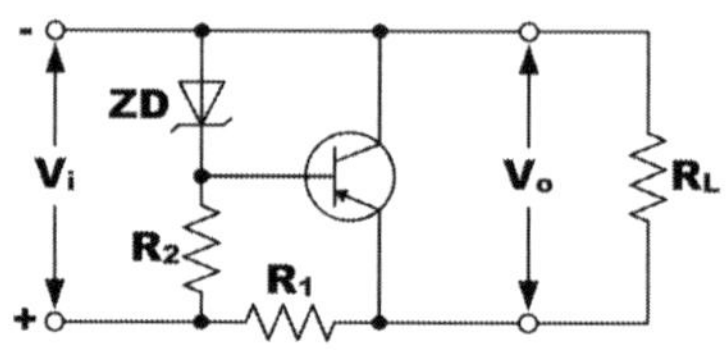

가. R_1

나. R_2

다. R_L

라. ZD

※ **병렬형 정전압 회로**

① ZD : 제너 다이오드로서 정전압용 다이오드이다.

② R_1 : 출력전압의 변동분을 분담하여 보상하는 저항소자이다.

③ R_2 : 제너 다이오드를 일정한 전압에서 bias 시키기 위한 저항이다.

④ R_L : 부하저항으로 일정한 출력전압을 뽑아내는 출력저항이다.

25. 정류기에서 맥동성분을 제거하고 직류성분만을 얻기 위해 사용하는 회로는?

가. 배 전압 정류회로

나. RL 필터 회로

다. 축전지 회로

라. 평활 회로

★★★

26. 직류전원장치에서 평활회로에 이용되는 필터는?

가. 저역필터　　나. 고역필터
다. 대역필터　　라. 대역소거필터

※ 정류기의 평활회로는 R과 C가 병렬로 연결되는 LPF(저역여파기, 적분회로)로 사용한다.

27. 전원장치의 초크 입력형과 비교한 콘덴서 입력형 평활회로의 특성으로 적합하지 않은 것은?

가. 가격이 싼 편이다.　　나. 첨두 역전압이 상당히 높다.
다. 전압 변동율이 좋다.　　라. 첨두 정류전류가 매우 크다.

※ **평활회로(Smoothing Circuit)**

1. 콘덴서 입력형 평활회로
   ① 부하가 클 때 맥동률이 적고, 출력 전압이 높다.
   ② 전압 변동률 나쁘다.
   ③ Diode에 흐르는 전류가 날카로운 펄스모양이다.
   ④ 소전력 수신기에 많이 사용
2. 초크 입력형 평활회로
   ① 맥동률이 적고, 전압 변동율이 좋다
   ② 초크코일 L1에 의한 전압 강하로 출력전압이 저하된다.
   ③ 대전력 송신기에 적합

28. 그림과 같은 전원 평활회로에서 출력전압의 맥동분을 적게 하려면?

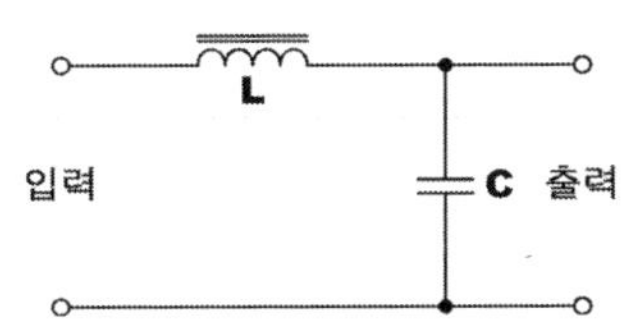

가. L을 크게 하고 C를 작게 한다.　　나. L을 작게 하고 C를 크게 한다.
다. L과 C를 모두 작게 한다.　　라. L과 C를 모두 크게 한다.

해답

22. (가)　23. (나)　24. (가)　25. (라)　26. (가)　27. (다)　28. (라)

29. 전파 정류회로에서 맥동 전압을 나타낸 설명 중 옳은 것은?(단, 평활회로는 콘덴서 입력형 임)

가. 맥동 전압은 부하 저항 및 콘덴서 용량에 반비례한다.
나. 맥동 전압은 부하 저항에 비례하고 콘덴서 용량에 반비례한다.
다. 맥동 전압은 부하 저항 및 콘덴서 용량에 비례한다.
라. 맥동 전압은 부하 저항에 반비례하고 콘덴서 용량에 비례한다.

30. 전원 평활 회로에서 초크(Choke) 입력 형이 콘덴서 입력 형에 비해 장점이 되지 못하는 것은?

가. 전압변동률이 양호하다.
나. 대 전류에 적합하다.
다. 리플률은 부하저항의 변동에 상관없이 우수하다.
라. 사용 정류기는 어느 것이나 사용할 수 있다.

31. 다음 그림은 궤환형 정전압 회로의 기본 구성도이다. 빈칸에 들어갈 내용으로 옳은 것은?

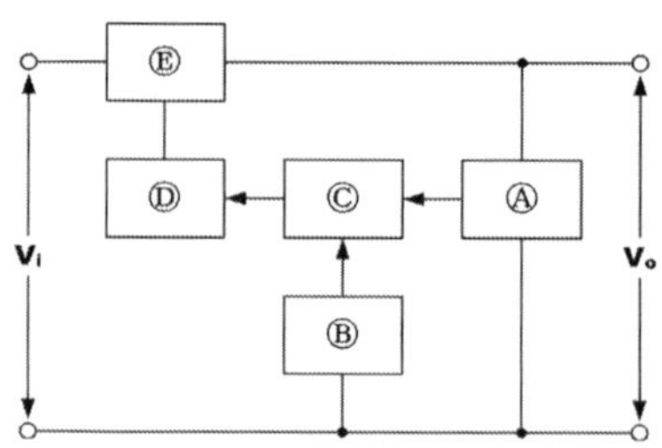

가. ⓐ검출부 ⓑ제어부 ⓒ비교부 ⓓ증폭부 ⓔ기준부
나. ⓐ검출부 ⓑ기준부 ⓒ비교부 ⓓ증폭부 ⓔ제어부
다. ⓐ검출부 ⓑ기준부 ⓒ비교부 ⓓ제어부 ⓔ증폭부
라. ⓐ검출부 ⓑ제어부 ⓒ비교부 ⓓ기준부 ⓔ증폭부

32. 다음 정전압 회로에서 Q_2의 역할은?

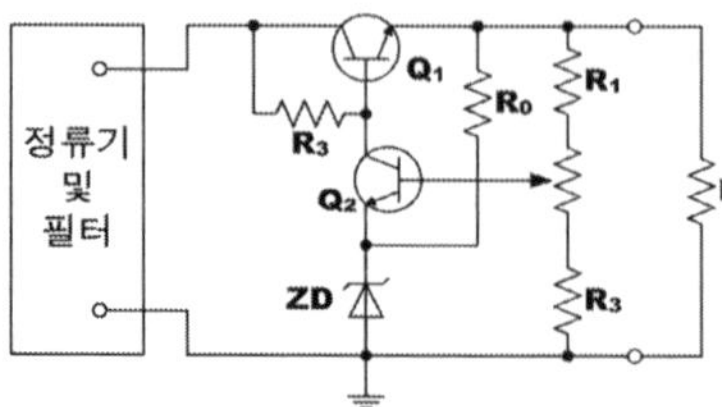

가. 제어용　　　　나. 증폭용
다. 비교용　　　　라. 기준용

33. 직렬 형 정전압회로에서 직류출력의 전압변동을 감지하는 부분은?

가. 증폭 부　　　　나. 제어 부
다. 검출 부　　　　라. 기준 전압 부

34. 다음 중 전원회로의 잡음대책에 속하지 않는 것은?

가. 필터회로를 사용한다.
나. 서지(surge) 흡수 소자를 사용한다.
다. 실드선을 사용한다.
라. 전원회로의 전압을 높게 한다.

> **※ 전원회로의 잡음대책**
> ① LPF(저역 통과 필터)를 사용한다.
> ② 서지(surge) 흡수 소자를 이용하여 충격성 잡음을 방지한다.
> ③ 실드(shield)선을 사용한다.
> ④ 접지한다.

★
35. 축전지에서 AH(암페어시)가 나타내는 것은?

가. 축전지의 사용가능시간　　　　나. 축전지의 용량
다. 축전지의 충전전류 라. 축전지의 방전전류

> **※ 축전지의 용량은 AH(암페어시), WH(와트시)이다.**
> ⇒ AH=방전전류×방전시간

해답

29. (가) 30. (다) 31. (나) 32. (나) 33. (다) 34. (라) 35. (나)

36. **연축전지에서 과충전을 해야 할 경우가 아닌 것은?**

가. 8시간 이상 사용했을 경우
나. 정격용량 이상으로 방전하였을 경우
다. 완전 방전 후 즉시 충전하지 않았을 경우
라. 전지의 사용을 오래 동안 사용하지 않았을 경우

※ **연축전지에서 과충전을 해야 할 경우**
① 정격용량 이상으로 방전했을 경우
② 완전 방전 후 즉시 충전하지 않았을 경우
③ 축전지를 오랫동안 사용하지 않았을 경우
④ 축전지 극판에 백색 황산연이 생겼을 경우

37. **연축전지에 과대한 전류로 충전할 때 발생하는 현상으로 가장 타당한 것은?**

가. 극판의 부식현상
나. 자기방전의 증대현상
다. 분활성 유산염의 발생현상
라. 극판의 만곡현상

※ 연축전지에 과충전 또는 과방전을 하게되면 극판이 구부러지는 만곡현상이 발생한다.

38. **다음 중 전원용 축전지에 있어서 과충전(Over charge)을 요하는 경우에 해당되지 않는 것은?**

가. 방전 후 곧 충전하는 경우
나. 정격용량 이상을 방전했을 경우
다. 극판에 백색 황산납이 생겼을 경우
라. 방전 후 오랫동안 사용하지 않았을 경우

※ **연축전지에서 과충전을 해야 할 경우**
① 정격용량 이상으로 방전했을 경우
② 완전 방전 후 즉시 충전하지 않았을 경우
③ 축전지를 오랫동안 사용하지 않았을 경우
④ 축전지 극판에 백색 황산연이 생겼을 경우

39. **납축 전지의 충전 화학반응은?**

가. $PbSO_4 + 2H_2O + PbSO_4 \rightarrow PbO_2 + Pb + 2H_2SO_4$

나. $PbSO_4 + Pb + 2H_2SO_4 \rightarrow PbSO_4 + 2H_2O + PbSO_4$

다. $PbSO_4 + Pb + PbSO_4 \rightarrow PbSO_4 + 2H_2O + 2H_2SO_4$

라. $PbSO_4 + 2H_2O + PbSO_4 \rightarrow PbSO_4 + Pb + 2PbSO_4$

> ※ 납축전지의 충전 화학반응식은
>
> $PbSO_4 + 2H_2O + PbSO_4 \rightarrow PbO_2 + Pb + 2H_2SO_4$가 된다.

40. 축전지 극판은 여러 가지 사유로 극판의 만곡이 일어난다. 다음 중 관계가 먼 것은?

가. 백색황산연이 생성될 때

나. 과충전 및 과방전

다. 45 ° C 이상의 고온으로 사용할 때

라. 묽은 황산(희류한)의 비중이 너무 높을 때

> ※ 축전지 극판의 만곡현상의 원인
>
> ① 백색 황사연이 생성될 때 ② 과충전 및 과방전을 했을 때 ③ 45℃ 이상의 고온으로 사용했을 때

41. 축전지 취급상 주의 사항이 아닌 것은?

가. 방전 직후 곧 충전할 것

나. 과 방전을 하지 말 것

다. 방전 전류는 과대하게 할 것

라. 전해액면이 극판 위에 차 있게 할 것

42. 전해액의 저항이나 접지저항을 측정할 때 교류를 사용하는 이유 중 가장 타당한 것은?

가. 전극 표명의 분극작용을 방지하기 위하여

나. 전극 내부 저항을 감소시키기 위하여

다. 습기를 제거하기 위하여

라. 접지 저항보다 작은 저항 값을 지시하는 것을 방지하기 위하여

해답

36. (가) 37. (라) 38. (가) 39. (가) 40. (라) 41. (다) 42. (가)

43. **부동 충전 방식의 특징이 아닌 것은?**

가. 전압 변동율이 감소한다.
나. 맥동율이 증가한다.
다. 효율이 증가한다.
라. 전지의 수명이 연장된다.

※ 부하 앞단에 축전지를 병렬로 연결하여 전원과 함께 사용하는 방식을 부동 충전 방식이라고 하며 다음과 같은 특징을 가지고 있다.
① 전압 변동율이 감소 ② 맥동율이 감소 ③ 효율이 증가 ④ 축전지의 수명이 증가

44. **부동충전(floating charge)에 대한 설명 중 틀린 것은?**

가. 주전원이 정지되었을 때도 계속 사용이 가능하다.
나. 축전지의 수명이 길어진다.
다. 용량이 비교적 적어도 되며 효율이 좋아진다.
라. 전압 변동률은 감소되나 리플 함유율은 증가한다.

45. **부동충전방식의 특징에 대한 설명 중 적합하지 않은 것은?**

가. 축전지의 수명이 짧아진다.
나. 전화국 전원 등에 많이 이용된다.
다. 축전지의 용량이 비교적 적어도 된다.
라. 부하에 대한 전압변동이 적고 직류출력 전압이 안정하다.

★★
46. **인버터(inverter)에 대한 설명으로 맞는 것은?**

가. 직류전원을 다른 크기의 직류전원으로 변환하는 장치
나. 직류전압을 일정한 주파수의 교류전압으로 변환하는 장치
다. 교류전압을 직류전압으로 변환하는 장치
라. 교류전압을 다른 주파수와 크기를 갖는 교류전압으로 변환하는 장치

47. **전력변환장치를 크게 분류하면?**

가. 인코더(encoder)와 디코더(decoder)
나. 인버터(inverter)와 컨버터(converter)
다. 정류기(rectifier)와 발진기(generator)
라. 계전기(relay)와 발진기(oscillator)

48. 다음 중 직류전압을 교류전압으로 변환하는 장치는?

가. AVR 나. UPS
다. 인버터 라. 변압기

49. C급 전력증폭기의 출력을 100[W], 컬렉터 효율 70[%], 진회로의 Q가 무부하시 200, 부하 시 15로 하였을 때 컬렉터 입력전력은 대략 얼마인가?

가. 925[W] 나. 201[W]
다. 155[W] 라. 108[W]

50. 푸쉬풀 증폭기에서 출력파형의 찌그러짐이 적어지는 이유는?

가. 우수차 고조파가 상쇄되기 때문이다.
나. 기수차 고조파가 전도되기 때문이다.
다. 정현파 발진회로의 역할을 하기 때문이다.
라. 직류성 파형으로 되기 때문이다.

51. 중화회로에 관한 설명 중 틀린 것은?

가. 기생진동을 방지한다.
나. 자기발진을 방지한다.
다. 회로소자를 단일 방향화 하는 회로이다.
라. 부궤환 회로방식을 이용한 것이다.

52. 무부하시 직류 출력 전압이 10[V], 다이오드의 순방향 저항 r_f가 10[Ω]인 반파 정류기에서 부하 전류의 규격 값을 100[㎃]로 하고자 한다. 부하 저항의 값은 얼마로 하여야 좋은가?

가. 50[Ω] 나. 70[Ω]
다. 90[Ω] 라. 110[Ω]

해답

43. (나) 44. (라) 45. (가) 46. (나) 47. (나) 48. (다) 49. (다) 50. (가) 51. (나) 52. (다)

53. C급 무선주파 전력 증폭기에서 여진 전압이 일정 할 때 컬렉터 회로의 LC를 동조시키면 비동조시 에 비해 평균 컬렉터 전류는?

가. 증가한다. 나. 감소한다.
다. 일정하다. 라. 발진한다.

해답

53. (나)

제10장

무선기기에 관한 측정

제10장 무선기기에 관한 측정

10.1 전송 레벨

표준 입력 전력, 전압, 전류에 대한 표준 출력 전력, 전압, 전류의 대수비를 의미하며 단위는 데시벨([dB] : Decibel)을 사용한다.

10.1.1 전송 레벨의 종류

(1) 상대레벨 [dB]

[dB]라는 단위는 일반적으로 이득과 감쇠를 나타낼 때 사용하는 단위로 신호의 상대적인 크기 즉, 신호나 잡음의 전력레벨 또는 전압레벨을 표현하거나 비교할 때 많이 사용되는 단위이다. 쉽게 말해서 데시벨은 어떠한 기준을 정하고, 그 기준에 비해서 신호가 얼마나 큰가, 적은가를 나타내는 상대적인 단위를 말하는 것으로 신호의 세기의 비(신호의 크기를 기준 신호와 비교)를 상용로그를 취해 준 값에 10을 곱한 값으로 나타낸다.

$$dB = 10\log_{10}\frac{P_2}{P_1} \quad \text{[식 10-1]}$$

여기서 P_1은 기준 신호 전력, P_2는 피 측정 신호전력(측정하고자 하는 신호 전력)을 나타낸다.

따라서 데시벨은 $10\log_{10}$전력비가 되며 여기서 데시벨의 크기가 +[dB]이면 이득을 −[dB]이면 감쇠를 나타낸다.

또한 전력 P는 전류와 전압의 곱으로 표현할 수 있으므로

$$P = I \times V = I^2 R = \frac{V^2}{R}$$

$$10\log_2 \frac{\frac{V_1^2}{R_1}}{\frac{V_2^2}{R_2}}$$

R_1과 R_2저항이 같다면

$$10\log_{10}\frac{V_2^2}{V_1^2} = 10\log_{10} = (\frac{V_2}{V_1})^2 = 20\log_{10}\frac{V_2}{V_1}$$

따라서 기준 신호와 피 측정 신호가 전압일 경우에는 $20\log_{10}$전압비를 취한다.

전력 : $10\log_{10}(\frac{P_2}{P_1})$ $[dB]$ .... [식 10-2]

전압 : $20\log_{10}(\frac{V_2}{V_1})$ $[dB]$ .... [식 10-3]

전류 : $20\log_{10}(\frac{I_2}{I_1})$ $[dB]$ .... [식 10-4]

(2) 절대 레벨$[dBm]$

기준 신호 전력 1[㎽]에 대한 측정 신호 전력 레벨을 표시하는 단위로 신호나 잡음의 절대 전력 값을 나타낸다.

$[dBm] = 10\log_{10}\frac{P}{1[mW]}$ .... [식 10-5]

또한 측정 신호 전력 $P[W]$은 전류와 전압의 곱으로 표현할 수 있어 기준 신호가 전압이나 전류 일 경우에는 $20\log_{10}$를 취한다.

전류를 이용한 dBm : $20\log_{10}$ 전류$(I) = [dBm]$ .... [식 10-6]

전압을 이용한 dBm : $20\log_{10}$ 전압$(V) = [dBm]$ .... [식 10-7]

(3) 절대 레벨[dBW]

기준 신호 전력 1[W]에 대한 측정 신호 전력 레벨을 표시하는 단위로 [dBm]에 비해 대 전력 신호 레벨을 표시하는데 주로 이용한다.

$$[dBW] = 10\log_{10}\frac{P}{1[W]} \quad \text{[식 10-8]}$$

[dBm]과의 관계는

$+30[dBm] = 0[dBW]$ 즉, 0[dBW]은 30[dBm]과 같다.

(4) $dBmV$

기준 신호 전압 1[mV]데 대한 측정 신호 전압의 크기를 나타내는 단위로 $20\log_{10}$ 전압비로 표현한다.

$$[dBmV] = 20\log_{10}\frac{V}{1[mV]} \quad \text{[식 10-9]}$$

(5) 상대 전력[dBr]

전송로상의 여러 지점에서의 신호나 잡음 전력을 비교하기 위한 단위로 전송로상의 임의의 어떤 지점에서의 전력 P_0를 기준으로 정하고, 다른 지점에서의 전력 P의 크기를 기준 전력과 비교하여 상대 전력크기를 나타낸다.

(6) 네퍼(neper) 단위 : [neper]

데시벨과 같은 개념으로 유럽에서 많이 사용되는 단위이다. [dB]는 밑이 10인 상용로그를 사용하는데 반해 [neper]는 밑이 e인 자연로그를 사용하여 표현한다.

$$[\text{neper}] = \frac{1}{2}log_e\frac{P_2}{P_1} \quad \text{[식 10-10]}$$

P_1은 기준 신호 전력, P_2는 피 측정 신호전력(측정하고자 하는 신호 전력)을 나타낸다.

여기서 $[dB]$와 [neper]와의 관계를 살펴보면

$$1[\text{neper}] = 8.686[dB],\ 1[dB] = 0.115[\text{neper}] \quad \cdots\cdots [식\ 10\text{-}11]$$

관계를 가진다.

10.1.2 $3dB$주파수

공진이 되었을 때의 공진 주파수를 f_r이라 하고 공진 전류를 I_r이라 한다. 이 때 I_r보다 $\frac{1}{\sqrt{2}}$배($3dB$) 저하된 지점의 두 주파수(f_1, f_2)를 $3dB$주파수라 한다.

f_1과 f_2사이의 간격을 대역폭(B)이라 하며, 대역폭이 좁으면 공진 전류는 높아지고 대역폭이 넓으면 공진 전류는 낮아지게 된다.

또한 Q란 공진 주파수에 대해 대역폭과 이득에 대한 지표로서 Q가 클수록 공진곡선이 날카롭게 되어 대역폭은 좁아지고 이득은 높아지게 된다.

$$Q = \frac{f_r}{f_2 - f_1} = \frac{f_r}{B} \quad \cdots\cdots [식\ 10\text{-}12]$$

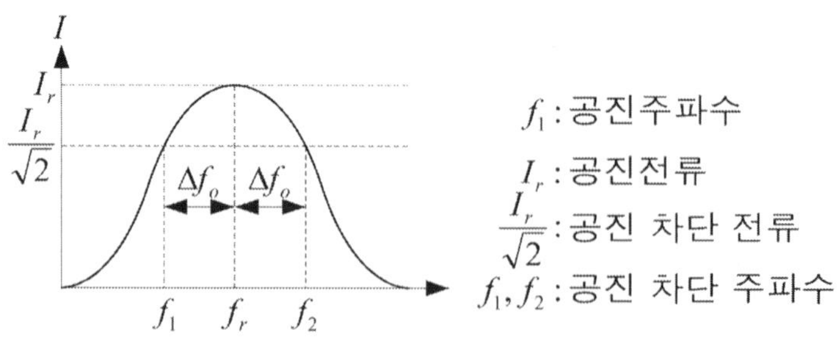

[그림 10-1] Q곡선

10.2 측정 장비

10.2.1. 표준 신호 발생기(SSG : Standard Signal Generator)

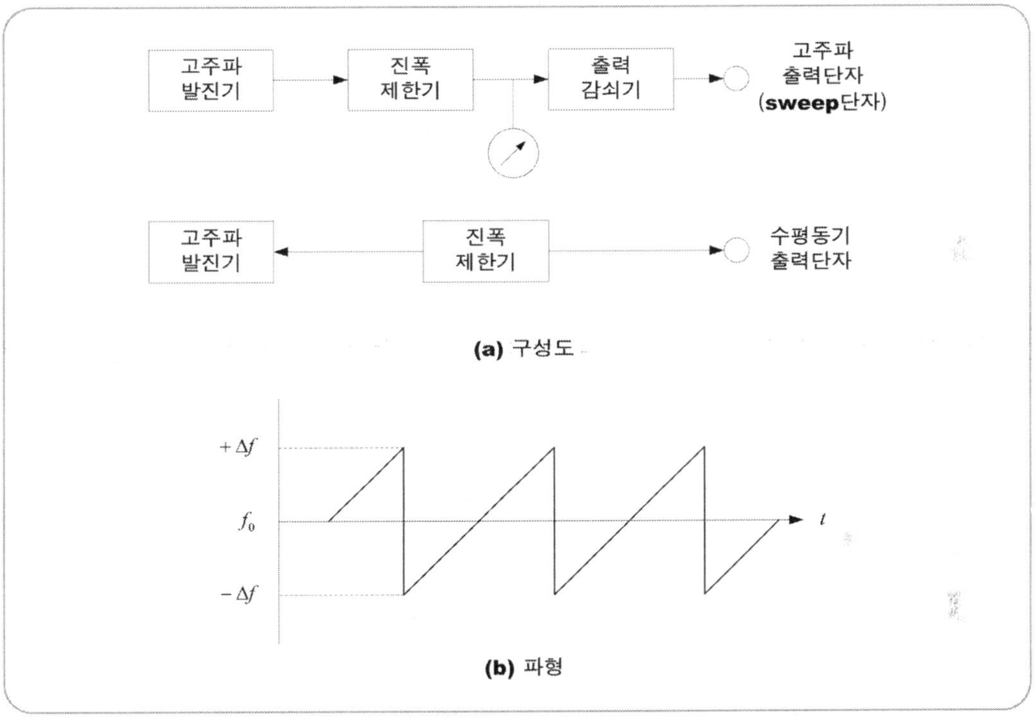

[그림 10-2] 소인 발진기의 구성도

표준 신호 발생기란 말 그대로 표준 신호를 발생하는 가변 주파수 발진기로 무선 수신기나 고주파 회로 등의 무선통신기기를 시험하거나 수신 전파의 강도를 측정하는데 사용하며 다음과 같은 구비 조건을 갖추어야 한다.

① 표준 신호 발생기의 발진 주파수가 정확하고 안정도가 좋아야 한다.

② 누설이 적어야 하며 파형이 양호해야 한다.

③ 변조의 특성이 양호해야 한다.

④ 출력 전압이 정확해야 한다.

10.2.2. 소인 발진기(Sweep Generator)

고주파 범위에서 정현파를 제공하는 계기로 진폭이 일정하고, 주파수가 주기적으로 반복되는 주파수 변조파를 발생시키는 장비이다. 각종 전자회로의 중간주파 증폭기의 주파수 특성을 측정하는데 사용되며, 반드시 Scope와 조합시켜서 사용해야 한다.

소인 발진기의 사용용도

① 수신기의 중간 주파 증폭기의 특성을 측정하거나 조정하는데 사용한다.
② 주파수 변별기의 특성을 측정하거나 조정하는데 사용한다.
③ 광대역 증폭기의 특성을 측정하거나 조정하는데 사용한다.

10.2.3. 레벨 미터(Level Meter)

증폭기나 전송선과 같은 통신 계에서 필요한 전력을 정해진 기준 전력과의 비례관계를 나타내기 위해 필요한 전력을 Level이라고 하며 이러한 Level정도를 측정하는 계기를 레벨미터(Level Meter)라고 한다. 이러한 레벨 미터는 일반적으로 전압 또는 전력의 레벨을 측정하기 위해 상대레벨$[dB]$과 절대레벨$[dBm]$을 이용하며 기준 전력으로는 1[㎽]를 이용한다.

$$[dB] = 10\log_{10}\frac{P}{1[mW]} \qquad \text{[식 10-13]}$$

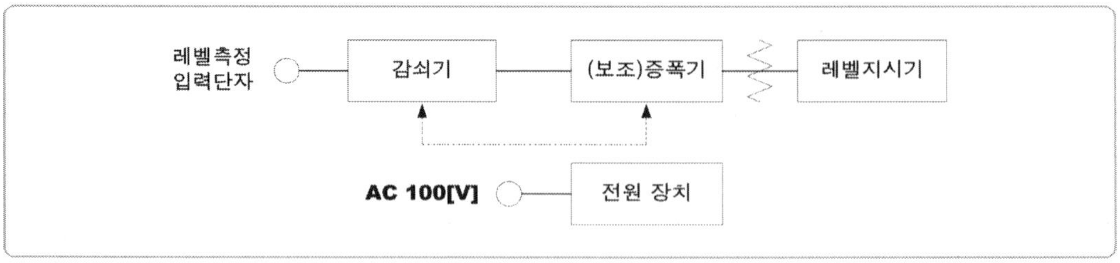

[그림 10-3] 레벨미터(Level Meter)의 구성도

10.2.4. 오실로스코프(Oscilloscope)

오실로스코프는 시간에 따른 전기적 신호의 변화를 화면(스크린)상에 파형으로 출력하는 장치로 전기적인 진동이나 디지털 펄스처럼 시간적 변화가 빠른 신호를 측정 분석하는

데 이용하는 계측장비 이다.

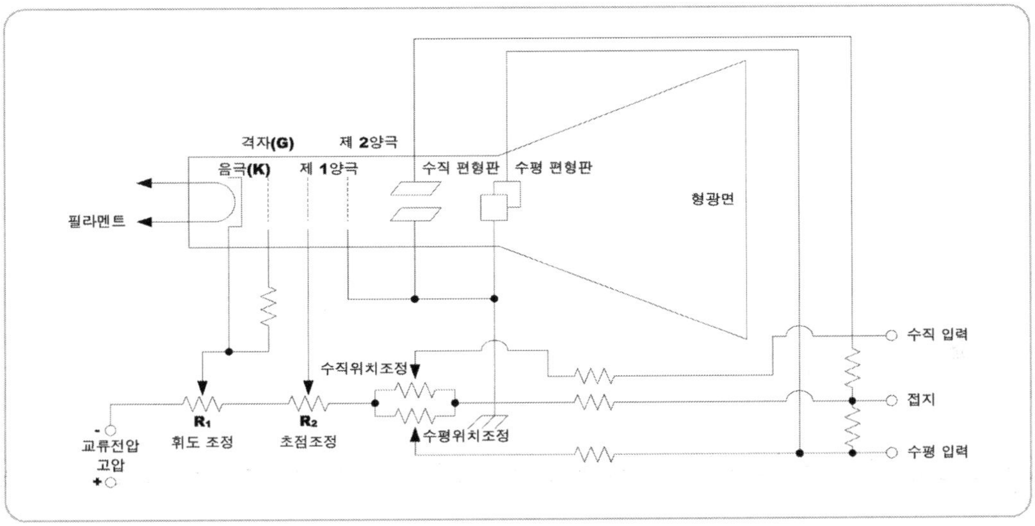

[그림 10-4] 오실로스코프의 구성도

(1) 오실로스코프의 용도

① **주파수 측정 및 주기 측정**

브라운관에 나타난 파형에서 Time/Div축의 칸수를 세어 주기를 측정할 수 있으며, 주파수 측정은 주기의 역수를 취함으로서 구할 수 있다.

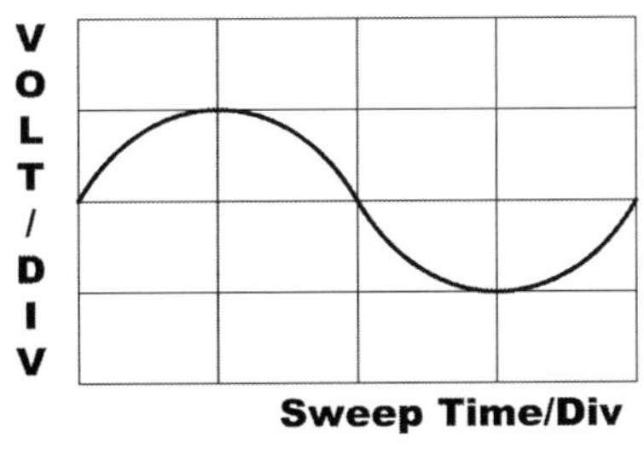

주파수 $f = \dfrac{1}{T(\text{주기})}$ ·········· [식 10-14]

② **전압 측정**

파형에서 Volt/Div축의 칸수를 세어 V_{p-p}값을 구할 수 있으며, V_{p-p}값을 2로 나눔으로서 최대전압(진폭)도 구할 수 있다. 또한 최대전압에서 $\dfrac{1}{\sqrt{2}}$을 곱하게 되면 실효 전압이 된다.

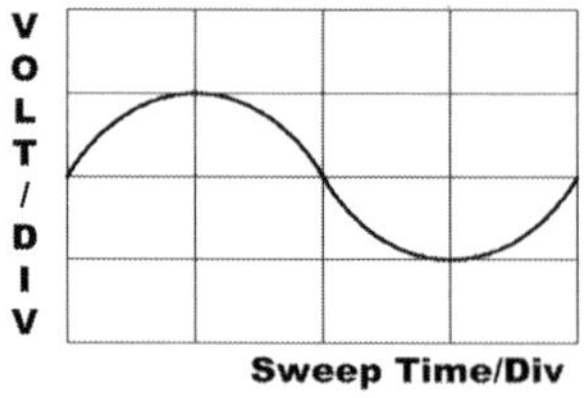

$$V_{rms} = \frac{V_{p-p}}{2\sqrt{2}} [V] \quad \text{[식 10-15]}$$

③ 펄스 폭 측정

디지털 펄스 파형에서 한 주기에 대한 상승폭이 차지하는 비율로 듀티 비(Duty Cycle)이라고도 부른다.

$$\text{펄스 폭(Duty Cycle)} = \frac{T_{High}}{T} \times 100[\%] \quad \text{[식 10-16]}$$

여기서

T_{High} : 펄스 파형에서 상승폭에 대한 주기

T : 한 주기

나타낸다.

④ 파형 측정

⑤ 위상차 측정

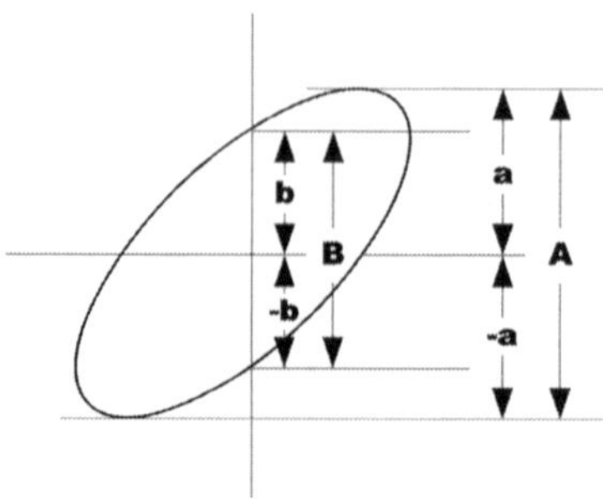

$$\text{위상차}(\theta) = \sin^{-1}\frac{B}{A} = \sin^{-1}\frac{b}{a} \quad \text{[식 10-17]}$$

여기서 위상이 서로 같으면 직선이 되고, 위상의 차이가 90°가 되면 원형이 된다.

⑥ 변조도 측정

$$변조도(m) = \frac{A-B}{A+B} \times 100[\%] \quad \cdots\cdots [식\ 10\text{-}18]$$

[표 10-1] AM송신기의 변조도 측정

방법	오실로스코프 입력	도형
변조 포락선법	수직축 : 피변조파 수평축 : 톱니파 (오실로스코프 자체 발생)	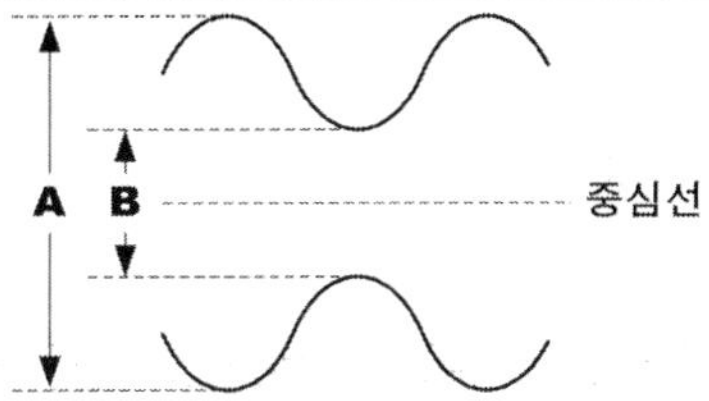
대형 도형법	수직축 : 피변조파 수평축 : 변조파	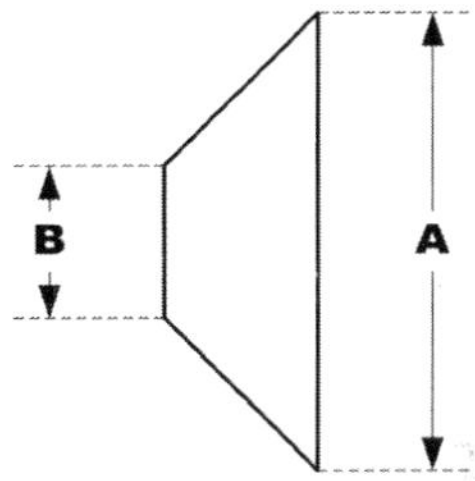
타원 도형법	수직축, 수평축 : 위상 분할기에서 얻은 피변조파	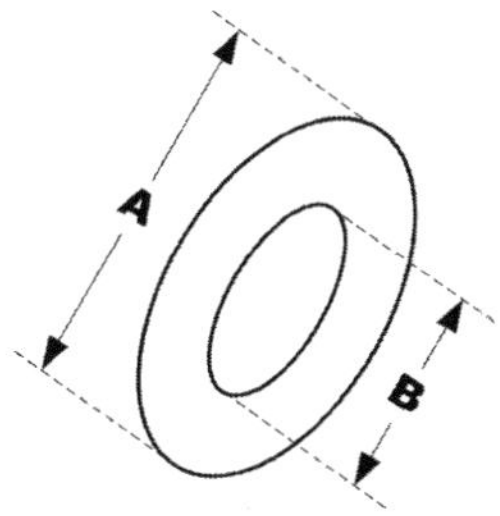

⑦ 리사쥬 도형에 의한 주파수 측정

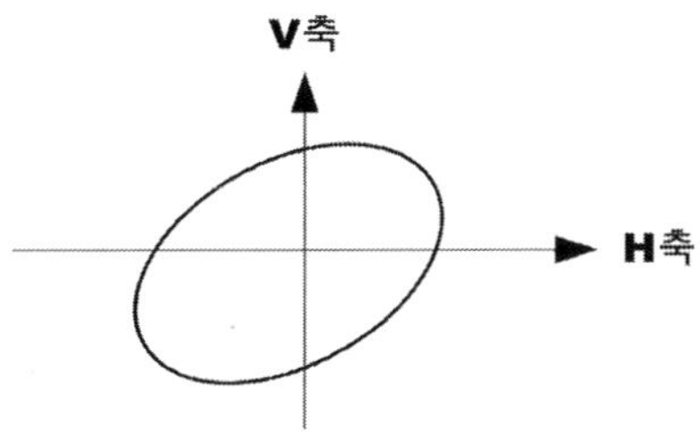

$$\frac{f_1(\text{수평축에 가한 주파수})}{f_2(\text{수직축에 가한 주파수})} = \frac{T_V(\text{수직축과 접하는 점 또는 호의 수})}{T_H(\text{수평축과 접하는 점 또는 호의 수})} \quad \cdots \text{[식 10-19]}$$

⑧ 과도현상 측정

(2) 리사쥬 도형

스코프의 시간 축을 분리한 상태에서 수평, 수직 입력에 각각 정현파를 입력시키면 두 입력에 대한 위상의 관계를 측정할 수 있으며, 수직 주파수와 수평 주파수의 비는 화면(스크린)상에서 다음과 같이 구할 수 있다.

$$\frac{f_1(\text{수평축에 가한 주파수})}{f_2(\text{수직축에 가한 주파수})} = \frac{T_V(\text{수직축과 접하는 점 또는 호의 수})}{T_H(\text{수평축과 접하는 점 또는 호의 수})} \quad \cdots\cdots\cdots\cdots \text{[식 10-20]}$$

[표 10-2] 두 입력 파형에 대한 주파수가 서로 다른 경우의 리샤쥬 도형

주파수비	입력파형	출력파형
$\frac{f_1}{f_2} = \frac{2}{1}$	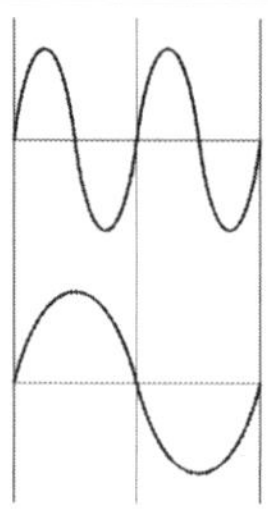	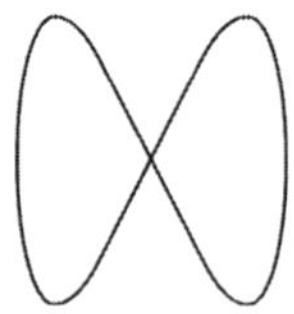
$\frac{f_1}{f_2} = \frac{3}{2}$	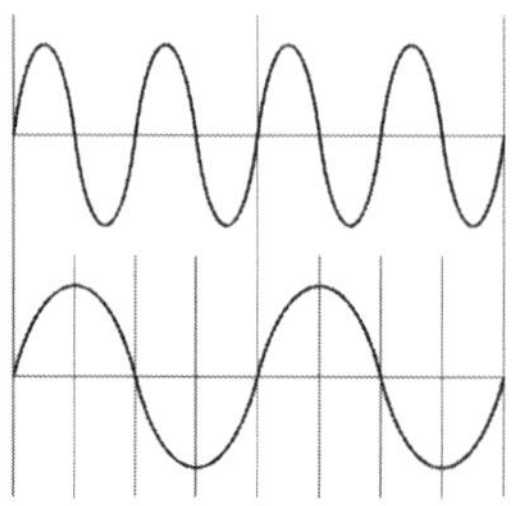	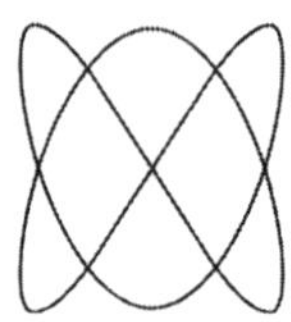

다음은 수직 주파수와 수평 주파수에 따른 위상차의 변화를 리샤쥬 도형으로 나타낸 것이다.

[표 10-3] 주파수와 위상에 따른 리샤쥬 도형

주파수비	위상차[°]			
	0	30	60	90
1:1			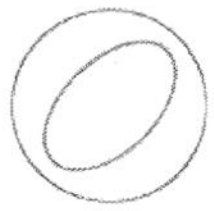	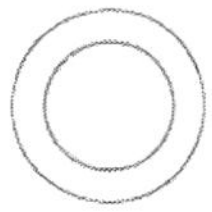
1:2			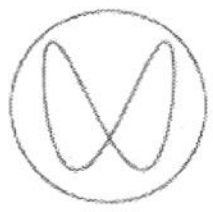	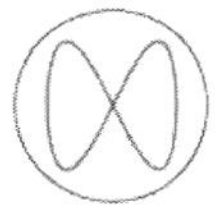
1:3	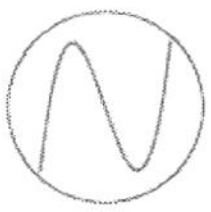	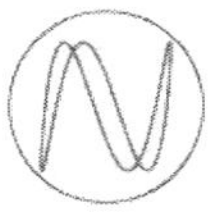	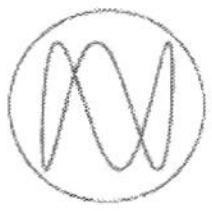	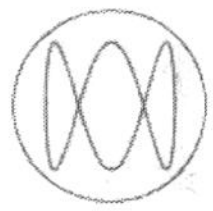
2:3			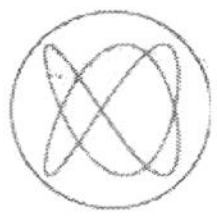	
5:6	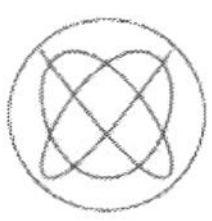	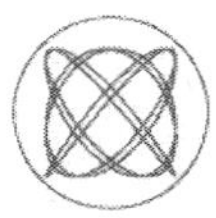	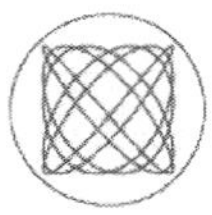	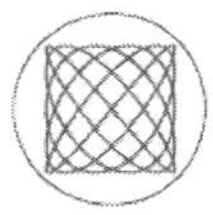

10.2.5. 주파수 카운터

주파수를 측정하기 위한 장비로서 측정을 위해 입력된 신호를 펄스파로 바꾼 후 일정 시간동안 게이트를 Open시켜 통과시킨 후 통과된 펄스 파를 계수하여 주파수 값으로 변환 출력시켜 준다.

10.2.6. 스펙트럼 분석기

스펙트럼 분석기는 입력된 신호의 각 주파수 성분들을 분석 표시해 주는 장비로서 주파수에 따른 파형의 특성을 보여주는 계측장비이다.

(1) 용도

① 주파수특성 및 펄스 특성 측정

② 펄스 폭 및 반복률 측정
③ 공중선(안테나)의 패턴 측정
④ 감쇠 특성 측정
⑤ FM 편차 측정

10.3 송신기에 대한 측정

송신기에 대한 측정으로는 송신기의 전력측정과 변조도 측정, 왜율 측정, 점유 주파수 대역폭 측정, 스퓨리어스 방사 측정 및 전원 측정 등이 있다.

(1) 송신기의 전력 측정

송신기의 전력이란 송신기에서 공중선(안테나)에 공급되는 전력으로 방사 전력 외에 접지 저항이나 공중선 자체 저항 등에 의해서 소모되는 전력이나 유도 등에 의해서 소비되는 모든 전력을 의미한다.

<table>
<tr><th>송 신 기</th><th>측정 방법</th><th>비 고</th></tr>
<tr><td>AM 송신기</td><td>• 양극손실 측정법
• 진공관 전력계법
• 의사 공중선법
• 전구의 조도비교법
• C-C형 전력계법</td><td rowspan="3">〈통과 전력 측정 방법〉
• 방향성 결합기에 의한 방법
• 진공관 전력계법
• C-M형 전력계법
• C-C형 전력계법</td></tr>
<tr><td>FM 송신기</td><td>• Bolometer Bridge 법
• C-M형 전력계법
• 열량계법</td></tr>
<tr><td>Microwave 송신기</td><td>• 방향성 결합기에 의한 방법
• Bolometer Bridge 법
• 정재파법
• 열량계법</td></tr>
</table>

송신기의 효율(η)은 송신기 출력 단의 입력 전력(P_i)에 대한 송신기 출력 전력(P_o)의 비로 표시한다.

$$\eta = \frac{출력전력(P_o)}{입력전력(P_i)} \times 100[\%] \quad \text{[식 10-21]}$$

반면에 공중선의 효율(η_a)는 송신기 출력 전력(P_o)에 대한 공중선에 의한 방사 전력(P_r)의 비로 표시할 수 있어 송신기의 효율(η)과 공중선의 효율(η_a)은 서로 약간씩 차이가 있다.

$$\eta_a = \frac{공중선방사전력(P_r)}{송신기출력전력(P_o)} \times 100[\%]$$

$$= \frac{R_r I_a^2}{(R_r + R_l) I_a^2} \times 100[\%] = \frac{R_r}{R_r + R_l} \times 100[\%] \quad \text{[식 10-22]}$$

여기서

I_a : 공중선의 전류

R_r : 공중선의 실효 저항

R_l : 공중선의 손실 저항

나타낸다.

10.3.1. AM 송신기의 전력 측정법

(1) 의사 공중선에 의한 전력 측정법

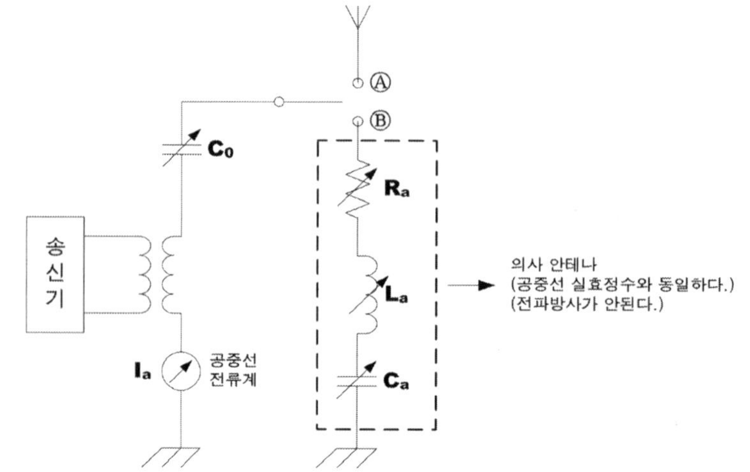

[그림 10-5] 의사 공중선에 의한 전력 측정

① 스위치를 A단자로 연결시켜 송신기가 정상적으로 동작할 수 있도록 조정한 상태에서 공중선 전류계의 지시 값을 측정한다. 이때 전류계의 지시 값을 I_a라고 한다.

② 스위치를 B단자로 연결하여 L_a과 C_a를 적절히 조정하여 동조 시키고 다시 스위치를 A단자로 연결한다. 그리고 공중선 전류계의 지시 값이 I_a와 같도록 R_a을 조정한다.

이때 전류계의 지시 값을 I_a, 공중선 등가 저항을 R_a라고 할 때 공중선 전력 P_a는 다음과 같다.

$$P_a = I_a^2 \times R_a [W] \quad \text{[식 10-23]}$$

(2) 수 부하에 의한 전력 측정법

대전력 송신기의 전력을 측정하는 방법으로 송신기의 출력이 큰 경우에는 부하 저항으로 전류용량이 큰 저항을 사용해야 하는데 실제로는 전류용량이 큰 저항이 그리 많지 않아 물을 대신 이용하는 방법이다.

탄소 저항을 유리관 속에 넣고 냉각수를 통과시킨 상태에서 입구의 온도(t_1[℃])와 출구의 온도(t_2[℃])차를 이용하여 전력을 측정한다.

$$P_o = 4.18Q(t_1 - t_2) \quad \text{[식 10-24]}$$

여기서

Q : 유수량

t_1 : 입구의 온도

t_2 : 출구의 온도

나타낸다.

(3) 양극 손실에 의한 전력 측정법

대전력 송신기에서 의사 공중선을 사용할 수 없는 경우에 이용하는 방법으로 전력 증폭관의 입력 전력(P_i)은 양극 손실(P_l)과 송신기 출력(P_o)과의 합이므로 송신기의 출력 전력은 다음과 같이 구할 수 있다.

$$P_i = P_o + P_l \quad \text{[식 10-25]}$$

$$P_o = P_i - P_l \quad \text{[식 10-26]}$$

여기서 입력 전력 P_i는 양극 전압(E_p)와 양극 전류(I_p)와의 곱으로 다음과 같이 구할 수 있다.

$$P_o = E_p I_p - P_l \quad \text{[식 10-27]}$$

10.3.2. FM 송신기의 전력 측정법

(1) 볼로미터 브리지(Bolometer Bridge)를 이용한 전력 측정법

측정하고자 하는 전력을 볼로미터라는 소자(동축 선로에 사용되는 소자)에 흡수시켜서 그 온도 상승으로 인한 저항의 변화를 브리지 회로로 검출하여 전력을 측정하는 방법이다.

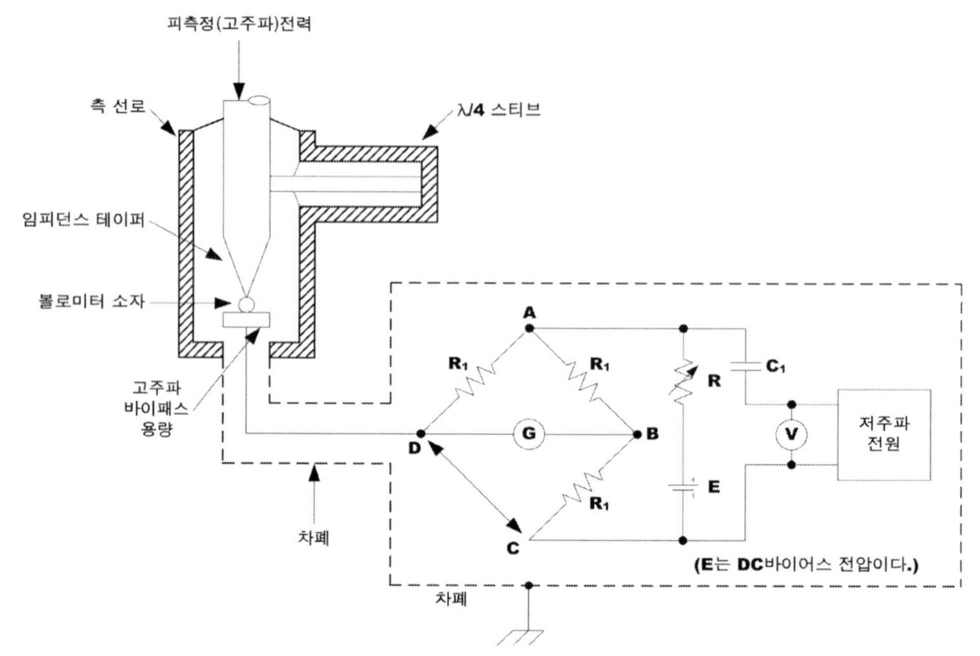

[그림 10-6] 볼로미터를 이용한 전력 측정

① 저주파 전원에서 공급되는 전압을 E_1이라고 할 때 볼로미터가 소모하는 저주파 전력 P_1는 다음과 같이 구할 수 있다.

$$P_1 = \frac{1}{4}\frac{{E_1}^2}{R_1}\,[W] \quad \text{[식 10-28]}$$

② 또한 [그림 10-6]에서 피 측정(고주파)전력을 차단하게 하게 되면 볼로미터의 저항 값이 변화하여 브리지의 평형 상태가 깨지고 이때 저주파 전력을 공급하게 되면 다시 브리지의 상태를 평형으로 만들 수 있다. 이대 저주파 전원으로부터 공급되는 전압을 E_2이라고 하고 볼로미터가 소모하는 고주파 전력을 P_2이라고 하면

$$P_2 = \frac{1}{4}\frac{{E_2}^2}{R_1}\,[W] \quad \text{[식 10-29]}$$

③ 여기서 P_2가 P_1보다 증가되는 경우는 저주파 전력이 피 측정 전력만큼 증가되는 경우이며 이때 미지의 피 측정 전력 P_o는 다음과 같이 구할 수 있다.

$$P_o = P_2 - P_1 = \frac{{E_2}^2 - {E_1}^2}{4R_1} \quad \text{[식 10-30]}$$

(2) 열량계(Calorimeter)에 의한 전력 측정법

열량계에 의한 방법은 부하를 유체 즉 물을 사용하도록 해서 송신기 출력에 의해서 상승되는 온도를 물이 흡수하여 상승된 물의 온도를 측정 전력을 구하는 방법으로 수 [W]이상의 전력을 측정하는데 사용한다.

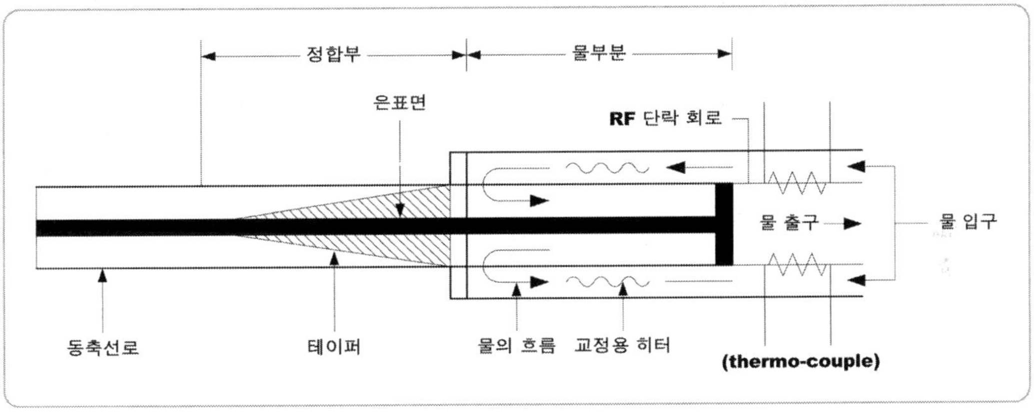

[그림 10-7] 열량계에 의한 전력 측정

① 물은 유전체 중에서 손실이 많고, 역률이 커서 전력을 쉽게 흡수 할 수 있어 동축 선로에 피 측정 전력을 공급하여 상승되는 온도를 물에서 소비되도록 하면 물의 온도가 자연스럽게 상승되게 된다.
② 이렇게 열을 흡수한 물의 온도와 동축 선로의 입구에서 들어가는 물의 온도를 비교 상승된 온도 차이를 열전대로 측정하게 되면 피 측정 고주파 전력을 구할 수 있게 된다.

10.3.3. 마이크로파 송신기의 전력 측정법

(1) 방향성 결합기에 의한 전력 측정법

주 도파관에 끝에 접속된 부하와 도파관의 특성 임피던스가 서로 맞지 않으면 반사파가 발생하게 되는데 이 원리를 이용하여 주 도파관에 부 도파관을 분기회로로 접속 특정 방향으로 진행하는 진행파를 부 도파관의 한쪽에만 결합파가 발생되도록 만든 회로이다.

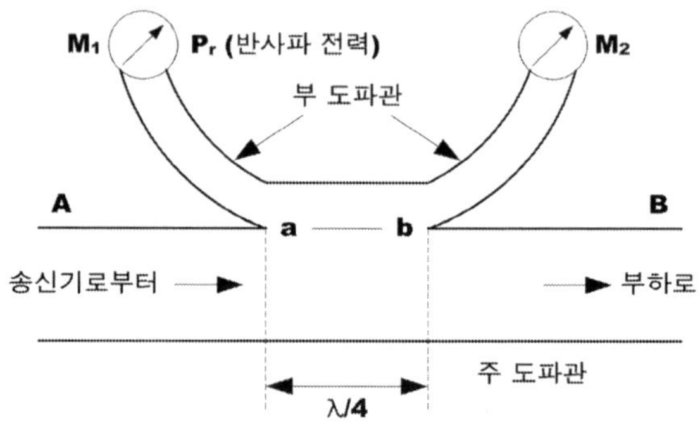

[그림 10-8] 방향성 결합기

① 도파관의 특성 임피던스가 매칭 되지 않아 발생하는 반사파는 분기 회로의 A통로를 통해서 M_1에 나타나는 성분과 반면에 B통로를 통해 M_1나타나는 성분이 있으며, 이 두 성분은 부하 쪽에서 바라본다면 통과 길이가 같으므로 M_1 계기에서는 합성되어 나타나게 된다.

② 하지만 B통로를 통해서 M_2나타나는 반사파 성분과 A통로를 통해서 M_2에 나타나는 반사파 성분에 대한 통과 길이는 $\frac{\lambda}{4}$의 왕복에 의해서 A통로를 통해 M_2에 나타난 것이 B통로를 통해 나타난 성분에 비해 $\frac{\lambda}{2}$길어서 M_2에서의 반사파 성분은 역 위상으로 서로 상쇄되므로 나타나지 않게 된다.

③ 역시 마찬가지로 송신기로부터 진행되는 진행파도 ①과 ②의 경우처럼 M_2에서는 A통로와 B통로를 통해 나타나는 성분은 합성되지만, M_1에서는 서로 상쇄되므로 나타나지 않게 된다.

결국 M_1에서는 반사파에 비례하는 전력을 볼 수 있으며 M_2에서는 진행파에 비례하는 전력을 볼 수 있어 다음 수식에 따라 송신 전력을 측정할 수 있게 된다.

송신 전력=진행파 전력−반사파 전력 ……………………………… [식 10-31]

④ 방향성 결합기를 이용해서 측정 가능한 것은 전력 측정, 반사 계수, 임피던스(Impedance)측정, SWR 측정 등이 있다.

10.3.4. AM 송신기의 변조도 측정법

AM변조 방식에서의 변조도 는 반송파에 대한 신호파 비를 나타내며, 변조도의 측정 방법으로는 공중선 전류계에 의한 방법과 오실로 스코프를 이용 방법 등이 있다.

(1) 공중선 전류계에 의한 측정법

공중선에 흐르는 전류가 무 변조 시와 변조시가 서로 다르다는 것을 이용해서 무 변조 시와 변조 시 공중선에 흐르는 전류를 각각 고주파 전류계로 측정해서 구하는 방법이다.

여기서 공중선의 등가 저항을 R_a라고 하면 무 변조시의 반송파 전력은 $P_c = I_c^{\,2} R_a$가 되고, 변조시의 반송파 전력은 $P_m = I_m^{\,2} R_m$되며 또한 I_c는 무 변조시의 공중선 전류계의 최대 진폭을, I_m은 변조시의 공중선 전류계의 최대 진폭을 각각 나타내게 된다.

$$I_m = I_c\sqrt{1+\frac{m^2}{2}}\,[A] \quad \text{[식 10-32]}$$

위의 [식 10-32]에서 m은 변조도를 나타내며, 변조도(m)를 구하는 수식은 다음과 같다.

$$m = \sqrt{2\left(\left(\frac{I_m}{I_c}\right)^2 - 1\right)} \times 100[\%] \quad \text{[식 10-33}$$

(2) 오실로스코프에 의한 측정법

① 변조 포락선에 의한 방법

피 변조파를 오실로스코프의 수직축에 인가시키고, 수평축에는 오실로스코프 자체에서 발생하는 톱니파 주파수를 동기 시키면 [그림 10-9]와 같은 변조 포락선 파를 얻을 수 있다.

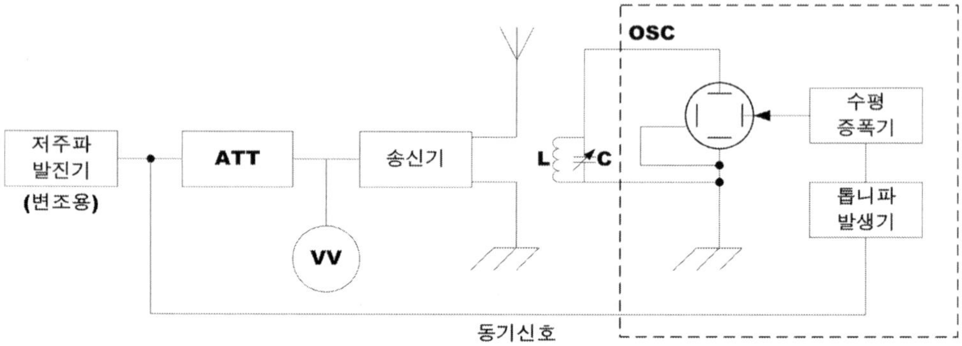

(a) 측정 회로

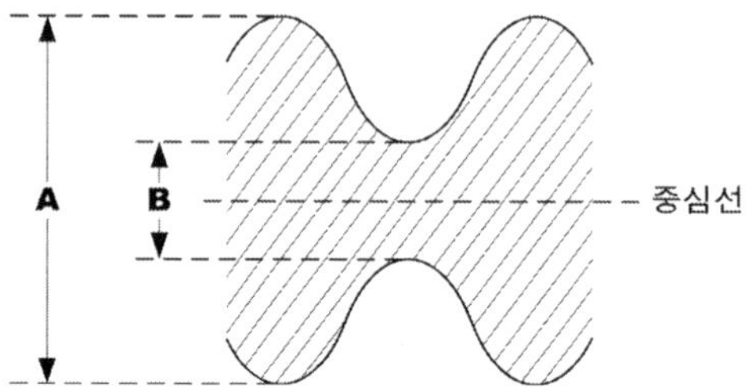

(b) 변조 포락선

[그림 10-9] 변조 포락선을 이용한 변조도 측정법

이 때 나타난 변조 포락선 파형의 최대 값을 A, 최소 값을 B로 하여 측정하면 변조도(m)은 다음의 수식으로 구할 수 있다.

$$m = \frac{A-B}{A+B} \times 100[\%] \quad \text{[식 10-34]}$$

② 대형 도형에 의한 방법

피 변조파의 전압을 오실로스코프의 수직축에 인가시키고, 변조파를 변조 포락선 파형과 위상이 일치하도록 이상기를 조절하여 수평축에 인가시키면 [그림 10-10](b)의 첫 번째 그림 같은 사다리꼴 모양의 파형을 볼 수 있으며, 변조 포락선 파형과 변조도의 위상이 일치하지 않게 되면 [그림 10-10](b)의 두 번째 그림처럼 타원형으로 된 파형을 보게 된다.

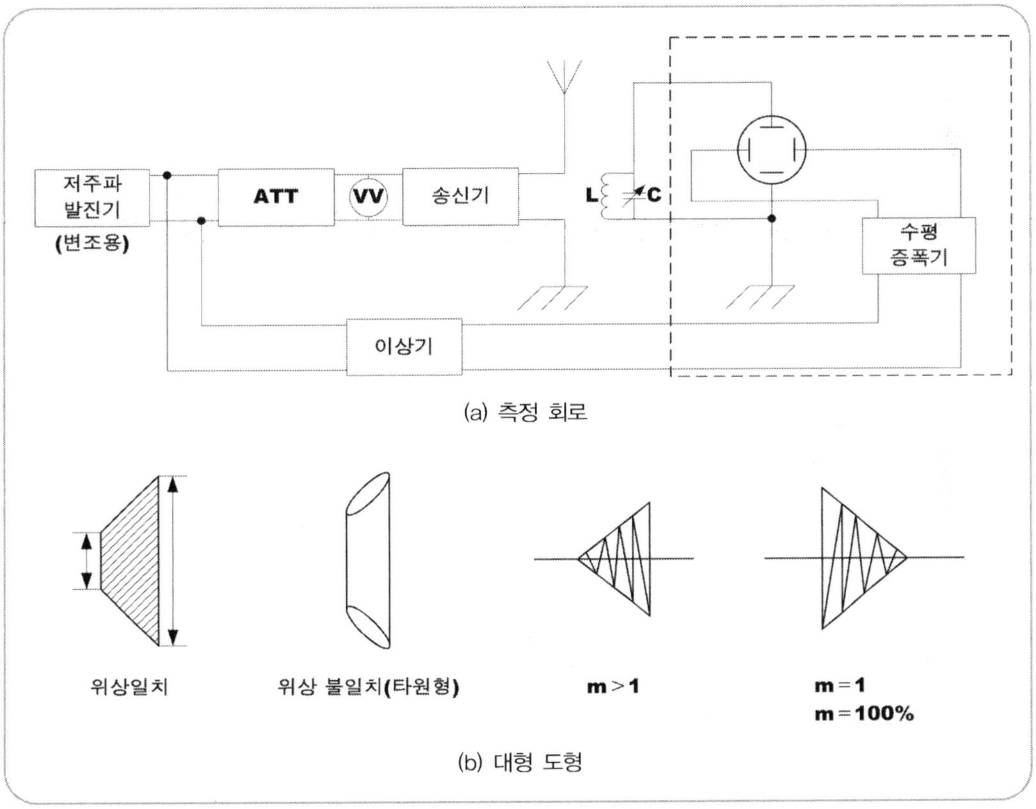

[그림 10-10] 대형 도형에 의한 변조도 측정법

③ 타원 도형에 의한 방법

피 변조파를 저항과 콘덴서로 구성된 위상 분할기에 인가하여 얻은 전압 성분들을 각각 오실로스코프의 수직축과 수평축에 인가시키면 [그림 10-11](b)와 같은 2개의 타원형의 도형을 얻게 된다.

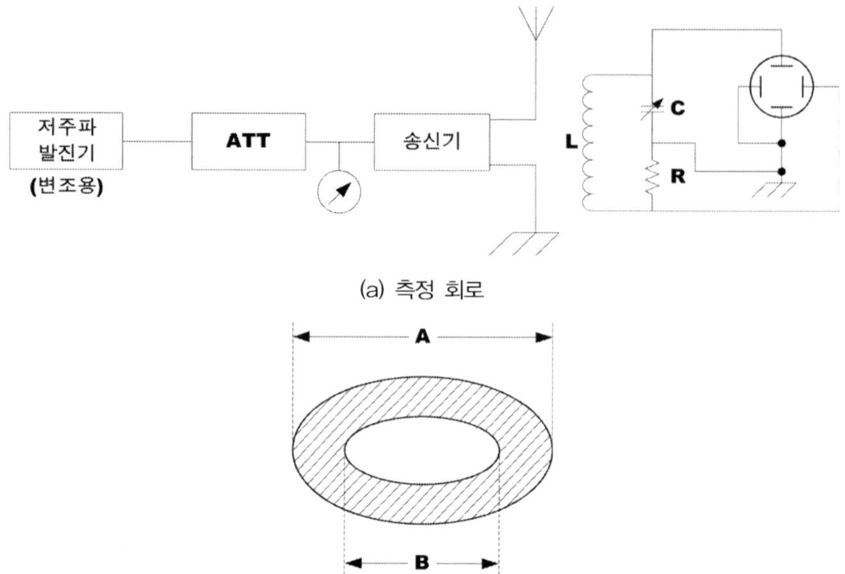

(a) 측정 회로

(b) 타원 도형

[그림 10-11] 타원 도형에 의한 변조도 측정법

여기서 최대 진폭을 A라고 하고 최소 진폭을 B라고 하면 변조도(m)는 [식 10-11]와 같이 구할 수 있다.

10.3.5. 송신기의 왜율 측정

송신기에서 발생되는 피 변조파의 왜율은 직선 검파기를 이용하여 검파시킨 파형 중에 포함된 기본파와 고조파와의 비를 의미하며, 백분율[%]이나 데시벨로[dB]로 나타낸다.

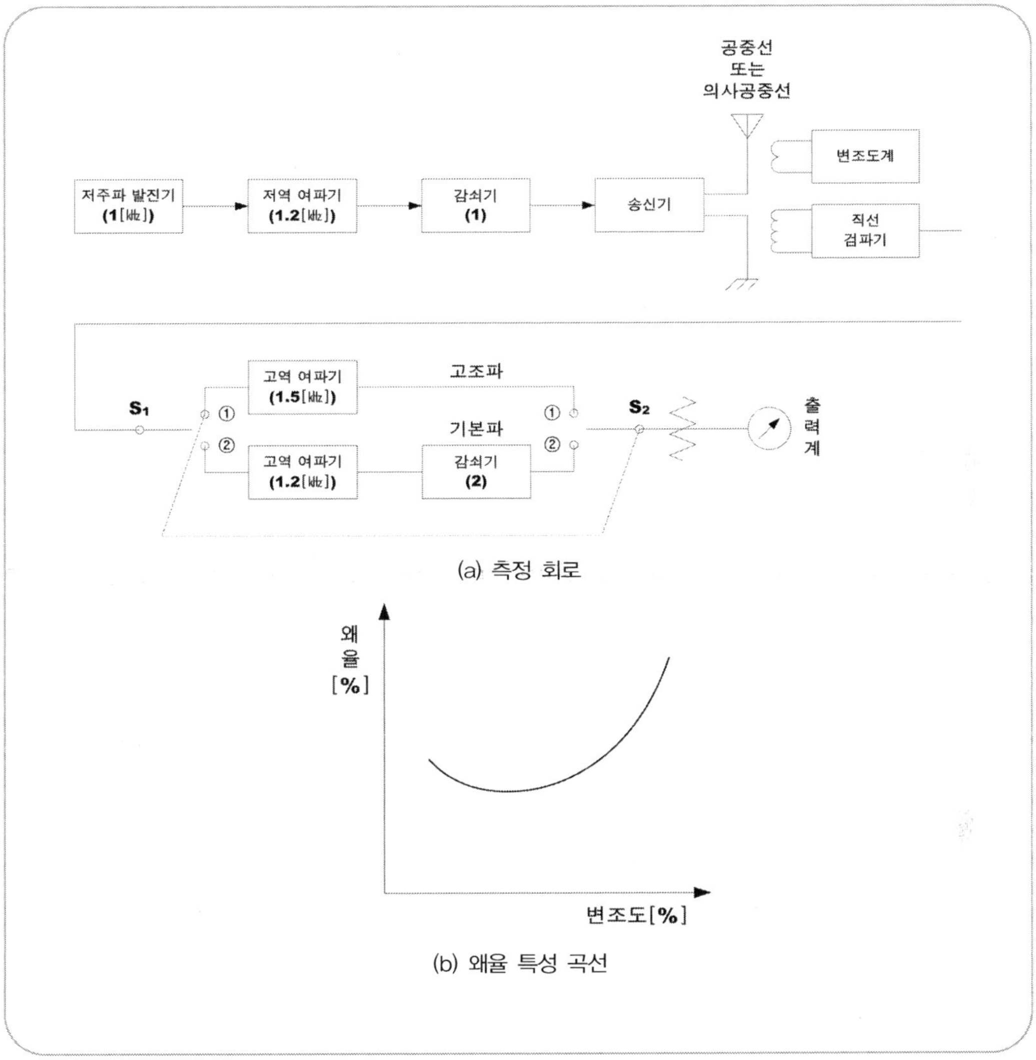

[그림 10-12] 송신기의 왜율 측정

피 변조파에서 기본파의 진폭을 V_1이라 하고, 각 고조파의 진폭을 V_2, V_3, V_4 ⋯ V_m이라고 한다면 왜율 K는 다음과 같은 수식으로 구할 수 있으며, 전류도 전압과 마찬가지로 같은 수식을 적용시켜 구할 수 있다.

$$K = \frac{\sqrt{V_2^{\,2} + V_3^{\,2} + V_4^{\,2} + \cdots}}{V_1} \times 100[\%] \qquad \text{[식 10-35]}$$

또는

$$K = 20\log_{10}\frac{\sqrt{V_2^{\,2} + V_3^{\,2} + V_4^{\,2} + \cdots}}{V_1}\ [dB] \qquad \text{[식 10-36]}$$

① [그림 10-12](a)와 같이 회로를 구성하고, 저주파 발진기로 1[㎑]를 발진 시켜 저역 통과 필터로 고조파 성분을 제거한다.

② 감쇠기(1)을 조절하여 70~80[%]정도의 변조도로 변조한 후 스위치 S_1과 S_2를 연동하여 1과 2로 전환시켜 출력계의 값과 동일하게 감쇠기(2)를 조절한다.

③ 여기서 고역 통과 필터로는 송신기에서 발생하는 고조파 성분만을 저역 통과 필터로는 기본파 성분만을 통과하게 되어 결과적으로 출력계의 지시가 동일하게 된 것은 고조파 출력과 기본파 출력이 동일하다는 것을 의미하게 된다.

④ 따라서 이때의 감쇠기 다이얼 눈금으로 해당 변조도 에서 왜율을 알 수 있게 된다.

10.3.6. 전원 회로의 특성 측정

(1) 전압 변동률의 측정

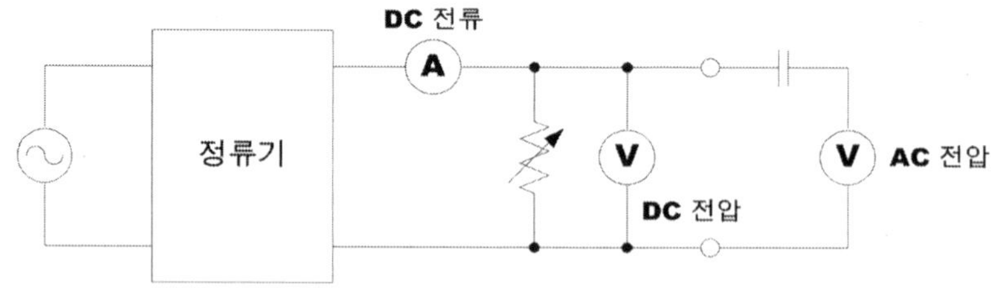

[그림 10-13] 전압 변동률의 측정 회로

위의 [그림 10-13]에서 가변 저항 R을 변화시켜 교류 출력 전류 및 전압을 측정하기 위해서 무 부하시 출력 전압을 V_O, 부하시의 출력 전압을 V_L이라 하면 부하에 대한 정류기의 전압 변동률ΔV는 다음과 같다.

$$\Delta V = \frac{V_O - V_L}{V_L} \times 100[\%] \quad \cdots\cdots \text{[식 10-37]}$$

(2) 리플(ripple)함유량의 측정

리플(ripple)함유량은 직류 속에 포함된 교류성분(맥동 성분)을 의미하며, 직류성분의 전압 대 맥동성분의 실효 전압으로 구할 수 있다.

$$\gamma = \frac{V_2}{V_1} \times 100[\%] \quad \cdots\cdots \text{[식 10-38]}$$

여기서

V_1 : 직류성분의 전압

V_2 : 맥동성분의 실효 전압

나타낸다.

10.4 수신기에 대한 측정

수신기에 대한 특성 측정으로는 수신기에 대한 종합적인 특성 측정과 수신기를 구성하고 있는 각부의 개별 특성 측정 등이 있으며, 수신기의 종합 특성 측정으로는 감도, 충실도, 선택도, 안정도가 있고, 각부 개별 특성 측정으로는 AM수신기의 이득과 잡음 지수 측정 및 FM수신기의 주파수 변별기와 진폭제한기에 대한 특성 측정 등이 있다.

[표 10-3] 수신기에 대한 특성 측정

- 수신기에 대한 측정
  - 종합적인 특성 측정
    - 감도(Sensitivity)
    - 선택도(Selectivity)
    - 충실도(Fidelity)
    - 안정도(Stability)
  - 각부 개별 특성 측정
    - AM수신기의 이득 측정
    - AM수신기의 잡음 지수 측정
    - FM수신기의 주파수 변별기에 대한 측정
    - FM수신기의 진폭 제한기에 대한 측정

(1) 잡음 지수의 측정

잡음지수란 수신기의 입력과 출력에 대한 신호 대 잡음비로서 입력에서의 신호 대 잡음비를 $\frac{S_i}{N_i}$, 출력에서의 신호 대 잡음비를 $\frac{S_o}{N_o}$라고 할 경우 잡음 지수 NF는 다음과 같다.

$$NF = \frac{S_i/N_i}{S_o/N_o} = \frac{S_i}{S_o} \times \frac{N_o}{KTB} = \frac{N_o}{G} \times \frac{1}{KTB} \quad \text{[식 10-39]}$$

여기서

K : $1.38 \times 10^{-23}[J/K]$ 볼츠만(Boltzmann)상수

T : 저항체의 절대 온도

B : 수신기의 등가 잡음 대역폭

G : 수신기의 이득(S_o/S_i)

나타낸다.

또한 잡음 지수를 데시벨로 표현하면 다음과 같다.

$$NF[dB] = 10\log NF = 10\log(\frac{S_i}{N_i}) - 10\log(\frac{S_o}{N_o})[dB] \quad \text{[식 10-40]}$$

따라서 잡음 지수(NF)는 작을수록, 신호 대 잡음비(S/N)는 클수록 좋다.

$$F = F_1 + \frac{F_2 - 1}{G_1} + \frac{F_3 - 1}{G_1 G_2} \quad \text{[식 10-41]}$$

① 표준 신호 발생기(SSG)에 의한 잡음 지수 측정

$$F = \frac{N_o}{G} \times \frac{1}{KTB} = \frac{i^2}{4KTBR} = 0.625 \times 10^{20} \times \frac{V^2}{RB} \quad \text{[식 10-42]}$$

여기서

V : SSG를 동작시켜 수신 출력 P_0의 2배가 되었을 때의 SSG의 출력 전압

B : 수신기의 잡음 등가 대역폭[Hz/s]

H : SSG의 출력 임피던스[Ω]

나타낸다.

(2) 진폭 제한기의 특성 측정

① 표준 신호 발생기(SSG)의 주파수를 중간 주파수의 중심 주파수와 같게 발진 시킨 후 중간 주파 증폭기(IF-AMP)에 인가하여 신호 발생기의 무 변조 상태로 그 출력을 최저에서 점차 증가시킨다.

② 이 때 입력 전압을 증가시키더라도 출력 전압이 일정한 값을 유지하도록 하는 것을 진폭 제한기의 특성이라 한다.

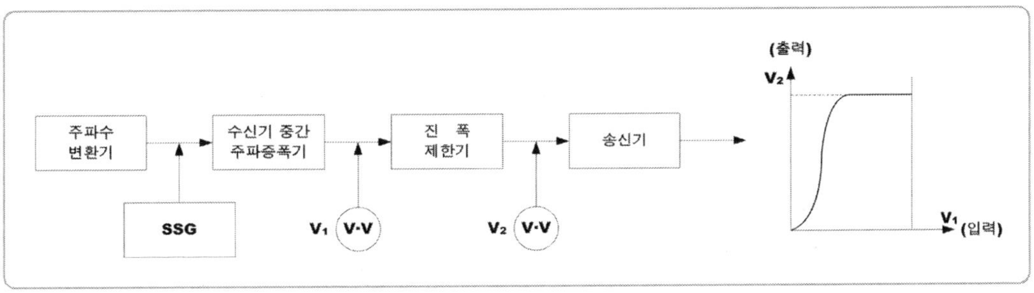

[그림 10-14] 진폭 제한기의 특성 측정

10.5 공중선에 대한 특성 측정

10.5.1 접지 공중선의 실효 정수 측정

(1) 실효 저항 측정

공중선의 실효저항 측정법으로는 저항 삽입법과 치환법등이 있다.

① 저항 삽입법

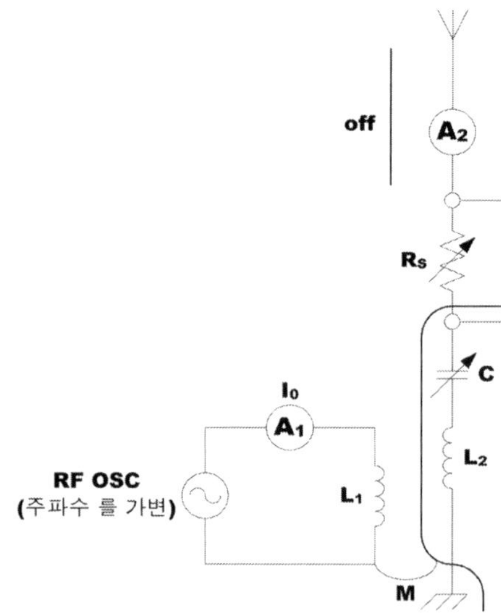

[그림 10-15] 저항 삽입법에 의한 공중선 실효 저항 측정

㉠ [그림 10-15]에서 스위치를 ON시킨 다음 발진 주파수를 조절하여 희망 주파수에 동조시킨다. 이때 공중선의 전류계 A_2의 지시를 I_1이라 하고, 스위치를 OFF시킨 후의 A_2의 지시를 I_2이라 한다.

$$\omega M I_o = I_1 R_e \quad \text{[식 10-43]}$$

㉡ 발진기와 공중선을 소 결합하면 발진기의 출력 전류계 A_1의 지시 전류 I_o는 일정하므로 다음과 같은 관계식이 성립된다.

$$\omega M I_o = I_1 R_e = I_2 (R_e + R_s) \quad \text{[식 10-44]}$$

여기서 실효 저항(R_e)는 다음과 같이 구할 수 있다.

$$R_e = \frac{I_2}{I_1 - I_2} R_s = \frac{R_s}{\frac{I_1}{I_2} - 1} [\Omega] \quad \text{[식 10-45]}$$

㉢ 또한 저항 R_s는 가변저항으로 이것을 조절하여 $I_2 = \frac{I_1}{2}$되게 하면 $R_e = R_s$가 된다.

② 치환법(의사 공중선법)

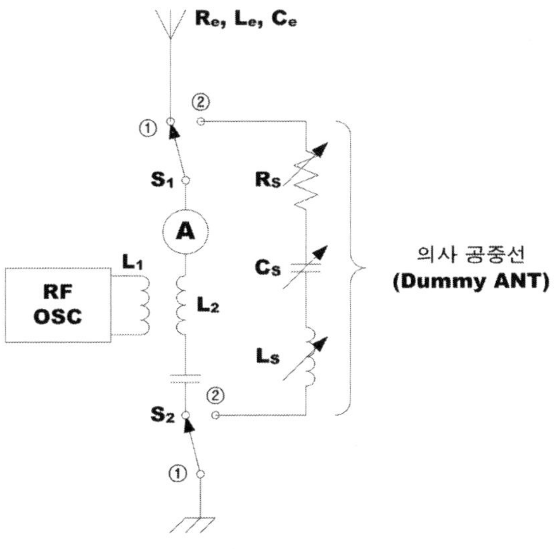

[그림 10-16] 치환법에 의한 공중선 실효 저항 측정

㉠ [그림 10-16]에서 스위치를 (1)에 접속하고 공진 상태에서의 공중선 전류계의 최대 지시를 I_m이라 하고, 스위치를 (2)로 전환하여 콘덴서 C_s와 코일 L_s를 조정하여 공진 시킨다.

㉡ 그런 다음 저항 R_s를 변화시켜 공중선 전류계의 지시를 앞의 값 I_m과 같게 하면 실효 저항 R_e는 $R_e = R_s$가 되므로 실효 저항을 구할 수 있게 된다.

㉢ 공진 시에는 콘덴서 C_e와 코일 L_e는 서로 상쇄된다.

(2) 실효 인덕턴스의 측정

① 표준 인덕턴스를 1개 사용한 경우

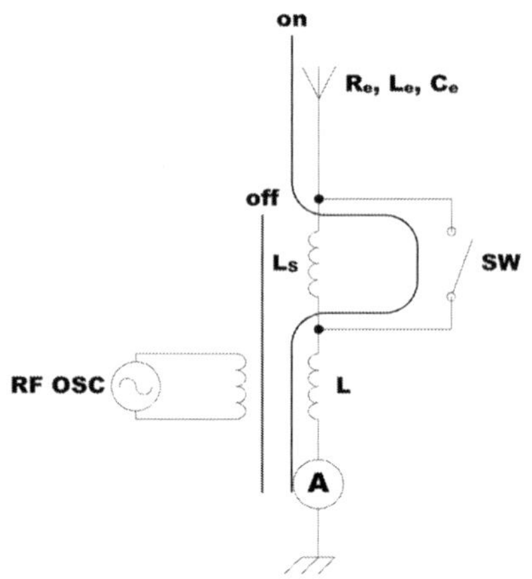

[그림 10-17] 표준 인덕턴스를 1개 사용

㉠ [그림 10-17]에서 스위치를 ON시키고 발진기의 발진 주파수를 변화시켜 발진 주파수가 공중선에 공진 되었을 때의 주파수를 f_1이라 하면 다음과 같은 관계식이 성립된다.

$$f_1 = \frac{1}{2\pi\sqrt{L_e C_e}}[Hz] \quad \text{[식 10-46]}$$

$$f_1^{\,2} = \frac{1}{4\pi^2 L_e C_e}[Hz] \quad \text{[식 10-47]}$$

㉡ 반대로 스위치를 OFF시키고 발진 주파수를 변화시켜 다시 발진 주파수가 공중선에 공진되었을 때의 주파수를 f_2라고 하면 다음의 관계식이 성립된다.

$$f_2 = \frac{1}{2\pi\sqrt{(L_e + L_s)C_e}}[Hz] \quad \text{[식 10-48]}$$

$$f_2^{\,2} = \frac{1}{4\pi^2(L_e + L_s)C_e}[Hz] \quad \text{[식 10-49]}$$

따라서 $f_1 > f_2$가 되므로

$$(\frac{f_2}{f_1})^2 = \frac{L_e}{L_e + L_s} = 1 + \frac{L_s}{L_e} \quad \text{[식 10-50]}$$

$$L_e = \frac{L_s}{L_e + L_s} = \frac{L_s}{(\frac{f_2}{f_1})^2 - 1}[H] \quad \text{[식 10-51]}$$

② 표준 인덕턴스를 2개 사용한 경우

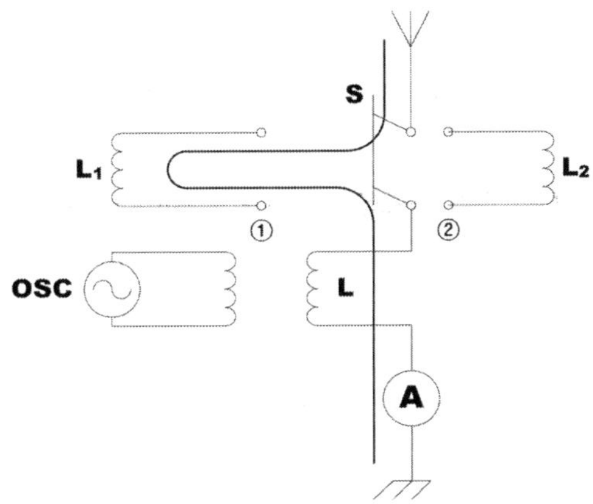

[그림 10-18] 표준 인덕턴스를 2개 사용

㉠ [그림 10-18]에서 스위치를 (1)에 접속하고 발진기의 발진 주파수를 조정하여 공진 되었을 때의 주파수를 f_1이라 하면

$$f_1 = \frac{1}{2\pi\sqrt{(L_e + L_1)C_e}}[Hz] \quad \text{[식 10-52]}$$

㉡ 반대로 스위치를 (2)에 전환하여 발진 주파수를 다시 조정하여 공진되었을 때의 주파수를 f_2라고 하면

$$f_2 = \frac{1}{2\pi\sqrt{(L_e + L_2)C_e}}[Hz] \quad \text{[식 10-53]}$$

여기서 $f_1 > f_2$이라 하면

$$\left(\frac{f_1}{f_2}\right)^2 = \frac{L_e + L_1}{L_e + L_2} \quad \cdots\cdots \text{[식 10-54]}$$

$$L_e = L_{L_{\frac{L(\frac{f_1}{f_2})^2 L_1}{(\frac{f_1}{f_2})^2 L_{L(}}}} \quad \cdots\cdots \text{[식 10-55]}$$

$f_2 = f_{1/2}$이라 하면

$$L_e = \frac{1}{3(L_2 + 4L_1)}[H] \quad \cdots\cdots \text{[식 10-56]}$$

가 되어 실효 인덕턴스 L_e를 구할 수 있다.

(3) 실효 정전용량의 측정

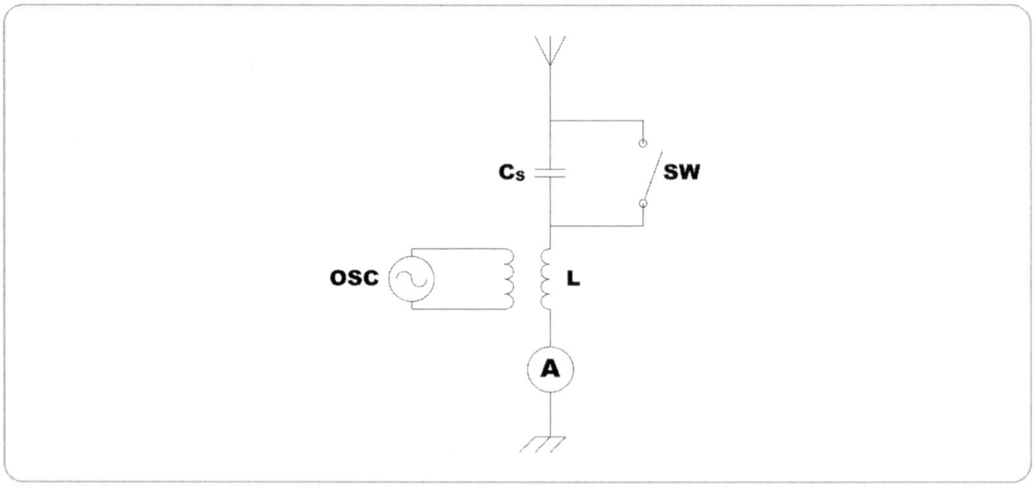

[그림 10-19] 실효 정전용량의 측정

㉠ [그림 10-19]에서 스위치를 ON시키고 발진기의 발진 주파수를 조정하여 공중선에 공진 되었을 때의 주파수를 f_1이라 하면 이것은 고유 주파수가 되므로 다음의 관계식이 성립된다.

$$f_1 = \frac{1}{2\pi\sqrt{L_e C_e}}[Hz] \quad \text{[식 10-57]}$$

㉡ 반대로 스위치를 OFF시키고 발진기를 다시 조정하여 공진 되었을 때의 주파수를 f_2라고 하면 C_s와 C_e는 직렬이 되므로 다음의 관계식이 성립한다.

$$f_2 = \frac{1}{2\pi\sqrt{L_e \frac{C_e C_s}{C_e + C_s}}}[Hz] \quad \text{[식 10-58]}$$

$$C_e = C_s\left[\left(\frac{f_2}{f_1}\right)^2 - 1\right][F] \quad \text{[식 10-59]}$$

이 때 $f_2 = 2f_1$이 되도록 조정하면

$C_e = 3C_s$이

가 된다.

연습문제 EXERCISES

01. 스펙트럼 분석기로 각종 발진기를 측정하였을 때 가장 이상적인 발진기의 상태는?

가. 거의 균일한 크기의 스펙트럼이 많이 나타났다.

나. 중앙의 스펙트럼이 유난히 작고 주위의 스펙트럼이 매우 크다.

다. 중앙의 스펙트럼이 매우 크며 주위에 매우 미소한 스펙트럼 분포

라. 전체적으로 대칭상태의 많은 스펙트럼의 분포

※ 스펙트럼 분석기로 발진기의 주파수 스펙트럼을 분석했을 때 단일 주파수 형태로 중심의 스펙트럼이 크고 주위에는 미소한 스펙트럼만이 분포되어 있어야 이상적이다.

02. 스펙트럼 분석기(spectrum analyzer)의 용도로서 맞지 않는 것은?

가. 펄스폭 및 반복율 측정

나. 변조의 직선성 측정

다. FM 편차 측정

라. RF 간섭시험

※ Spectrum Analyzer(스펙트럼 분석기) 용도

① 펄스폭 및 반복 율 측정 ② RF 증폭기의 동조 ③ FM 편차 측정 ④ RF 간섭 시험 ⑤ 안테나 복사 Pattern 측정

03. 주파수에 대한 진폭을 그래프로 표시되도록 고안된 측정 장치는?

가. 스펙트럼 분석기　　나. 계수형 주파수계

다. 오실로스코프　　라. 레벨미터

04. 다음 중 송신기의 고조파 성분 함유비 측정에 가장 적합한 계측기는?

가. 레벨미터　　나. 오실로스코프

다. 스펙크럼 분석기　　라. 디지털멀티미터

★
05. 다음 중 스펙트럼 분석기의 구성 요소가 아닌 것은?

가. CRT
나. IF 증폭회로
다. 주파수 변조기
라. 톱니파 발진회로

06. 다음 중 AM 송신기의 변조파, 고조파 발사 강도, 기생발진(parasticoscillation) 등을 측정하기 위한 장비로 가장 적당한 것은?

가. 싱크로스코프
나. 오실로스코프
다. 디지털 카운터
라. 스펙트럼 분석기

07. 초단파대 범위의 FM송신기 전력측정에 가장 적당한 것은?

가. CM형 방향성 결합기에 의한 방법
나. 수부하에 의한 방법
다. 열방사계에 의한 방법
라. 전구의 조도에 의한 방법

※ 초고주파 송신기의 전력 측정 방식

1. AM 송신기
① 의사 공중선 ② 전구 조도 비교법 ③ 약극 손실 측정법
④ 진공관 전력계법 ⑤ C-C형 전력계법 ⑥ 수부하법 등
2. FM 송신기
① Bolometer Bridge 법 ② 열량계법 ③ C-M형 방향성 결합기에 의한 방법 등
3. M/W 송신기
① Bolometer Bridge 법 ② 열량계법 ③ 방향성 결합기에 의한 방법 ④ 정재파법 등

해답

1. (다) 2. (나) 3. (가) 4. (다) 5. (다) 6. (라) 7. (가)

08. 오실로 스코프로 송신기 출력파형을 관찰 하였더니 그림과 같은 파형을 얻었다. 이 송신기의 변조도는?

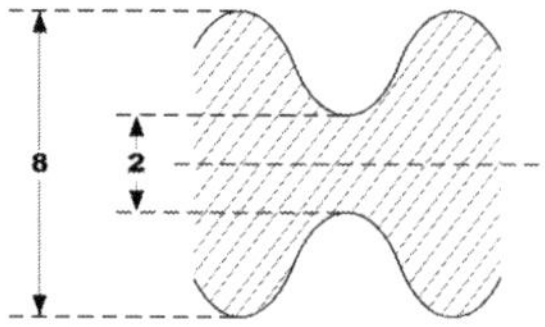

가. 80%　　나. 60%　　다. 30%　　라. 20%

※ 변조도$(m) = \dfrac{V_{max} - V_{min}}{V_{max} + V_{min}} \times 100\% = \dfrac{8-2}{8+2} \times 100 = \dfrac{6}{10} \times 100 = 60\%$

09. 진폭 변조 회로의 출력을 Oscilloscope로 측정하였더니 다음 그림과 같았다. a = 2b 이면 변조율은?

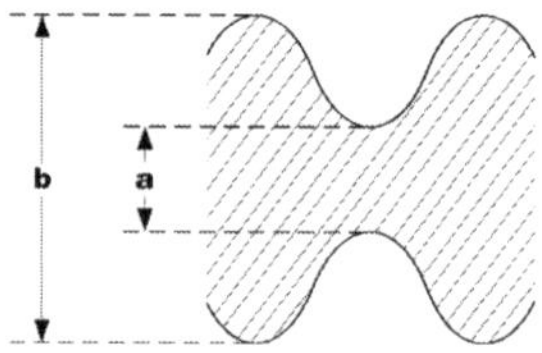

가. 80[%]　　나. 50[%]　　다. 33.3[%]　　라. 25[%]

10. Ocilloscope에 다음과 같은 그림을 얻었다. 이것은 무엇을 측정한 파형인가?

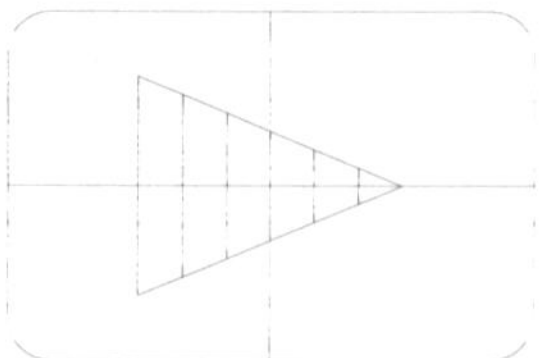

가. 진폭 변조파로서 과 변조파

나. 두개의 주파수에 대한 고조파 전압의 합성파

다. 100% 위상 변조파

라. 100% 진폭 변조파

11. 피 변조 신호를 오실로스코프에 넣었더니 그림과 같은 파형을 얻었다. 다음 설명 중 옳은 것은?

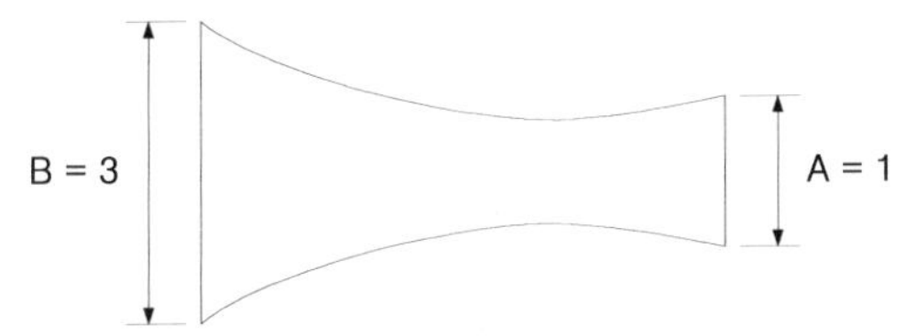

가. 50[%]의 왜곡을 갖는 과변조　　나. 33[%]의 왜곡을 갖는 과변조
다. 위상 왜곡이 있는 50[%]변조　　라. 진폭 왜곡이 있는 50[%]변조

★
12. 오실로스코프로 변조 도를 측정한 결과 파형이 그림과 같다고 한다. 이때 변조 도는?

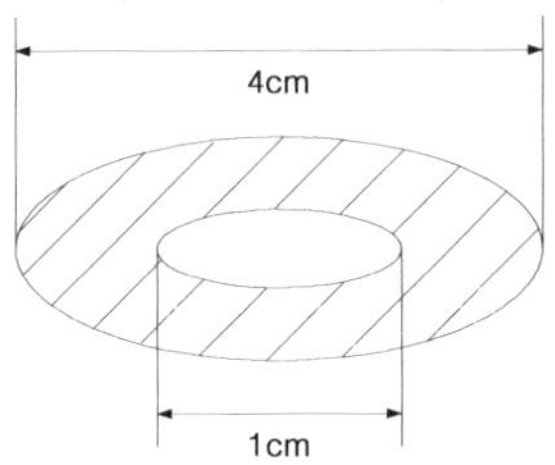

가. 50 %　　나. 60 %　　다. 70 %　　라. 80 %

13. 진폭변조 송신기의 출력이 100(%) 변조시에 100[W]이다. 50[%]변조시의 출력은 약 몇[W] 인가?

가. 66.7[W]　　나. 75[W]
다. 100[W]　　라. 112.5[W]

※ 피변조파 전력(P_m)=$P_c\left(1+\frac{m^2}{2}\right)$에서 $100[W]=P_c\left(1+\frac{1^2}{2}\right)$ $\therefore P_c=66.67[W]$가 된다.

⇒ m=0.5 일 때 $P_m=66.67\times\left(1+\frac{0.5^2}{2}\right)=75[W]$가 된다.

해답

8. (나)　9. (다)　10. (라)　11. (라)　12. (나)　13. (나)

14. AM 송신기가 전체 전력 60[W]를 안테나에 공급할 때 변조율이 100%라고 가정한다면 반송파와 상측파대에 포함되는 각각의 전력은?

가. 30[W], 10[W]　　나. 30[W], 20[W]
다. 40[W], 20[W]　　라. 40[W], 10[W]

※ 피변조파 전력(P_m)=$P_c\left(1+\frac{m^2}{2}\right)$에서 m=1 일 때 $60[W]=P_c\left(1+\frac{1^2}{2}\right)$ 　$\therefore P_c=40[W]$가 된다.

⇒ m=1 일 때 상측파대 전력(P_u)은 $P_u=P_c\frac{m^2}{4}=40\left(\frac{1^2}{4}\right)=10[W]$가 된다.

15. 피변조 출력 전력이 30[㎾], 변조도가 60% 인 무선송신기의 반송파 전력은 약 몇 ㎾ 인가?

가. 24.4　　나. 25.4
다. 48.8　　라. 50.8

※ 피변조파 전력(P_m)=$P_c\left(1+\frac{m^2}{2}\right)$에서 m=0.6 일 때 $30[kW]=P_c\left(1+\frac{0.6^2}{2}\right)$ $\therefore P_c \fallingdotseq 25.4[kW]$가 된다.

16. AM 무선전화 송신기의 변조도를 80%로 했을때 종단전력 증폭기의 컬렉터 손실이 600W, 컬렉터 효율이 70%였다면 무변조시 반송파 출력은 약 몇 W인가? (단, 변조파는 단일 정현파로 출력회로의 손실은 무시함)

가. 649　　나. 857
다. 1000　　라. 1061

※ 피변조파 전력(P_m)=$P_c\left(1+\frac{m^2}{2}\right)$에서 m=0.6일 때 $P_m=P_c\left(1+\frac{0.8^2}{2}\right)$ 　$\therefore P_m=1.32P_c[W]$가 된다.

$$\text{송신출력전력}(P_m)=\frac{\eta(\text{컬렉터효율})P_l(\text{컬렉터손실전력})}{1-\eta(\text{컬렉터효율})}=\frac{0.7\times600}{1-0.7}=1400[W]$$

$$\therefore P_c=\frac{P_m}{1.32}=\frac{1400}{1.32}\fallingdotseq 1061[W]$$

17. DSB송신기에서 100Hz의 신호파로 변조한 한 개의 측파대가 갖는 전력이 피변조파 전체 전력의 $\frac{1}{10}$일 때의 변조도는 몇 %에 가장 가까운가?

가. 50　　나. 60
다. 70　　라. 80

※ DSB송신기에서 피변조파 전력(P_m)=$P_c\left(1+\frac{m^2}{2}\right)$, 한쪽 측파대 전력($P_s$)=$\frac{m^2}{4}\cdot P_c$ 이므로

$$\frac{P_s(\text{한쪽측파대전력})}{P_m(\text{피변조파전력})}=\frac{\frac{m^2}{4}P_c}{P_c\left(1+\frac{m^2}{2}\right)}=\frac{m^2}{2(2+m^2)}=\frac{1}{10}\ \therefore\ m=\frac{1}{\sqrt{2}}≒0.707$$ 이므로 변조도는

약 70%가 된다.

18. AM 송신기의 변조특성의 측정이 아닌 것은?

가. 변조 포락선에 의한 방법
나. 사다리꼴 도형에 의한 방법
다. 타원 도형에 의한 방법
라. 전구의 조도에 의한 방법

※ **변조도 측정**

1) Lissajous Figure에 의한 방법

방법	식	파형
①변조 포락선에 의한 방법	$m=\frac{A-B}{A+B}\times 100[\%]$	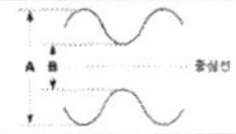
②대형(사다리꼴) 도형에 의한 방법		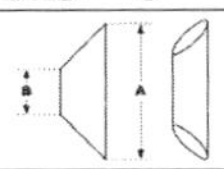
③타원 도형에 의한 방법		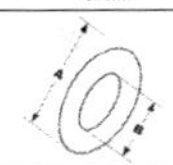

해답

14. (라) 15. (나) 16. (라) 17. (다) 18. (라)

19. **오실로스코프에 그림과 같은 파형을 얻었다. 다음 중 옳지 않은 것은?**

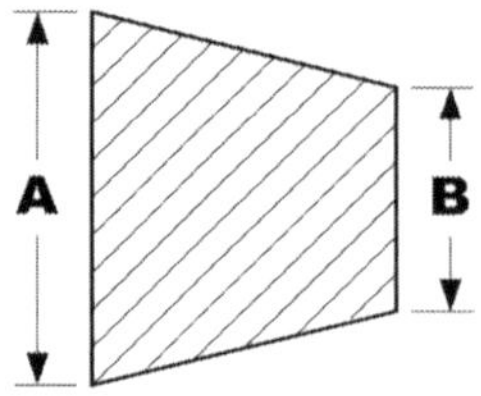

가. 송신기의 변조도를 측정하는 방법 중의 하나이다.

나. 수직축에는 피변조파, 수평축에는 톱날파를 인가한 경우이다.

다. 변조도는 $\dfrac{A-B}{A+B}$로서 구해진다.

라. 위상이 일치되어야 정확한 사다리꼴이 얻어 진다.

※ 변조도 측정(Lissajous Figure에 의한 방법)

방법	식	파형
대형(사다리꼴) 도형에 의한 방법	$m=\dfrac{A-B}{A+B}\times 100[\%]$	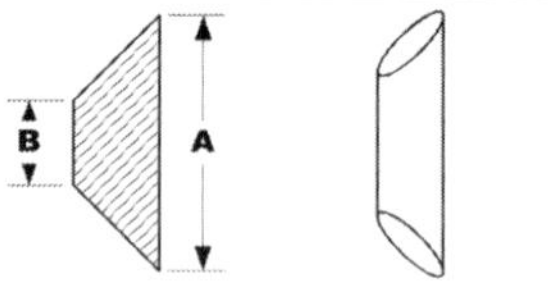 위상일치(이상적) 위상 불일치(타원형)
수평축	**수직축**	**도형**
톱니파	피변조파	
변조파	피변조파	

20. **AM 송신기의 변조 도를 측정하기 위해 오실로스코프에 포락선이 나타나게 하려면 오실로스코프에 가 할 전압은?**

가. 반송파와 피변조파

나. 피변조파와 톱니파

다. 서로 90° 위상차를 갖는 피변조파

라. 피변조파와 변조파

★
21. 다음 그림은 방향성 결합기의 원리도이다. 다음중 방향성 결합기에 대하여 잘못 설명한 것은?

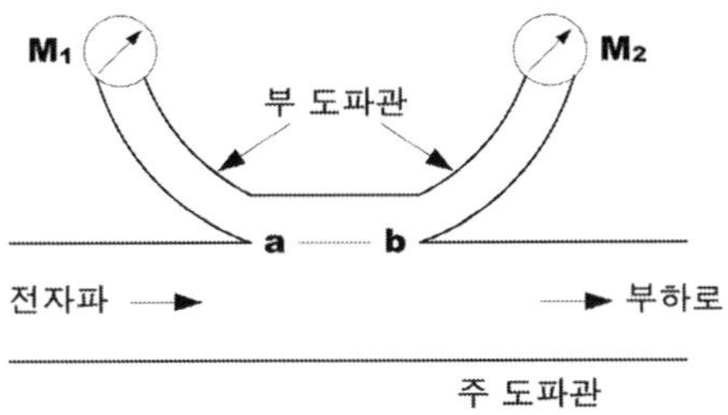

가. 계기 M_2는 반사파에 비례한 지시를 한다.
나. a점 b점 사이의 간격은1/4파장이다.
다. 이 계기는 정재파 비를 구할 수 있다.
라. 이 계기는 반사계수를 구할 수 있다.

22. Calorimeter(수부하전력계)법에 의해서 전력을 측정 했다. 이때 냉각수의 온도 5℃, 출구의 온도 6℃, 냉각 수유량 3㎤/sec라면 전력은 몇[W]인가?

가. 18.3　　나. 12.6　　다. 22.6　　라. 28.4

> ※ **수부하 전력계(열량계)에 의한 측정**
> $P = 4.18Q(t_2 - t_1) = 4.18 \times 3(6-5) = 12.6[W]$
> $\begin{cases} Q(cc/sec): \text{ 단위시간에서의물의순환량(냉각수유량)} \\ t_1: \text{ 입구온도} \\ t_2: \text{ 출구온도} \end{cases}$

23. 송신기의 공진회로의 효율은? (단, 무부하시 Q_0 = 200, 부하시 Q_L = 40)

가. 90(%)　　나. 10(%)　　다. 80(%)　　라. 15(%)

> ※ **공진회로 효율**
> $\eta = \dfrac{Q_0 - Q_L}{Q_0} \times 100 = \dfrac{200-40}{200} \times 100 = 80[\%]$ $\begin{cases} Q_0: \text{ 무부하시 선택도} \\ Q_L: \text{ 부하시 선택도} \end{cases}$

해답

19. (나)　20. (나)　21. (가)　22. (나)　23. (다)

24. C급 전력 증폭기의 출력이 100[W], 콜렉터 효율이 70[%], 공진회로의 Q가 무부하시 200, 부하시에 20일 때 콜렉터 출력은 얼마인가?

가. 70[W] 나. 90[W]
다. 111[W] 라. 143[W]

※ **공진회로 효율(η)**

$$\eta = \frac{Q_0 - Q_L}{Q_0} = \frac{200-20}{200} = 0.9 \quad \begin{cases} Q_0: \text{무부하시 선택도} \\ Q_L: \text{부하시 선택도} \end{cases}$$

※ **컬렉터 입력전력**

$$= \frac{\text{송신출력}}{\eta \times \text{컬렉터효율}} = \frac{100}{0.9 \times 0.7} = 158.7[W]\text{이며}$$

$\therefore$ 컬렉터출력전력 $= 158.7 \times 0.7$(컬렉터효율) $= 111[W]$가 된다.

25. C급 전력증폭기의 공진회로 Q가 무부하시에 200, 부하시에 20 일 때 이 공진회로의 효율은 몇 %인가?

가. 60 나. 70
다. 80 라. 90

※ **공진회로 효율**

$$\eta = \frac{Q_0 - Q_L}{Q_0} \times 100 = \frac{200-20}{200} \times 100 = 90[\%] \quad \begin{cases} Q_0: \text{무부하시 선택도} \\ Q_L: \text{부하시 선택도} \end{cases}$$

26. 그림과 같이 Bolometer와 Bridge 회로를 이용하여 마이크로파 전력을 측정할 경우 Bolometer에서 마이크로파의 전력소비가 없을 때의 A의 지시치가 3[A]이고, 전력소비가 있을 때의 A의 지시치가 2[A]라면 마이크로파 전력의 세기는?

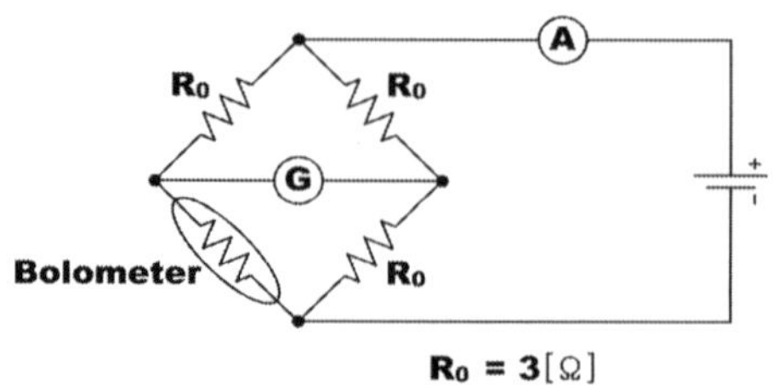

가. 1[W] 나. 1.25[W]
다. 3.75[W] 라. 5[W]

※ Bolometer Bridge법

$$P_0 = P_1 - P_2 = \frac{1}{4}(I_1^2 - I_2^2)R_0 = \frac{1}{4}(3^2 - 2^2) \times 3 = 3.75[W] \begin{cases} I_1: & M/W를 가하지 않았을 때 전류 \\ I_2: & M/W를 가할 때 전류 \end{cases}$$

27. **볼로미터(Bolometer)의 소자로 바레터와 서미스터가 있는데 이들의 특성 비교 중 틀린 것은?**

가. 바레터는 저항온도계수가 정이고 서미스터는 저항온도계수가 부이다.

나. 사용온도는 서미스터보다 바레터가 더 높다.

다. 감도는 서미스터 보다 바레터가 더 우수하다.

라. 사용재료가 서미스터는 반도체이고 바레터는 금속이다.

※ 볼로미터(Bolometer)의 소자로 바레터와 서미스터가 있다.

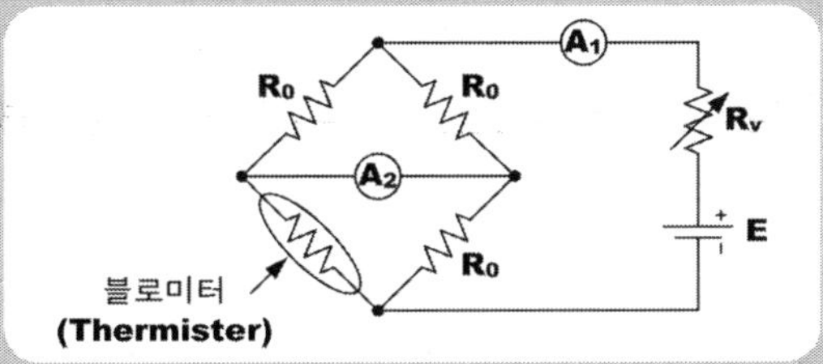

① 서미스터(Thermistor) : 코발트 · 구리 · 망간 · 철 · 니켈 · 티탄 등의 산화물을 적당한 저항률과 온도계수를 가지도록 2~3종류 혼합하여 소결(燒結)한 반도체로서 일반적인 금속과는 달리, 온도가 높아지 높저항값이 감소하는 부저항온도계수(負抵抗溫度係數)의 특성을 가지고 있는데 이것을 NTC(negative temperature coefficient thermistor)라 한다.

② 바레터(barretter) : 절연 재료의 통 속에 지름 2마이크로미터(㎛) 정도의 가는 백금 선을 설치하여 마이크로파나 적외선을 재는 기구. 마이크로파 따위를 흡수하고 온도가 올라갈 때 변하는 저항에 따라 전력을 재는데, 서미스터에 비하여 감도는 낮고 끊어지기 쉬우나 정확도가 높다.

해답

24. (다) 25. (라) 26. (다) 27. (다)

28. 오실로스코프(Oscilloscope)의 수직축과 수평축 입력에 주파수와 진폭이 같고 위상이 180° 다른 전압을 가했을 때 나타나는 리사쥬 도형(Lissajous Pattern)은?

가. 사선　　　　나. 원
다. 타원　　　　라. 사각형

※ Lissajous figure

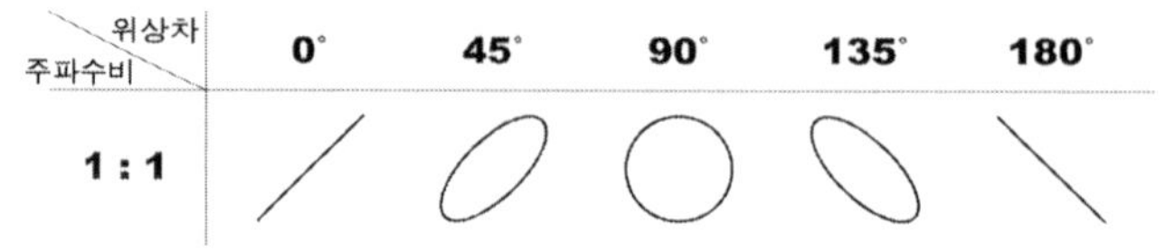

29. 다음은 점유주파수 대역폭에 대한 설명이다. ( ) 안에 들어갈 내용으로 가장 적합한 것은?

> "일반적으로 어느 상한의 주파수를 초과하는 부분과 어느 하한의 주파수 미만에서 복사되는 평균전력이 전체 평균전력과 비교할 때 각 각 ( )%가 되는 상한주파수와 하한 주파수 사이의 폭은 점유주파수 대역폭이라고 한다."

가. 0.1　　　　나. 0.5
다. 1　　　　라. 5

※ 점유 주파수 대역폭

⇒ 발사에 의해 점유하는 전 에너지 중 상한(f_2)과 하한(f_1)에서 각각 0.5(%)씩 제외한 99(%)의 주파수대폭(f_2-f_1)

30. M진 PSK신호의 대역폭 효율이 상대적으로 가장 좋은 것은?

가. M=2　　　　나. M=4
다. M=8　　　　라. M=16

※ M진 PSK신호의 대역폭 효율은 $\log_2 M$이다. 그러므로 M=16일 때 $\log_2 16=4$로 가장 좋다.

31. 다음 ( )의 내용으로 옳은 것은?

> "( )이(가) 넓으면 충실도는 양호하지만 선택도가 저하되기 때문에 필요 이상의 값으로 하지 않는다."

가. 결합도　　　　나. 변조율
다. 대역폭　　　　라. 진폭

※ $Q(\text{선택도}) = \frac{f_0}{BW(\text{대역폭})}$ 인 관계로 대역폭이 넓어지면 선택도는 저하된다. 즉, 반비례관계에 있다.

32. **병렬공진 회로에서 코일의 인덕턴스 100[μ H], 콘덴서의 용량 400[pF], 공진 주파수에서 Q가 50일때 코일의 저항 R은 얼마인가?**

가. 0.1[Ω]　　　　나. 1[Ω]
다. 10[Ω]　　　　라. 100[Ω]

※ 직·병렬 공진주파수(f)를 구하는 식 $f = \frac{1}{2\pi\sqrt{LC}}$[Hz]에서

$f = \frac{1}{2\pi\sqrt{100\times10^{-6}\times400\times10^{-12}}} = 0.8\times10^6$[Hz]가 된다. 한편, 선택도(Q) 구하는 식

$Q = \frac{\omega L}{R}$ 에서 R은 $\therefore R = \frac{2\pi fL}{Q} = \frac{2\pi\times0.8\times10^6\times100\times10^{-6}}{50} = 10[\Omega]$가 된다.

33. **희망신호에 근접한 주파수의 방해가 있으면 수신기의 감도가 저하한다. 이것을 무엇이라고 하는가?**

가. 혼변조　　　　나. 감도억압효과
다. 스퓨리어스 응답　　　　라. 상호변조

※ 혼변조(混變調)

⇒ 원하지 않는 신호에 의하여 진폭이나 주파수 따위가 바뀌는 일.

※ 상호변조(相互變調)

⇒ 비선형(非線形) 장치 안에서 복잡한 파(波)의 성분이 서로 변조하여 합해지고, 최초의 파에 대한 성분 주파수의 정수배(整數倍) 주파수의 합 및 차와 같은 주파수의 새로운 성분파를 생성하는 일.

※ 감도 억압 효과(感度抑壓效果, desensitization effect)

⇒ 희망파와 함께 존재하는 불필요한 파로 인해 무선 수신기의 감도가 억압되는 현상.

해답

28. (가)　29. (나)　30. (나)　31. (다)　32. (다)　33. (나)

34. 수신기에서 통과대역폭 외에 강력한 방해파가 존재하면 희망파의 식별이 곤란해진다. 이 현상과 관계없는 것은?

가. 감도 억압 효과 특성　　나. 혼변조 특성
다. 잡음제한 감도 특성　　라. 상호 변조 특성

> ※ **제2신호 법에 의한 선택도 측정**
> ① 감도 억압 효과(desensitization effect) : 수신기에 희망 신호와 동시에 다른 주파수의 무변조 방해신호를 가하면 수신기의 비직선 동작(포화) 때문에 희망 신호의 출력이 변화하는 현상. 보통 희망파 출력에 3dB의 변화를 일으키는 경우의 무변조 방해파 레벨로 표시한다.
> ② 혼변조(cross modulation) : 수신기에 희망 신호와 동시에 다른 반송주파수의 피변조 방해신호를 가할 때 수신기의 비직선 동작으로 인하여 방해 신호의 변조 신호에 의해서 희망 신호가 변조되어 수신기의 출력에 나타나는 현상.
> ③ 상호변조(intermodulation) : 동시에 2개 이상의 강력한 방해 신호를 수신기에 가했을 때 두 주파수의 합 또는 차의 주파수가 희망 신호의 주파수 또는 중간 주파수와 같게 되면 수신기의 비직선 특성 때문에 방해 신호 출력이 나타나는 현상.

35. 직접확산 통신방식에서 중요한 파라미터인 처리이득(processing gain)의 정의로 맞는 것은?

가. 확산대역폭/신호 대역폭　　나. 확산대역폭/채널 대역폭
다. 확산대역폭/변조 대역폭　　라. 확산대역폭/잡음 대역폭

> ※ **처리이득(processing gain**
> 신호의 스펙트럼 대역을 확산시켰다가 압축시키는 과정에서의 이득으로 확산대역폭/신호대역폭이 가 된다.

36. 어떤 수신기의 고주파 증폭이득이 20 [dB], 주파수 변환 이득이 −5 [dB], 중간주파 이득이 60 [dB], 저주파 이득이 25 [dB]라면 입력에 1[μV] 의 전압을 가하면 출력은 몇[V]인가?

가. 0.01[V]　　나. 0.1[V]　　다. 0.5[V]　　라. 1[V]

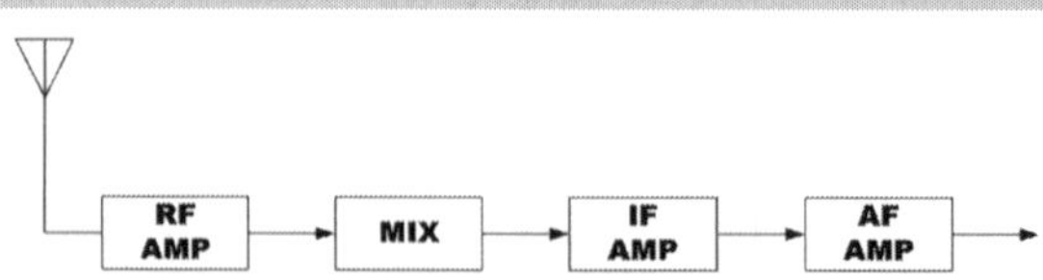

⇒ 수신기의 전체 이득 = 고주파 증폭 이득 + 주파수 변환 이득 + 중간 주파 이득 + 저주파 이득 = 20+(−5)+60+25=100[dB]

⇒ 수신기 전체이득은 $dB = 20\log_{10}\frac{V_0}{V_i} = 20\log_{10}\frac{V_o}{1\times10^{-6}} = 100[dB]$ $\therefore V_o = 0.1[V]$가 된다.

37. 그림은 안테나의 실효 인덕턴스 측정회로이다. 실효 인덕턴스 Le 값은?
(단, Ls는 6[μH]이며, S를 닫았을 때 공진주파수는 3[MHz], 열었을 때 공진주파수는 1.5[MHz]이었다.)

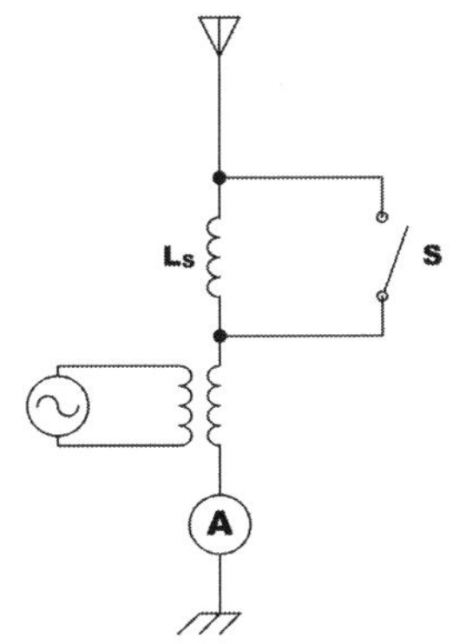

가. 4[μH]
나. 1[μH]
다. 6[μH]
라. 2[μH]

※ Antenna에 관한 측정 중 실효 인덕턴스 측정

⇒ 표준 인덕턴스 1개 사용할 경우

$$L_e = \frac{L_s}{\left(\frac{f_0}{f_1}\right)^2 - 1}[H] = \frac{6[\mu H]}{(\frac{3}{1.5})^2 - 1} = \frac{6}{3}[\mu H] = 2[\mu H]\text{가 된다.} \begin{cases} f_0: \text{ S를 단락시 공진주파수} \\ f_1: \text{ S를 개방시 공진주파수} \end{cases}$$

해답

34. (다) 35. (가) 36. (나) 37. (라)

38. **다음은 안테나의 실효저항 측정회로이다. 스위치 S를 닫고 희망 주파수 f에 동조시킬 때 공중선 전류 계 A_2의 지시를 I1이라고 한다. 다음에 S를 열고 A_2 의 지시를 I_2라고 할 때 실효저항 Re는 얼마인가?**

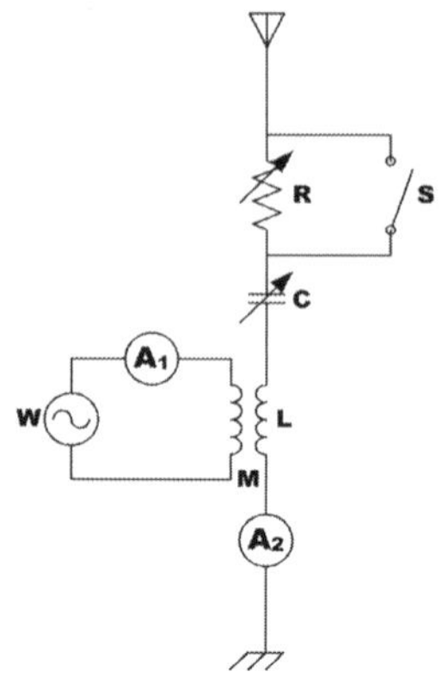

가. $Re = I_1 R - I_2$

나. $Re = (I_1 - R) I_2$

다. $Re = (I_2 - I_1) R$

라. $Re = \dfrac{R}{(I_1/I_2) - 1}$

> **※ 안테나의 실효저항 측정법 중 저항 삽입법에 의한 문제이다.**
>
> 실효저항(R_e)=$\dfrac{R}{(\frac{I_1}{I_2})-1}$[Ω]가 된다.

39. **다음 접지 안테나의 실효고 측정방법으로 적합하지 않은 것은?**

가. 전계강도 측정에 의한 방법

나. 표준 안테나에 의한 방법

다. 정재파비에 의한 방법

라. 표준 안테나와 전계강도 측정기에 의한 방법

> **※ 접지 안테나의 실효고 측정방법**
>
> ① 전계강도 측정에 의한 방법
> ② 표준 안테나에 의한 방법
> ③ 표준 안테나와 전계강도 측정기에 의한 방법
> ⇒ 정재파비로는 실효고를 알 수 없다.

40. 실효높이 15[m]인 안테나에 0.045[V]의 전압이 유기되면 이곳의 전계강도는 몇[dB]인가? (단,기준전계 강도는 1㎶/m)

가. 약 70㏈　　나. 약 99㏈
다. 약 180㏈　　라. 약 160㏈

※ 수신 안테나의 유기 전압(V_o)은 $V_o = E \cdot h_e$ 이다.

$$\therefore E(\text{전계강도}) = \frac{V_o}{h_e(\text{실효고})} = \frac{0.045}{15} = 0.003[V/m]$$

$$E[dB] = 20\log\frac{0.003[V/m]}{1[\mu V/m]} = 69.54 \fallingdotseq 70[dB]$$ 가 된다.

41. 전계 강도를 측정하고자 할 때 가장 적당한 안테나는?

가. 루프 안테나(Loop Antenna)
나. 애드콕 안테나(Adcoke Antenna)
다. 고니오메타 안테나(Goniometer Antenna)
라. 벨리니 - 토시 안테나(Bellini - Tosi Antenna)

※ 전계강도를 측정할 때는 loop Antenna와 전계강도 측정기를 사용하여 측정한다.

42. 다음 중 전계강도 측정기에서 일반적으로 사용되는 안테나는?

가. 야기안테나　　나. 빔안테나
다. 루프안테나　　라. 애드콕 안테나

※ 전계강도를 측정할 때는 loop Antenna와 전계강도 측정기를 사용하여 측정한다.

해답

38. (라)　39. (다)　40. (가)　41. (가)　42 (다)

43. 전계강도 측정에 관한 설명으로 거리가 먼 것은?

가. 전계강도 측정기는 내부 잡음에 의한 오차가 생길 수 있다.
나. 전계강도는 송신기 출력의 제곱에 비례한다.
다. 전계강도는 측정 시 주위에 전화선이나 배전선 등이 있을 때는 정확한 측정이 곤란하다.
라. 전계강도는 ㎶/m로도 표시된다.

> ※ 전계강도는 송신기 출력의 제곱근(평방근)에 비례한다.($E=\frac{K\sqrt{P}}{d}$)

44. 전계강도의 측정원리는 다음 중 어느 법에 속하는가?

가. 강도법　　나. 표준법
다. 브리지법　　라. 비교법

45. 1[㎾]의 송신기 전력이 전송되다가 송신출력이 3[dB] 떨어졌다. 이때의 전력은 약 몇[㎾]인가?

가. 1　　나. 0.8
다. 0.5　　라. 0.3

> ※ 송신 출력이 3[dB] 떨어졌다면 $10\log\frac{1}{2}=-3[dB]$ 이므로 송신전력의 $\frac{1}{2}$이 되었다는 의미이다. 그러므로 1[㎾]의 송신전력이 전송되었다면 0.5[㎾]의 출력이 된다.

46. 출력 임피던스 2000[Ω]에 정합된 수신기에서 50[㎽]의 전력을 측정하였다. 이 경우 출력 전압은 몇 V 인가?

가. 5　　나. 10
다. 15　　라. 20

> ※ $P_o(\text{출력전력})=\frac{V_o^2(\text{출력전압})}{Z_o(\text{출력임피던스})}=\frac{V_o^2}{2000}=50\times10^{-3}$이므로
> $V_o=\sqrt{50\times10^{-3}\times2000}=10[V]$가 된다.

47. TV방송국의 영상송신기 출력이 10KW, 급전선 손실이 0.6dB, 슈퍼-턴 스타일 공중선 이득이 8.6dB인 경우 실효복사전력(ERP)은 약 몇 KW인가?

가. 10　　나. 24　　다. 48　　라. 63

※ **실효 복사 전력(effective radiated power)**

송신기 출력(P)에서 급전선계의 손실(L)을 뺀 안테나의 입력 전력과 송신 안테나 이득(G)과의 곱이다. 따라서 영상송신기 출력이 10KW이므로 [dB]로 환산하면 $10\log_{10}10\times10^3=40[dB]$가 되어 실효 복사 전력은 $(P-L)[dB]+G[dB]=(40-0.6)+8.6=48[dB]$가 된다.

이를 전력으로 나타내면 $48=10\log_{10}x$에서 $\therefore x=10^{4.8}\fallingdotseq 63095[W]$가 된다.

48. 전압 정재파비가 3인 어떤 급전선에서 진행파 전압이 10[V]라면 반사파 전압은 몇 [V] 인가?

가. 3[V]　　나. 3.3[V]　　다. 5[V]　　라. 15[V]

※ **정재파비(S)**

$$S=\frac{V_{max}}{V_{min}}(V_{max}:\text{최대정재파전압}, V_{min}:\text{최소정재파전압})$$

$$=\frac{V_f+V_r}{V_f-V_r}, (V_r: \text{반사파전압}, V_f: \text{진행파전압})$$

$$\Rightarrow 3=\frac{10+V_r}{10-V_r}, \therefore V_r=5[V]\text{가 된다.}$$

49. 전압 정재파비가 3인 어떤 급전선에서 진행파 전압이 10v이면 반사파 전압은 몇 v인가?

가. 3　　나. 3.3　　다. 5　　라. 10

※ **VSWR (Voltage Standing Wave Ratio : 전압 정재파비) :**

정재파(Standing Wave)는 진행파와 반사되어 돌아온 파가 합쳐져 발생된 정지된 파동을 의미한다.

$$S=\frac{|V_{max}|}{|V_{min}|}=\frac{1+|\Gamma|}{1-|\Gamma|}\geq 1$$

※ **Reflection Coefficient (반사계수, Γ)**

반사계수(Γ, Gamma)는 특정 위치에서의 출력 전압(전류)/입력 전압(전류)이다.

$$\Gamma=\frac{\text{수단의 반사전압 or 전류}}{\text{수단의 입사전압 or 전류}}=\left|\frac{V_r}{V_f}\right|=\left|\frac{S-1}{S+1}\right|=\frac{3-1}{3+1}=\frac{1}{2}$$

$$\therefore \Gamma=\left|\frac{V_r}{10}\right|=\frac{1}{2}\text{ 이므로 } V_r=5[V]\text{가 된다.}$$

해답

43. (나)　44. (라)　45. (다)　46. (나)　47. (라)　48. (다)　49. (다)

50. 통신선로 종단에 부하저항(R_L) 50[Ω]을 접속하고 VSWR을 측정하였더니 그 값이 2였다. 이 선로의 특성임피던스 Z_0는 얼마인가? (단, Z_0 〉 R_L 이다.)

가. 25[Ω]　　나. 50[Ω]
다. 75[Ω]　　라. 100[Ω]

> ※ 정재파비 $= \dfrac{Z_0(\text{특성임피던스})}{R_L(\text{부하임피던스})}$, $2 = \dfrac{Z_0}{50}$ $\therefore Z_0 = 100[\Omega]$

51. 급전선의 종단 개방시 입력임피이던스를 Z_f, 종단 단락시 입력 임피이던스를 Z_s 라고하면, 이 급전선의 특성(파동) 임피이던스는?

가. $Z_0 = \sqrt{Z_f \cdot Z_s}$　　나. $Z_0 = \sqrt{Z_f^2 + Z_s^2}$
다. $Z_0 = \dfrac{Z_f - Z_s}{Z_f + Z_s}$　　라. $Z_0 = \dfrac{Z_s - Z_f}{Z_f + Z_s}$

> ※ 급전선의 특성 임피던스(Z_0) $= \sqrt{Z_s \cdot Z_f}$, (Z_s : 개방시 입력 임피던스, Z_f : 단락시 입력 임피던스)

52. 150[MHz]정도의 전파의 파장을 측정하고자 한다. 레헤르선의 길이는 최소한 몇[m]이어야 하는가?

가. 3　　나. 2.5
다. 2　　라. 1

> ※ **레헤르선 [Lecher wire]**
> 2개의 도선을 평행하게 늘어놓은 전송선(傳送線).
>
> ※ **레헤르선파장계 [Lecher wire wavemeter]**
> 레헤르선(線)을 이용한 초단파, 극초단파용의 파장계.
>
> ⇒ 평행한 2개의 선으로 구성된 레헤르선 한 끝을 발진기의 출력회로에 소결합(疎結合 : loose coupling : 상호 반작용이 거의 없는 약한 결합)하고, 열전검류계(熱電檢流計)를 삽입한 단락편(短絡片)을 레헤르선에 따라 움직이면, 발진기의 발진 반파장(半波長)의 정수배(整數倍)로 될 때마다 단락 레헤르선이 공진(共振)하여 큰 전류가 흐른다.
> 이렇게 하여 2개의 공진점 간격(반파장에 해당)을 측정하고, 그것을 2배로 해서 파장을 구할 수 있다. 따라서 레헤르선상에서 $\dfrac{\lambda}{2}$마다 전압, 전류의 최대점이 나타나므로 레헤르선의 길이는 최소한 $\dfrac{\lambda}{2}$가 되어야 한다. $\lambda = \dfrac{c}{f} = \dfrac{3\times10^8}{150\times10^6} = 2[m]$, $\therefore l = \dfrac{\lambda}{2} = \dfrac{2}{2} = 1[m]$가 된다.

53. 150[MHz]정도의 전파의 파장을 측정하고자 한다. 레헤르선 길이는 몇 [m]이상 이어야 하는가?

가. 2[m] 나. 1[m]
다. 0.4[m] 라. 0.1[m]

54. 다음중 공진현상을 이용한 주파수 측정법이 아닌 것은?

가. 동축형 파장계 나. 레헤르(Lecher)선 주파수계
다. 헤테로다인 주파수계 라. 공동형 파장계

※ 헤테로다인 주파수계는 입력되는 주파수와 기준 주파수와의 차를 이용하여 주파수를 측정하는 방식이며 나머지 동축형 파장계, 레헤르(Lecher)선 주파수계, 공동형 파장계 모두 공진현상을 이용하여 주파수를 측정하는 방식이다.

55. 스미스선도(Smith chart)를 이용하여 구할 수 없는 값은?

가. 미지역율 나. 미지 임피던스
다. 정재파비 라. 반사계수

※ 스미스선도(Smith chart)를 이용해서 정재파비, 반사 계수, 임피던스 정합, 미지 임피던스계산 등을 할 수 있다.

56. 스미드 챠트에 의해 정규화 임피던스를 구한 결과 1.65+j1.82를 얻었다. 지금 전송선로의 특성 임피 던스(Z_o)를 50[Ω]이라하면 부하 임피던스(Z_l)은 얼마인가?

가. 82.5+j91 나. 82.5−j91
다. 83.5+j95 라. 83.5−j95

※ 정규화된 임피던스(Z_n)$=\dfrac{Z_l(\text{부하 임피던스})}{Z_o(\text{선로의 특성 임피던스})}$

$\therefore\ Z_l = Z_n \cdot Z_o = (1.65 + j1.82)(50) = 82.5 + j91$가 된다.

해답

50. (라) 51. (가) 52. (라) 53. (나) 54. (다) 55. (가) 56. (가)

57. **다음 중 고주파 가열 전원과 관계없는 것은?**

가. 진공관 발진기
나. 마그네트론 발진기
다. 인버터
라. 다이나트론 발진기

※ 고주파 가열 전원의 의미는 발진기를 말하는 것이다.
※ 인버터는 DC 전원을 AC전원으로 변환시키는 장치를 말한다.

58. **마이크로파 송신기의 전력 측정에 사용되는 방향성 결합기를 이용하여 측정할 수 없는 것은?**

가. 정재파비
나. 위상차
다. 결합도
라. 반사계수

※ 방향성 결합기로는 투과파와 반사파를 측정하여 정재파비, 반사계수, 결합도 등을 측정할 수 있다.

59. **지구국 수신계의 종합성능을 나타내는 G/T에 대한 설명이다. 알맞은 것은?**

가. 지구국의 간섭성능을 나타낸다.
나. 수신안테나 이득과 수신계의 잡음온도 차이다.
다. 인텔셋의 표준값은 앙각이 90° 일때이다.
라. 수신계의 잡음온도는 273° K일 때를 기준으로 한다.

※ G/T란 수신계의 성능을 나타내는 지표로서 안테나의 이득과 잡음온도의 비로 나타낸다. 이를 데시벨로 나타내면 G[dB]-T[dB]가 되므로 수신안테나 이득과 수신계의 잡음온도 차라고 표현할 수 있다.

60. **600[Ω]의 평행 2선식 급전선을 사용하는 200[W] 송신기의 출력을 전구에 의한 의사부하로 시험코자 할 때 가장 적당한 방법은?**

가. 100[V],200[W] 전구1개
나. 100[V],100[W] 전구2개 직렬
다. 100[V],60[W] 전구4개 직렬
라. 100[V],30[W] 전구7개 직렬

※ 200[W]출력을 가진 송신기의 의사부하로 사용될 전구는 200[W]이상의 전력을 소비할 수 있어야 하며 전구의 개수는 적을수록 좋다. 그러므로 60[W] 전구 4개를 직렬로 연결하는 것이 가장 적당하다. '가'와 '나'처럼 정확히 200[W]인 것은 좋지 않다.

61. **기전력 2V, 내부저항 0.1Ω 인 전지가 100개 있다. 이 전지를 전부 사용하여 2.5Ω 의 부하저항에 최대 전류를 흘리기 위한 전지의 접속 방법은?**

가. 100 개의 전지를 직렬로 접속
나. 50 개의 전지를 직렬로 접속한 후 2 개조를 병렬 로 접속
다. 25 개의 전지를 직렬로 접속한 후 4 개조를 병렬 로 접속
라. 20 개의 전지를 직렬로 접속한 후 5 개조를 병렬 로 접속

※ 내부저항 0.1Ω 인 전지 100개를 전부 사용하여 2.5Ω 의 부하저항에 최대 전류를 흘리기 위한방법은 전지의 총 내부저항과 부하저항이 같게 하는 것 이다. 그러므로 전지 100개를 효과적으로 연결하여 내부저항의 합이 2.5Ω이 되게 하려면 50 개의 전지를 직렬로 접속$(0.1\Omega \times 50 = 5\Omega)$한 후 2 개조를 병렬로 접속$(\frac{5\times5}{5+5} = 2.5\Omega)$하는 방법이 있다.

62. **SAW(Surface Acoustic Wave)필터의 장점이 아닌 것은?**

가. 우수한 주파수 특성과 위상특성
나. 저 삽입손실
다. 고신뢰성
라. 우수한 LPF 특성

※ 표면 탄성파 (surface acoustic wave) : 탄성체 기판(substrate)의 표면을 따라 전파되는 음향파.

※ SAW(Surface Acoustic Wave)필터의 장점

① 우수한 주파수 특성과 위상특성을 갖는다.
② 삽입손실이 적으며 신뢰성이 높다.
③ 우수한 BPF로 많이 사용된다.

63. **디지털 무선통신방식에서 클럭추출의 간이화 및 스펙트럼의 평활 화를 위해 필요한 기능은?**

가. 스크램블, 디스크램블(Scramble, Descramble)
나. 패턴지터(Systematic Jitter)
다. 에러정정기(FEC)
라. 위상동기 발진기(PLO)

※ 디지털 무선통신방식에서 스크램블과 디스크램블(Scramble, Descramble)을 사용하여 클럭추출의 간이화 및 스펙트럼의 평활 화를 행한다.

해답

57. (다) 58. (나) 59. (나) 60. (다) 61. (나) 62. (라) 63. (가)

64. **무선방위 측정에서 전파전파에 따른 오차에 해당하지 않은 것은?**

가. 야간오차
나. 해안선의 오차
다. 대륙현상
라. 산란현상

※ 무선방위 측정에서 전파전파에 따른 오차에는 야간오차, 해안선 오차, 산란현상 등이 있다.
① 야간오차 : 야간에 소멸되는 D층 전리층의 영향으로 수직편파가 전리층에서 반사 되어 타원편파로 바뀌게 되고 이중 수평편파 성분이 방향을 탐지하는 루프안테나에 유기되어 방향 탐지 오차를 일으키는 요인이 된다.
② 해안선오차 : 전기적 성질이 변하는 곳에서는 전파가 전파해 가는데 있어 굴절현상이 발생하여 전파의 진행 방향이 변하게 됨으로써 방향 탐지 시에 오차를 발생하게 된다.
③ 산란현상 : 전파의 산란(scattering : 전파가 퍼지는 현상)으로 방향 탐지 시 오차가 발생된다.

65. **메캐니컬 필터(Mechanical filter)에 관한 설명이다. 설명이 적절하지 않은 것은?**

가. 주파수의 미세 조정이 비교적 어렵다.
나. 금속편의 기계적인 공진현상을 이용한다.
다. 사용 주파수대가 비교적 낮다.
라. LPF의 기능을 한다.

※ **Mechanical filter(메캐니컬 필터)**
⇒ 금속편의 기계적 공진현상을 이용한 필터로 사용주파수대가 비교적 낮은편이고 BPF(대역통과필터)로 동작한다.

66. **이득 대역적(Gain Bandwidth Product)이 갖는 의미로서 가장 적절한 것은?**

가. 증폭기의 증폭 성능을 나타내며 어느 정도 넓은 대역에 걸쳐 안정된 증폭을 수행하는가를 의미
나. 증폭기의 증폭성능을 나타내며 다음 단과 어느 정도 양호한 증폭이 이루어지는가를 의미
다. 발진기의 발진 성능을 나타내며 어느 정도 넓은 대역에 걸쳐 안정된 발진이 가능한가를 의미
라. 발진기의 발진 성능을 나타내며 어느 정도 양호한 증폭특성으로 발진을 수행하는가를 의미

※ **이득 대역적(Gain Bandwidth Product)**
⇒ 증폭기의 이득(G)과 대역폭(B)을 곱한 것으로 어느 정도 넓은 대역에 걸쳐 안정된 증폭을 수행하는가를 의미하는 증폭기 증폭 성능을 나타내는 parameter 이다.

67. 155.52Mbps 디지털 신호를 64QAM 변조방식을 사용하여 30MHz 대역폭으로 전송하였다면 주파수 이용율은 약 얼마인가?

가. 2.43 bps/Hz　　　나. 4.65 bps/Hz
다. 5.18 bps/Hz　　　라. 6.78 bps/Hz

※ 주파수 이용률은 다음과 같다.

$$\frac{\text{데이터 신호 속도}[bps]}{\text{소요 대역폭}} = \frac{155.52 \times 10^6}{30 \times 10^6} \fallingdotseq 5.184[bps/Hz]$$

68. 급전선 측정 항목으로 가장 타당한 것은?

가. 주파수 안정도 측정　　　나. 주파수 허용 편차 측정
다. 실효 인덕턴스 측정　　　라. 전압 정재파비 측정

※ 정재파(Standing Wave)는 진행파가 어떤 경계면을 기준으로 반사되어 돌아온 파와 합쳐지면서 발생한 정지된 파동을 의미하며 급전선상에서 그 최대 전압과 최소전압의 비를 측정할 수 있는데 이를 전압 정재파비라 한다.

※ 주파수 안정도와 주파수 허용 편차 측정은 송신기 측에서 측정하며 실효 인덕턴스 측정은 안테나에서 측정하는 항목이다.

69. 위성통신에서 사용되는 OBP(On Board Processing) 기술을 설명한 것은?

가. 위성의 빔 각도를 자동 조절시켜주는 기술
나. 위성의 빔 커버리지를 자동으로 조절해 주는 기술
다. 위성에서 복사되는 빔을 한꺼번에 처리하는 기술
라. 위성을 교환기와 같은 기능을 제공하게 하는 기술

※ **OBP(On Board Processing) 기술**

⇒ 위성을 신호의 증폭 또는 변・복조, 에러 정정 및 등화기 등의 기능을 갖게 하여 마치 교환기와 같은 기능을 제공하게 하는 기술이다.

해답

64. (다)　65. (라)　66. (가)　67. (다)　68. (다)　69. (라)

70. 지구국 안테나의 포인팅(pointing) 손실이란 정확히 무엇을 말하는가?

가. 안테나의 기계적인 결함에 의한 손실
나. 안테나의 이득저하에 의한 손실
다. 안테나빔의 확산에 의한 손실
라. 안테나의 위성추적 오차에 의한 손실

※ 지구국 안테나는 우주국(위성체)과 정확한 방향으로 설치되었을 때 최대 이득을 얻을 수 있다. 방향이 정확치 않으면 손실이 발생되는데 이러한 손실을 포인팅 손실이라 한다.

71. 다음 중 Q 미터로 측정이 가능한 것은?

가. 공진회로의 공진주파수 측정
나. 코일의 전계강도 측정
다. 코일의 분포용량 측정
라. 증폭회로의 임피던스 측정

※ Q미터 측정
⇒ 코일의 Q, 코일의 실효저항, 코일의 분포용량, 콘덴서의 정전용량 측정등에 이용된다.

72. 계수형 주파수 측정장치에서 Reset 회로의 역할은?

가. Gate 시간 조정
나. 입력신호레벨 조정
다. 계수부를 "0" 으로 복귀
라. 출력부의 파형 조정

※ 계수형 주파수 측정장치
⇒ 매초 반복되는 파의 수를 펄스로 변환하여 계수한 후 표시하는 방식의 측정기이며 Reset 회로의 역할은 계수 부를 "0" 으로 복귀시켜 표시부에 "0" 이 나타나도록 하는 역할을 한다.

73. 다음 변조방식 중 오류 확률이 가장 낮은 방식은?

가. 2진 FSK
나. 2진 DPSK
다. 2진 PSK
라. 2진 ASK

※ 디지털변조 방식 중 오류확률이 낮은 방식은 QAM, PSK, DPSK, FSK, ASK 순이다.

74. 고니오미터(gonio-meter)는 무엇을 측정할 때 사용하는가?

가. 전파의 도래각
나. 대지의 정전용량
다. 방송출력
라. 상호 인덕턴스

75. 다음 회로의 저항 R에 유기되는 전압 (υ)을 구하면?(단, 저항 (R) = 50[Ω])

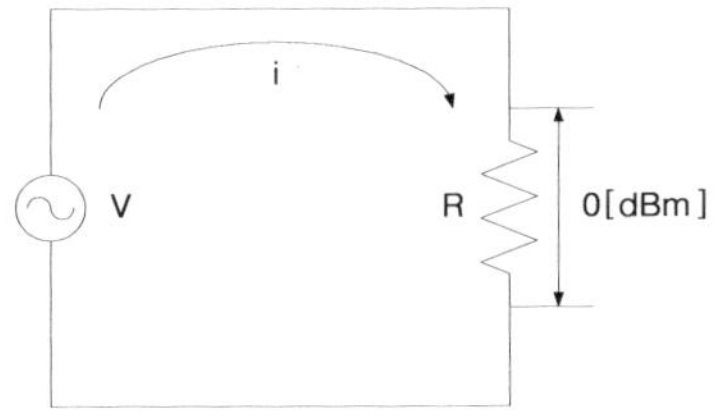

가. 2.2 [㎷]　　나. 22.4 [㎷]
다. 223.6 [㎷]　　라. 2,236.0 [㎷]

76. 마이크로웨이브의 주파수 측정에 적합한 계기는?

가. 볼로 미터　　나. 공동파장계
다. X-Y 레코더　　라. 소인발진기

77. 매카니컬 필터(mechanical filter)의 특징 중 잘못된 것은?

가. 일반적으로 대역필터에 이용된다.
나. 특성의 미조정을 간단히 할 수 있다.
다. 낮은 주파수대에서 협 대역 필터가 만들어진다.
라. 진동 충격 잡음이 발생한다.

78. 단파 수신기에서 페이딩(Fading)에 의한 수신전계 강도변화에 의한 수신기 감도를 안정시키기 위한 회로로 가장 타당한 것은?

가. 자동주파수 제어회로 (AFC)　　나. 자동이득 조정회로 (AGC)
다. 자동잡음 제어회로 (ANL)　　라. 자동전력 제어회로 (APC)

79. 고주파회로 측정시의 주의사항에 해당되는 것은?

가. 회로소자 용량을 크게 할 것　　나. 표유 임피던스를 적게 할 것
다. 차폐를 하지 말 것　　라. 회로의 임피던스 정합을 크게 할 것

해답

70. (라)　71. (다)　72. (다)　73. (다)　74. (가)　75. (다)　76. (나)　77. (나)　78. (나)　79. (다)

80. **고주파 회로의 측정 시 측정기의 올바른 사용법이 아닌 것은?**

가. 측정기와 측정회로는 가급적 가는 선을 이용하여 결선한다.
나. 사용되는 측정기의 접지단자를 접지 시킨다.
다. 측정기와 측정회로 사이의 결선은 가급적 짧게 하여 측정한다.
라. 측정기를 차폐시킨다.

81. **이득 대역적(Gain Bandwidth Product)이 갖는 의미로서 가장 적절한 것은?**

가. 증폭기의 증폭 성능을 나타내며 어느 정도 넓은 대역에 걸쳐 안정된 이득을 수행하는가를 의미
나. 증폭기의 증폭성능을 나타내며 다음 단과 어느 정도 양호한 이득이 이루어지는가를 의미
다. 발진기의 발진 성능을 나타내며 어느 정도 넓은 대역에 걸쳐 안정된 발진이 가능한가를 의미
라. 발진기의 발진 성능을 나타내며 어느 정도 양호한 이득으로 발진을 수행하는가를 의미

82. **실효 높이가 20m인 안테나에 0.08V의 전압이 유기 되면 이곳의 전계 강도는 얼마인가? (단, 기준 전계 강도는 1μV/m이다.)**

가. 약 27dB　　나. 약 50dB　　다. 약 72dB　　라. 약 96dB

83. **전력 증폭기의 직류 공급 전력은 12[V], 400[mA]이고, 효율은 60[%]일 때 부하에서의 출력 전력은?**

가. 0.7 [W]　　나. 1.44 [W]　　다. 2.88 [W]　　라. 4.8 [W]

84. **이동통신용 수신 전파신호를 측정할 경우 필요한 측정 장비가 아닌 것은?**

가. 스펙트럼 아날라이저　　나. GPS(Global Positioning System)
다. LNA(Low Noise Amplifier)　　라. RF 전력측정기

85. **어떤 증폭기의 증폭도가 200일 때 왜율이 4[%]이다. 궤환율 $\beta=0.04$의 부궤환을 걸 때 왜율은 얼마인가?**

가. 0.044[%]　　나. 0.44[%]　　다. 0.57[%]　　라. 0.057[%]

86. 각 10[m]씩 떨어진 A, B, C 3개소 접지 판의 접지저항을 측정하기 위하여 콜라우시 브리지로 측정하였더니 A-B간 저항은 10[Ω],B-C간의 저항은 16[Ω],C-A간의 저항은 6[Ω] 이었다면 B의 접지저항은 얼마인가?

가. 15[Ω] 나. 10[Ω] 다. 5[Ω] 라. 1[Ω]

87. 다음 중 급전선 등 전송선로의 정합상태의 양부를 나타내는 것은?

가. 정재파비 나. 임피던스 정합
다. 스미드 도표 라. 특성 임피던스

88. 기본파 진폭이 20[V], 제2, 제3 고조파의 진폭이 각각 2[V], 1[V] 되는 고주파 전압의 왜율은 얼마인가?

가. 약 8[%] 나. 약 11[%] 다. 약 14[%] 라. 약 17[%]

89. 저주파 증폭기의 출력 측에서 기본파의 전압이 50[V] 제2고조파의 전압이 4[V] 제 3고조파의 전압이 3[V]임을 측정으로 알았다면 이때의 왜율은?

가. 5[%] 나. 10[%] 다. 15[%] 라. 20[%]

90. 마이크로 웨이브파의 파장 측정에 적합한 것은?

가. 공동 파장계 나. 볼로메터
다. SWEEP GENERATOR 라. X-Y레코드

91. 다음 중 점유 주파수대에 대한 설명으로 가장 타당한 것은?

가. 반송파에서 상측파대의 상한 주파수까지
나. 반송파에서 하측파대의 하한 주파수까지
다. 하측파대의 상한 주파수에서 상측파대의 하한 주파수까지
라. 하측파대의 하한 주파수에서 상측파대의 상한 주파수까지

해답

80. (가) 81. (가) 82. (다) 83. (다) 84. (라) 85. (나) 86. (나) 87. (가) 88. (나) 89. (나)
90. (가) 91. (라)

92. **헤테로다인 주파수계로 주파수를 측정하는 경우 주파수계를 피 측정 회로에 밀 결합 하지 않는 이유로 가장 타당한 것은?**

가. 측정오차가 생기든가 또는 인입현상이 발생하기 때문
나. 영 비트 점의 검출이 용이하기 때문
다. 다이얼의 눈금과 발진주파수가 일치하지 않기 때문
라. 측정기에 무리를 주기 때문

93. **측정기에 널리 사용되고 있는 볼로미터(Bolometer)소자에 대한 설명 중 잘못된 것은?**

가. 매우 작게 만들 수 있어 도파관, 전송선에 용이하게 장치하여 적은 전력측정에 사용된다.
나. FM송신기의 전력측정에 사용된다.
다. 서미스터와 바레터가 있는데, 특히 서미스터는 주위온도변화에 영향을 받지 않는다.
라. 방향성 결합기를 사용하여 대 전력을 감시하는 데에도 사용할 수 있다.

94. **SSG(Standard Signal Generator)의 출력전압 100[㎶]를[dB]로 표시하면 몇[dB]인가?**

(단, 기준전압은 1[㎶])
가. 400[㏈] 나. 80[㏈] 다. 40[㏈] 라. 20[㏈]

95. **C급 전력 증폭기의 출력을 100[W], 컬렉터 효율을 70[%], 공진 회로의 Q는 무주하시에 200, 부하 시에 15일 때 공지 회로의 효율은?**

가. 92.5[%] 나. 78.5[%]
다. 75[%] 라. 7.5[%]

96. **증폭기의 출력파형을 측정한 결과 기본파 진폭이 100[V] 제2고조파 진폭이 8[V], 제3고조파 진폭이 6[V]였다. 이 증폭기의 왜율(Distortion)은 얼마인가?**

가. 3% 나. 5% 다. 7% 라. 10%

97. **2단 이상의 증폭기에서 잡음을 줄일 수 있는 가장 효과적인 방법은?**

가. 종단 증폭기의 이득은 첫 단 증폭기에 비해 가능한 낮게 설계한다.
나. 첫 단 증폭기는 가능한 이득이 큰 증폭기로 구성한다.
다. 첫 단 증폭기를 트랜지스터(쌍극성 트랜지스터) 증폭기로 구성한다.
라. 첫 단 증폭기를 저 잡음을 발생하는 FET 증폭기로 구성한다.

98. 수신기 시험에 의사 공중선을 사용하는 이유는?

가. 수신기의 입력 레벨을 감쇠시키기 위해
나. 표준 입력 신호를 공급하기 위해
다. 공중선에 의한 입력회로와 등가회로를 구성하기 위해
라. 수신기의 감도가 좋아지기 때문에

99. AM무선전화 송신기의 왜율 측정 시 필요 없는 것은?

가. 발진기　나. 저역필터　다. 감쇠기　라. 이상기

100. 어떤 송신기에 의사 부하로서 10[Ω]의 무유도 저항을 접속하고 이 부하에 흐르는 전류를 고주파 전류계로 측정하였더니 7[A]이었다. 이 송신기의 출력은 몇[W]인가?

가. 70　나. 128　다. 490　라. 700

101. 어떤 송신기의 기본파 전압 이득이 40[dB], 제2고조파 성분이 20[dB]이었다. 왜율은?

가. 1[%]　나. 5[%]　다. 10[%]　라. 15[%]

102. 이동통신용 수신 전파신호를 측정할 경우 필요한 장비가 아닌 것은?

가. 스펙트럼 분석기　나. GPS(Grobal Positioning System)
다. LAN(Low Noise Amplifier)　라. RF 전력측정기

103. 다음 중 무선송신기의 전기적 측정시험이 아닌 것은?

가. 이득　나. 전력　다. 왜율　라. 대역폭

104. 수신기에서 이득이 13dB, 잡음지수 1.3dB 인 증폭 기 후단에 이득이 10dB, 잡음지수가 1.5dB인 증폭 기 가있다. 이 수신기의 종합잡음지수는 약 몇 dB인가?

가. 1.30　나. 1.34　다. 1.85　라. 2.25

해답

92. (가)　93. (다)　94. (다)　95. (가)　96. (라)　97. (라)　98. (다)　99. (라)　100. (다)
101. (다)　102. (라)　103. (가)　104. (나)

105. 마이크로웨이브 통신에서 송신기의 출력이 37 dBm, W/G 손실이 3dB일 때 안테나 입력 단에 인가되는 전력은 약 몇 W 인가?

가. 1.5　　나. 2.5　　다. 5　　라. 10

106. 수신기의 잡음지수(NF)에 대한 설명으로 옳은 것은?

가. 수신기 초단 증폭기의 이득과 잡음지수가 수신기 전체 잡음지수에 매우 큰 영향을 미친다.
나. 안테나로부터 인가되는 외부 잡음비이다.
다. 수신기의 잡음지수가 큰 값일수록 내부 잡음이 적다.
라. 수신기의 내부 잡음이 크면 NF=1이다.

107. 증폭된 신호의 기본파 진폭이 100[V]이고, 제2고조파 진폭이 8[V], 제3고조파 진폭이 6[V]이었다면 왜율은? (단, 측정값은 최대값이다.)

가. 5[%]　　나. 10[%]　　다. 15[%]　　라. 20[%]

108. 수신기 종합이득 측정 시 표준신호발생기(SSG)와 피 측정 수신기와의 사이에 삽입하는 시험용 회로 또는 기기는?

가. Dummy Antenna　　나. Spectrum Analyzer
다. ATT　　라. VTVM

109. 측정기에 널리 사용되고 있는 볼로미터(Bolometer)에 대한 설명 중 잘못된 것은?

가. 매우 작게 만들 수 있어 도파관, 전송선에 장착하여 적은 전력측정에 사용된다.
나. 감도는 바레타가 서미스터보다 둔하다.
다. 서미스터의 주재료는 금속이다.
라. 방향성 결합기 같은 분기 회로를 사용하여 대 전력을 감시하는데 에도 사용할 수 있다.

110. 송신기에서 의사 공중선(저항 값이 50[Ω])으로 최대의 전력이 전달되도록 조정 하였을 때 고주파 전류계의 지시가 10[A]였다면 송신기의 출력전력은 몇 [kW]인가?

가. 2.5[kW]　　나. 5[kW]　　다. 7.5[kW]　　라. 10[kW]

111. 다음 중 FM 송신기의 전력측정법이 아닌 것은?

가. 열량계에 의한 전력 측정　　나. C-M형 전력계법

다. 직선검파기에 의한 전력측정
라. 볼로미터 브리지에 의한 전력측정

112. 어떤 증폭기의 출력에 기본파 전압이 10[V], 제2고조파 전압이 0.2[V], 제3고조파 전압이 0.1[V]로 나타났을 때 왜율은 약 몇 [%]인가?

가. 1.3[%]　　나. 2.2[%]　　다. 3.5[%]　　라. 9.5[%]

113. 수신기 시험에 의사공중선을 사용하는 이유 중 가장 타당한 것은?

가. 수신기의 감도가 좋아지기 때문에
나. 표준입력신호를 공급하기 위하여
다. 수신기의 입력 레벨을 감쇠시키기 위하여
라. 공중선에 의한 입력회로와 등가회로를 구성하기 위하여

114. 다음 RF 필터 중 상대적으로 가장 높은 주파수에서 사용하는 것은?

가. 수정 필터　　나. 세라믹 필터
다. SAW 필터　　라. 캐비티 필터

115. 다음 ( ) 안에 들어갈 내용으로 가장 적합한 것은?

> "FM 수신기의 감도측정에서 잡음억압감도란 신호가 없을 때의 잡음을 ( )[dB] 저하시키기 위한 수신기의 입력 전압레벨로 감도를 나타내는 것이다."

가. 6　　나. 10　　다. 20　　라. 30

116. AM송신기의 점유주파수 대역폭 측정에 적당하지 않는 것은?

가. 브라운관의 리서쥬 도형에 의한 측정　　나. 에너지에 의한 측정
다. 스펙트럼 분석에 의한 측정　　라. 필터에 의한 측정

해답

105. (나)　106. (가)　107. (나)　108. (가)　109. (다)　110. (나)　111. (다)　112. (나)
113. (라)　114. (라)　115. (다)　116. (가)

무선설비 산업기사

기출문제집(2011~2015)

※ 기출문제는 당시 수험생의 기억으로 출제된 것이므로 실제와 다를 수 있습니다.

2011년 무선설비 산업기사 1회

21. 일반적인 무선 송 · 수신기용 발진기의 조건 중 거리가 먼 것은?

① 주파수 안정도가 높을 것
② 발진출력이 안정적일 것
③ 고주파 발생이 적을 것
④ 발진출력의 일그러짐이 최소가 될 것

22. 주파수 스펙트럼이 1개의 측파대를 가지며 피변조파에 반송파가 포함되지 않는 진폭 변조 방식을 무엇이라 하는가?

① DSB(Double Side Band)
② SSB(Single Side Band)
③ VSB(Vestigial Side Band)
④ BSB(Bipolar Side Band)

23. 주파수 변조(FM)에 대한 설명 중 틀린 것은?

① AM 통신 방식보다 품질이 우수하다.
② 선형 변조 방식에 속한다.
③ 각 변조 방식의 일종이다.
④ 변조 신호를 가지고 반송파의 주파수를 변화시키는 방식이다.

24. FM 송신기에서 최대 주파수 편이가 규정치를 넘지 않도록 음성신호 등의 진폭을 일정 하게 제한하는 회로는?

① AFC회로 ② IDC 회로
③ Squelch회로 ④ Limiter회로

25. 데이터 전송 속도는 느리고, 시스템의 효율이 낮으나 잡음에 강한 모뎀의 전송방식은?

① ASK ② FSK
③ PSK ④ QAM

26. 정지위성에 장착하는 안테나가 갖추어야 할 조건으로 적합하지 않은 것은?

① 고이득일 것 ② 저잡음일 것
③ G/T가 작을 것 ④ 광대역성일 것

27. 위성 중계기를 여러 지구국이 공유를 위한 방법으로 통신 영역을 분리하여 한정된 제원을 반복하여 이용하는 방식은?

① SDMA ② TDMA
③ FDMA ④ CDMA

28. 지상으로부터 약 36,000km에 위치하여 지구의 자전 주기와 위성의 공전주기를 같게 하여 적도상에 같은 간격으로 3개 정도를 배치하여 전 세계를 커버할 수 있어 경제적인 위성 통신을 할 수 있는 방식은?

① 랜덤 위성 방식 ② 정지 위성 방식
③ 위상 위성 방식 ④ 다중 위성 방식

29. Walsh Code에 의해 확산된 신호는 변조하기 전에 I, Q채널에 각각의 Short PN 코드를 곱하게 되는데 QPSK 변조에서 이 목적은 무엇인가?

① 호의 설정 과정으로 동기를 맞추기 위해
② 셀과의 간격을 확인하기 위해
③ 변조된 신호 순서를 맞추기 위해
④ 기지국과 섹터를 구분하기 위해

30. 다음 중 스펙트럼 확산변조의 종류가 아닌 것은?

① 직접확산 변조방식
② 주파수 도약 변조 방식
③ 주기 도약 변조방식
④ 펄스화 주파수 변조 방식

31. 부동충전방식의 특징에 대한 설명 중 적합하지 않은 것은?

① 축전지의 충 · 방전 전기량이 적어 수명이 짧아진다.
② 전화국 전원 등에 많이 이용된다.
③ 축전지의 용량이 비교적 적어도 된다.
④ 부하에 대한 전압변동이 적고 직류출력 전압이 안정하다.

32. 다음 중 전력변환장치의 종류를 나타낸 것은?

① 변조기(modulator)와 복조기(demodulator)
② 정류기(rectifier)와 발전기(generator)
③ 인버터(inverter)와 컨버터(converter)
④ 전원공급기(power supply)와 발진기(oscillator)

33. 수신기에서 이득이 13[dB], 잡음 지수가 1.3[dB]인 증폭기 후단에 이득이 10[dB], 잡음 지수가 1.5[dB]인 증폭기가 있다. 이 수신기의 종합잡음지수는 약 몇 [dB]인가?

① 1.30[dB]　　② 1.34[dB]
③ 1.85[dB]　　④ 2.25[dB]

34. 다음 중 FM 송신기의 전력을 측정하는 방법으로 적당한 것은?

① 의사공중선에 의한 전력 측정
② 수부하에 의한 전력측정
③ 양극손실에 의한 전력측정
④ 볼로미터 브리지에 의한 전력측정

35. FM 수신기의 선택도 측정은 2개 이상의 신호를 수신기에 동시에 인가하여 ( ), ( ), ( )을 측정한다. 괄호 안에 들어갈 내용으로 적당하지 않은 것은?

① 감도억압효과 특성
② 혼변조 특성
③ 상호변조 특성
④ 주파수 안정도 특성

36. 전송로의 진폭왜곡이나 위상 왜곡에 의해 발생하는 부호 간 간섭의 영향을 감소시킴으로써 주파수 특성 변형을 고르게 보정해 주는 것은?

① 등화기　　② 대역 여파기
③ 진폭 제한기　　④ 정합필터

37. 다음 중 전송선로의 정합상태를 나타내는 것은?

① 정재파비　　② 가변 임피던스
③ 스미스 도표　　④ 특성 임피던스

38. 다음 회로의 출력파형으로 가장 알맞은 것은? ($V_i = V_m \sin(wt)$)

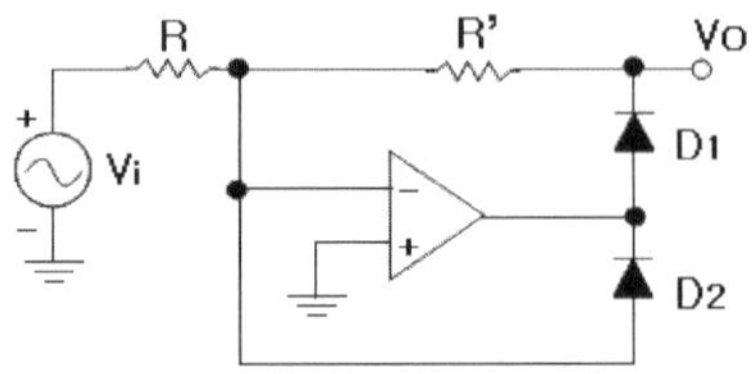

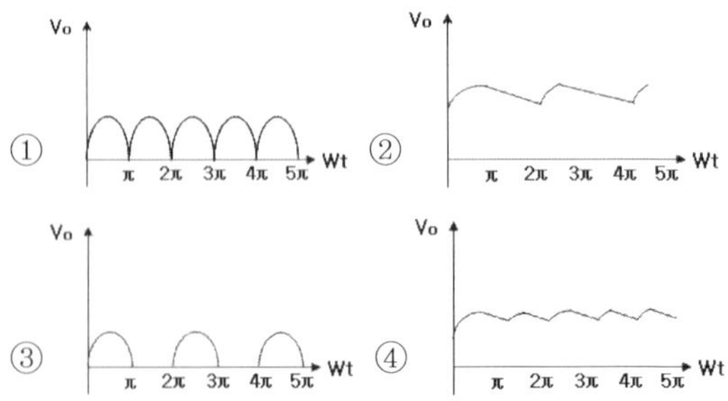

39. 연축전지를 과도한 방전상태로 오랫동안 방치하면 축전지를 더 이상 사용할 수 없게 되는 이유는?

① 전해액의 비중이 너무 낮아졌기 때문에
② 극판에 영구적인 황산납이 형성되기 때문에

③ 황산이 물로 변했기 때문에
④ 극판에 영구적인 산화납이 형성되기 때문에

40. **직선 검파기에서 Diagonal clipping이 발생하는 이유는?**

① 직선 검파 외의 출력이 너무 크기 때문에
② 평균 검파기의 부하에 저항만 접속되어 있기 때문에
③ 검파 회로의 시정수가 너무 크기 때문에
④ 직선 검파기의 출력에 직류 성분이 포함되어 있기 때문에

21	22	23	24	25	26	27	28	29	30
③	②	②	②	②	③	①	②	④	③
31	32	33	34	35	36	37	38	39	40
①	③	②	④	④	①	①	③	②	③

2011년 무선설비 산업기사 2회

21. 수신시에 음량을 조정하기 위하여 사용되는 조정기는?

① 고주파 이득 조정기
② 마이크 이득 조정기
③ 고주파 출력 조정기
④ 저주파 이득 조정기

22. AM 수신기에 비해 SSB 수신기가 갖는 특성으로 잘못된 것은?

① 대역폭이 약 1/2 이다.
② 국부 발진기의 높은 주파수 안정도가 요구된다.
③ 충전 시정수가 짧고 방전 시정수가 긴 자동이득제어(AGC) 회로가 필요하다.
④ 헤테로다인 검파를 수행할 수 없다.

23. 레이더에서 탐지 거리 결정 요인 중 관계가 가장 먼 것은?

① 안테나의 높이가 높을수록 멀리 탐지된다.
② 유효 반사 면적이 큰 목표일수록 멀리 탐지된다.
③ 출력 및 수신 감도를 올리면 탐지 거리가 증대된다.
④ 안테나의 이득이 큰 것을 사용하고 사용 파장을 길게 사용한다.

24. 다음 중 DSB 통신방식에 비해 SSB 통신방식의 장점으로 잘못된 것은?

① 송수신회로 구성이 비교적 간단하다.
② 적은 소비전력으로 통신이 가능하다.
③ 선택성 Fading의 영향이 적다.
④ 점유주파수대폭을 반으로 줄일 수 있다.

25. 주파수 100[MHz]의 반송파를 3[KHz]의 신호파로 FM 변조할 때 최대 주파수 편이가 18[KHz]이다. 변조지수는 얼마인가?

① 3　　② 6
③ 9　　④ 42

26. 확산 대역 기법은 변조의 일종이며 다음 중 이 기법의 특징에 해당하는 것은?

① 외부 사용자가 할당된 부호를 모르면 신호 재생이 불가능하다.
② 여러 이용자가 공통의 확산 부호를 사용하므로 다원 접속이 가능하다.
③ 주파수 대역 보다 페이딩 영향이 확산된다.
④ 외부 방해 신호는 확산 부호에 의해 전력 레벨이 높아진다.

27. 원하는 정보 신호에 의사 잡음을 합쳐서 변조하여 주파수 대역을 확산 시키는 방법을 무엇이라 하는가?

① 주파수 도약　　② 시간도약
③ 직접 시퀀스　　④ 하이브리드

28. 위성통신용 표준 지구국의 기본적인 구성이 아닌 것은?

① 안테나계　　② 송수신계
③ 감시제어계　　④ 자세제어계

29. 전압변동율이 10[%]이고 정격부하 연결시의 출력전압이 220[V]였다면 무부하시 출력 전압은 몇 [V]인가?

① 221　　② 232
③ 242　　④ 253

30. 다음 중 직류전압을 교류전압으로 변환하는 장치는?

① AVR ② UPS
③ 인버터 ④ 변압기

31. 다음 중 예기치 못한 정전으로부터 시스템 다운을 방지할 수 있는 장치는?

① AVR ② UPS
③ 계전기 ④ 정류기

32. 2신호법에 의한 수신기의 선택도 측정 중 근접 방해파에 의해 수신기의 비직선 동작으로 인한 선택 희망 신호의 출력 변화 현상은?

① 혼변조 특성
② 감도 억압 효과
③ 상호 변조 특성
④ 인입현상

33. 페이딩에 대처하기 위한 방식 중 틀린 것은?

① 주파수 도약방식
② 광대역 변/복조 방식
③ 대역확산 통신 방식
④ 적응 등화기 방식

34. 다음 중 CDMA 단말기에서 전원을 on한 이후 가장 먼저 검색하는 채널은 무엇인가?

① 동기채널 ② 호출채널
③ 파일럿 채널 ④ 통화채널

35. 실효높이 20[m]인 안테나에 0.08[V]의 전압이 유기되면 수신되는 전계강도는?

① 3[㎶/m] ② 4[㎶/m]
③ 3[㎷/m] ④ 4[㎷/m]

36. 송신기의 점유주파수대폭 측정법이 아닌 것은?

① 필터를 사용하는 방법
② 파노라마 수신기를 이용하는 방법
③ 주파수 편이계를 사용하는 방법
④ 스펙트럼 분석기를 사용하는 방법

37. 다음 그림은 CDMA단말기에서 사용되는 기본 호처리(call processing)를 나타낸다. 단말기는 통화가 끝나면 동기 재설정을 하기위해 (A)는 항상 어느 과정부터 다시 시작하는가?

① 전원 on
② 단말기 초기화
③ 단말기 대기상태
④ 시스템 접속 상태

38. 다음 중 연축전지를 충전할 때 전해액의 비중과 온도에 대한 설명이 맞는 것은?

① 전해액의 비중은 감소하고 온도는 증가한다.
② 전해액의 비중은 증가하고 온도는 감소한다.
③ 전해액의 비중과 온도가 모두 감소한다.
④ 전해액의 비중과 온도가 모두 증가한다.

39. 등화기에 대한 설명 중 옳은 것은?

① 전송신호의 대역제한을 위해 사용한다.
② 전송 과정에서 발생하는 신호의 왜곡을 보상하기 위해 사용한다.
③ 수신된 신호가 포함하고 있는 잡음을 제거하기 위해 사용한다.
④ 저역통과 필터의 기능을 한다.

40. 다음은 FM 송신기 블록도의 일부이다. 3체배 한 후 최대주파수편이가 ±6[KHz]이면, FM 변조 후 3체배 하기 전의 최대 주파수 편이[△f]는 얼마인가?

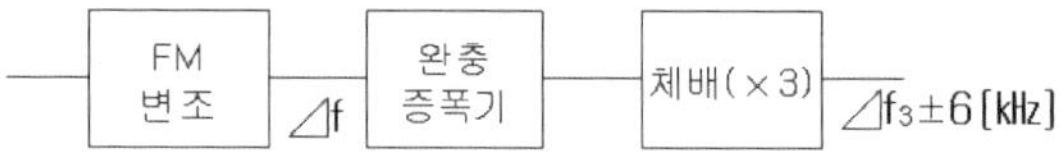

① ⊿f = ±1[KHz]
② ⊿f = ±2[KHz]
③ ⊿f = ±6[KHz]
④ ⊿f = ±12[KHz]

21	22	23	24	25	26	27	28	29	30
④	④	④	①	②	①	③	④	③	③
31	32	33	34	35	36	37	38	39	40
②	②	②	③	④	③	②	④	②	②

2011년 무선설비 산업기사 4회

21. 슈퍼헤테로다인 수신기에 있어서 고주파 증폭회로의 역할이 아닌 것은?

① S/N비 개선
② 주파수 안정도 개선
③ 영상 혼신 개선
④ 수신기 감도 향상

22. AM 수신기의 특성을 나타내는 중요 요소로써 적합하지 않은 것은?

① 감도 ② 변조도
③ 선택도 ④ 안정도

23. DSB 통신 방식과 비교한 SSB 송신기의 장점이 아닌 것은?

① 점유주파수대역폭이 1/2로 축소된다.
② 적은 송신 전력으로 통신이 가능하다.
③ 회로 구성이 간단하다.
④ 신호 대 잡음비가 개선된다.

24. 주파수 변조(FM) 수신기의 구성 요소가 아닌 것은?

① 국부 발진기 ② 진폭 제한기
③ 프리엠퍼시스 ④ 디엠퍼시스

25. 변조속도가 2,400[Baud]일 때 4상식 위상변조 방식을 사용하는 경우의 데이터 신호 속도는 몇 [bps]인가?

① 2,400[bps] ② 4,800[bps]
③ 7,200[bps] ④ 9,600[bps]

26. 다음 중 주파수분할방식(FDM)에 대한 시분할방식(TDM)의 특징으로 맞지 않는 것은?

① 통화로 당 점유주파수대폭이 넓다.
② 회선의 분기가 용이하다.
③ 특성이 양호한 필터가 많이 필요하다.
④ 누화잡음을 적게 할 수 있다.

27. 정지궤도(GEO) 위성에 관한 설명으로 바른 것은?

① 위성의 고도가 약 500~2,000[km]이다.
② 이동통신 위성에 많이 사용된다.
③ 극지방통신이 가능하며, 전파지연이 거의 없다.
④ 대규모 위성안테나와 대형 발사체가 필요하다.

28. 통신시스템에서 신호강도와 전송된 후의 신호감도를 측정하는 단위로 [dB]를 사용하는데 이때 등방성 안테나 이득을 표현할 때의 단위는?

① dBi ② dBm
③ dBW ④ dB

29. 다음 중 위성통신 등에서 하나의 음성 채널에 대하여 하나의 단일 반송파를 할당하여 전송하는 방식은?

① MCPC ② SCPC
③ DSI ④ FDMA

30. 동일한 CDMA 주파수를 사용하는 동일 기지국내 섹터간 핸드오프에 해당되는 것은?

① 중간(middle) 핸드오프
② 소프터(softer) 핸드오프
③ 하드(hard) 핸드오프
④ 아날로그 핸드오프

31. 다음 위성통신에 사용되는 전원계의 구성 중 해당되지 않는 것은?

① 전원 발생부　② 축전지
③ 전원 공급부　④ 전원 제어부

32. 다음 중 축전지의 충전의 종류가 아닌 것은?

① 단순 충전　② 평상 충전
③ 균등 충전　④ 부동 충전

33. 전원 전압의 변동 및 온도 변화 등에 의한 영향을 받지 않도록 하는 회로를 무엇이라 하는가?

① 안정화 전원회로　② 평활회로
③ 정류 회로　④ 발진회로

34. 입력교류전력이 60[W]이고 출력직류전력이 120[W]일 경우 정류효율은 몇 [%]인가?

① 50　② 100
③ 200　④ 300

35. 120[㎒]인 반송파를 20[㎑]인 신호파로 FM 변조했을 때 최대 주파수 편이가 100[㎑]이면 변조지수는 얼마인가?

① 6　② 5　③ 4　④ 3

36. FM 송신기의 주파수 특성 측정에 필요하지 않은 것은?

① 저주파 발진기　② 저항 감쇠기
③ 의사안테나　④ 고주파출력계

37. 다음 중 송신기의 RF 간섭 및 변조파 특성을 측정하기에 가장 적합한 계측기는?

① 오실로스코프　② 스펙트럼 분석기
③ 레벨미터　④ 멀티미터

38. 수신기의 종합 특성을 결정하는 파라미터로서 혼신 및 간섭 등을 어느 정도까지 분리 및 제거할 수 있는가의 능력을 나타내는 것은 무엇인가?

① 감도　② 선택도
③ 충실도　④ 안정도

39. 다음 그림은 FM 송신기의 신호 대 잡음비의 측정 구성도를 나타낸 것이다. [A]에 들어가야 하는 것은?

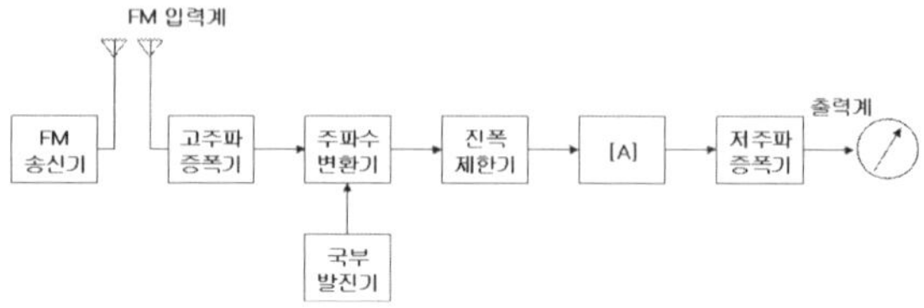

① 직선검파기　② 주파수 변별기
③ 가변감쇠기　④ 수신기

40. 특성임피던스 Z_0가 75[Ω]인 선로 종단에 Z_0보다 적은 부하저항을 접속한 후 송신단자에서 신호를 인가하였다. 이때 선로상의 파형을 측정하였더니 최고전압이 25[V], 최저전압이 5[V]이었다. 이 선로의 전압정재파비(VSWR)은 얼마인가?

① 4　② 5　③ 6　④ 8

21	22	23	24	25	26	27	28	29	30
②	②	③	③	②	③	④	①	②	②
31	32	33	34	35	36	37	38	39	40
④	①	①	③	②	④	②	②	②	②

2012년 무선설비 산업기사 1회

21. AM 수신기에서 중간주파수 선정 시 고려해야 할 사항으로 가장 관련이 적은 것은?

① 인입현상 ② 감도 및 안정도
③ 단일조정 ④ 초고주파의 영향

22. 다음 중 단측파대 통신방식(SSB)이 아닌 것은?

① 억압 반송파 SSB
② 저감 반송파 SSB
③ 전 반송파 SSB
④ 부 반송파 SSB

23. 디지털 변복조 기기에서 FSK에 대한 설명 중 잘못된 것은?

① 디지털 신호 0일 경우 f_1 신호, 1일 경우 f_2 신호를 전송한다.
② FSK 복조는 전송되어 온 피변조파에서 원신호인 0과 1을 복원한다.
③ 디지털 데이터를 아날로그 통신망을 사용해 전송하는 기술이다.
④ 일명 On-Off Keying(OOK)라 한다.

24. 주파수변조(FM) 통신방식에서 변조지수는 어떻게 표현되는가? (단, 정보 신호의 최고주파수=f_m, 최대주파수편이=$\triangle f$)

① $\triangle f/f_m$ ② $f_m/\triangle f$
③ $2\triangle f/f_m$ ④ $2f_m/\triangle f$

25. 디지털 신호의 펄스열을 그대로 또는 다른 형식의 펄스 파형으로 변환시켜 전송하는 방식은?

① 베이스밴드 전송 방식
② 광대역밴드 전송 방식
③ 협대역 전송 방식
④ 반송대역 전송 방식

26. 다음 중 위성에 사용되는 트랜스폰더 구성 부품들에 대한 설명으로 적합하지 않은 것은?

① 저잡음 증폭기는 미약하게 수신된 신호를 잡음이 적게 증폭시킨다.
② 다이플렉서는 일종의 방향성 결합기로서 송신 전파와 수신 전파를 분리시킨다.
③ 주파수 변환기는 상향링크의 주파수를 헤테로다인 방식을 사용하여 하향링크 주파수로 변화시킨다.
④ 전력증폭기는 증폭 특성을 좋게 하기 위해 반드시 선형영역에서만 동작시킨다.

27. 국제 위성통신에 사용되는 C-Band 주파수대역으로 올바른 것은?

① 2~4[GHz] ② 4~8[GHz]
③ 8~12[GHz] ④ 18~27[GHz]

28. 다음 중 GPS 시스템의 위성군에 대한 설명으로 적합하지 않은 것은?

① 지상고도 약 20,183[km]에서 원에 가까운 타원 궤도를 돌고 있다.
② 총 6개의 궤도면과 각 궤도면에는 최소 4개의 위성이 존재한다.
③ 각 위성마다 PRN 코드를 발생하고 있어 위성들을 구분할 수 있다.
④ 모두 26개의 위성으로 구성되며 이 중 22개는 항법에 사용되고 4개는 예비용이다.

29. 위성통신시스템에서 통신영역을 편파 또는 여러 개의 협소 빔으로 공간 분할하는 다원접속기술은?

① SDMA ② CDMA

③ TDMA ④ FDMA

30. 이동통신시스템에서는 셀과 셀을 오가면서 통화를 할 수 있도록 해주는 것을 핸드오프(handoff)라고 하는데 그 종류가 아닌 것은?

① 하드 핸드오프(Hard handoff)
② 하더 핸드오프(Harder handoff)
③ 소프트 핸드오프(Soft handoff)
④ 소프터 핸드오프(Softer handoff)

31. 전압변동률이 10[%]이고 정격부하 연결시의 출력전압이 220[V]였다면 무부하시 출력전압은 몇 [V]인가?

① 221 ② 232 ③ 242 ④ 253

32. 등화기에 대한 설명 중 옳은 것은?

① 전송신호의 대역제한을 위해 사용한다.
② 전송 과정에서 발생하는 신호의 왜곡을 보상하기 위해 사용한다.
③ 신호의 식별재생을 위해 사용한다.
④ 저역통과 필터의 기능을 한다.

33. 다음 중 직류전압을 교류전압으로 변환하는 장치는?

① AVR ② UPS
③ 인버터 ④ 변압기

34. 다음 중 예기치 못한 정전으로부터 시스템 다운을 방지할 수 있는 장치는?

① AVR ② UPS
③ 계전기 ④ 정류기

35. 1:2의 전원변압기를 통하여 AC 100[V]의 교류입력이 전파 정류되면 출력의 평균 DC전압은 약 얼마인가?

① 300[V] ② 270[V]
③ 200[V] ④ 180[V]

36. 현재 우리나라에 사용화된 CDMA 및 WCDMA 시스템에서는 다양한 방법의 BER(비트오율) 개선기법이 사용되고 있다. 다음 중 BER을 개선하는 방법이 아닌 것은?

① 채널코딩(channel coding)
② 다이버시티(diversity)
③ 핸드오버(hand over)
④ 이퀄라이저(equalizer)

37. 다음 중 CDMA 단말기에서 전원을 on한 이후 가장 먼저 검색하는 채널은 무엇인가?

① 동기채널 ② 호출채널
③ 파일럿채널 ④ 통화채널

38. 다음 중 CDMA 시스템에서 한 개의 셀을 고려할 때 가장 좋은 통화품질을 기대할 수 있는 채널환경은 무엇인가?

① 수신전계강도(RSSI)가 높고 BER(비트오율)이 낮고 가입자 수가 많다.
② 수신전계강도(RSSI)가 낮고 BER(비트오율)이 높고 가입자 수가 많다.
③ 수신전계강도(RSSI)가 높고 BER(비트오율)이 낮고 가입자 수가 적다.
④ 수신전계강도(RSSI)가 낮고 BER(비트오율)이 높고 가입자 수가 적다.

39. 다음 중 $\frac{\lambda}{4}$ 수직접지 안테나의 실효고를 옳게 나타낸것은?

① $\dfrac{\lambda}{\pi}$ ② $\dfrac{\lambda}{2\pi}$ ③ $\dfrac{\lambda}{4\pi}$ ④ $\dfrac{\lambda}{8\pi}$

40. 맥동률이 2.3[%]일 때 교류전압이 5.06[V]이면 이 때의 직류 전압은 몇 [V]인가?

① 110[V] ② 220[V]
③ 330[V] ④ 440[V]

21	22	23	24	25	26	27	28	29	30
④	④	④	①	①	④	②	④	①	②
31	32	33	34	35	36	37	38	39	40
③	②	③	②	④	③	③	③	②	②

2012년 무선설비 산업기사 2회

21. 주파수 체배기에서 주로 사용되는 바이어스 방법은?

① A급 ② AB급
③ B급 ④ C급

22. 주파수 체배기의 설명 중 맞는 것은?

① 송신 출력을 증가시키기 위하여
② 스퓨리어스의 복사를 막기 위하여
③ A 급을 주로 이용해서 효율을 개선하기 위하여
④ 수정발진기보다 높은 주파수를 얻기 위하여

23. Walsh Code에 의해 확산된 신호는 변조하기 전에 I, Q 채널에 각각의 Short PN 코드를 곱하게 되는데 QPSK 변조에서 이 목적은 무엇인가?

① 호의 설정 과정으로 동기를 맞추기 위해
② 셀과의 간격을 확인하기 위해
③ 변조된 신호 순서를 맞추기 위해
④ 기지국과 섹터를 구분하기 위해

24. 위성통신에서 전자빔과 진행파 전계와의 상호 작용에 의해 마이크로파 전력을 증폭하는 기능을 하는 것은 무엇인가?

① 진행파관(TWTA)
② 클라이스트론(klystron)
③ 자전관(Magnetron)
④ 반사기

25. CDMA 시스템에서의 채널 구분은 Walsh Code를 이용하는데 분류가 맞는 것은?

① 파일럿 : Walsh 1, 동기채널 : Walsh 64, 페이징 : 최대 7개, 트래픽 : 나머지
② 파일럿 : Walsh 0, 동기채널 : Walsh 32, 페이징 : 최대 7개, 트래픽 : 나머지
③ 파일럿 : Walsh 0, 동기채널 : Walsh 48, 페이징 : 최대 7개, 트래픽 : 나머지
④ 파일럿 : Walsh 0, 동기채널 : Walsh 32, 페이징 : 최대 9개, 트래픽 : 16

26. 정지위성에 장착하는 안테나가 갖추어야할 조건으로 적합하지 않은 것은?

① 고이득일 것 ② 저잡음일 것
③ G/T가 작을 것 ④ 광대역성일 것

27. 다음 중 CDMA 방식의 장점이 아닌 것은?

① 제어와 비화 기술의 적용이 용이하다.
② 주파수 밀도가 감소된다.
③ 변복조의 동작 속도가 저속이다.
④ 다중 경로의 영향이 크게 감소된다.

28. 수신기의 성능 지수로서 잡음 factor가 있다. 이것에 대한 정의로서 바른 것은?

여기서 G는 수신기 이득, N_{int}는 수신기 내부잡음, N_{in}은 수신기 입력잡음, N_{out}은 수신기 출력잡음이다.

① SNR_{out}/SNR_{in} ② $N_{out}/(G \cdot N_{in})$
③ $N_{out}/(1+G \cdot N_{in})$ ④ $1+N_{in}/N_{int}$

29. UPS를 결정할 때 부하가 요구하는 RMS(Root Mean Square) 전류와 순간 피크(Peak) 사이의 비율로 정의하는 것을 무엇이라 하는가?

① 용량
② 부하
③ 파고율(Crest Factor)

④ 서지율(부하유입전류)

30. 다음 중 전력변환장치가 아닌 것은?

① 인버터(Inverter)
② 컨버터(Converter)
③ UPS(Uninterruptible Power Supply)
④ 파워써플라이(Power Supply)

31. 신호 수신시 초단에서의 증폭이 잡음에 가장 영향을 미친다. 이에 관련되는 소자는?

① Power Amp ② LNA
③ IF Amp ④ AGC Amp

32. 다음 중 정류장치에 대한 특성을 해석하는데 이용되는 파라미터가 아닌 것은?

① 맥동률 ② 전압변동률
③ 정류효율 ④ 변조도

33. 다음 그림에서 나타낸 접지안테나에서 $L_1 = 10[mH]$ 이고 $L_2 = 52[mH]$일 때 실효인덕턴스는? (단, $f_2 = (1/2)f_1$로 조정하였고, f_1은 S를 ①로 했을 때 공진주파수, f_2은 S를 ②로 했을 때 공진주파수이다.)

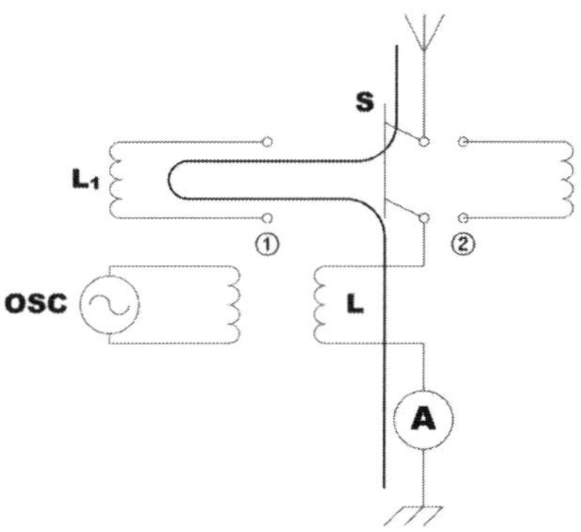

① $4[mH]$ ② $6[mH]$
③ $8[mH]$ ④ $10[mH]$

34. 다음 중 FM 송신기의 전력측정 방법으로 적합하지 않은 것은?

① 열량계에 의한 방법
② C-M형 전력계에 의한 방법
③ 수부하에 의한 방법
④ 볼로미터 브리지에 의한 방법

35. 다음 중 수신한계레벨이 가장 낮은 조건은?

① 대역폭이 넓고 수신기 잡음지수(NF)가 큰 것
② 대역폭이 좁고 수신기 잡음지수(NF)가 작은 것
③ 대역폭이 넓고 수신기 잡음지수(NF)가 작은 것
④ 대역폭이 좁고 수신기 잡음지수(NF)가 큰 것

36. 실효높이 20[m]인 안테나에 0.08[V]의 전압이 유기되면 수신되는 전계강도는?

① $3[\mu V/m]$ ② $4[\mu V/m]$
③ $3[mV/m]$ ④ $4[mV/m]$

37. 무선송신기의 종합특성을 나타내는 것으로 적합하지 않은 것은?

① 점유주파수대폭
② 스퓨리어스 발사강도
③ 주파수 안정도
④ 영상주파수 선택도

38. BPSK의 대역폭 효율이 1일 때 QPSK, 8PSK 및 16QAM에 대한 대역폭 효율은 각각 얼마인가?

① QPSK=1, 8PSK=2, 16QAM=3
② QPSK=2, 8PSK=3, 16QAM=4
③ QPSK=3, 8PSK=6, 16QAM=9
④ QPSK=4, 8PSK=8, 16QAM=16

39. CDMA 시스템에서는 기지국으로부터 단말기가 위치한 거리에 따라 수신전계강도(RSSI)가 변화하며 이에 따른 비트오율(BER : Bit Error Rate) 변화문제가 발생한다. 이를 해결하기 위해 사용되는 기법은 무엇인가?

① 전력제어 ② 핸드오버
③ 다이버시티 ④ 인터리빙

40. 다음 중 전원설비의 측정기기에 대한 설명이 잘못된 것은?

① 전류계는 전원출력단에 직렬로, 전압계는 병렬로 연결한다.
② 전류계는 전원출력단에 병렬로, 전압계는 직렬로 연결한다.
③ 전류계는 내부저항이 작아야 한다.
④ 전압계는 내부저항이 커야한다.

21	22	23	24	25	26	27	28	29	30
④	④	④	①	②	③	③	②	③	④
31	32	33	34	35	36	37	38	39	40
②	④	①	③	②	④	④	②	①	②

2012년 무선설비 산업기사 4회

21. 진폭변조(AM) 송신기의 변조율이 50[%]이고, 반송파 전력이 40[W]인 경우 피변조파의 전력은 얼마인가?

① 35[W] ② 40[W]
③ 45[W] ④ 50[W]

22. 무선통신에서 발생하는 스퓨리어스의 발생 원인으로 적합하지 않은 것은?

① 상호변조
② 주파수 체배
③ 푸시풀 증폭
④ 증폭기의 비직선성

23. 다음 중 진폭변조(AM) 방식에 해당하는 것은?

① PWM ② PSK
③ QAM ④ VSB

24. SSB 무선송신기의 장점으로 적합하지 않은 것은?

① 점유주파수대폭이 넓어진다.
② 소비전력이 적다.
③ 선택성 페이딩의 영향이 적다.
④ S/N비가 개선된다.

25. 지구 상공에 최소한 몇 개의 정지궤도 위성을 적당히 배치하면 극지방을 제외한 모든 지역의 통신이 가능한가?

① 3개 ② 4개 ③ 5개 ④ 6개

26. 동기 방식의 비트 동기는 각 펄스 사이의 주기를 결정하는 요소인데 이는 수신측에서 무엇을 만들기 위해 필요한가?

① 검사 비트 ② 클록 펄스
③ SMTP ④ FTP

27. 페이딩(Fading) 감소를 위해 다이버시티방식을 적용하여 통신하려는 경우 다음 중 해당되지 않는 것은?

① 페이딩 다이버시티
② 공간 다이버시티
③ 시간 다이버시티
④ 주파수 다이버시티

28. 위성통신 지구국의 송신부에서 대출력을 얻기 위해서 사용되는 것은?

① 트랜스폰더(Transponder)
② HEMT
③ 진행파관(TWT)
④ 파라메트릭 증폭기

29. 다음 중 위성의 수명과 직접적인 관계가 없는 것은?

① 트랜스폰더의 잔존확률
② 탑재연료
③ 주파수 자원의 한정
④ 태양전지의 성능

30. 축전지에서의 백색황산연화의 발생 방지 방법 중 틀린 것은?

① 충전 후 오래 방치하지 않아야 한다.
② 과충전을 하지 않아야 한다.
③ 충전이 완전히 되도록 한다.
④ 과대한 전류로 방전하지 말아야 한다.

31. 축전지는 양극은 과산화납이 주성분인 판으로, 음극은 납이 주성분인 판으로 구성되어 있다. 다음 설명

중 옳은 것은?

① 양극판과 음극판의 수가 동일하다.
② 양극판 수는 음극판 수보다 한 개가 많다.
③ 음극판 수는 양극판보다 한 개가 많다.
④ 음극판과 양극판의 구별이 없다.

32. 다음 중 전력 변환장치로 가장 적합한 것은?

① 변조기(modulator)와 복조기(demodulator)
② 정류기(rectifier)와 발전기(generator)
③ 인버터(inverter)와 컨버터(converter)
④ 전원공급기(power supply)와 발진기(oscillator)

33. 다음 스펙트럼분석기의 계통도에서 (A), (B), (C), (D)에 대해 맞게 짝지어진 것은?

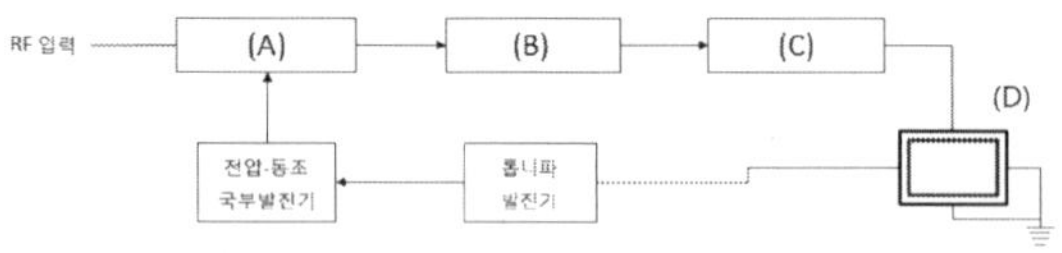

① (A)=혼합기, (B)=IF 증폭기, (C)=검출기, (D)=CRT
② (A)=검출기, (B)=IF 증폭기, (C)=혼합기, (D)=CRT
③ (A)=혼합기, (B)=검출기, (C)=IF 증폭기, (D)=CRT
④ (A)=검출기, (B)=혼합기, (C)=IF 증폭기, (D)=CRT

34. PLL의 기본적인 구성요소를 나타낸 것이다. (A)에 들어갈 요소는 무엇인가?

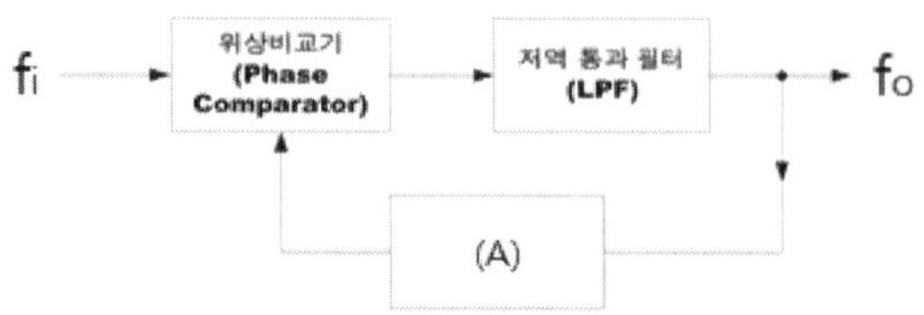

① 전압제어발진기(VCO)
② 샘플링(sampling)회로
③ 증폭기(amplifier)
④ 정류기(rectifier)

35. 고니오미터(Goniometer)는 무엇을 측정할 때 사용하는가?

① 방송출력
② 상호인덕턴스
③ 전파의 도래각
④ 대지의 정전용량

36. 수신기의 종합 특성을 결정하는 파라미터로서 혼신 및 간섭 등을 어느 정도까지 분리 및 제거할 수 있는가의 능력을 나타내는 것은 무엇인가?

① 감도　　② 선택도
③ 충실도　　④ 안정도

37. 주파수에 대한 진폭을 그래프로 표시되도록 고안된 측정 장비는?

① 스펙트럼 분석기
② 계수형 주파수계
③ 오실로스코프
④ 레벨미터

38. 급전선에서 부하저항으로 70[Ω]을 연결하고 측정된 반사계수 값이 0.5인 경우 급전선의 특성 임피던스는 약 얼마인가?

① 7[Ω]　　② 23[Ω]
③ 33[Ω]　　④ 55[Ω]

39. 슈퍼헤테로다인 수신기에서 수신주파수가 840[㎑]이고 중간주파수가 455[㎑]인 경우 영상주파수는 얼마인가?

① 255[KHz]　　② 385[KHz]
③ 1,225[KHz]　　④ 1,750[KHz]

40. 다음 그림은 analog 입력신호에 대한 펄스부호변조(PCM) 과정을 나타낸 것이다. (A), (B), (C)에 들어갈 과정으로 올바르게 짝지어진 것은?

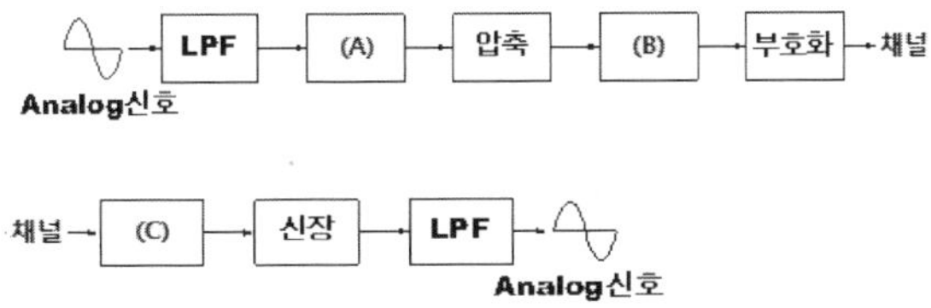

① (A)=양자화, (B)=복호화, (C)=표본화
② (A)=양자화, (B)=표본화, (C)=복호화
③ (A)=표본화, (B)=양자화, (C)=복호화
④ (A)=표본화, (B)=복호화, (C)=양자화

21	22	23	24	25	26	27	28	29	20
③	③	④	①	①	②	①	③	③	②
31	32	33	34	35	36	37	38	39	40
③	③	①	①	③	②	①	②	④	③

2013년 무선설비 산업기사 1회

21. 중간주파 증폭부가 요구하는 사항이 아닌 것은?

① 통과 대역폭이 좁을 것
② 저잡음 특성을 가질 것
③ 상호 컨덕턴스와 전류 증폭률이 클 것
④ 이득, 주파수 및 위상특성이 평탄할 것

22. AM 송수신기에 대한 다음 설명 중 잘못된 것은?

① 아날로그 송수신기의 한 종류이다.
② FM 송수신기에 비해 구조가 간단하다.
③ 주로 단파대에서 많이 사용된다.
④ 잡음에 강해 품질이 우수하다.

23. FM 송신기에 사용되는 pre-emphasis회로에 관한 설명 중 옳은 것은?

① 저역통과필터(LPF) 기능을 수행한다.
② 회로는 적분회로로 설계한다.
③ 전력증폭률이 높아진다.
④ S/N비를 개선시킨다.

24. AM 송신기의 전력증폭기 기능으로 가장 옳은 것은?

① AM 변조기에서 신호파를 증폭한다.
② 발진기 출력인 반송파를 증폭한다.
③ 필요한 RF 출력전력을 얻기 위하여 이용된다.
④ 부하의 변동이 발진기에 미치는 영향을 방지한다.

25. 디지털 데이터 "0"과 "1"을 FSK 통신방식으로 변조하기 위하여 몇 개의 반송파가 필요한가?

① 1개 ② 2개 ③ 3개 ④ 4개

26. 마이크로파 다중통신방식에서 전파손실을 경감시키기 위한 반사판 사용 방법 중 적절치 못한 것은?

① 입사가 얕은 경우는 반사판을 2장 사용한다.
② 반사점에서 입사각과 반사각은 각각 90° 로 한다.
③ 반사판의 위치는 송수신점 사이의 중앙부근에 둔다.
④ 반사판의 면적을 크게 한다.

27. 주파수가 높아짐에 따라 문제가 되는 전자주행시간을 역이용한 것으로 M/W의 발진과 증폭에 사용되는 전자관은 무엇인가?

① 증폭기 ② 자전관
③ 진행파관 ④ 클라이스트론

28. 위성회선의 다원접속방식 중 주파수의 이용효율은 낮으나 시스템의 구성이 간단하여 제반 비용이 적게 드는 방식은 어느 것인가?

① SDMA ② CDMA
③ TDMA ④ FDMA

29. 다음은 위성통신에 사용되는 안테나이다. 좁은 지역에 Spot beam을 만드는 데 적합한 안테나는 다음 중 어느 것인가?

① 파라보라(parabora) 안테나
② 무지향 안테나
③ 헤리컬(helical) 안테나
④ 롬빅(rhombic) 안테나

30. 전송신호가 전송 매체를 통해 전달될 때 일부 신호가 열로 변하여 에너지가 손실되는 것을 무엇이라 하는가?

① 누화 ② 열잡음
③ 왜곡 ④ 감쇠

31. 콘덴서 입력형 평활회로에서 맥동률을 감소시키는 방법으로 부적합한 것은?

① 평활용 초크 코일의 인덕턴스를 크게 한다.
② 입력측 평활용 콘덴서의 정전용량을 크게 한다.
③ 출력측 평활용 콘덴서의 정전용량을 작게 한다.
④ 교류 입력전원의 주파수를 높게 한다.

32. 고정된 교류전원으로부터 가변의 교류 출력전압을 얻기 위하여 이용되며 교류전압제어기(AC voltage controller)로도 알려진 장치는 무엇인가?

① AC-AC 컨버터
② 다이오드 정류기
③ AC-DC 컨버터
④ DC-DC 컨버터

33. 신호 수신시 초단에서의 증폭이 잡음에 가장 영향을 미친다. 이에 관련되는 소자는?

① Power Amp
② LNA
③ IF Amp
④ AGC Amp

34. 다음 중 AC(교류) 전압을 DC(직류)전압으로 변화시키는 장치는?

① AVR(Automatic Voltage Regulator)
② UPS(Uninterruptible Power Supply)
③ 인버터(Inverter)
④ 컨버터(Converter)

35. 다음 중 무선수신기에 고주파 증폭기를 사용하는 목적으로 적합하지 않은 것은?

① S/N비를 향상시킨다.
② 감도를 높인다.
③ 페이딩 효과를 경감시킨다.
④ 수신 안테나와 수신기와의 결합을 용이하게 한다.

36. dBm과 dBW에 대해 올바로 설명한 것은?

① 전력이 10[mW]일 때 dBm으로는 10이고 dBW로는 -20이다.
② 전력이 10[mW]일 때 dBm으로는 10이고 dBW로는 -30이다.
③ 전력이 10[mW]일 때 dBm으로는 1이고 dBW로는 -20이다.
④ 전력이 10[mW]일 때 dBm으로는 1이고 dBW로는 -30이다.

37. 전송로의 진폭 왜곡이나 위상 왜곡에 의해 발생하는 부호간 간섭의 영향을 감소시킴으로써 주파수 특성 변형을 고르게 보정해 주는 것은?

① 등화기 ② 대역 여파기
③ 진폭 제한기 ④ 정합필터

38. 무선 송신기의 신호 대 잡음비(S/N) 측정시 필요하지 않는 측정기는?

① 변조도계 ② 오실로스코프
③ 직선 검파기 ④ 저주파 발진기

39. BPSK의 대역폭 효율이 1일 때 QPSK, 8PSK 및 16QAM에 대한 대역폭 효율은 각각 얼마인가?

① QPSK=1, 8PSK=2, 16QAM=3
② QPSK=2, 8PSK=3, 16QAM=4
③ QPSK=3, 8PSK=6, 16QAM=9
④ QPSK=4, 8PSK=8, 16QAM=16

40. 다음 중 전송선로의 정합상태를 나타내는 것은?

① 정재파비 ② 가변 임피던스
③ 스미스 도표 ④ 특성 임피던스

21	22	23	24	25	26	27	28	29	20
①	④	④	③	②	③	④	④	①	④
31	32	33	34	35	36	37	38	39	40
③	①	②	④	③	①	①	②	②	①

2013년 무선설비 산업기사 2회

21. 수신기의 입력단에 50[μV]의 입력이 가해졌을 때 고주파 증폭기의 이득이 25[dB], 주파수 변환이득이 -15[dB], 중간주파수 증폭부의 이득이 60[dB], 저주파 증폭부의 이득이 30[dB]이면 출력단에 나타나는 전압은?

① 0.25[V]　② 2.5[V]
③ 5[V]　④ 50[V]

22. SSB 수신기에서 동기조정(Speech clarifier)을 행하는 목적으로 가장 타당한 것은?

① 링 복조를 하기 때문에
② 반송파와 국부발진주파수 편차를 줄이기 위하여
③ 전 반송파방식만을 수신하기 위하여
④ 상·하 측파대를 동시에 수신하기 위하여

23. 97.3[MHz]의 반송파를 최대 주파수 편이 75[KHz]로 하고, 10[KHz]의 신호파로 주파수 변조시 점유주파수대폭은 얼마인가?

① 180[KHz]　② 170[KHz]
③ 150[KHz]　④ 100[KHz]

24. FM변조에서 높은 주파수 성분을 강조하여 신호 대 잡음비(S/N비)를 개선하기 위해서 사용하는 회로는?

① .Pre-emphasis 회로
② De-emphasis 회로
③ Discriminator 회로
④ Squelch 회로

25. 다음 디지털 변조 통신방식에서 주파수 효율이 높고 고속 통신용으로 가장 적합한 방식은?

① 폭 편이 변조방식
② 진폭 편이 변조방식
③ 주파수 편이 변조방식
④ 위상 편이 변조방식

26. 다음 중 소형 저궤도 위성시스템에 적용된 다중 접속 방식과 맞게 연결된 것은?

① LEOSAT-FDMA
② STARSYS-SSMA
③ VITASAT-CDMA
④ ORBCOMM-TDMA

27. 다양한 통신 시스템에서 안테나는 상호간에 송·수신하기 위한 기본 요소이다. 다음 중 안테나의 파라미터에 해당하지 않는 것은?

① 실효복사전력
② 전압 정재파비
③ 안테나 편파
④ 안테나 전원장치

28. SHF대 위성수신기에서 저잡음 증폭기로 주로 사용되는 것은?

① MASER
② PARAMETRIC 증폭기
③ TWTA 증폭기
④ TDA

29. 이동통신방식에는 CDMA와 TDMA가 있는데 이중 CDMA의 부호화 방식은?

① VSELP　② QCELP
③ GMSK　④ RPE-LTP

30. 통신위성 시스템은 크게 페이로드 시스템과 버스 시스템으로 구성된다. 버스 시스템에 해당되지 않는

것은?

① 자세궤도제어 시스템(AOCS)
② 추진(Propulsion) 시스템
③ 전원공급 시스템
④ 안테나 시스템

31. 수신기의 S/N비를 개선하기 위한 방법으로 가장 적합하지 않은 것은?

① 주파수 변환이득을 크게 한다.
② 수신기 대역폭을 넓힌다.
③ 믹서 전단에 고주파 증폭기를 설치한다.
④ 국부발진기의 출력에 필터를 설치한다.

32. 다음 중 축전지 취급상 주의 사항으로 적합하지 않은 것은?

① 방전 직후 곧 충전할 것
② 불순물이 들어가지 않도록 할 것
③ 충전 전류는 과대하게 할 것
④ 전해액면이 극판 위에 차 있게 할 것

33. 다음 중 축전지의 충전의 종류가 아닌 것은?

① 단순 충전　② 평상 충전
③ 균등 충전　④ 부동 충전

34. 다음 중 휴대단말기의 성능을 검증하기 위해 차량을 이용한 주행시험(driving test)을 진행할 경우 차량 시거잭(cigar jack) 전원에 노트북 및 휴대전화 충전기를 연결하고자 한다. 이때 필요한 장치는 무엇인가?

① 무정전전원장치(UPS)
② 인버터(Inverter)
③ AVR(Automatic Voltage Regulator)
④ 정류기(Rectifier)

35. 특성 임피던스 Z_0가 75[Ω]인 선로 종단에 Z_0보다 적은 부하저항을 접속한 후 송신단자에서 신호를 인가하였다. 이때 선로상의 파형을 측정하였더니 최고전압이 25[V], 최저전압이 5[V]이었다. 이 선로의 전압 정재파비(VSWR)은 얼마인가?

① 4　② 5　③ 6　④ 8

36. 포락선 검파기에서 Diagonal Clipping이 발생하는 이유로 가장 적합한 것은?

① 검파기회로의 시정수가 너무 작은 경우
② 검파기회로의 시정수가 너무 큰 경우
③ 검파기의 부하가 콘덴서만으로 구성된 경우
④ 검파기의 부하가 저항만으로 구성된 경우

37. 다음 중 스미스 차트(Smith chart)를 이용하여 구할 수 없는 것은?

① 임피던스　② 역률
③ 정재파비　④ 반사계수

38. 다음 중 $\frac{\lambda}{4}$ 수직접지 안테나의 실효고를 옳게 나타낸 것은?

① $\frac{\lambda}{\pi}$　② $\frac{\lambda}{2\pi}$　③ $\frac{\lambda}{4\pi}$　④ $\frac{\lambda}{8\pi}$

39. 고주파회로의 측정 시 측정기의 올바른 사용법이 아닌 것은?

① 측정기의 접지단자를 접지시킨다.
② 측정회로와 거리를 짧게 결선하여 측정한다.
③ 측정기를 차폐시킨다.
④ 측정회로와 연결되는 선은 가능한 가는 선을 이용한다.

40. 전원장치의 출력 직류전압이 50[V], 출력 교류 실효 전압이 1[V]인 경우 이 전원장치의 맥동률은 몇 [%]인가?

① 0.5　　② 1　　③ 2　　④ 5

21	22	23	24	25	26	27	28	29	20
③	②	②	①	④	②	④	②	②	④
31	32	33	34	35	36	37	38	39	40
②	③	①	②	②	②	②	②	④	③

2013년 무선설비 산업기사 4회

21. 정보신호의 진폭에 따라 반송파 신호의 주파수가 변화되는 변조방식을 무엇이라 하는가?

① AM(Amplitude Modulation)
② SSB(Single Side Band)
③ VSB(Vestigial Side Band)
④ FM(Frequency Modulation)

22. PSK 통신방식의 한 종류인 QPSK는 몇 진 PSK와 같은가?

① 2진 ② 4진 ③ 8진 ④ 16진

23. SSB 수신기의 스피치 클라리파이어(speech clarifier)의 사용 목적은?

① 반송파와 국부발진 주파수의 동기조정을 위하여
② 수신기의 선택 특성을 높이기 위하여
③ 수신기의 이득을 높이기 위하여
④ 수신기의 대역폭을 향상시키기 위하여

24. 다음 중 PCM 다중 통신방식의 특징에 대한 설명으로 틀린 것은?

① 넓은 주파수대역을 점유한다.
② 왜곡, 잡음, 누화 등의 방해가 적다.
③ 양자화잡음 등 PCM 특유의 잡음이 있다.
④ 전송과정에서 열잡음, 왜곡잡음이 가산된다.

25. 다음 중 레이더의 방위 분해능을 개선하는 방법으로 틀린 것은?

① 가능한 한 파장이 짧은 전파를 이용한다.
② 스캐너의 길이는 가능한 길게 한다.
③ 주파수가 높은 전파를 이용한다.
④ 레이더 마스트의 높이를 높인다.

26. 이동 통신 기본회로에서 0.5[V]의 전압을 가지는 신호를 가해 5[V]로 증폭된 신호를 얻었다면 이때의 이득은 얼마인가?(단, 입출력 저항은 같다.)

① 20[dB] ② 30[dB]
③ 44[dB] ④ 55[dB]

27. 전파전파(轉派傳播)의 여러 가지 현상 중 태양의 폭발에 기인하여 생기는 현상을 무엇이라 하는가?

① 페이딩
② 야간 오차의 현상
③ 전파의 회절 현상
④ 델린저 현상

28. 위성에서 수신한 기가헤르츠[㎓] 대의 주파수 신호 처리를 위해 먼저 낮은 주파수로 변환하게 되는데, 이 변환이 이루어지는 수신측의 장치는?

① 디멀티플렉서(demultiplexer)
② 다이플렉서(Diplexer)
③ 다운 컨버터(Down Converter)
④ 저잡음 증폭기(LNA)

29. 등방성 안테나 이득을 표현할 때의 단위는?

① dBi ② dBm
③ dBW ④ dB

30. 다음 중 페이딩(fading) 감소를 위한 다이버시티 방식이 아닌 것은?

① 레이크 다이버시티
② 공간 다이버시티
③ 시간 다이버시티
④ 주파수 다이버시티

31. 태양전지에서 만들어진 직류전기를 교류전기로 만들어주는 것은?

① 인버터　② 컨버터
③ 광센서　④ 콘트롤러

32. 전원 전압의 변동 및 온도 변화 등에 의한 영향을 받지 않도록 하는 회로를 무엇이라 하는가?

① 안정화 전원회로　② 평활회로
③ 정류회로　④ 발진회로

33. 다음 중 축전지의 충전 종류(방식)가 아닌 것은?

① 초충전(Initial Charge)
② 평상충전(Normal Charge)
③ 과충전(Over Charge)
④ 이중충전(Double Charge)

34. 다음 중 DC-DC 컨버터 중의 하나인 스위칭 레귤레이터의 장점에 대한 설명으로 틀린 것은?

① 전력효율이 높다.
② 일정한 출력전압을 얻을 수 있다.
③ 입력보다 출력이 높은 전압을 얻을 수 있다.
④ 잡음이 적다.

35. 맥동률이 2.3[%]일 때 교류(리플)전압이 5.06[V]이면 이때의 직류전압은 몇[V]인가?

① 110[V]　② 220[V]
③ 330[V]　④ 440[V]

36. FM 수신기의 선택도 측정은 2개 이상의 신호를 수신기에 동시에 인가하여 (　　),(　　), (　　)을 측정한다. 괄호 안에 들어갈 내용으로 적당하지 않는 것은?

① 감도억압효과 특성
② 혼변조 특성
③ 상호변조 특성
④ 주파수 안정도 특성

37. 다음 중 마이크로파 송신기의 전력 측정에 사용되는 방향성 결합기를 이용하여 측정할 수 없는 것은?

① 반사계수　② 위상차
③ 부하의 정합상태　④ 결합도

38. 다음 중 Oscilloscope의 브라운관에 나타난 리사쥬 도형을 이용하여 측정할 수 없는 것은?

① 변조도　② 두 신호의 위상차
③ 주파수　④ 안테나 패턴

39. 다음 그림은 FM 송신기의 신호 대 잡음비의 측정 구성 도를 나타낸 것이다. (A)에 들어가야 하는 것은?

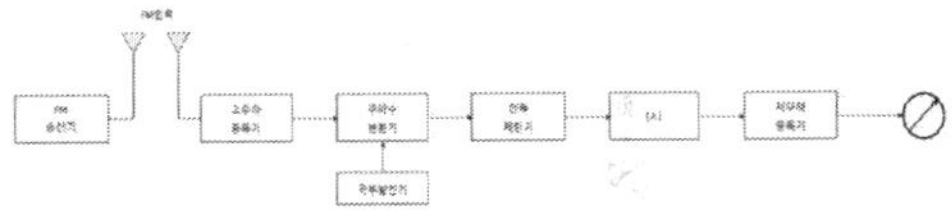

① 직선검파기　② 주파수 변별기
③ 가변감쇠기　④ 수신기

40. 급전선에서 부하저항이 60[Ω]일 때 측정된 반사계수가 0.5이라면 이 급전선의 특성 임피던스는 얼마인가?

① 10[Ω]　② 15[Ω]
③ 20[Ω]　④ 50[Ω]

21	22	23	24	25	26	27	28	29	20
④	②	①	④	④	①	④	③	①	①
31	32	33	34	35	36	37	38	39	40
①	①	④	④	②	④	②	④	②	③

2014년 무선설비 산업기사 1회

21. 그림과 같은 프리엠퍼시스 회로에서 시정수를 40 [μs]가 되도록 하려면 C의 값을 얼마나 하면 되는가?

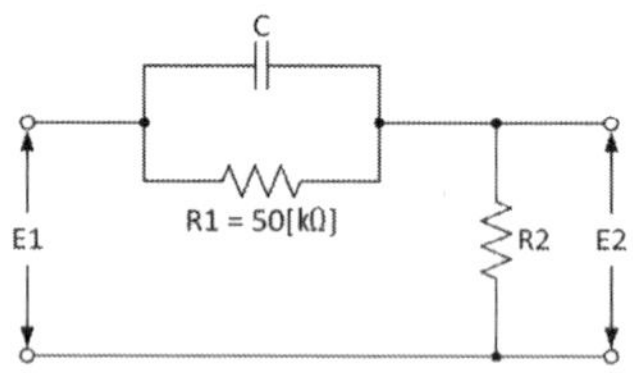

① 75[pF] ② 80[pF]
③ 750[pF] ④ 800[pF]

22. FM수신기에서 Limiter회로의 역할은 무엇인가?

① 주파수의 변화에 따른 출력 전압의 변화를 검출
② 잡음지수를 증가시키는 역할
③ 수신신호 및 진폭을 일정하게 만드는 역할
④ 송신측에서 강조되어 보내진 높은 주파수 신호를 수신 단에서 억제하는 역할

23. AM송신기에서 정보신호가 $2\cos 2\pi f_m t$ 이고 반송파 신호가 $10\cos 2\pi f_c t$ 일 때 변조도는 몇 [%]인가?

① 20[%] ② 40[%]
③ 60[%] ④ 80[%]

24. FM송신기에서 최대 주파수 편이가 규정치를 넘지 않도록 음성신호등의 진폭을 일정하게 제한하는 회로는?

① AFC회로 ② IDC회로
③ Squelch회로 ④ Limiter회로

25. 무선 송신기에서 주파수 체배기에 의해 고조파 신호 발생은 필연적이다. 불필요한 고조파 신호를 제거하는 회로는 무엇인가?

① 미분회로 ② 발진회로
③ 필터회로 ④ 증폭회로

26. 동일한 CDMA주파수를 사용하는 동일 기지국내의 섹터간 핸드오프는?

① 중간(Middle) 핸드오프
② 소프터(Softer) 핸드오프
③ 하드(Hard) 핸드오프
④ 아날로그 핸드오프

27. 다음 중 위성위치정보시스템(GPS)에 대한 특징으로 틀린 것은?

① WGS-84라는 공통 좌표계를 사용한다.
② 측정된 위치 자료의 온라인 처리가 가능하다.
③ 거리 측정이 간편하고 신속한 측위가 가능하다.
④ 각 나라별 시차가 있어 각 나라별 서비스만 가능하다.

28. 이동전화 시스템에서 기지국이 호(Cell)를 처리하는 구역을 의미하는 것은?

① Bit ② Call
③ Cell ④ Base Station

29. 국내 최초의 민간 통신 · 방송 상용위성으로 우리나라를 세계 23번째 위성 보유국의 반열에 올려놓은 위성은?

① 아리랑 위성 ② 우리별 위성
③ 무궁화 위성 ④ 한누리 위성

30. 이동통신에 사용되는 무선 채널제어에는 순방향 채널 제어와 역 방향 채널제어기가 있다. 이중 역 방향 채널제어에 해당하는 것은?

① Pilot Channel ② Sync Channel
③ Access Channel ④ Paging Channel

31. 다음 중 스위칭 레귤레이터에 대한 설명으로 맞는 것은?

① DC전압을 일정한 주파수의 AC전압으로 변환하는 장치
② AC전압을 DC전압으로 변환하는 장치
③ AC전압을 다른 주파수와 크기를 갖는 AC전압으로 전환하는 장치
④ DC전원을 다른 크기의 DC전원으로 변환하는 장치

32. 다음 중 수신기의 전기적 성능에 해당되지 않는 것은?

① 감도 ② 선택도
③ 충실도 ④ 전력

33. 전원설비의 전력변환장치 중 인버터(Inverter)에 대한 설명으로 맞는 것은?

① 직류전원을 다른 크기의 직류전원으로 변환하는 장치
② 직류전압을 일정한 주파수의 교류전압으로 변환하는 장치
③ 교류전압을 직류전압으로 변환하는 장치
④ 교류전압을 다른 주파수와 크기를 갖는 교류전압으로 변환하는 장치

34. CDMA중계기의 상태를 감시하기 위한 CDMA감시 단말기를 중계기에 연결하려고 한다. 전원은 중계기에서 공급되는 전원을 사용하고자 하며 중계기의 공급전원 DC(직류)는 12[V]이고 단말기가 필요로 하는 전원은 DC(직류) 3.5[V]일 때 필요한 장치는 무엇인가?

① 컨버터(Converter) ② 인버터(Inverter)
③ 정류기(Rectifier) ④ 계전기(Repeater)

35. SSB 수신기의 선택도 측정을 위한 장비의 구성으로 맞지 않는 것은?

① 멀티테스터 ② 오실로스코프
③ 의사 공중선 ④ 표준주파수 발진기

36. 광대역 FM송신기로 송신하는 신호의 최대 주파수 편이가 30[㎑]이고, 변조 주파수가 5[㎑]일 때, 이 FM신호의 대역폭은 약 몇 [㎑]인가?

① 10[㎑] ② 35[㎑]
③ 70[㎑] ④ 100[㎑]

37. 급전선의 종단을 개방했을 때의 입력측에서 본 임피던스를 Z_f라 하고 종단을 단락했을 때의 임피던스를 Z_s라고 할 때 특성 임피던스 Z_0는?

① $Z_0 = \sqrt{Z_f \cdot Z_s}$ ② $Z_0 = \sqrt{Z_f^2 \cdot Z_s^2}$
③ $Z_0 = \dfrac{Z_f - Z_s}{Z_f + Z_s}$ ④ $Z_0 = \dfrac{Z_f + Z_s}{Z_f - Z_s}$

38. 원하는 신호에 근접한 주파수의 방해가 있는 경우 수신기의 감도가 저하되는 현상은?

① 혼변조 ② 상호변조
③ 감도억압효과 ④ 스퓨리어스 저하효과

39. 다음 그림은 Analog입력 신호에 대한 펄스부호변조(PCM)과정을 나타낸 것이다. (A), (B), (C)에 들어갈 과정으로 올바르게 짝지어 진 것은?

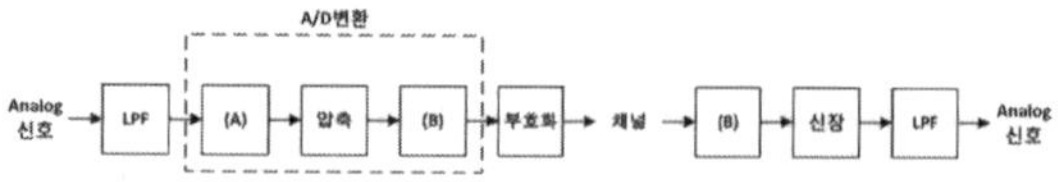

① (A)=양자화, (B)=복호화, (C)=표본화
② (A)=양자화, (B)=표본화, (C)=복호화
③ (A)=표본화, (B)=양자화, (C)=복호화
④ (A)=표본화, (B)=복호화, (C)=양자화

40. **다음 중 측정기기 사용법에 대한 설명으로 옳지 않은 것은?**

① 전원을 연결하기 전에 먼저 전원 공급 장치의 출력전압과 측정기기의 정격전압이 같은지 확인한다.
② 측정 전에 측정기기의 지침이 "0" 에 있는지 확인한다.
③ 측정하기 전에 먼저 측정기기의 측정범위 설정 스위치가 적절한 범위에 있는지 확인한다.
④ 측정범위를 모를 때는 측정범위 설정 스위치를 제일 낮은 범위로 설정하고 측정을 시작한다.

21	22	23	24	25	26	27	28	29	20
④	③	①	②	③	②	④	③	③	③
31	32	33	34	35	36	37	38	39	40
④	④	②	①	①	③	①	③	③	④

2014년 무선설비 산업기사 2회

21. 다음 중 FM송신기에 사용되는 Pre- Emphasis 회로에 대한 설명으로 맞는 것은?

① S/N비를 향상 시키는 효과가 있다.
② 전력 증폭의 효율을 높이기 위하여 사용한다.
③ 선택도가 개선된다.
④ 적분회로로 구성한다.

22. 디지털 신호의 펄스열을 그대로 또는 다른 형식의 펄스 파형으로 변환시켜 전송하는 방식은?

① 베이스 밴드 전송방식
② 광대역 전송방식
③ 협대역 전송방식
④ 반송대역 전송방식

23. 전파를 이용하여 항공기나 선박의 위치에 관한 정보를 얻어서 항로를 결정하고 목적지에 안전하게 도달하는 방법을 무엇이라 하는가?

① 전파항법 ② 전파 측정법
③ 전파 반사법 ④ 전파 추미법

24. 다음 그림과 같은 신호 공간 다이어그램을 나타내는 변조 방식은 어느 것인가?

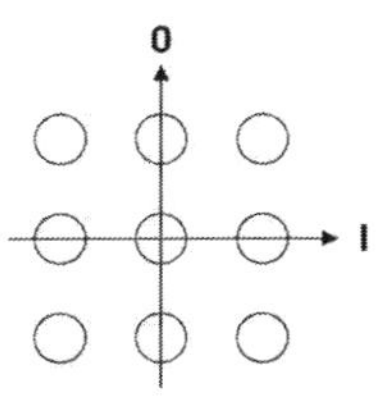

① ASK ② BPSK
③ FSK ④ QAM

25. 다음 중 레이더의 탐지거리 결정 요인에 대한 설명으로 틀린 것은?

① 안테나의 높이가 높을수록 멀리 탐지된다.
② 유효 반사 면적이 큰 목표일수록 멀리 탐지된다.
③ 출력 및 수신 감도를 올리면 탐지거리가 증대된다.
④ 안테나의 이득은 작게 하고, 파장을 길게 사용하면 멀리 탐지된다.

26. 다음 중 이동통신사업자들이 시스템 용량 증대를 위하여 사용하는 기법에 해당되지 않는 것은?

① 중계기 사용
② 셀 분리(Cell Splotting)
③ 섹터링(Sectoring)
④ 마이크로 셀(Micro-Cell Zone)

27. 다음 중 이동통신 시스템의 송신기 상호변조 특성을 감소하는 방법이 아닌 것은?

① 상호 간의 결합 감쇄 량을 크게 정한다.
② 상호 간의 반사특성을 증폭시킨다.
③ 동일 건물 내에서 송신기 군의 주파수 간격을 넓게 정한다.
④ 아이솔레이터 등을 삽입하여 혼입 장애파의 레벨을 저하 시킨다.

28. 마이크로웨이브 통신에서 송신기의 출력이 37 $[dBm]$, 도파관(W/G)의 손실이 3[dB]일 때, 안테나 입력 단에 인가되는 전력은 약 얼마인가?

① 1.5[W] ② 2.5[W]
③ 5[W] ④ 10[W]

29. 기지국, 유선 인터넷망, Gateway 및 Q&M Server로 구성되며 Core 네트워크와의 연계를 통해 LTE전화 및 무선 데이터 통신을 제공하는 서비스 기술은?

① 펨토셀 ② Wi-Fi
③ WiMax ④ GPS

30. 가장 적은 수의 정지위성으로 양 극지방을 제외한 전 시계를 커버(Cover)하는 통신망을 구성할 수 있는 배치 방법은?

① 5개의 위성을 72도 간격으로 배치한다.
② 4개의 위성을 90도 간격으로 배치한다.
③ 3개의 위성을 120도 간격으로 배치한다.
④ 2개의 위성을 180도 간격으로 배치한다.

31. 교류전압의 불규칙한 전압변동을 자동적으로 조정하여 일정한 전압을 부하에 공급하게 하는 장치로서 부하속도 등의 변동에 의한 발전기 단자 전압의 변동을 자동적으로 보상하는 장치는?

① UPS ② AVR
③ AGC ④ Inverter

32. 다음 중 태양전지에 대한 설명으로 틀린 것은?

① 태양전지의 기판 종류에는 단결정 실리콘 웨이퍼가 있다.
② 태양전지는 태양광을 광전효과를 이용하여 전기를 생산한다.
③ 태양전지의 양단에 외부도선을 연결하면 P형 쪽 전자가 도선을 통해 N형 쪽으로 이동하게 되면서 전류가 흐르게 된다.
④ 태양전지 에너지원은 청정, 무제한이다.

33. 수신기에서 Noise Blanker의 기능은 어떤 경우에 사용하는가?

① 수신기의 펄스 성 잡음을 제거하기 위하여 사용한다.
② 수신기의 중간주파변환부의 필터를 동작시키기 위하여 사용한다.
③ 수신주파수를 미세하게 변화시키기 위하여 사용한다.
④ 수신기의 음성출력을 가감하기 위하여 사용한다.

34. 전원회로에서 부하가 있을 때 단자전압이 110[V], 부하가 없을 때 단자 전압이 120[V]라면 이때의 전압 변동률은 약 얼마인가?

① 10.1[%] ② 9.1[%]
③ 8.1[%] ④ 7.1[%]

35. 다음 그림과 같은 충전방식의 특징에 대한 설명으로 틀린 것은?

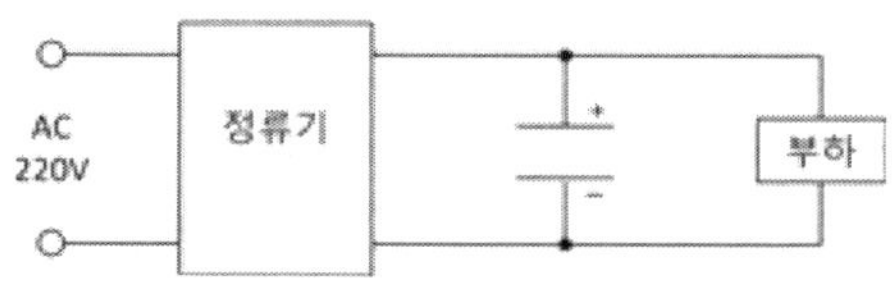

① 축전지의 용량은 비교적 작아도 된다.
② 전류기 에서 발생한 맥동을 축전지가 흡수하여 맥동률이 낮아진다.
③ 부하에 대한 전압변동이 적고 DC출력전압이 안정적이다.
④ 보수가 어렵고 축전지의 수명이 짧다.

36. 수신기에서 이득이 20[dB]이고 잡음지수가 1.8[dB]인 증폭기 후단에 이득이 10[dB]이고 잡음지수 2.4[dB]인 증폭기가 있을 경우 이 수신기의 종합잡음지수는 얼마인가?

① 1.30[dB] ② 1.34[dB]
③ 1.87[dB] ④ 2.35[dB]

37. 다음 중 AM수신기의 근접 주파수 선택도를 측정할 경우 필요하지 않은 장비는?

① 레벨메터 ② 의사 공중선

③ Q미터 ④ 표준신호발생기

38. 다음 중 안테나 특성 측정항목이 아닌 것은?

① 고유파장 ② 의사 공중선
③ 실효용량 ④ 군속도

39. 다음회로의 출력파형으로 맞는 것은?

(단, $V_i = V_m \sin(wt)$)

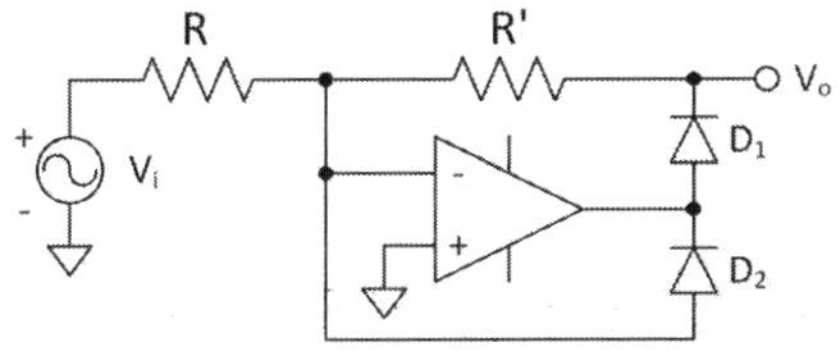

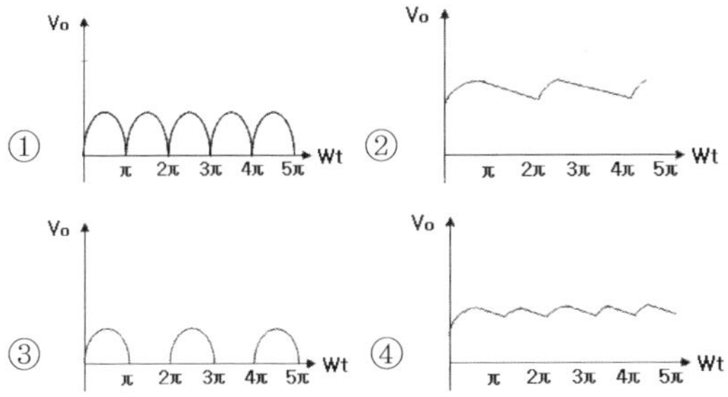

40. 전송로의 진폭왜곡이나 위상왜곡에 의해 발생하는 부호 간 간섭의 영향을 감소시킴으로써 주파수 특정 변형을 고르게 보정해 주는 것은?

① 등화기 ② 대역 여파기
③ 진폭 제한기 ④ 정합필터

21	22	23	24	25	26	27	28	29	30
①	①	①	④	④	①	②	②	①	③
31	32	33	34	35	36	37	38	39	40
②	③	①	②	④	③	③	④	③	①

2014년 무선설비 산업기사 4회

21. 다음 중 무선통신에서 이용하는 다이버시티 방법이 아닌 것은?

① 슬롯 ② 시간
③ 공간 ④ 주파수

22. 레이더에서 동일 거리에 있는 2개의 목표물을 2개로 분리해서 볼 수 있는 능력을 무엇인가?

① 방위 분해능 ② 거리 분해능
③ 최대 탐지거리 ④ 상의 선명도

23. 다음 중 AM수신기에 비해 SSB수신기가 갖는 특징을 잘못 설명한 것은?

① 대역폭이 약 1/2이다.
② 국부 발진기의 높은 주파수 안정도가 요구된다.
③ 충전 시정수가 짧고 방전 시정수가 긴 자동 이득제어(AGC)회로가 필요하다.
④ 헤테로다인 결과를 수행할 수 없다.

24. 다음 중 슈퍼헤테로다인 수신기의 주파수 변환 부를 구성하는 요소가 아닌 것은?

① 주파수 혼합기 ② 대역통과 필터
③ 저주파 증폭부 ④ 국부 발진기

25. 디지털 데이터 "0"과 "1"을 FSK통신 방식으로 변조하기 위하여 몇 개의 반송파가 필요한가?

① 1개 ② 2개
③ 3개 ④ 4개

26. 다음 중 위성통신에 대한 설명으로 틀린 것은?

① 주로 SHF대를 이용하고 위성에 대한 원거리 통신을 한다.
② 위성통신 시스템에서는 다중화 기술의 채택이 불가능하다.
③ 위성통신은 마이크로웨이브 통신기술과 유사하다.
④ 정지궤도에 떠있는 통신위성은 중계소 역할을 한다.

27. 우리나라 셀룰러 디지털 이동통신의 무선전송 방식은?

① FDMA(Frequency Division Multiple Access)
② TDMA(Time Division Multiple Access)
③ SDMA(Space Division Multiple Access)
④ CDMA(Code Division Multiple Access)

28. 다음 중 마이크로파 통신에 대한 설명으로 옳지 않은 것은?

① 공중선 이득을 크게 할 수 있다.
② 외부 잡음의 영향에 약하다.
③ 광대역 전송이 가능하다.
④ 주로 가시거리 통신이 행해진다.

29. 다음 중 이동통신 시스템의 채널 용량을 증가 시키기 위한 방법으로 볼 수 없는 것은?

① 대역폭을 넓힌다.
② 신호 전력을 증가시킨다.
③ 잡음전력을 감소시킨다.
④ 비화통신방식을 사용한다.

30. 다음 중 마이크로파 다중통신방식에서 전파손실을 경감시키기 위한 반사판 사용 방법으로 적합하지 않은 것은?

① 입사가 얇은 경우는 반사판을 2장 사용한다.

② 반사점에서 입사각과 반사각은 각각 90°를 사용한다.
③ 반사판의 위치는 송수신점 사이의 중앙부근에 둔다.
④ 반사판의 면적을 크게 한다.

31. AC전압을 DC전압으로 변화시키는 장치를 무엇이라 하는가?

① AVR(Automatic Voltage Regulator)
② UPS(Uninterruptible Power Supply)
③ 인버터(Inverter)
④ 컨버터(Converter)

32. 극판의 연결 상태나 전지의 연결 상태의 차이로 생기는 충전부족 상태를 보충하기 위해 행하는 충전은?

① 과 충전 ② 평상 충전
③ 균등 충전 ④ 부동 충전

33. 다음 중 태양광 설치 후 전기료에 대한 설명으로 올바른 것은?

① 태양광 설치 후의 전기료 절감은 지역별 차이가 전혀 없다.
② 설치장소의 일사량, 지형, 기후 조건에 따라 차이가 있다.
③ 설치장소의 인구수에 따라 차이가 발생된다.
④ 설치회사의 설치 인력 수에 따라 차이가 있다.

34. 다음 중 축전지의 분극 작용과 관련 없는 것은?

① 전류의 반대방향으로 작용하는 힘이다.
② 축전지의 가스 방출은 분극을 증가시킨다.
③ 화학적 에너지를 전기적 에너지로 변환하는 장치이다.
④ 연축전지에 있어서 방전 전압을 감소시키고 충전 전압을 증가시킨다.

35. 어떤 시스템의 출력 전력으로 측정하였더니 20[dBm]이었다. 이를 [㎽]로 나타내면?

① 400[㎽] ② 300[㎽]
③ 200[㎽] ④ 100[㎽]

36. 전력이 10[㎽]일 때 dBm과 dBw의 관계를 바르게 설명한 것은?

① dBm으로는 10이고 dBw로는 -20이다.
② dBm으로는 10이고 dBw로는 -30이다.
③ dBm으로는 1이고 dBw로는 -20이다.
④ dBm으로는 1이고 dBw로는 -30이다.

37. 1:2의 전원변압기를 통하여 AC 100[V]의 교류압력에 전파 정류되면 출력의 평균 DC전압은 약 얼마인가?

① 300[V] ② 270[V]
③ 200[V] ④ 180[V]

38. 연축전지를 과도한 방전상태로 오랫동안 방치하게 되면 축전지를 더 이상 사용할 수 없게 된다. 이유는 무엇인가?

① 전해액의 비중이 너무 낮아졌기 때문에
② 극판에 영구적인 황산납이 형성되기 때문에
③ 황산이 물로 변했기 때문에
④ 극판에 영구적인 산화납이 형성되기 때문에

39. 정류 장치의 특성 해석에 이용되는 파라메터로서 입력 교류전력에 대한 출력 직류전력의 비로 나타내어지는 것을 무엇이라 하는가?

① 맥동률 ② 전압변동율
③ 정류효율 ④ 최대역전압

40. 다음 중 고주파 회로를 측정할 경우 측정기의 올바른 사용법이 아닌 것은?

① 측정기의 접지단자를 접지시킨다.
② 측정회로와 거리를 짧게 결선하여 측정한다.
③ 측정기를 차폐시킨다.
④ 측정회로와 연결되는 선은 가능한 가는 선을 이용한다.

21	22	23	24	25	26	27	28	29	30
①	①	④	③	②	②	④	②	④	③
31	32	33	34	35	36	37	38	39	40
④	③	②	③	④	①	④	②	③	④

2015년 무선설비 산업기사 1회

21. 다음 그림과 같이 위상비교기, 저역통필터, 전압제어발진기(VCO)로 구성된 부궤환 회로는 무엇인가?

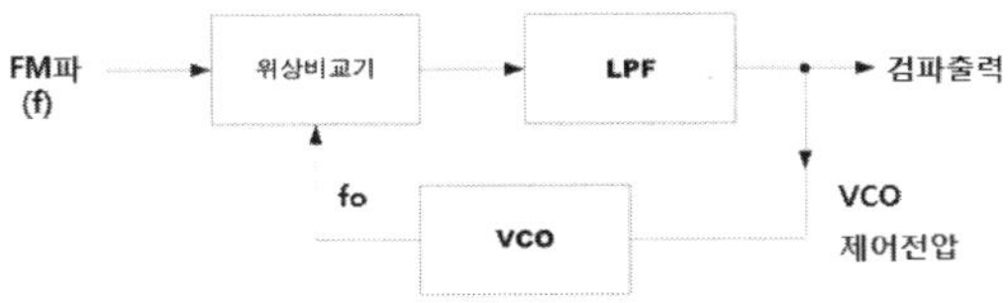

① PLL회로 ② BFO회로
③ 스켈치회로 ④ 디엠파시스회로

22. 다음 중 FM 수신기에서만 사용되는 것은?

① 국부 발진기 ② 대역통과 필터
③ 주파수 변환기 ④ 주파수 변별기

23. 다음 그림은 어떤 변조 파형인가?

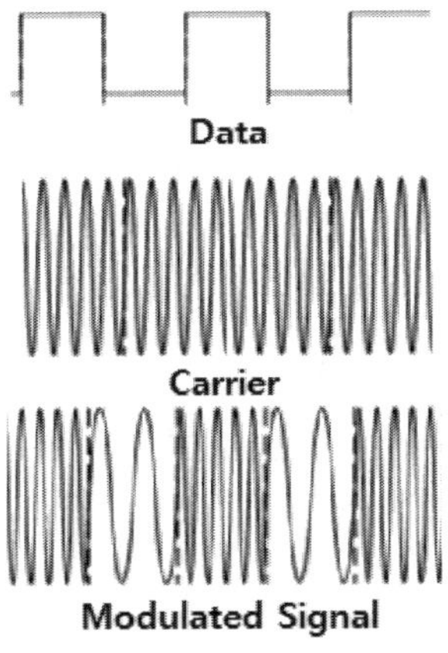

① ASK ② FSK ③ PSK ④ QAM

24. 다음 중 디지털 변조 통신 방식에 대한 설명으로 틀린 것은?

① 진폭 편이 변조(ASK)는 정현파의 진폭에 정보를 싣는 방식으로 2진 내지 4진폭을 이용하며 저속 통신에 이용된다.
② 주파수 편이 변조(FSK)는 정현파의 주파수에 정보를 싣는 방식으로 2가지의주파수를 이용하며 중, 저속 통신에 이용된다.
③ 위상 편이 변조(PSK)는 정현파의 위상에 정보를 싣는 방식으로 2,4,8,16진 방식이 있으며 중, 고속 통신에 이용된다.
④ 직교 진폭 변조(QAM)는 정현파의 진폭과 주파수에 정보를 싣는 방식으로 저속 통신에 이용된다.

25. PCM(Pulse Code Modulation) 방식에서 아날로그 신호를 디지털신호로 변환하는 과정에 속하지 않는 것은?

① 복호화(Decoding) ② 표본화(Sampling)
③ 양자화(Quantization) ④ 부호화(Coding)

26. 마이크로파 통신에서 둘 이상의 수신 안테나를 서로 다른 장소에 설치하고 이 두 수신 안테나의 출력을 합성 또는 양호한 출력을 선택 수신하여 페이딩의 영향을 줄이는 다이버시티 수신 방식은?

① 공간 다이버시티 ② 주파수 다이버시티
③ 편파 다이버시티 ④ 각도 다이버시티

27. 위성에서 수신한 기가헤르츠[GHz] 대의 주파수 신호 처리를 위해 먼저 낮은 주파수로 변환하게 되는데, 이 변환이 이루어지는 수신측 장치는?

① 디멀티플렉서(Demultiplexer)
② 다이플렉서(Diplexer)
③ 다운 컨버터(Down Converter)
④ 저잡음 증폭기(LNA)

28. 위성을 제어하기 위해서 위성에 있는 각 장치에 대한 상태와 위성의 위치 등을 지구국에 송신하는 기능을 수행하는 장치는?

① 텔레메트리 시스템
② 트랜스폰더 시스템
③ 추진 시스템
④ 자세궤도 제어 시스템

29. 입력전압 0.5[V]의 신호를 가해 5[V]의 증폭된 신호를 얻었다면 이때의 이득은 얼마인가? (단, 입출력 저항은 같다.)

① 20[dB] ② 30[dB]
③ 44[dB] ④ 55[dB]

30. CDMA 통신방식에서 이동국은 각각의 기지국을 활동, 후보, 인접, 잔여 집합으로 구분하는데 이는 무엇을 하기 위한 것인가?

① 위치 등록(Location Registration)
② 로밍(Roaming)
③ 핸드 오버(Hand Over)
④ 인증(Authentication)

31. 다음 중 수신기의 S/N 비를 개선하기 위한 방법으로 적합하지 않은 것은?

① 주파수 변환 이득을 크게 한다.
② 수신기 대역폭을 넓힌다.
③ 믹서 전단에 저잡음 증폭기를 설치한다.
④ 국부 발진기의 출력에 필터를 설치한다.

32. 입력교류전력이 60[W]이고 출력직류전력이 120[W]일 경우 정류효율은 몇 [%]인가?

① 50[%] ② 100[%]
③ 200[%] ④ 300[%]

33. 태양전지에서 만들어진 직류전기를 교류전기로 만들어주는 것은?

① 인버터 ② 컨버터
③ 광센서 ④ 콘트롤러

34. 다음 중 전력변환장치의 중화회로에 대한 설명으로 옳지 않는 것은?

① 중화회로는 중화용 콘덴서에 의한 것과 중화용 코일에 의한 것이 있다.
② 중화용 콘덴서에 의한 방법으로는 TR이나 진공관을 사용한다.
③ 자기발진을 방지할 수 있다.
④ 전압제어방식으로 공진을 유도한다.

35. 1,000[㎑]의 반송파신호가 3[㎑]의 신호 파에 의해 진폭변조 되었다면 AM 신호의 주파수 스펙트럼에 나타나는 성분은?

① 3[㎑], 6[㎑], 1,000[㎑]
② 997[㎑], 1,000[㎑], 1,003[㎑]
③ 1,000[㎑], 1,003[㎑], 1,006[㎑]
④ 994[㎑], 1,000[㎑], 1,006[㎑]

36. 다음 중 AM 수신기의 감도측정에 필요하지 않은 것은?

① 가변 감쇠기 ② 피측정 수신기
③ 의사 공중선 ④ 표준신호 발생기

37. 다음 중 송신기의 RF 간섭 및 변조파 특성을 측정하기에 적합한 계측기는?

① 오실로스코프 ② 스펙트럼 분석기
③ 레벨미터 ④ 멀티미터

38. 다음 중 수신기 시험을 할 경우 의사공중선을 사용하는 이유로 옳은 것은?

① 표준입력 신호를 공급하기 위하여

② 수신기의 부차적 전파 발사를 억제하기 위하여
③ 수신기의 입력레벨을 감쇠시키기 위하여
④ 안테나에 의한 입력회로의 등가회로를 구성하기 위하여

39. 전원 회로에서 무부하시 전압이 200[V]이고 부하시 전압이 190[V]였다면 전압 변동률은 약 몇 [%]인가?

① 5[%] ② 7[%]
③ 8[%] ④ 10[%]

40. 장시간 부동충전방식으로 충전할 경우 축전지 각각의 특성에 따라 방전량에 차이가 발생하여 축전지의 충전전압이 달라져 충전부족 상태의 축전지가 생길 수 있다. 이런 문제점을 해결하기 위한 충전방식으로 적합한 것은?

① 급속충전방식 ② 세류충전방식
③ 균등충전방식 ④ 정전류충전방식

21	22	23	24	25	26	27	28	29	30
①	④	②	④	①	①	③	①	①	③
31	32	33	34	35	36	37	38	39	40
②	③	①	④	②	①	②	④	①	③

2015년 무선설비 산업기사 2회

21. 다음 중 AM 수신기의 특성을 나타내는 중요 요소로써 적합하지 않은 것은?

① 감도 ② 변조도
③ 선택도 ④ 안정도

22. 정보신호의 진폭에 따라 반송파 신호의 주파수가 변화되는 변조 방식을 무엇이라 하는가?

① AM(Amplitude Modulation)
② SSB(Single Side Band)
③ VSB(Vestigial Side Band)
④ FM(Frequency Modulation)

23. 다음 중 무선수신기의 희망 수신 주파수에 근접한 강한 주파수가 존재할 경우 이를 줄이기 위한 대책으로 적합한 것은?

① 통과 대역폭이 좁은 BPF(Band Pass Filter)를 사용한다.
② 고주파 증폭기의 이득을 높인다.
③ 고주파 증폭기의 통과 대역을 넓힌다.
④ 중간주파 증폭기의 통과 대역을 넓힌다.

24. 다음 중 CDMA 방식을 FDMA 방식과 비교했을 때 장점이 아닌 것은?

① 비화성이 있어 보안에 강하다.
② 접속국의 수를 많이 할 수 있다.
③ 송 · 수신기 구조가 간단하다.
④ 전파의 간섭이나 혼신방해에 강하다.

25. 다음 중 방향 탐지기의 구성 요소가 아닌 것은?

① 안테나 장치 ② 수신 장치
③ 지시 장치 ④ 비콘 송신 장치

26. 다음 중 통신 위성 체의 텔레메트리(Telemetry) 정보의 내용으로 적합하지 않은 것은?

① 위성추진시스템의 가스 압력 값
② 열제어 시스템에서의 온도감지의 출력 값
③ 명령에 대한 데이터 확인
④ 주파수 변환 값

27. 직경이 1~2.4[m]인 소형 안테나와 낮은 송신 출력을 갖는 위성통신용 지상 장치로 주로 개인이나 기업 등에서 저속 데이터 통신망을 구축하는 데 이용되는 초소형 지구국 시스템은?

① INMARSAT ② VSAT
③ GPS ④ INTELSAT

28. CDMA 시스템에서 대역폭이 1.25[MHz], 음성 데이터 속도가 4.8[kbps]일 때 이득(G_p)는 약 얼마인가?

① 260 ② 295 ③ 335 ④ 390

29. 다음 중 LTE에 사용되는 MIMO(Multiple Input Multiple Output)에 대한 설명으로 옳지 않은 것은?

① Multiple Antenna 사용
② Transmit Diversity 사용으로 신호품질향상
③ Spatial Multiplexing 사용으로 주파수 효율향상
④ CS Fallback 사용으로 데이터 용량증가

30. 기지국, 유선인터넷망, Gateway 및 Q&M Server로 구성되며 Core 네트워크와의 연계를 통해 LTE 전화 및 무선데이터 통신을 제공하는 서비스기술은?

① 펨토 셀 ② WiFi
③ WiMax ④ GPS

31. 다음 중 축전지의 부동충전방식의 특징에 대한 설명

으로 옳지 않은 것은?

① 축전지의 충방전 전기량이 적어 수명이 짧아진다.
② 이동용 무선설비의 전원으로 이용된다.
③ 축전지의 용량이 비교적 적어도 된다.
④ 부하에 대한 전압변동이 적고 직류출력 전압이 안정하다.

32. UPS 전원장치 방식 중 On-Line 방식은 부하전류의 몇 [%]를 인버터로부터 공급 받는가?

① 30[%] ② 60[%]
③ 80[%] ④ 100[%]

33. 다음 중 휴대단말기의 성능을 검증하기 위해 차량을 이용한 주해시험(Driving Test)을 진행할 경우 차량 시거잭(Cigar Jack) 전원에 노트북 및 휴대전화 충전기를 연결하고자한다. 이때 필요한 장치는 무엇인가?

① UPS(Uninterruptible Power Supply)
② 인버터(Inverter)
③ AVR(Automatic Voltage Regulator)
④ 정류기(Rectifier)

34. 전원회로에서 부하가 있을 때 단자전압이 110[V], 부하가 없을 때 단자전압이 120[V]라면 이때의 전압 변동률은 약 얼마인가?

① 10.1[%] ② 9.1[%]
③ 8.1[%] ④ 7.1[%]

35. 다음 중 무선송신기에 대한 측정시험이 아닌 것은?

① 선택도 ② 전력
③ 왜율 ④ 대역폭

36. 다음 중 중파용 송신기의 주파수 변조 특성을 측정할 경우 사용하지 않아도 되는 측정 장비는?

① 레벨미터
② 표준 감쇠기
③ 임피던스 브리지
④ 가청 주파수 신호 발생기

37. 다음 문장의 괄호 안에 들어갈 내용으로 적합하지 않는 것은?

FM수신기의 선택도 측정은 2개 이상의 신호를 수신기에 동시에 인가하여 ( ), ( ), ( )을 측정한다.

① 감도억압효과 특성 ② 혼변조 특성
③ 상호변조 특성 ④ 주파수 안정도 특성

38. 급전선의 종단을 개방했을 때의 입력측에서 본 임피던스를 Z_f라 하고 종단을 단락했을 때의 임피던스를 Z_s라고 할 때 특성임피던스 Z_o는?

① $Z_o = \sqrt{Z_f \cdot Z_s}$ ② $Z_o = \sqrt{Z_f / Z_s}$
③ $Z_o = \dfrac{Z_f - Z_s}{Z_f + Z_s}$ ④ $Z_o = \dfrac{Z_f + Z_s}{Z_f - Z_s}$

39. 직류 전압의 평균값이 220[V]이고, 출력 교류(리플) 전압의 실효값이 4[V]일 경우 맥동률은 약 몇 [%]인가?

① 1.4[%] ② 1.6[%]
③ 1.8[%] ④ 2.0[%]

40. 다음 중 페이딩에 대처하기 위한 방식이 아닌 것은?

① 다이버시티 ② 주파수의 광대역화
③ 다중 반송파 ④ 적응 등화기

21	22	23	24	25	26	27	28	29	30
②	④	①	③	④	④	②	①	④	①
31	32	33	34	35	36	37	38	39	40
①	④	②	②	①	③	④	①	③	②

2015년 무선설비 산업기사 4회

21. 다음 중 AM 송수신기에서 과변조가 발생하면 어떤 현상이 일어나는가?

① 잡음이 줄어든다.
② 주파수가 안정된다.
③ 변조도가 100% 보다 낮다.
④ 점유주파수대역이 넓어진다.

22. 중간주파수가 500[㎑]인 슈퍼헤테로다인 수신기에서 희망파 1,000[㎑]에 대한 영상주파수는 얼마인가?

① 1,500[㎑]　　② 2,000[㎑]
③ 2,200[㎑]　　④ 3,200[㎑]

23. 다음 중 SSB 무선송신기의 장점에 대한 설명으로 틀린 것은?

① 점유주파수대폭이 넓어진다.
② 소비전력이 적다.
③ 선택성페이딩의 영향이 적다.
④ S/N비가 개선된다.

24. 다음은 FM 송신기 블록도의 일부이다. 3체배 한 후 최대주파수편이가 ±6[㎑]이면, FM 변조 후 3체배하기 전의 최대 주파수 편이[Δf]는 얼마인가?

① $\Delta f = \pm 1$[㎑]　　② $\Delta f = \pm 2$[㎑]
③ $\Delta f = \pm 6$[㎑]　　④ $\Delta f = \pm 12$[㎑]

25. 다음 중 디지털 정보 신호를 무선 아날로그 전송로를 이용하여 전송할 때 이용하는 변조 기술은?

① ASK　② PCM　③ JPEC　④ MPEC

26. 다음 중 TDM 통신방식을 FDM 통신방식과 비교한 설명으로 틀린 것은?

① TDM이 FDM보다 회로 구성이 간단해진다.
② TDM이 FDM보다 누화(Cross Talk)의 영향을 더 받는다.
③ TDM은 시간적 동기를 유지하는 것이 필수적이다.
④ 페이딩(Fading)이 있는 전송매체일 때는 FDM보다 TDM이 유리하다.

27. 다음 중 위성통신의 장점이 아닌 것은?

① 동보통신이 가능하다.
② 전송 손실 및 지연이 없다.
③ 광역성 통신이 가능하다.
④ 고속 대용량 통신이 가능하다.

28. 다음 중 극지방 상공에 위성을 띄워 자원 탐사 및 기상 관측용 위성으로 사용하는 것은?

① 정지궤도 위성　② 저궤도 위성
③ 랜덤 위성　④ 위상 위성

29. 다음 중 EV-DO(Evolution-Data Only) 시스템에 적용되는 변조 방식이 아닌 것은?

① QPSK　② ASK
③ 8PSK　④ 16QAM

30. 코드분할 다원 접속에서 최대 전송률을 증가시키기 위해서는 무엇을 해야 하나?

① 신호 전력 또는 주파수 대역폭을 증가시켜야 한다.
② 신호 전력 또는 주파수 대역폭을 감소시켜야 한다.
③ 신호 전력을 감소시키고 주파수 대역폭을

증가시켜야 한다.

④ 신호 전력을 증가시키고 주파수 대역폭은 감소시켜야 한다.

31. 다음 중 축전지의 AH(암페어시)가 의미하는 것은?

① 사용가능 시간　② 충전전류
③ 축전지의 용량　④ 최대 사용 전류

32. 다음 중 축전지 특성에 대한 설명으로 옳은 것은?

① 격리 판은 유리섬유, 에보나이트 및 알루미늄 등을 사용한다.
② 축전지의 음극판수는 양극판보다 2개 많다.
③ 1개의 기준 전압은 5[V]이다.
④ 축전지는 2차 전지이므로 재생 사용이 가능하다.

33. 다음 중 전파가 전리층에 들어갔을 때 일어나는 현상이 아닌 것은?

① 전파의 굴절
② 감쇠작용
③ 편파면의 회절
④ 라디오 덕트(Radio Duct)현상

34. 다음 중 태양광 발전시스템에 대한 설명으로 틀린 것은?

① 태양의 빛 에너지를 변환시켜 전기를 생산하는 발전기술
② 태양광을 받아서 직류 전력을 발생하는 태양전지를 이용한 방식
③ 태양전지로 구성된 모듈과 축전지 및 전력 변환장치로 구성
④ 태양전지의 내부는 니켈카드뮴 성분

35. 다음 중 시외전화망과 같은 곳에서 사용하는 무급전 중계 방식에서 전파손실을 경감시키기 위한 방법으로 맞지 않는 것은?

① 중계구간을 짧게 한다.
② 반사판을 직각에 가깝게 한다.
③ 반사판을 크게 한다.
④ 송수신 안테나 거리를 길게 한다.

36. 무선 송신기의 신호대잡음비(S/N) 측정시 필요하지 않는 측정기는?

① 변조도계　② 오실로스코프
③ 직선 검파기　④ 저주파 발진기

37. 수신기의 종합 특성을 결정하는 파라미터로서 혼신 및 간섭 등을 어느 정도까지 분리 및 제거할 수 있는가의 능력을 나타내는 것은 무엇인가?

① 감도　② 선택도
③ 충실도　④ 안정도

38. 특성임피던스(Z_o)가 75[Ω]인 선로 종단에 신호를 인가한 후 선로상의 파형을 측정한 결과 최고전압이 25[V], 최저전압이 5[V]일 경우, 이 선로의 전압 정재파비(VSWR)는?

① 4　② 5　③ 6　④ 8

39. 다음 중 전송선로 상에서의 등가 임피던스와 등가 어드미턴스의 비를 의미하는 것은 무엇인가?

① 특성임피던스　② 정재파비
③ 실효 인덕턴스　④ 전계강도

40. 다음 회로에서 입력 V_i는 교류 실효전압 100[V]라고 할 때 다이오드 $D1$에 걸리는 최대 역전압(PIV)은 약 얼마인가?

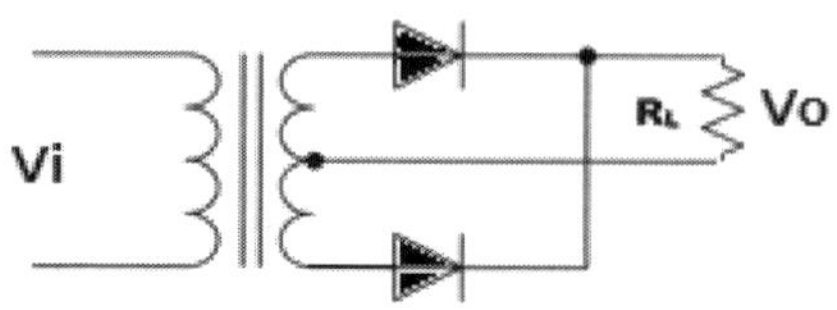

① 100[V] ② 141.4[V]
③ 200[V] ④ 282.8[V]

21	22	23	24	25	26	27	28	29	30
④	②	①	②	①	②	②	④	②	①
31	32	33	34	35	36	37	38	39	40
③	④	④	④	④	②	②	②	①	④

저자약력

박승환

- 현) 을지대학교 의료공학과 교수

김한기

- 현) 여주대학 정보통신과 겸임교수

정승용

- 인하공업전문대학 정보통신과 겸임교수 역임

무선통신기기

초판 1쇄 발행 2010년 03월 02일
초판 7쇄 발행 2023년 03월 15일
저　　자 박승환, 김한기, 정승용
발 행 인 이범만
발 행 처 **21세기사** (제406-00015호)
경기도 파주시 산남로 72-10 (10882)
Tel. 031-942-7861　　Fax. 031-942-7864
E-mail : 21cbook@naver.com
Home-page : www.21cbook.co.kr
ISBN 978-89-8468-350-1

정가 25,000원